高等职业教育规划教材

基础化学

刘景良　李璐　主编

化学工业出版社

·北京·

内 容 简 介

《基础化学》全面贯彻党的教育方针，落实立德树人根本任务，在教材中有机融入党的二十大精神。全书共14章，包括化学基础知识、化学反应基础原理、酸碱反应、氧化还原反应、非金属元素及其化合物、金属元素及其化合物、有机化学概述、脂肪烃、环烃、卤代烃、含氧化合物、含氮化合物、绿色化学、化学实验室安全。正文部分为主，副栏结构设计，配有形式多样的学习栏目，形式新颖、内容丰富；书中含大量延展性阅读，可多维度拓展学生的知识面、激发学习兴趣；副栏留白引导学生记录学习中的疑惑、心得及感悟，促进学习能力的提高。本书充分利用现代信息技术，通过二维码融入动画资源，是传统的纸质教材数字化、信息化、可视化的转变。本书还强化了危险化学品及安全生产的知识，为后续专业安全知识的学习奠定坚实的基础。

本书可作为高职安全类、化工类及其他相关专业基础化学课程教材。

图书在版编目（CIP）数据

基础化学/刘景良，李璐主编．—北京：化学工业出版社，2021.9（2024.9重印）
ISBN 978-7-122-39453-8

Ⅰ.①基…　Ⅱ.①刘…　②李…　Ⅲ.①化学-高等职业教育-教材　Ⅳ.①O6

中国版本图书馆CIP数据核字（2021）第130740号

责任编辑：刘心怡　　　　　　　　　文字编辑：于潘芬　陈小滔
责任校对：王素芹　　　　　　　　　装帧设计：李子姮

出版发行：化学工业出版社（北京市东城区青年湖南街13号　邮政编码100011）
印　　装：河北延风印务有限公司
787mm×1092mm　1/16　印张18¾　彩插1　字数465千字　2024年9月北京第1版第4次印刷

购书咨询：010-64518888　　　　　　　售后服务：010-64518899
网　　址：http://www.cip.com.cn
凡购买本书，如有缺损质量问题，本社销售中心负责调换。

定　　价：49.80元　　　　　　　　　　　　　　　　　版权所有　违者必究

前言

本书编写使"枯燥"的经典化学基础理论知识变得生动有趣，化解高职学生对化学课程的畏惧感，激发学习兴趣。为此编写团队做了主、副栏版面设计，主栏作为主体部分，除了理论知识的阐述，还包含有"拓展知识链""课堂练习""思考与讨论"等小栏目；副栏设置诸如"小贴士"、数字化资源二维码等内容，以丰富学习素材层次、方便学生自主学习，副栏中的留白则便于学生梳理和记录学习心得体会。

本书服务于高职安全类、化工类及相关专业的学生，在相关知识注意介绍有关的化学品危险性和化工安全知识，以促进学生在本教材学习过程中建立并强化安全意识和安全生产认知，为后续专业安全知识的学习奠定坚实的基础。

每章设置有知识目标、能力目标、知识框架及课后习题，大部分章后还附有实训项目或实训建议等内容。

教材编写体现理论够用为度的原则，重在实用理论知识的学习与训练，反映新时代高等职业教育教育教学改革要求，反映高等职业教育教育教学规律，反映新理论、新知识、新技术。

本书应用二维码技术引入微课、动画等数字化教学资源，在增大教材信息量的同时，提升教材的实用性、时代性和亲和力。

全书内容共分为十四章，包括化学基础知识、化学反应基础原理、酸碱反应、氧化还原反应及原电池、非金属元素及其化合物、金属元素及其化合物、有机化学概述、脂肪烃、环烃、卤代烃、含氧有机化合物、含氮有机化合物、绿色化学、化学实验室安全。

本书由天津职业大学刘景良教授、李璐博士主编，刘景良、李璐共同确定全书的内容框架及主、副栏版面结构。湖南安全技术职业学院朱爱玲博士、天津职业大学朱华静讲师、天津市天欧正安检测技术有限公司霍俊丽高级工程师参与编写。其中刘景良编写前言、第五、六、十三、十四章以及全书除危险化工工艺之外与安全相关的内容，李璐编写第七~十二章，朱爱玲编写第三、四章，朱华静编写第一、二章，霍俊丽编写全书与危险化工工艺相关的内容。全书由刘景良负责统稿。

由于编者水平所限，书中不妥之处在所难免，恳请读者批评指正。

编 者
2020 年 8 月于天津

目录

第一章 化学基础知识 —— 001

第一节 气体、溶液和胶体 / 001
一、气体 / 001
二、溶液 / 005
三、胶体 / 012

第二节 物质结构基础 / 017
一、原子结构 / 017
二、原子核外电子的运动状态 / 019
三、元素周期表 / 020
四、化学键 / 023
五、分子间作用力 / 026
【知识框架】/ 028
【课后习题】/ 028
【实训建议】/ 029

第二章 化学反应基础原理 —— 030

第一节 热化学 / 030
一、化学反应中的能量转化与守恒 / 030
二、热力学第一定律 / 034
三、恒容热与恒压热 / 034
四、相变热 / 035
五、化学反应热效应 / 036

第二节 化学平衡及移动 / 039
一、化学反应的方向和限度 / 039
二、化学平衡 / 041
三、影响化学平衡的因素 / 042

第三节 化学反应速率 / 043
一、化学反应速率的定义 / 043
二、化学反应速率方程 / 044
三、影响化学反应速率的因素 / 045
【知识框架】/ 047
【课后习题】/ 047
【实训建议】/ 048

第三章 酸碱反应 —— 049

第一节 酸、碱概述 / 049
一、酸碱质子理论 / 049
二、溶液的酸碱性 / 050
三、常见的酸和碱 / 051

第二节 酸碱平衡中的计算 / 054
一、强酸、强碱溶液 pH 的计算 / 054
二、弱酸、弱碱溶液 pH 的计算 / 055

第三节 缓冲溶液 / 059
一、缓冲溶液及缓冲作用原理 / 059
二、缓冲溶液 pH 的计算 / 060

第四节 酸碱滴定 / 061
一、酸碱指示剂及指示剂变色原理 / 061
二、指示剂的选择原则 / 062
【知识框架】/ 064
【课后习题】/ 065
【实训项目】/ 065

第四章 氧化还原反应及原电池 —— 067

第一节 氧化还原反应概述 / 068
一、氧化还原反应基本概念 / 068
二、氧化还原反应方程式配平 / 069

第二节 氧化还原反应基本反应规律及常见的氧化剂和还原剂 / 071
一、氧化还原反应基本规律 / 071
二、常见的氧化剂和还原剂 / 073

第三节 原电池和电极电势 / 075

一、原电池 / 075
二、电极电势 / 076
三、影响电极电势的因素 / 080
第四节　电极电势的应用 / 083
一、比较氧化剂和还原剂的相对强弱 / 083
二、判断氧化还原反应的方向和限度 / 083
三、元素电势图及其应用 / 086
【知识框架】/ 089
【课后习题】/ 090
【实训项目】/ 090

第五章　非金属元素及其化合物 — 092

第一节　氯及其化合物 / 093
一、氯的物理性质及制备 / 093
二、氯的化学性质 / 093
三、氯的常见化合物 / 094
第二节　硫及其化合物 / 097
一、硫的物理性质及制备 / 097
二、硫的化学性质 / 098
三、硫的常见化合物 / 098
第三节　氮、磷及其化合物 / 104
一、氮、磷的物理性质及制备 / 104
二、氮、磷的化学性质 / 105
三、氮、磷的常见化合物 / 106
第四节　硅及其化合物 / 111
一、硅的物理性质及制备 / 111
二、硅的化学性质 / 112
三、硅的常见化合物 / 112
【知识框架】/ 115
【课后习题】/ 115
【实训建议】/ 116

第六章　金属元素及其化合物 — 117

第一节　常见的活泼金属 / 118
一、钠及其化合物 / 118
二、钙及其化合物 / 121
三、铁及其化合物 / 123
四、铝及其化合物 / 126
第二节　重金属元素 / 128
一、重金属元素概述 / 128
二、铅及其化合物 / 129
三、汞及其化合物 / 130
四、镉及其化合物 / 133
第三节　放射性金属元素 / 134
一、放射性元素概述 / 134
二、铀 / 135
三、镭 / 135
【知识框架】/ 137
【课后习题】/ 137
【实训建议】/ 139

第七章　有机化学概述 — 140

第一节　有机化学的起源与发展 / 140
第二节　有机化合物基础知识 / 141
一、碳原子的成键特性 / 141
二、有机化合物的表示方法 / 142
三、碳原子的连接形式 / 143
四、有机化合物的特性 / 144
五、有机化合物的分类 / 145
【知识框架】/ 148
【课后习题】/ 149
【实训建议】/ 149

第八章　脂肪烃 — 150

第一节　烷烃 / 150
一、烷烃的通式和结构 / 151
二、烷烃的命名 / 154
三、烷烃的性质 / 157
第二节　烯烃 / 161
一、烯烃的结构和异构现象 / 161
二、烯烃的命名 / 163
三、烯烃的性质 / 165
第三节　炔烃 / 169
一、炔烃的结构和异构现象 / 169

二、炔烃的命名 / 170
三、炔烃的性质 / 171
【知识框架】/ 175
【课后习题】/ 176
【实训建议】/ 177

第九章　环烃————————————————————————178

第一节　脂环烃 / 178
一、脂环烃的通式和结构 / 179
二、脂环烃的命名 / 180
三、脂环烃的性质 / 181
第二节　单环芳烃 / 183
一、苯的结构 / 183
二、单环芳烃的命名 / 184
三、苯及其他单环芳烃的性质 / 186
四、苯环上亲电取代反应的定位规律及应用 / 193
第三节　简单的稠环芳烃 / 195
一、萘的结构 / 195
二、萘的命名和同分异构 / 196
三、萘的性质 / 197
【知识框架】/ 199
【课后习题】/ 199
【实训建议】/ 201

第十章　卤代烃————————————————————————202

第一节　卤代烃的分类与命名 / 202
一、卤代烃的分类 / 202
二、卤代烃的命名 / 203
第二节　卤代烃的性质 / 205
一、卤代烃的物理性质 / 205
二、卤代烃的化学性质 / 205
第三节　卤代烯烃和卤代芳烃 / 208
一、卤代烯烃和卤代芳烃的分类 / 208
二、卤代烯烃和卤代芳烃的物理性质 / 209
三、卤代烯烃和卤代芳烃的化学性质 / 209
【知识框架】/ 211
【课后习题】/ 211
【实训建议】/ 212

第十一章　含氧有机化合物————————————————————213

第一节　醇 / 213
一、醇的结构和分类 / 213
二、醇的命名 / 214
三、醇的性质 / 216
第二节　酚 / 220
一、酚的结构和分类 / 220
二、酚的命名 / 220
三、酚的性质 / 221
第三节　醚 / 225
一、醚的分类 / 225
二、醚的命名 / 225
三、醚的性质 / 225
第四节　醛、酮 / 228
一、醛、酮的结构和分类 / 228
二、醛、酮的命名 / 229
三、醛、酮的性质 / 230
第五节　羧酸 / 236
一、羧酸的结构和分类 / 236
二、羧酸的命名 / 237
三、羧酸的性质 / 238
第六节　羧酸衍生物 / 240
一、羧酸衍生物的分类 / 240
二、羧酸衍生物的命名 / 241
三、羧酸衍生物的性质 / 242
【知识框架】/ 246
【课后习题】/ 247
【实训建议】/ 248

第十二章　含氮有机化合物————————————————————249

第一节　硝基化合物 / 249
一、硝基化合物的通式和分类 / 249
二、硝基化合物的性质 / 250
第二节　胺 / 253

一、胺的分类 / 253
二、胺的命名 / 253
三、胺的性质 / 254

第三节　重氮化合物和偶氮化合物 / 258
一、重氮化合物和偶氮化合物的命名 / 258
二、重氮盐的制备 / 258
三、重氮盐的性质 / 258

第四节　腈 / 261
一、腈的命名 / 261
二、腈的性质 / 261
【知识框架】/ 263
【课后习题】/ 263
【实训建议】/ 264

第十三章　绿色化学 ———————————————— 265

第一节　绿色化学基础知识 / 265
一、绿色化学定义 / 265
二、绿色化学十二条原则 / 266
三、原子经济性和原子利用率 / 266

第二节　新型转化方式 / 267
一、微波技术 / 267
二、超声波技术 / 268

三、等离子技术 / 268

第三节　绿色催化剂和绿色溶剂 / 269
一、绿色催化剂 / 269
二、绿色溶剂 / 272
【知识框架】/ 276
【课后习题】/ 277
【实训建议】/ 277

第十四章　化学实验室安全 ———————————————— 278

第一节　实验室安全管理 / 279
一、实验室安全管理一般要求 / 279
二、实验室安全管理特殊要求 / 280

第二节　化学实验室安全保障与防范措施 / 281
一、常用化学仪器的安全使用 / 281
二、个人防护要求 / 282
三、药品领用、存贮及操作相关规定 / 283
四、用电安全相关规定 / 283

五、压力容器使用安全规定 / 284
六、实验室环境安全要求 / 285
七、化学实验室其他防护注意事项 / 285

第三节　实验室常用安全防护装备 / 286
一、个体常用安全防护装备 / 286
二、实验室配备安全防护设备 / 289
【知识框架】/ 290
【实训建议】/ 290

参考文献 ———————————————— 291

第一章
化学基础知识

知识目标：1. 了解物质不同聚集状态的性质及特点；掌握溶液浓度的表示方式，理解物质的量浓度、质量浓度、质量分数和体积分数等表示方式的特点；了解胶体溶液的特性以及溶液浓度、渗透压和胶体溶液的应用等；
2. 了解原子的组成、核外电子运动状态的描述及核外电子排布周期性变化规律；了解原子半径、元素化合价、元素金属性和非金属性的周期性变化；理解离子键、共价键的形成过程及方向性和饱和性。

能力目标：1. 能进行简单的关于溶液浓度的计算和常用表示方式的换算；
2. 能根据元素周期表判断元素原子的性质。

本章总览：自然界中的物质处于哪种聚集状态，取决于物质本身的性质和外界的条件。物质这种宏观状态的不同，是由组成物质的微观粒子的热运动及其相互作用相对强弱程度的不同造成的。同时，微观粒子之间的相互作用力对于物质的熔点、沸点、熔化热、汽化热以及溶解度等物理性质起着非常重要的作用。通过本章的学习，能够对物质的宏观表现——气体、溶液和胶体的基本性质，原子的内部结构以及分子间的作用力具备基本的了解。

第一节　气体、溶液和胶体

气体、溶液和胶体是与人类生活及环境息息相关的重要物质状态。氧气是人类维持生命不可或缺的一种气体，同时炼钢、气焊等工业生产也都需要它。许多化学反应需要在溶液中进行，强电解质在溶液中进行的反应实际上是离子间的反应；食物的消化和吸收、营养物质的运送和转化、代谢物的排泄都离不开溶液；人体内的体液，如血液、组织液、淋巴液等，也属于溶液和胶体的范畴。构成机体组织和细胞的基础物质，如蛋白质、核酸、糖原等都可以胶体的形式存在；许多药物也只有制成胶体才容易被吸收；各种灰尘和烟雾的处理也与胶体知识有关。

一、气体

气体是指无形状、有体积的可压缩和膨胀的流体，其最显著的特征是具有扩散性和可压缩性。气态物质的原子或分子相互之间可以自由运动。

小贴士：

等离子体

等离子体是部分或全部电离的气体。按照物质聚集状态的顺序，等离子体位居固体、液体、气体之后，所以也称为物质的第四态。等离子体不仅与固体、液体不同，而且与普通的由中性原子、分子组成的气体也不大相同。

气态物质的原子或分子的动能比较高。气体形态可被其体积 V、温度 T 和压力 p 所影响。这几项要素构成了多项气体定律,而三者之间又可以互相影响,联系三者之间关系的方程称为状态方程。

1. 理想气体

(1) 理想气体状态方程

从 17 世纪中叶到 19 世纪初,科学家们在大量实践的基础上归纳总结出低压气体共同遵守的三个定律:波义耳定律、盖-吕萨克定律以及阿伏伽德罗定律。在这三个定律的基础上,人们归纳出了一个对各种纯低压气体均适用的气体状态方程:

$$pV = nRT$$

上式称为理想气体状态方程。式中,p 为气体的压力,单位为 Pa;V 为气体的体积,单位为 m^3;n 为气体的物质的量,单位为 mol;T 为热力学温度,单位为 K;R 为摩尔气体常数,一般计算中可取 $R = 8.314 J/(mol \cdot K)$。

> **小贴士:**
> **理想气体**
> 理想气体又称完全气体,是理论上假想的一种把实际气体性质加以简化的气体,实际并不存在。实际气体中,凡是本身不易被液化的气体,它们的性质很接近于理想气体,其中最接近理想气体的气体是氢气和氦气。

【例】用管道输送天然气,当输送压力为 200kPa,温度为 25℃时,管道内天然气的密度为多少?假设天然气可看作纯甲烷。

解:因甲烷的摩尔质量 $M = 16.04 \times 10^{-3} kg/mol$

所以

$$\rho = \frac{m}{V} = \frac{pM}{RT} = \frac{200 \times 10^3 Pa \times 16.04 \times 10^{-3} kg/mol}{8.314 [Pa \cdot m^3/(mol \cdot K)] \times (25 + 273.15)K}$$
$$= 1.294 kg/m^3$$

(2) 理想气体模型

理想气体可看作真实气体在压力趋于零时的极限情况,其在微观上具有以下两个特征:

① 分子间无相互作用,即分子间的碰撞是完全弹性的碰撞;

② 分子本身不占有体积,即分子本身的大小可以忽略不计。

严格地说,只有符合理想气体模型的气体才能在任何温度和压力下均服从理想气体状态方程。或者说,在任何温度、压力下均符合理想气体模型,或服从理想气体状态方程的气体才能称为理想气体。

气体有实际气体和理想气体之分,只有低压下的实际气体才能被近似地视为理想气体。理想气体不考虑气体的体积及相互作用力,使问题大大简化,为研究实际气体奠定了基础。

2. 理想气体混合物

化学化工实验和生产中涉及的气体绝大多数是气体混合物,例如从烟道气中脱除二氧化硫气体,回收合成氨尾气中的氢气等,因此,研究适用于气体混合物的规律有着非常重要的实际意义。

由于理想气体状态方程 $pV = nRT$ 反映了理想气体的共性,也就是说,该方程与气体的化学组成无关,因此将其应用于理想气体混合物与纯物质理想气体时没有原则差别。前人在对低压混合气体研究的基础上,归纳出两个适用于理想气体混合物的经验规律:道尔顿(Dalton)分压定律和阿马加（Amagat）分体积定律。

(1) 道尔顿分压定律

对于混合气体，无论是理想的还是非理想的，都可用分压力的概念来描述其中某一气体的压力。每种气体对总压力的贡献即该气体的分压力：

$$p_B \stackrel{\text{def}}{=} y_B p$$

式中，y_B 为组分 B 的摩尔分数；p 为总压力；p_B 为 B 的分压力。

因为混合气体中各种气体的摩尔分数之和 $\sum_B y_B = 1$，所以各种气体的分压力之和即总压力：

$$p = \sum_B p_B$$

上两式对所有混合气体都适用，即使是高压下远离理想状态的真实气体混合物。

对于理想气体混合物，由 $y_B = n_B / \sum_B n_B$ 可得：

$$p_B = \frac{n_B RT}{V}$$

即理想气体混合物中某一组分的分压力等于该组分在相同温度 T 下单独占有总体积 V 时所具有的压力。显而易见，混合气体的总压力等于各组分单独存在于混合气体的温度、体积条件下所产生压力的总和，此即道尔顿定律。它是道尔顿于 1810 年在研究低压气体性质时提出的，亦称为道尔顿分压定律或简称分压定律。

【例】 已知混合气体中各组分的物质的量分数分别为：氯乙烯 0.72、氯化氢 0.10 和乙烯 0.18。在保持压力 101.325kPa 不变的条件下，用水洗去氯化氢，干燥，求剩余干气体中各组分的分压力。

解： 剩余干气体为氯乙烯和乙烯

氯乙烯的物质的量分数：$y_{氯乙烯} = \dfrac{0.72}{0.72 + 0.18} = 0.8$

氯乙烯的分压力：$p_{氯乙烯} = 0.8 \times 101.325\text{kPa} = 81.06\text{kPa}$

乙烯的分压力：$p_{乙烯} = (101.325 - 81.06)\text{kPa} = 20.265\text{kPa}$

(2) 阿马加分体积定律

对于低压气体混合物，除道尔顿分压定律外，还有与之相应的阿马加分体积定律。1880 年阿马加在研究低压气体性质时发现，低压气体混合物的总体积 V 等于各组分 B 在相同温度 T 及总压 p 条件下占有的体积 V_B^* 之和。其数学表达式为

$$V = \sum_B V_B^*$$

阿马加分体积定律是理想气体 pVT 性质的必然结果，由理想气体混合物状态方程很容易证明阿马加分体积定律：

$$V = nRT/p = \left(\sum_B n_B\right)RT/p = \sum_B \left(\frac{n_B RT}{p}\right) = \sum_B V_B^*$$

其中
$$V_B^* = \frac{n_B RT}{p}$$

V_B^* 亦称为 B 的分体积。阿马加定律表明理想气体混合物的体积具有加和性，在相同温度、压力下，混合后的总体积等于混合前各纯组分的体积之和。

理想气体 B 的摩尔分数可表示为：

$$y_B = \frac{n_B}{n} = \frac{p_B}{p} = \frac{V_B^*}{V}$$

即理想气体混合物中某一组分 B 的分压力与总压力之比，或分体积与总体积之比等于该组分的摩尔分数 y_B。

同样，阿马加分体积定律严格来讲只适用于理想气体混合物，但对于低压下的真实气体混合物可近似适用。压力升高后，混合前后气体的体积大多会发生变化，阿马加分体积定律不再适用。

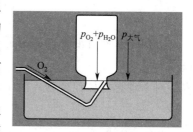

【例】 加热分解 $KClO_3$ 以制备 O_2，生成的 O_2 用排水集气法收集（见图）。在 25℃ 和 101.3kPa 的大气压力下，收集到 245mL 的气体。试计算：(1) O_2 的物质的量；(2) 干燥 O_2 的分容。（已知 25℃ 时水的饱和蒸气压 $p_{H_2O}^* = 3.168kPa$）

解： 收集到的气体是 O_2 和饱和水蒸气的混合物，O_2 的分压为：

$$p_{O_2} = p_{大气} - p_{H_2O}^* = 101.3kPa - 3.168kPa = 98.132kPa$$

(1) O_2 的物质的量：

$$n_{O_2} = \frac{p_{O_2}V}{RT} = \frac{98.132 \times 10^3 Pa \times 245 \times 10^{-6} m^3}{8.314[J/(K \cdot mol)] \times 298.15K} \approx 9.70 \times 10^{-3} mol$$

(2) 干燥 O_2 的分容：

$$V_{O_2} = V \times \frac{p_{O_2}}{p} = 245mL \times \frac{98.132kPa}{101.3kPa} \approx 237mL$$

3. 实际气体

随着实验技术的发展，人们发现在低温、高压下，各种气体都毫无例外地存在对理想气体定律的偏差。

范德华（J. D. van der Waals）1881 年提出了一个实际气体的状态方程，其形式为：

$$\left(p + \frac{a}{V_m^2}\right)(V_m - b) = RT$$

或

$$\left(p + \frac{n^2 a}{V^2}\right)(V - nb) = RT$$

式中，压力和体积都有一个校正项，它们都有明确的物理意义。其中，a/V_m^2 是因为分子间有吸引力而对压力的修正，称为内压（internal pressure）；b 是因分子本身有大小而对体积的修正，称为已占体积（excluded volume）。

范德华方程建立在一个实际气体微观模型的基础上。这个模型将实际气体视为具有一定大小的硬球,硬球之间存在着相互吸引力。方程中的内压和已占体积项,便是该微观模型的具体体现。a 和 b 是取决于物体本性的特性参数,称为范德华常数。

表 1-1 列出了一些气体的范德华常数 a 与 b。

表 1-1　一些气体的范德华常数 a 与 b

气体	$a/(\text{Pa}\cdot\text{m}^6/\text{mol}^2)$	$b\times 10^3/(\text{m}^3/\text{mol})$	气体	$a/(\text{Pa}\cdot\text{m}^6/\text{mol}^2)$	$b\times 10^3/(\text{m}^3/\text{mol})$
Ar	0.1355	0.0320	H_2S	0.4514	0.04379
Cl_2	0.6343	0.0542	NO	0.146	0.0289
H_2	0.02452	0.02651	NH_3	0.4246	0.0372
N_2	0.1370	0.0387	CO	0.1472	0.03948
O_2	0.1382	0.03186	CO_2	0.3658	0.0429
H_2O	0.5537	0.0305	CH_4	0.2302	0.0431

思考与讨论

> 理想气体状态方程的应用条件和范围是怎样的?实际气体偏离理想气体的原因有哪些?范德华方程对理想气体状态方程的哪几项进行了修正?在什么条件下可以应用理想气体状态方程进行相关计算?

二、溶液

由两种或两种以上物质混合形成的均匀稳定的分散体系,称作溶液。按此定义,溶液可以是液态,也可以是气态或固态。气体的混合体系可以看作是气态溶液,而金属冶炼中形成的合金则可以看作固态溶液。由于绝大多数化学反应是在液态溶液中完成的,所有本节着重讨论与液态溶液有关的问题。

一般人们把能溶解其他物质的化合物称为溶剂,把被溶解的物质称作溶质。溶剂又分为无机溶剂和有机溶剂,水是最基本的无机溶剂。

化工生产及科学实验中经常要用到溶液。在制备和使用溶液时,首要的问题是溶液的浓度,它是指溶液中溶剂 A 和溶质 B 的相对含量。在实际生产和科研中,根据使用方便程度的不同,浓度可有不同的表示方法,如质量浓度、物质的量浓度(摩尔浓度)、质量摩尔浓度等。一瓶配好的溶液不仅要标明其正确的浓度,还需标明溶质和溶剂的名称,若是水溶液,则只标明溶质即可。

1. 溶液组成表示方法

(1) 溶质 B 的质量分数(mass fraction)

以溶质 B 的质量与全部溶液质量之比表示的溶液浓度为溶质 B 的质量分数,量纲为 1,符号为 ω_B。例如,对于 16gNaCl(s) 溶于 $100gH_2O(l)$ 中所成的溶液,$\omega_{NaCl}=\dfrac{16g}{(16+100)g}\approx 0.14$。

> **小贴士:**
>
> **溶液**
>
> 溶液是均一、稳定的混合物,被分散的物质(溶质)以分子或更小的质点分散于另一物质(溶剂)中。物质在常温下有固体、液体和气体三种状态,因此溶液也有三种状态。大气本身就是一种气体溶液,固体溶液混合物常称固溶体,如合金。一般溶液只专指液体溶液。液体溶液包括两种,即能够导电的电解质溶液和不能导电的非电解质溶液。生活中常见的溶液有蔗糖溶液、碘酒、澄清石灰水、稀盐酸、盐水、空气等。

(2) 溶质 B 的摩尔分数（mole fraction）

以溶质 B 的物质的量与溶液总物质的量之比表示的溶液浓度为溶质 B 的摩尔分数，量纲为 1，液相和固相用 x_B 表示，气相用 y_B。

设 n_A 和 n_B 分别为溶液中溶剂和溶质的物质的量，则：

$$x_B = \frac{n_B}{n_A + n_B}$$

而

$$x_A = \frac{n_A}{n_A + n_B}$$

显然，溶质与溶剂的摩尔分数之和应该等于 1。

(3) 溶质 B 的体积分数（volume fraction）

纯溶质 B 的体积与溶液总体积之比称为溶质 B 的体积分数，用符号 φ_B 表示。表达式为：

$$\varphi_B = \frac{V_B}{V}$$

式中，V_B 为纯溶质的体积；V 为溶液的体积。体积分数可用小数表示，亦可用百分数表示。

当纯溶质为液态（如酒精、甘油等）时，常用体积分数（φ_B）表示溶液的组成。例如，市售普通药用酒精 $\varphi_{酒精} = 0.95$ 或 $\varphi_{酒精} = 95\%$ 的酒精溶液；临床上，$\varphi_{酒精} = 0.75$ 或 $\varphi_{酒精} = 75\%$ 的酒精溶液用作外用消毒剂，称为消毒酒精，$\varphi_{酒精} = 0.30 \sim 0.50$ 的溶液用于高烧病人的擦浴以降低体温。

(4) 溶质 B 的浓度（concentration）

溶质 B 的浓度也称溶质 B 的物质的量浓度，以溶质 B 的物质的量与溶液体积的商表示的溶液浓度。表达式为：

$$c_B = \frac{n_B}{V}$$

式中　n_B——物质 B 的物质的量，mol；

　　　V——溶液的体积，m^3 或 L；

　　　c_B——溶质 B 的浓度，mol/m^3，常用单位 mol/L。

按照物质的量浓度的定义，如果 1L 溶液中含有 0.5mol 的 NaCl，则这种溶液中 NaCl 的物质的量浓度 c_{NaCl} 为 0.5mol/L。

【例】 将 23.4g NaCl 溶于水中，配成 250mL 溶液，计算所得溶液中溶质的物质的量浓度。

解：NaCl 的物质的量：

$$n = \frac{m}{M} = \frac{23.4}{58.5} = 0.4 (mol)$$

NaCl 溶液物质的量浓度：

$$c = \frac{n}{V} = \frac{0.4}{0.25} = 1.6 (mol/L)$$

答：NaCl 溶液中溶质的物质的量浓度为 1.6mol/L。

(5) 质量浓度（mass concentration）

单位体积溶液所含溶质 B 的质量称为 B 的质量浓度。质量浓度的符号

为 ρ_B。表达式为：

$$\rho_B = \frac{m_B}{V}$$

式中，m_B 为溶质 B 的质量；V 为溶液的体积。质量浓度的单位为 kg/m^3，常用单位为 g/L。

使用质量浓度表示溶液组成时，注意其与密度（ρ）的区别：密度为溶液的质量与溶液的体积之比，即 $\rho = m/V$，单位为 kg/L 或 g/mL。为了避免与密度符号混淆，质量浓度一定要用下角标。

【例】 生理盐水的规格是 0.5L 生理盐水中含 4.5g NaCl，生理盐水的质量浓度是多少？若配制 1.2L 生理盐水，需要 NaCl 多少 g？

解：（1）已知

$$V = 0.5L, \quad m_{NaCl} = 4.5g$$

$$\rho_{NaCl} = \frac{m_{NaCl}}{V} = \frac{4.5g}{0.5L} = 9g/L$$

（2）已知

$$\rho_{NaCl} = 9g/L, \quad V = 1.2L$$

由 $\rho_{NaCl} = \frac{m_{NaCl}}{V}$ 得

$$m_{NaCl} = \rho_{NaCl} \times V = 9g/L \times 1.2L = 10.8g$$

答：生理盐水的质量浓度为 9g/L。配制 1.2L 生理盐水需要 10.8g NaCl。

物质的量浓度 c_B 与质量浓度 ρ_B 之间的换算：这类换算的关键问题是溶质的质量（m_B）与溶质的物质的量（n_B）之间的转换，转换的桥梁是溶质的摩尔质量（M_B）。

$$\rho_B / c_B = \frac{m_B/V}{n_B/V} = \frac{m_B}{n_B} = M_B$$

即 $\quad c_B = \rho_B / M_B$

或 $\quad \rho_B = c_B - M_B$

【例】 已知 NaCl 溶液的质量浓度为 9g/L，求该溶液的物质的量浓度。

解： 已知

$$\rho_{NaCl} = 9g/L, M_{NaCl} = 58.5g/mol$$

$$c_{NaCl} = \rho_{NaCl} / M_{NaCl} = 9g/L / 58.5g/mol \approx 0.15mol/L$$

答：该溶液的物质的量浓度为 0.15mol/L。

2.溶解度

（1）饱和溶液与不饱和溶液

在一定温度下，向一定量的溶剂中加入某种溶质，当溶质不能继续溶解时，所得溶液叫作饱和溶液；还能继续溶解溶质的溶液，叫作不饱和溶液。例如，将 5g 氯化钠溶解在 20mL 水中可得到澄清、透明的氯化钠溶液，再往该溶液中加入氯化钠还能继续溶解时，这种氯化钠溶液为不饱和溶液；但向20mL水中加入10g氯化钠并充分振荡后，仍然有部分氯化钠不能溶解，则所得的溶液就是饱和溶液。

一定温度下，饱和溶液的浓度就是该温度下物质在这种溶剂中的溶解度。

(2) 溶解度的表示方法

固体物质的溶解度通常用一定温度下，100g溶剂达到饱和状态时所溶解的固体物质的质量来表示。例如，20℃时，在100g水中最多能溶解36g氯化钠（这时溶液达到饱和状态），所以20℃时，氯化钠在水中的溶解度为36g。

气体的溶解度通常指的是该气体（其压强为1标准大气压）在一定温度时溶解在1体积水里的体积数，也常用"g/100g溶剂"作单位。

比例溶解度（1：X）表示药品在溶剂中的溶解度，其含义为：1g固体或1mL液体药品能在XmL溶剂中溶解。例如，1g硼酸能在18mL水或4mL甘油中溶解，所以硼酸在水中的溶解度为1：18，在甘油中的溶解度为1：4。

3. 分配定律

分配定律是描述溶质在两个互不相溶液体中分配的定律，即在恒温、恒压下，若某一物质溶解在两个同时存在的互不相溶的液体中，达到平衡后，该物质在两溶液中的浓度之比为定值，该比值称为分配系数，用K表示。影响K值的因素有温度、压力、溶质及两种互不相溶溶液的性质等。

分配定律对利用吸收方法来分离气体混合物的工艺有指导作用，也可用来定量计算萃取分离时被提取物的质量或吸收一定量的物质所需的液体量。

【例】 常温时，I_2在水和四氯化碳溶液中的分配系数为0.0177，将1g I_2溶解在10 L水中，然后用4.5 L四氯化碳溶液进行萃取，试计算一次萃取和分三次萃取的萃取量分别是多少？

解：由 $K = \dfrac{\rho_{H_2O}}{\rho_{CCl_4}} = \dfrac{\dfrac{m_{H_2O}}{V_{H_2O}}}{\dfrac{m_{CCl_4}}{V_{CCl_4}}}$

又由 $m_{H_2O} + m_{CCl_4} = 1g$

所以一次萃取的萃取量为：

$m_{CCl_4} = 0.9747g$

分三次萃取时，每次使用1.5 L四氯化碳溶液，则最终的萃取量为：

$m_{CCl_4} = 0.9996g$

4. 稀溶液的两个经验定律

(1) 拉乌尔定律

在一定温度下于纯溶剂A中加入溶质B，无论溶质挥发与否，溶

小贴士：

稀溶液

稀溶液是相对于浓溶液而言的，即溶质在溶液中含量少，浓度较小的称为稀溶液，而溶质在溶液中含量多，浓度大的称为浓溶液，因此稀溶液并没有很明确的定义。也就是说，溶液的浓稀只与溶质和溶液质量的比值有关，与溶液的温度、溶质和溶剂的种类等没有关系。

剂 A 在气相中的蒸气分压 p_A 都要下降。1886 年拉乌尔（Raoult F. M.）根据实验得出结论：稀溶液中溶剂的蒸气压等于同一温度下纯溶剂的饱和蒸气压与溶液中溶剂的摩尔分数的乘积。此即拉乌尔定律，可用下式表示：

$$p_A = p_A^* x_A$$

式中，p_A^* 为在同样温度下纯溶剂的饱和蒸气压；x_A 为溶液中溶剂的摩尔分数。

（2）亨利定律

1803 年亨利（Henry W.）在研究中发现，一定温度下气体在液态溶剂中的溶解度与该气体的压力成正比。这一规律对于稀溶液中的挥发性溶质也同样适用。

一般来说，气体在溶剂中的溶解度很小，所形成的溶液属于稀溶液范围。气体 B 在溶剂 A 中的组成由 B 的摩尔分数 x_B、浓度 c_B 等表示时，均与气体溶质 B 的压力近似成正比，用下式表示，即：

$$p_B = k_{x,B} x_B$$

因此，亨利定律可表述为：在一定温度下，稀溶液中挥发性溶质在气相中的平衡分压与其在溶液中的摩尔分数成正比。比例系数称为亨利系数，它与温度有关，温度升高，挥发性溶质的挥发能力增强，亨利系数增大。此外，同一系统，当使用不同的组成标度时，亨利系数的单位不同，其数值也不一样。

若有几种气体同时溶于同一溶剂中形成稀溶液，则每种气体的平衡分压与其溶解度的关系均可使用亨利定律。

5. 稀溶液的依数性及其应用

稀溶液的依数性（colligative properties），是指只依赖溶液中溶质质点的数量，而与溶质分子本性无关的性质。依数性包括溶液中溶剂蒸气压下降、凝固点降低（析出固态纯溶剂）、沸点升高（溶质不挥发）和渗透压。由于溶液中 $x_A < 1$，溶液中溶剂的化学势小于同样温度、压力下纯溶剂的化学势，这正是造成上述稀溶液依数性的原因。严格来讲，本节依数性的公式只适用于理想稀溶液，对稀溶液只是近似适用。

（1）溶剂蒸气压下降

如果将液体（如水）置于密闭容器中，如图 1-1 所示，液体同时进行着蒸发和凝聚的过程。一定温度下，最终达到蒸发速率等于凝聚速率的平衡状态，此时蒸气所具有的压力称为该温度下液体的饱和蒸气压 p_A^*，简称蒸气压。蒸气压的大小与物质的本性有关，并随温度的升高而增大，在一定温度下是恒定值。例如，水的蒸气压在 0℃（273K）时为 610.50Pa，50℃（323K）时为 12334Pa，而在 100℃（373K）时的蒸气压增大为 101325Pa。

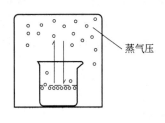 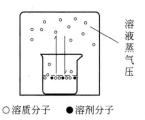

图 1-1　纯液体的蒸气压　　　　　　　　图 1-2　溶液的蒸气压

如果将难挥发溶质溶解在溶剂中形成溶液,如图 1-2 所示,由于溶剂的部分表面被溶质分子占据,单位时间逸出液面的溶剂分子数相应减少,所以,溶液的蒸气压 p_A 必然低于同温度下纯溶剂的饱和蒸气压 p_A^*。这种现象称为溶液的蒸气压下降。溶液的浓度越大,单位体积溶液中溶质的粒子数越多,溶液的蒸气压就越低,溶液的蒸气压下降得就越多。

对于稀溶液,将拉乌尔定律 $p_A = p_A^* x_A$ 代入,得:

$$\Delta p_A = p_A^* - p_A = p_A^* - p_A^* x_A = p_A^*(1 - x_A)$$

故

$$\Delta p_A = p_A^* x_B$$

$\Delta p_A = p_A^* - p_A$ 为溶剂的蒸气压下降值。上式说明,稀溶液中溶剂蒸气压的下降值与溶液中溶质的摩尔分数成正比,比例系数即同温度下纯溶剂的饱和蒸气压。

上式 $\Delta p_A = p_A^* x_B$ 还可以表示为:

$$\Delta p_A / p_A^* = x_B$$

即稀溶液中溶剂蒸气压的相对下降值等于溶液中溶质的摩尔分数,与溶质的种类无关。

(2) 凝固点降低(析出固态纯溶剂)

在一定外压下,液体逐渐冷却开始析出固体时的平衡温度称为液体的凝固点,固体逐渐加热开始出现液体时的温度称为固体的熔点。对于纯物质,在同样的外压下,凝固点和熔点是相同的。

对于溶液及混合物,一般来说,凝固点和熔点并不相同,前者高于后者。溶液的凝固点不仅与溶液的组成有关,还与析出固相的组成有关。在 B 与 A 不形成固态溶液的条件下,当溶剂 A 中溶有少量溶质 B 形成稀溶液时,则从溶液中析出固态纯溶剂 A 的温度,即溶液的凝固点就会低于纯溶剂在同样外压下的凝固点,并且遵循一定的公式,这就是凝固点降低现象。

(3) 沸点升高(溶质不挥发)

沸点是液体饱和蒸气压等于外压时的温度。若纯溶剂 A 中加入非挥发的溶质 B,溶液的蒸气压即溶液中溶剂 A 的蒸气压要小于同样温度下纯溶剂 A 的蒸气压。因此溶液中 A 的蒸气压曲线位于纯溶剂 A 蒸气压曲线的下方(图 1-3)。图 1-3 绘出了恒定外压(通常是在大气压力)下液态纯溶剂 A 和溶液中溶剂 A 的蒸气压曲线 $o^* c^*$ 和 oc。溶液的组成为 b_B。从图 1-3 中可以看出,在纯溶剂 A 的沸点 T_b^* 下,A 的蒸气压等于外压时,溶液的蒸气压低于外压,故溶液不沸腾。要使溶液在同一外压下沸腾,必须

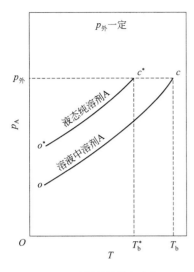

图 1-3 稀溶液的沸点升高

使温度升高到 T_b，溶液的蒸气压等于外压时方可。显然 $T_b > T_b^*$。这种现象称为沸点升高。$\Delta T = T_b - T_b^*$ 称为沸点升高值。

（4）渗透压

有许多人造的或天然的膜对于物质的透过有选择性。例如亚铁氰化铜膜只允许水而不允许水中的糖透过；有些动物膜如膀胱等，可以使水透过，却不能使摩尔质量高的溶质或者胶体粒子透过。这类膜称为半透膜。在一定温度下用一个只能使溶剂透过而不能使溶质透过的半透膜把纯溶剂与溶液隔开，溶剂就会通过半透膜渗透到溶液中使溶液液面上升，直到溶液液面升到一定高度达到平衡状态，渗透才停止，如图 1-4(a) 所示。这种对于溶剂的膜平衡，叫作渗透平衡。渗透平衡时，溶剂液面和同一水平的溶液截面上所受的压力分别为 p 及 $p+\rho g h$（ρ 是平衡时溶液的密度；g 是重力加速度；h 是溶液液面与纯溶剂液面的高度差），后者与前者之差称作渗透压，以 Π 表示。任何溶液都有渗透压，但是如果没有半透膜将溶液与纯溶剂隔开，渗透压即无法体现。测定渗透压的一种方法，是在溶液一侧施加一额外压力使达到渗透平衡，此额外压力即渗透压 Π，如图 1-4(b) 所示。

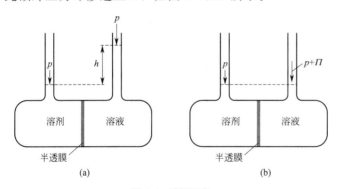

图 1-4 渗透平衡

在如图 1-4(b) 所示的装置中，当施加在溶液与纯溶剂上的压力差大于溶液的渗透压时，则溶液中的溶剂通过半透膜渗透到纯溶剂中，这种现象称为反渗透。反渗透最初用于海水的淡化，后来又用于工业废水的处理。

思考与讨论

为什么农田中施肥太多时农作物会被烧死？盐碱地的农作物会长势不良甚至枯萎？

三、胶体

胶体化学所研究的领域是化学、物理学、材料科学、生物化学等诸学科的交叉与重叠。胶体化学所研究的主要对象是高度分散的多相系统。把一种或几种物质分散在一种介质中所构成的系统，称为分散系统。被分散的物质称为分散相，而另一种呈连续分布的物质称为分散介质。根据分散相粒子的大小，分散系统可分为真溶液、粗分散系统和胶体分散系统。

① 真溶液。当被分散物质以分子、原子或离子（质点直径 $d<1nm$）形式均匀地分散在分散介质中时，形成的系统即真溶液。它分固态溶液、液体溶液和气-水溶液等。很显然，真溶液为均相系统，溶质、溶剂间不存在相界面，且不会自动分离成两相，为热力学稳定系统。真溶液常表现出透明、不发生光散射、溶质扩散快、溶质和溶剂均可透过半透膜等特征。

② 粗分散系统。分散相粒子直径 $d>1000nm$ 的分散系统即粗分散系统。它包括悬浮液、乳状液、泡沫、粉尘等。在粗分散系统中，分散相和分散介质间有明显的相界面，分散相粒子易自动发生聚集而与分散介质分开，因为多相，它为热力学不稳定系统，且表现出不透明、浑浊、分散相不能透过滤纸等特征。

③ 胶体分散系统。分散相粒子直径 d 介于 $1\sim1000nm$ 之间的高分散系统即胶体分散系统。其分散相可以是由许多（通常 $10^3\sim10^6$ 个）原子或分子组成的有界面的粒子，也可以是没有相界面的大分子或胶束，前者称为溶胶，后者称为高分子溶液或缔合胶体。

> **小贴士：**
> **胶体溶液**
> 胶体溶液，更确切地说应称为溶胶。常见的胶体溶液有：烟、云、雾是气溶胶；烟水晶、有色玻璃、水晶是固溶胶；蛋白质溶液、淀粉溶液是液溶胶，淀粉胶体、蛋白质胶体是分子胶体；土壤是粒子胶体。

（一）溶胶

由于分散相粒子很小，且分散相与分散介质间有很大的相界面、很高的界面能，因而溶胶是热力学不稳定系统。溶胶的多相性、高分散性和热力学不稳定性决定了它有许多不同于真溶液和粗分散系统的性质，如光散射等。

1. 溶胶的光学性质

溶胶的光学性质是其高分散性和多相不均匀性的反映。可见光的波长一般为 400～760nm，普通显微镜的分辨率在 200nm 以上，而一般溶液粒子的直径在 100nm 以下，所以用普通显微镜无法观察到胶粒。由于溶胶粒子的高分散性，且其直径小于可见光波长，所以其显示出一些特有的光学性质。人们可以利用这些光学性质来识别溶胶，研究溶胶粒子的大小、形状和运动规律。

1869年，英国物理学家丁铎尔（Tyndall）发现，在暗室中，若将一束会聚光通过溶胶，则从侧面（与光束垂直的方向）可以看到一个发光的圆锥体，这就是丁铎尔效应，又称乳光效应。其他分散系统也会产生微弱的乳光效应，但远不如溶胶显著。

丁铎尔效应（图1-5）是判断溶胶与分子溶液的最简便方法。

当光线射入分散系统时可能发生以下两种情况：若分散相的粒子大于入射光的波长，则主要发生光的反射或折射现象，粗分散系统就属于这种

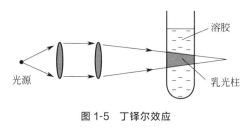

图 1-5 丁铎尔效应

情况；若分散相的粒子小于入射光的波长，则会发生光的散射，因散射是光波绕过粒子而向各个方向射出的，所有能从侧面看到乳光，因此丁铎尔效应其实是由胶体粒子发生光的散射而引起的。

思考与讨论

> 为什么晴朗时天空呈蓝色，晚霞呈红色？

2. 溶胶的动力学性质

一般溶胶的胶粒为 $1\sim100nm$ 的粒子，具有布朗（Brown）运动、扩散和沉降和沉降平衡等一系列动力学性质。

（1）布朗运动

1827 年，植物学家布朗用显微镜观察到悬浮在液面上的花粉粉末不断地做不规则运动，后来他又发现许多其他物质（如煤、化石、金属等）的粉末也都有类似的现象。人们将微粒的这种运动称为布朗运动。在溶胶中，用超显微镜可以观察到溶胶粒子不断地做不规则"之"字形运动，如图 1-6 所示。大量的实验观察表明，粒子越小，布朗运动越激烈。其运动的激烈程度不随时间而改变，但随温度的升高而增加。

1905 年和 1906 年，爱因斯坦（Einstein）等人分别阐述了布朗运动的本质，认为布朗运动是分散介质以大小不同和方向不同的力对胶体粒子不断撞击而产生的，如图 1-7 所示，由于受到的力不平衡，所以粒子连续以不同方向、不同速度做不规则的运动。对于粗分散粒子来说，各个方向上所受撞击的概率相等，合力为零，所以不能发生位移，布朗运动消失。

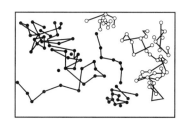

图 1-6 布朗运动

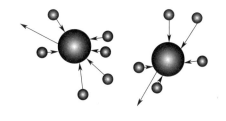

图 1-7 液体分子对胶体粒子的冲击

（2）胶粒的扩散

扩散，是指粒子自发地从高浓度区域向低浓度区域定向迁移的现象。扩散的推动力是浓度梯度，扩散最终会使得系统中各部分的浓度趋于相等。对于溶胶来说，由于胶粒也有热运动，因此也具有扩散作用。这种扩散作用其实是胶体粒子微观布朗运动的宏观表现。

(3) 沉降和沉降平衡

溶胶是高度分散系统，胶粒受到重力的吸引会向下沉降，从而使得系统下部的浓度趋向增大，上部的浓度趋向减小。这种浓度差的存在会使得胶体粒子自下而上的扩散作用逐渐增强，使系统的浓度趋向统一。当这两种效应相反的力相等时，粒子的分布达到平衡，粒子的浓度随高度不同有一定的梯度，这种平衡称为沉降平衡，如图1-8所示。达到沉降平衡时，粒子随高度分布的情况可以用高度分布定律进行描述。

3. 溶胶的电学性质

溶胶分散相的固体粒子与分散介质之间存在着明显的相界面，实验表明，在外电场作用下，胶粒与介质分别向带相反电荷的电极移动，于是就产生了电泳或电渗现象；反过来，当胶粒在重力场作用下发生沉降时会产生沉降电势。这些与电势差有关的相对运动称为电动现象。

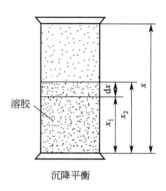

图1-8 粒子沉降平衡

(1) 电泳

溶胶粒子在外加电场的作用下在分散介质中定向移动的现象称为电泳。图1-9为电泳装置，$Fe(OH)_3$溶胶和NaCl溶液之间有明显的界面。通入直流电后，靠正极一端的界面会下降，靠负极一端的界面会上升，即$Fe(OH)_3$溶胶向负极方向移动，由此可见，溶胶粒子是带电的，若正极一侧界面升高则溶胶粒子带负电，这类的溶胶有硫溶胶、贵金属溶胶等；若负极一侧界面升高则溶胶粒子带正电，如金属氧化物溶胶、氢氧化铁溶胶等。

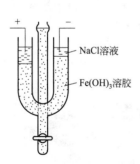

图1-9 界面移动电泳装置

影响电泳的因素有：带电粒子的大小、形状；粒子表面电荷的数目；介质中电解质的种类、离子强度、pH和黏度；电泳的温度和外加电压等。从电泳现象人们可以获得胶粒的结构、大小、形状等有关信息；还可以用电泳来分离蛋白质、静电除尘、进行电镀等。当前工业上的静电除尘实际上就是烟尘气溶胶的电泳现象。

(2) 电渗

在外加电场作用下，若溶胶粒子不动（如将其吸附固定于棉花或凝胶等多孔性物质中），而液体介质做定向移动，则这种现象称为电渗。图1-10为电渗管，即在U形管中盛入液体，将电极接通直流电后，可从有刻度的毛细管中准确地读出液面的变化，其中U形管中的多孔膜只允许介质通过，阻止胶体粒子通过。电渗也可用以判断粒子所带电荷的正负。如果多孔膜吸附带负电荷的粒子，则介质带正电，通电时向负极移动；反之，如果多孔膜吸附带正电荷的粒子，则带负电的介质向正极移动。

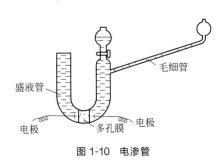

图 1-10 电渗管

外加电解质对电渗速率的影响比较显著，随着电解质浓度的增加，电渗速率降低，甚至会改变电渗的方向。

电渗有许多实际应用，如溶胶净化、海水淡化、染料的干燥等。

（3）流动电势

在外力的作用下，溶胶被迫通过多孔隔膜或毛细管做定向流动，多孔隔膜两端所产生的电势差称为流动电势。

当溶胶流经多孔隔膜或毛细管时，多孔隔膜或毛细管会吸附带电的溶胶粒子，从而使多孔隔膜表面带电。而带相反电荷的介质在外力迫使下通过多孔隔膜形成流动层时，流动层与多孔隔膜表面之间就会产生电势差。当流速很快时，有时会产生电火花，这在化工生产过程中是非常危险的。例如，在用泵输送原油或易燃化工原料时，常常会使管道接地或加入油溶性电解质，以增加介质电导，防止产生流动电势而引发事故。

（4）沉降电势

在重力场或离心力场的作用下，分散相粒子在分散介质中迅速移动，在移动方向的两端所产生的电势差称为沉降电势。例如，贮油罐中的油内常会有水滴，水滴的沉降会形成很高的电势差，有时会引发事故，因此常在油中加入有机电解质，以增加介质电导，降低沉降电势。

上述的电动现象均说明溶胶粒子和分散介质带有不同性质的电荷。在四种电动现象中，以电泳和电渗最为重要。通过对电动现象的研究，人们可以进一步了解胶体粒子的结构以及外加电解质对溶胶稳定性的影响。

（二）高分子溶液

高分子溶液的分子大小虽然已经达到 1～1000nm，但由于不存在相界面，且不会自动发生聚沉，因而其仍属于均相热力学稳定系统。高分子溶液也称亲液胶体（因没有相界面，分散相以分子形式溶解，亲和力较强），而溶胶则称为憎液胶体（因有相界面，分散相和分散介质间亲和力较弱）。

（三）缔合胶体

分散相是由表面活性剂缔合形成的胶束。缔合胶体（有时也称为交替电解质）通常以水作为分散介质，胶束中表面活性剂的亲油基团向里，亲水基团向外，分散相与分散介质之间有很好的亲和性，因此也是一类均相热力学稳定系统。

为了便于比较，将上述依据分散相分散程度进行分类的情况集中以列表形式列出（表 1-2）。

表 1-2 分散系统分类（按分散相粒子大小）

类型		分散相粒子直径/nm	分散相	性质	实例
真溶液	分子溶液、离子溶液等	<1	小分子、离子、原子	均相,热力学稳定系统,扩散快、能透过半透膜,形成真溶液	氯化钠或蔗糖的水溶液、混合气体等
胶体分散系统	溶胶	1~1000	胶体粒子	多相,热力学不稳定系统,扩散慢、不能透过半透膜,形成胶体	金溶胶、氢氧化铁溶胶
	高分子溶液	1~1000	高(大)分子	均相,热力学稳定系统,扩散慢、不能透过半透膜	聚乙烯醇水溶液
	缔合胶体	1~1000	胶束	多相,热力学稳定系统,胶束扩散慢、不能透过半透膜	表面活性剂水溶液
粗分散系统	乳状液、泡沫、悬浮液	>1000	粗颗粒	多相,热力学不稳定系统,扩散慢或不扩散,不能透过半透膜或滤纸,形成悬浮液或乳状液	浑浊泥水、牛奶、豆浆等

另外，也可依据分散相和分散介质聚集状态的不同分类，溶胶可分为气溶胶（分散介质为气态）、液溶胶（分散介质为液态）和固溶胶（分散介质为固态）；而粗分散系统则可分为泡沫、乳状液、悬浮液等，详见表1-3。

表 1-3 分散系统分类（按聚集状态）

分散介质	分散相	名称	实例
气	液 固	气溶胶	云、雾、喷雾、烟、粉尘
液	气 液 固	泡沫 乳状液 液溶胶或悬浮液	肥皂泡沫 牛奶、含水原油 金溶胶、油墨、泥浆
固	气 液 固	固溶胶	泡沫塑料、珍珠、蛋白石、有色玻璃、部分合金

（四）凝胶

凝胶有一定的几何外形，因而能显示出固体的力学性质，如具有一定的强度、弹性和屈服值等。但从内部结构看，凝胶和通常的固体不一样，它由固-液（或气）两相组成，是胶体分散系统，具有液体的某些性质，如离子在水凝胶中的扩散速率接近于在水溶液中的扩散速率，这说明在新形成的水凝胶中，不仅分散相（搭成网结）是连续相，分散介质（水）也是连续相，这是凝胶的主要特征。

小贴士：

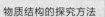

物质结构的探究方法

人们凭肉眼无法看到物质内部的微小结构，这给人们探究物质结构带来困难。科学家探究物质结构的方法很多，比如粉末衍射、单晶衍射（X射线，同步辐射等）电镜等可以探测物质中原子的空间排列，红外光谱探索共价键振动，核磁共振探索具有磁共振信号的原子周围的环境，荧光光谱、紫外-可见光谱探索分子的能级，质谱探索分子可能形成的片段，等等。

(五) 气溶胶

气溶胶是指液体或固体微粒均匀地分散在气体中形成的相对稳定的悬浮体系。微粒的动力学直径为 0.002~100μm。由于粒子比气态分子大,因而它们不像气态分子那样服从气体分子运动规律(其中小于 0.1μm 的微粒几乎不受地心引力作用而沉降),具有胶体的性质,故称为气溶胶。

> **思考与讨论**
>
> 破坏溶胶最有效的方法是什么?试举例说明。

第二节 物质结构基础

一些简单的单质和化合物,如氧气、氢气、氢氧化钠、氯化钠、乙醇、醋酸等,它们常温下有的是气态,有的是液态,有的是固态;有的是酸性物质,有的是碱性物质,有的具有氧化性,有的具有还原性。它们状态不同而且性质也千差万别,相互作用更是千变万化。这些性质和变化都与物质的内部结构有着直接的关系,要了解物质的性质及其变化规律必须首先了解物质的微观结构。通过学习本节原子结构和元素周期律、化学键等物质结构的知识,认识元素和物质的性质及其变化规律。

一、原子结构

(一) 原子的组成

1911 年,英国物理学家卢瑟福根据 α 射线散射实验结果提出了原子模型:原子的中心有一个带正电荷的原子核,核外是绕核旋转的带负电荷的电子。原子很小,其直径约为 10^{-10} m,而原子核比原子还小,它的直径为 10^{-16}~10^{-14} m。如果将原子核比喻成乒乓球,原子就相当于一个足球场。原子中绝大部分是空的,在核外运动的电子有着很大的空间。

原子核由带正电荷的质子和呈电中性的中子组成,原子核所带的正电荷来自于质子,每个质子带一个单位正电荷。因此,核电荷数等于核内质子数。电子带一个单位负电荷,原子核所带的正电荷数与核外电子所带的负电荷数相等,整个原子不显电性,所以核电荷数也等于核外电子数。构成原子的质子、中子和电子的基本物理数据见表 1-4。

表 1-4 构成原子的三种粒子的基本数据

原子的组成	原子核		电子
	质子	中子	
电性和电量	带 1 个单位的正电荷	不带电	带 1 个单位负电荷
质量	$1.6726×10^{-27}$kg	$1.6749×10^{-27}$kg	$9.109×10^{-31}$kg
相对质量	1.008	1.007	1/1836

按核电荷数由小到大的顺序给元素编号,所得的序号称为该元素的原子序数。如:氢元素原子核的核电荷数为 1,原子序数为 1,所以氢为 1 号

元素。原子序数在数值等于该元素原子的核电荷数。因此，对于原子来说：

原子序数＝核电荷数＝核内质子数＝核外电子数

例如，氧是8号元素，则氧原子的核电荷数为8，原子核内有8个质子，核外有8个电子。

原子的质量主要集中在原子核上。质子和中子的质量基本相同，按照原子量取值的方法，得到它们相对质量的近似值均为1。因为电子的质量很小，约为质子质量的1/1836，如果忽略电子的质量，则原子的相对质量等于质子数和中子数之和，该数值称为原子的质量数。

质量数(A)＝质子数(Z)＋中子数(N)

若用$^A_Z X$表示质量数为A、质子数为Z、中子数为N的原子，组成原子的粒子间的关系可以表示为：

$$原子\,^A_Z X \begin{cases} 原子核 \begin{cases} 质子\ Z\ 个 \\ 中子(A-Z)\ 个 \end{cases} \\ 核外电子\quad Z\ 个 \end{cases}$$

例如：$^{23}_{11}Na$表示钠原子的质量数为23，质子数为11，中子数为12，核外电子数为11，核电荷数为11，钠元素的原子序数为11。

（二）同位素及其应用

核电荷数相同的一类原子，它们的化学性质几乎完全相同，因此将具有相同核电荷数（质子数）的一类原子总称为元素。同种元素的质子数是相同的，但可能含有不同的中子数，这种质子数相同而中子数不同的同种元素的不同原子互称为同位素。例如，氢元素有三种同位素，见表1-5。

表1-5　氢元素的同位素及其原子的组成

同位素名称	符号	原子核		核电荷数	质量数
		质子数	中子数		
氕(pie)	^1_1H 或 H	1	0	1	1
氘(dao)	^2_1H 或 D	1	1	1	2
氚(chuan)	^3_1H 或 T	1	2	1	3

大多数元素都有同位素，例如：

碳元素的同位素有：$^{12}_6C$、$^{13}_6C$、$^{14}_6C$；

碘元素的同位素有：$^{127}_{53}I$、$^{131}_{53}I$；

钴元素的同位素有：$^{59}_{27}Co$、$^{60}_{27}Co$等。

同一元素的各种同位素的化学性质几乎完全相同。在自然界各种矿物质资源和化合物中，同一元素的各种同位素按一定比例混合在一起，因此计算元素的原子量时，应按照该元素的各种同位素原子所占的比例计算其平均值。

同位素可分为稳定性同位素和放射性同位素。能自发地放射出肉眼不可见的α、β或γ射线的同位素称为放射性同位素，不能放出射线的同位素称为稳定性同位素。例如，氢元素的^1_1H、^2_1H是稳定性同位素，而^3_1H是放射性同位素。用人工方法制造出的放射性同位素也称人造放射性同位素。

> **小贴士：**
> **同位素**
> 大多数天然元素都存在几种稳定的同位素。我国能生产的同位素品种越来越多，包括放射性药物，各种放射源，氢-3、碳-14等标记化合物，放化制剂，放射免疫分析用的各种试剂盒和稳定同位素及其标记化合物等。中国原子能科学研究院同位素的生产量，占全国总量的80%以上。我国同位素在国内的用户，由过去主要依靠进口，逐步转为大部分由国内生产自给。

二、原子核外电子的运动状态

原子是由原子核和核外电子组成的，而原子核外电子的运动状态及其排布决定了元素的化学性质。

宏观物体的运动遵循牛顿定律。汽车在公路上行驶，火车在铁轨上奔驰，人造卫星按一定轨道围绕地球旋转，上述普通物体运动的速度是可以测量的，并可根据其运动规律计算出它们在某一时刻所在的位置，并画出它们的运动轨迹。但是，电子在原子内的运动规律与上述普通物体的运动规律完全不同，它们在原子核外"十分宽敞"的空间内做高速运动。电子围绕原子核运动时没有确定的轨道，不能测量或计算出它在某一瞬间所在的位置，它们的运动不遵循牛顿力学定律，而是有着自身的特殊性。

在描述核外电子运动时，只能指出它在原子核外空间某处出现的机会为多少，这种机会在数学上叫作概率。电子在原子核外空间各区域出现的概率是不同的，在一定时间内，电子在某些地方出现的概率较大，而在另一些地方出现的概率较小。原子核外电子的运动虽然没有确定的运动轨道，但还是有规律的，只不过这些规律需要用特殊的方式来描述。

以核外只有一个电子的氢原子的核外电子运动为例，说明核外电子的运动状态。假设用一种特殊的照相机，分别在不同时刻给某一个氢原子拍照，每一张照片记录了该时刻核外电子与原子核之间的相对位置，如图1-11所示。

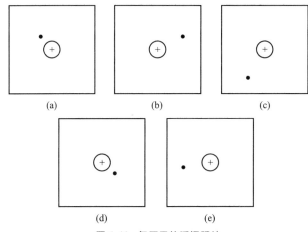

图 1-11 氢原子的瞬间照片

结果显示，每一张照片中电子的位置均不相同，电子一会儿在这里出现，一会儿在那里出现，好像在氢原子核外做毫无规律的运动。如果对此原子拍几万张甚至十几万张照片，并将这些照片叠加起来，则得到一张如图1-12所示的图像。

叠加起来的图像好像在原子核外笼罩着一团电子形成的云雾，称为电子云。图中黑点较密，说明电子在此处出现的次数较多，即电子在该区域出现的概率较大；黑点较疏，说明电子在此处出现的次数较少，即电子在该区域出现的概率较小。因此，电子云表示了电子在核外空间各区域出现的概率大小，是电子在核外空间分布的具体图像。

> **小贴士：**
>
> **元素周期表**
>
> 　　化学元素周期表是按照原子序数从小至大排序的化学元素列表。列表大体呈长方形，某些元素周期中留有空格，使特性相近的元素归在同一族中，如卤素、碱金属元素、稀有气体（又称惰性气体或贵族气体）等。这使周期表中形成元素分区。由于周期表能够准确地预测各种元素的特性及其之间的关系，因此它在化学及其他科学范畴中被广泛使用，作为分析化学行为时十分有用的框架。

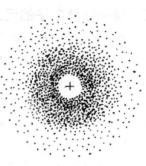

图 1-12 氢原子的电子云

　　由图 1-12 可知，氢原子的电子云为球形，离核越近处密度越大，离核越远处密度越小。其表示氢原子核外的电子在离核越近的单位体积空间中，出现的机会越多，在离核越远的单位体积空间中，出现的机会越少。或者说，氢原子核外的电子主要在一个离核较近的球形空间里运动。所以电子云形象地表示出了电子在空间的运动区域。

三、元素周期表

　　根据元素周期律，将目前已知的 118 种元素中电子层数目相同的各种元素，按原子序数的顺序从左到右排成横行，再把不同横行中最外电子层电子数相同的元素按电子层数递增的顺序由上到下排成纵行，这样得到的表称为元素周期表（本书最后的彩页）。元素周期表是元素周期律的具体表现形式，它反映了元素之间相互联系的规律。

（一）元素周期表结构

1. 周期

　　具有相同电子层数而又按照原子序数递增顺序排列的一系列元素，称为一个周期。元素周期表中，一个横行就是一个周期，共有 7 个周期，依次用 1，2，3…7 等数字来表示。

　　周期的序数就是该周期元素原子具有的电子层数。例如，第 3 周期元素的原子，核外有 3 个电子层；反之，若原子的核外有 3 个电子层，则该元素在周期表中位于第 3 周期。

　　各周期元素的数目不完全相同。第 1 周期只有 2 种元素，第 2、3 周期各有 8 种元素，它们都称短周期；第 4、5 周期有 18 种元素，第 6 周期和第 7 周期有 32 种元素，它们被称为长周期。

　　除第 1 周期外，每一个周期从左到右，各元素原子最外电子层的电子数都是从 1 逐渐增加到 8；除第 1 周期外，每一周期都是从活泼的金属元素开始，逐渐过渡到活泼的非金属元素，最后以稀有气体元素结束。

　　第 6 周期中 57 号元素镧到 71 号元素镥，共有 15 种元素，它们的电子层结构和性质都非常相似，称为镧系元素；第 7 周期中 89 号元素锕到 103 号元素铹，它们的电子层结构和性质也相似，称为锕系元素，通常将它们按原子序数递增的顺序分列两个横行，放在周期表的下方，但在周期表中均只占一格。

2. 族

　　元素周期表共有 18 列，除第 8、9、10 三列统称为第Ⅷ B 族（也称第Ⅷ族）外，其余 15 列，每列为一个族。族的序数用罗马数字Ⅰ、Ⅱ、Ⅲ、Ⅳ、Ⅴ、Ⅵ、Ⅷ等表示。

　　周期表有 8 个主族、8 个副族，共 16 个族。

　　由短周期元素和长周期元素共同构成的族称为主族，周期表中共有 8

个主族。在族序号后标"A"字来表示主族，如ⅠA、ⅡA…ⅧA。主族序数等于该族元素的最外层电子数，也是该族元素最高正化合价的数值（第ⅧA族除外）。主族元素的最外层电子排布为 $ns^1 \sim ns^2np^6$（第1周期为 $1s^1 \sim 1s^2$）第ⅧA族也称为0族，它们的最外层电子排布为 ns^2np^6（氦为 $1s^2$），其为稳定结构，通常难以发生化学反应。

完全由长周期元素构成的族称为副族，周期表中共有8个副族。在族序号后标"B"字来表示，如ⅠB、ⅡB…ⅧB。通常将副族元素称为过渡元素。

由于同族元素的原子具有相近的最外电子层结构，所以同一族元素具有相似的化学性质。

（二）元素周期表中元素性质的递变规律

1. 同周期元素性质的递变规律

以第三周期元素为例来讨论同周期元素性质的递变规律。金属钠是活泼金属，与水剧烈反应，生成氢气，同时生成强碱氢氧化钠。

$$2Na + 2H_2O \longrightarrow 2NaOH + H_2 \uparrow$$

镁的活性较低，与冷水反应较慢，须加热才能生成氢气，溶液呈淡红色。反应生成的氢氧化镁的碱性比氢氧化钠弱，此说明镁的金属性比钠弱。

$$Mg + 2H_2O \xrightarrow{\triangle} Mg(OH)_2 + H_2 \uparrow$$

镁、铝都能与盐酸反应，放出氢气，但铝与酸的反应不如镁与酸的反应剧烈，此说明铝的金属性比镁的弱。

$$Mg + 2HCl \longrightarrow MgCl_2 + H_2 \uparrow$$
$$2Al + 6HCl \longrightarrow 2AlCl_3 + 3H_2 \uparrow$$

铝的氧化物（Al_2O_3）和铝的氢氧化物呈两性，既有酸性（H_3AlO_3），又有碱性（[$Al(OH)_3$]），这说明铝已表现出一定的非金属性。

实验结果表明，钠、镁、铝与水或酸的反应逐渐减弱，最高氧化物的水化物碱性逐渐减弱。即从钠到铝金属性依次减弱。

第14号元素硅是非金属元素，其氧化物（SiO_2）对应的水化物硅酸（H_2SiO_3）为弱酸，它只有在高温下才能与氢气反应生成气态氢化物（SiH_4）。

第15号元素磷是非金属元素，其氧化物（P_2O_5）对应的水化物磷酸（H_3PO_4）为中强酸，磷的蒸气能与氢气反应生成气态氢化物（PH_3），但反应较困难。

第16号元素硫是活泼非金属元素，其氧化物（SO_3）对应的水化物硫酸（H_2SO_4）为强酸，在加热时硫蒸气能与氢气反应生成气态氢化物（H_2S）。

第17号元素氯是很活泼的非金属元素，其氧化物（Cl_2O_7）对应的水化物高氯酸（$HClO_4$）为已知无机酸中最强的一种酸。氯气与氢气在光照或点燃时剧烈反应生成氢化物（HCl）。

第18号元素氩是稀有气体。

综上所述，钠、镁、铝、硅、磷、硫和氯的金属性依次减弱，非金属性依次增强。对其他周期元素化学性质的递变规律进行讨论，可以得到相似的结果。

由于同一周期中元素原子的核外电子层数相同，随着核电荷数增多，原子核对核外电子的吸引力逐渐增大，原子半径逐渐减小，失电子能力逐渐减弱，得电子能力逐渐增强，因此，同一周期从左到右，元素的金属性逐渐减弱，元素的非金属性逐渐增强，每周期都以稀有气体元素结束。

2.同主族元素性质的递变规律

同一主族元素，从上到下，电子层数逐渐增多，原子半径逐渐增大，原子核对最外层电子的吸引力逐渐减弱，原子失电子能力逐渐增强，得电子能力逐渐减弱。

因此，同一主族从上到下，元素的金属性逐渐增强，非金属性逐渐减弱。这个规律将在学习各族元素的性质时得以证明。元素周期表中元素性质的递变规律见表1-6。

表1-6　主族元素金属性和非金属性的递变规律

周期\族	ⅠA	ⅡA	ⅢA	ⅣA	ⅤA	ⅥA	ⅦA
1			非金属性逐渐增强 →				
2	Li	Be	B	C	N	O	F
3	Na	Mg	Al	Si	P	S	Cl
4	K	Ca	Ga	Ge	As	Se	Br
5	Rb	Sr	In	Sn	Sb	Te	I
6	Cs	Ba	Tl	Pb	Bi	Po	At
7	Fr	Ra					

（左侧：金属性逐渐增强↓；右侧：非金属性逐渐增强↓；下方：金属性逐渐增强→）

从表1-6中可以看出：虚线左下方为金属元素，虚线右上方为非金属元素。其中左下角为金属性最强的元素，右上角为非金属性最强的元素，虚线附近为两性（既表现出某些金属性又表现出某些非金属性）元素。

（三）元素周期表的应用

元素周期表将各种元素归纳成一个具有内有联系的整体，明显地揭示了元素性质的递变规律，是学习和研究化学的重要工具，在生产和科学研究中有着广泛的应用。

1.判断元素的性质

人们可以根据元素在周期表的位置，判断元素原子核外的电子排布、元素的性质。如果已知元素的原子序数，则可以写出原子的核外电子排布式，并由此得知该元素在周期表中的位置，从而推测它的性质。

小贴士：

离子键

离子键又被称为盐键，是化学键的一种，离子键的结合力很大，因此离子晶体的硬度高，强度大，热膨胀系数小，但脆性大。离子键很难产生可以自由运动的电子，所以离子晶体都是良好的绝缘体。在离子键结合中，由于离子的外层电子比较牢固地被束缚，可见光的能量一般不足以使其受激发，因而不吸收可见光，所以典型的离子晶体是无色透明的。Al_2O_3、MgO、TiO_2、NaCl等都是离子化合物。

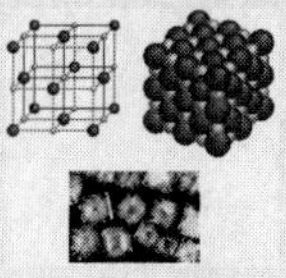

2. 比较元素的性质

应用周期表中元素性质递变的规律，可以比较元素性质的异同。

四、化学键

元素的性质主要取决于该元素原子的电子层结构，而物质的性质主要取决于该物质的分子结构，即组成分子的原子种类、各原子的相互结合方式。原子间能相互结合在一起组成分子，必须依靠一种相互作用。人们将分子中相邻原子间存在的较强烈的相互作用称为化学键。由于各原子的核外电子结构不同，所以各原子间相互结合的方式也就不同。常见的化学键分为离子键和共价键。

除原子间存在着相互作用力形成分子之外，分子与分子之间还存在着较弱的作用力，即分子间力。分子间作用力是1873年由荷兰物理学家范德华首先提出的，故称为范德华力。分子间力虽然远小于化学键的强度，但在原子形成分子后，分子之间主要是通过分子间力结合成物质的，物质的固态、液态、气态等状态的物理性质均与分子间力有关。

分子间力主要有：取向力、诱导力、色散力、氢键等。氢键是一种特殊的分子间作用力，它的存在明显地影响着物质的形态和物理性质。

（一）离子键

1. 离子键的形成

下面以 NaCl 为例，讨论离子键的形成。钠在氯气中燃烧，生成氯化钠。

$$2Na + Cl_2 \xrightarrow{\text{点燃}} 2NaCl$$

Na 的电子排布式是 $1s^2 2s^2 2p^6 3s^1$，最外层的1个电子很容易失去，表现出活泼的金属性；Cl 的电子排布式是 $1s^2 2s^2 2p^6 3s^2 3p^5$，容易得到1个电子，表现出活泼的非金属性。当钠与氯气发生反应时，钠原子的1个电子很容易转移到氯原子的轨道上，分别形成了带一个单位正电荷的钠离子和带一个单位负电荷的氯离子。

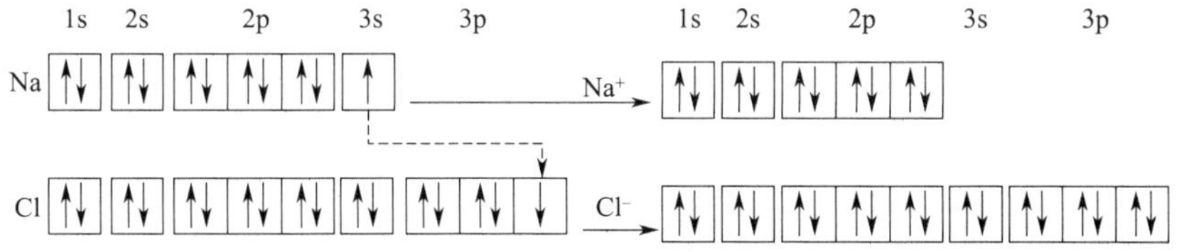

具有稳定结构的 Na^+ 和 Cl^- 由于静电引力相互吸引，彼此接近，形成了稳定的化学键。这种阴、阳离子之间通过静电作用所形成的化学键称为离子键。

一般活泼的金属元素（ⅠA、ⅡA 的元素）和活泼的非金属元素（ⅥA、ⅦA 元素）化合时，都能形成离子键。例如，CaF_2、K_2O、MgO 等均是由离子键形成的化合物。

离子键的形成过程，可以用电子式来表示。例如：

氯化钠 $\quad Na_\times + \cdot \ddot{\underset{\cdot\cdot}{Cl}}: \longrightarrow Na^+ {}_\times[\ddot{\underset{\cdot\cdot}{Cl}}]^-:$

氟化钙 $\quad :\ddot{\underset{\cdot\cdot}{F}}\cdot + Ca_\times^\times + \cdot\ddot{\underset{\cdot\cdot}{F}}: \longrightarrow :[\ddot{\underset{\cdot\cdot}{F}}]^-{}_\times Ca^{2+}{}_\times[\ddot{\underset{\cdot\cdot}{F}}]^-:$

氧化钾 $\quad K^\times + \cdot\ddot{\underset{\cdot\cdot}{O}}\cdot + K^\times \longrightarrow K^+{}_\times[\ddot{\underset{\cdot\cdot}{O}}]^{2-}{}_\times K^+$

氧化镁 $\quad Mg_\times^\times + \cdot\ddot{\underset{\cdot\cdot}{O}}\cdot \longrightarrow Mg^{2+}{}_\times[\ddot{\underset{\cdot\cdot}{O}}]^{2-}{}_\times$

由离子键形成的化合物称为离子化合物,它们大多为晶体,所以称为离子晶体。在离子晶体中不存在单个的分子,其分子式只是表示晶体中各种离子的个数比和质量比。由于离子键的强度较大,所形成的离子晶体较牢固。因此,离子晶体具有较高的熔点和沸点。离子晶体在受热熔融时都能导电。

2. 离子键的特点

离子键没有方向性和饱和性。

任何一个离子都可以看成是具有一定电荷和半径的圆球,核外电荷对称地分布在原子核周围。因此,可在空间各个方向等同地吸引带异电荷的离子,所以离子键无方向性。同时只要空间位置允许,每个离子将尽可能多地吸引带相反电荷的离子,使体系处于能量较低的稳定状态,所以离子键无饱和性。

(二)共价键

1. 共价键的形成

当形成化学键的两个原子(成键原子)吸引电子能力相同或相差不大时,电子不能从一个原子转移到另一个原子而成为阴、阳离子,也不能形成离子键,而是形成共价键。下面以 H_2 为例说明共价键的形成。

H 最外层只有 1 个电子,当 2 个 H 互相靠近时,每个 H 各提供 1 个电子,作为共用电子对,同时围绕 2 个 H 原子核运动,使每个 H 最外层电子都达到稳定结构(氦原子的结构),成键的 2 个原子核共同吸引共用电子对,从而形成稳定的 H_2。

研究表明,当有自旋方向相反的未成对电子的原子充分接近时,它们的原子轨道就会发生重叠,结果在两个原子核间出现了一个电子云密集区(图 1-13),成为负电荷的中心,对两个原子核发生吸引作用,形成稳定的化学键。这种原子间通过电子云重叠(形成共用电子对)结合而形成的化学键称为共价键。

> **小贴士:**
>
> **共价键**
>
> 共价键是化学键的一种,两个或多个原子共同使用它们的外层电子,在理想情况下达到电子饱和的状态,由此组成的比较稳定和坚固的化学结构叫作共价键。与离子键不同的是进入共价键的原子向外不显示电荷,因为它们并没有获得或损失电子。共价键的强度比氢键要强,与离子键差不太多甚至有些时候比离子键强。

图 1-13 电子云的重叠

共价键的形成可以用电子式来表示。例如:

氢气 $\quad H\cdot + H\cdot \longrightarrow H\!:\!H$

氯气　　　　　　　　　　:Cl· + ·Cl· ⟶ :Cl:Cl:

氯化氢　　　　　　　　　H× + ·Cl: ⟶ H×Cl:

水　　　　　　　　　　H× + ·O· + H× ⟶ H×O×H

氨　　　　　　　　　　H× + ·N· + H× + H× ⟶ H×N×H（上H）

2个原子间共用1对电子所形成的共价键称为单键，常用"—"表示；共用2对电子所形成的共价键称为双键，常用"＝"表示；共用3对电子所形成的共价键称为三键，常用"≡"表示。用这种方法表示分子结构的式子称为结构式。

　　氢气 H—H　氯化氢 H—Cl　水 H—O—H　氧气 O＝O　氮气 N≡N

全部由共价键形成的化合物称为共价化合物。例如 H_2O、HCl、NH_3 等都是以共价键结合的分子，都属于共价化合物。通过共价键所形成的规则排列的晶体称为原子晶体。由于共价键的强度比离子键还强，所以原子晶体硬度较大，熔点很高。原子晶体中没有离子，所以其固体和熔融状态都不易导电。

2. 共价键的特点

共价键的特点是具有饱和性和方向性。

（1）饱和性

由于1个未成对电子只能与另一个自旋方向相反的未成对电子配对成键。因此，原子中有几个未成对电子就最多只能形成几个共价键，原子能形成共价键的数目取决于原子中未成对电子的数目。所以，共价键具有饱和性。

例如，H 只有1个未成对电子，所以只能与另一个 H 形成 H_2，而不能再与其他原子成键；N 有3个未成对电子，所以只能与3个 H 形成 NH_3，而不能形成 NH_4 分子。

（2）方向性

由于共价键是靠电子云重叠形成的，2个原子成键时，原子轨道重叠越多，两原子核间电子云就越密集，成键能力越强，所形成的共价键越牢固。而原子轨道在不同方向的电子云密度不同，成键时原子轨道只有沿着键的伸展方向重叠，才能发生最大程度的重叠，形成稳定的共价键。如图1-14所示。因此，共价键具有方向性。

图1-14　共价键的方向性

以上讨论了化学键中常见的离子键和共价键，在大多数化合物中，往往同时存在多种化学键。例如，在 NH_4Cl 分子中 NH_4^+ 与 Cl^- 之间是以离子键相结合的，而 NH_4^+ 中 N 与3个 H 形成共价键，同时与1

个 H^+ 形成配位键。因此，讨论化学键时应根据各类化学键的形成条件和特点。

(三) 分子的极性

1. 键的极性

同种元素原子间（如 H—H、Cl—Cl 等）形成共价键时，两个原子对共用电子对的吸引力完全相同，共用电子对不偏向于任何一方，电子云在两核间均匀分布，这种共价键称为非极性键。而不同种元素原子间（如 H—Cl、H—F 等）形成共价键时，电子云向吸引电子能力较强的原子偏移，造成电子云在两个原子间分布不均匀，吸电子能力强的原子一端带部分负电荷，吸电子能力弱的原子一端带部分正电荷，这种共价键称为极性键。

显然，两原子对电子吸引力相差越大，形成的共价键的极性就越强。极性键是典型共价键和典型离子键间的过渡键型。

2. 分子的极性

由原子组成的分子可以认为是由带正电荷的原子核和带负电荷的电子所组成的，正电荷集中的一点为正电荷重心，负电荷集中的一点为负电荷重心，分子中正、负电荷重心不重合的分子称为极性分子；正、负电荷重心重合的分子称为非极性分子。分子的极性与化学键的极性和分子空间构型有关。

（1）双原子分子

双原子分子的极性与键的极性是一致的。

例如，H_2、O_2、Cl_2 分子中的共价键为非极性键，两个原子间的共用电子对没有偏移，分子中电荷分布均匀，正、负电荷重心重合，它们均为非极性分子。反之，HCl、HF、CO 分子中的共价键为极性键，共用电对偏向吸电子能力强的一方原子，使分子的一端带部分负电荷，另一端带部分正电荷，正、负电荷重心不重合，它们均为极性分子。

（2）多原子分子

多原子分子的极性不仅与键的极性有关，还与分子的空间构型有关。多原子分子具有对称结构而使键的极性能互相抵消时，分子就是非极性分子；若分子的空间构型不能使键的极性互相抵消，则分子就是极性分子。

溶质与溶剂分子的极性是影响溶液溶解度的一个重要因素。若溶质与溶剂的极性相近（都有极性或都无极性），则溶解度较大；反之，则溶解度较小。例如，NH_3 与水均为极性分子，因此 NH_3 易溶于水；I_2 为非极性分子，则难溶于水。

五、分子间作用力

按照元素周期律，同族元素氢化物的熔点和沸点一般随分子量的增大而升高，由此推测 H_2O 的熔、沸点应小于 H_2S、H_2Se、H_2Te。但由

小贴士：
分子间作用力

分子间作用力按其实质来说是一种电性的吸引力，因此考察分子间作用力的起源就得研究物质分子的电性及分子结构。用孔子的话来说就是"近则不逊，远则怨。"人与人之间需要有一定心灵的距离，远了会孤独，需要彼此拉近；近了，矛盾又会激化。对原子来说这个"矛盾"可是和距离的 12 次方成反比，而吸引力是和 6 次方成反比。

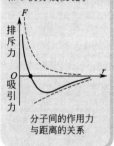

分子间的作用力与距离的关系

表 1-7 可知，水的熔、沸点都是最高的，其余三个化合物则符合上述规律。这表明 H_2O 分子之间存在着一种特殊的分子间作用力，这就是氢键。

表 1-7 氧族元素氢化物的熔点和沸点

氧族元素氢化物	H_2O	H_2S	H_2Se	H_2Te
沸点/℃	100	−71	−41	−2
熔点/℃	0	−86	−60.8	−49

(一) 氢键的形成

当氢原子与电负性很大、原子半径很小的元素 X（如 F、O、N 等）以共价键结合后，其共用电子对强烈地偏向 X 原子一方，使氢原子几乎成为裸露的质子而具有较大的正电性，因而这个氢原子还能与另一个电负性较大、半径较小的带有孤对电子的 Y（如 F、O、N 等）原子产生静电吸引作用而形成氢键。

氢键的通式可表示为 X—H⋯Y，其中 X、Y 均是对电子吸引力很强、半径较小的非金属原子，如 F、O、N 等，X、Y 可以是同种原子也可以是不同种原子。例如：

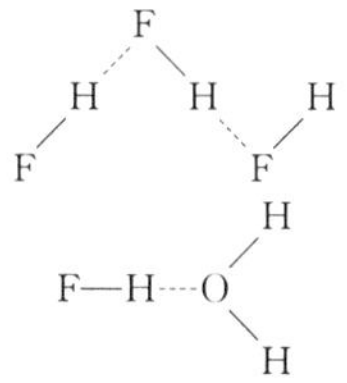

$$\begin{array}{c} F\text{—}H\cdots F\text{—}H\cdots F\text{—}H \\ \\ F\text{—}H\cdots O\text{—}H \end{array}$$

氢键可分为分子间氢键和分子内氢键，由两个或两个以上分子形成的氢键为分子间氢键；同一分子内形成的氢键称为分子内氢键。HF、NH_3 和 H_2O 分子均形成分子间氢键，分子内氢键多见于有机化合物中。

(二) 氢键的特点

氢键是具有饱和性和方向性的分子间作用力。由于 H 体积小，而 X、Y 原子体积较大，当 H 与 X 或 Y 形成氢键后，如果再有第三个吸电子能力强的原子将被 X、Y 强烈地排斥，所以 1 个氢原子只能形成 1 个氢键，这说明氢键具有饱和性；只有当 X、Y 与 H 原子处于一条直线时，X、Y 间的距离最远、斥力最小，形成的氢键最稳定，所以氢键具有方向性。

氢键的存在很广泛，它对物质性质的影响是多方面的。分子间氢键的存在，增大了分子间的相互作用力（吸引力），使得物质的熔、沸点升高。例如，H_2O、NH_3、HF 的沸点就异常地"高"。若溶质与溶剂分子间形成氢键，则不仅增大溶质溶解度，还使溶液的黏度和密度增大。氢键的存在还对蛋白质构型有影响。由于蛋白质分子内存在大量氢键，蛋白质分子按螺旋方式卷曲成稳定的立体构型，对蛋白质维持一定空间构型起着重要作用。

知识框架

课后习题

简答题

1. 比较三种分散系,完成下表。

分散系		粒子直径	分散质粒子	分散系特征
分子或离子分散系(真溶液)	溶液			
胶体分散系(胶体溶液)	溶胶			
粗分散系(浊液)	悬浊液 乳浊液			

2. 在实验室中,使用有机溶剂乙酸乙酯,可以将苯酚这种有机物从其水溶液中分离出来。试解释原因。

3. 请指出下列溶液组成的表示方法。
① 50g/L 葡萄糖溶液;②0.165mol/L 氯化钠溶液;③0.75 消毒酒精;④0.36 市售浓盐酸

4. 生理盐水的规格为:0.5L 生理盐水中含有 4.5gNaCl。①求生理盐水的物质的量浓度。②配制 250mL 生理盐水,需要多少 gNaCl?

5. 如果使用市售浓盐酸 $\omega_B=0.36$,$\rho=1.18$kg/L 如何配制 500mL 1mol/L 稀盐酸溶液?

6. 如何用 $\varphi_B=0.95$ 和 $\varphi_B=0.35$ 的酒精溶液配制 300mL $\varphi_B=0.75$ 的消毒酒精?

7. 往 0.2mol/L NaCl 溶液加入等体积 0.1mol/L K_2SO_4 溶液并混合均匀后,计算所得溶液中:①NaCl、K_2SO_4 的浓度;②Na^+、Cl^-、K^+、SO_4^{2-} 的浓度。

8. 分别写出原子序数为 9 和 20 的两种元素的电子排布式,并回答下列问题:

① 指出它们在周期表中的位置。
② 它们互相化合时形成什么类型的化学键。
③ 用电子式表示这两种元素原子形成分子的过程。

实训建议

硫酸亚铁铵的制备。通过复盐硫酸亚铁铵制备方法的学习，熟悉制备过程中化学试剂的正确使用方法以及废物的处理要求；掌握加热、溶解、过滤、蒸发、洁净、干燥等的基本操作。

第二章
化学反应基础原理

知识目标：1. 掌握热力学基本原理；
2. 理解影响化学反应速率与化学平衡的因素。
能力目标：1. 能够用热力学的基本原理解决生产中的安全问题；
2. 能够利用影响化学反应速率及化学平衡的因素优化生产过程。

本章总览：化学反应基础原理包括化学反应的能量守恒、质量守恒、化学反应速率、化学平衡和电离平衡等。在化工生产和生活实际中，人们的目标就是如何在安全的前提下，投入最少的原料，消耗最低的能量，加快化学反应速率，提高转化率，同时得到最高的产量。通过本章的学习，人们能够对化学反应中的能量转化及其规律、平衡规律以及速率规律具备基本的了解。

第一节 热化学

小贴士：

能量守恒定律

　　能量是物质运动转换的量度，简称"能"。世界万物是不断运动的，在物质的一切属性中，运动是最基本的属性，其他属性都是运动的具体表现。能量是表征物理系统做功本领的量度。对应于物质的各种运动形式，能量有各种不同的形式。不同类型的能量之间相互转化的方式多种多样。能量守恒定律是物质运动过程中所必须遵循的最基本的法则。
　　能量守恒定律是在5个国家、由各种不同职业的十余位科学家从不同侧面各自独立发现的。

　　通常在化学反应进行的过程中，往往伴随着能量的转化，这些能量转化可以通过反应中的物理现象被观察到。例如，镁带燃烧时，产生强光并强烈放热；点燃氢气和氧气的混合气体时，发生爆炸并放出大量的热；电池放电时，能对负载做电功。通过这些实例不难发现，在化学反应过程中，化学能可以转化为光能、热能和电能等不同形式的能量。研究与热有关的状态变化及能量变化规律的科学称为热力学。将热力学的基本原理应用于化学变化以及与化学变化有关的物理变化，就形成了热力学的一个分支——化学热力学，其中从数量上研究化学变化过程中放热或吸热规律的部分又称为热化学。本节主要讨论热化学中的能量转化规律。

一、化学反应中的能量转化与守恒

　　为了便于应用热力学的基本原理研究化学反应中的能量转化规律，首先介绍几个应用热力学基本原理研究化学反应中能量转化与守恒规律中常用的术语。

1. 系统和环境

　　在热力学中，人们把要研究的对象称为系统，而把与系统密切相关的外界称为环境（图2-1）。系统与环境之间通过界面隔开。这种界面可以是

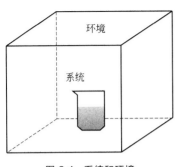

图 2-1 系统和环境

真实的物理界面,也可以是并不存在的假想界面。例如,在 O_2 和 N_2 的混合物中,若以其中的 O_2 作为系统,则 N_2 便是环境,此时二者之间并不存在真实的界面。系统与环境是根据研究问题的需要而人为划分的,而系统与环境并没有本质的区别。

系统与环境之间的联系包括二者之间的能量交换和物质交换。根据能量和物质交换情况的不同,将系统分为三类(图 2-2),三类系统的比较见表 2-1。

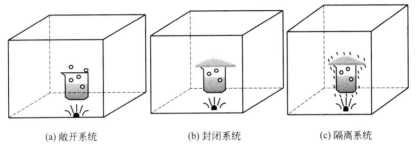

(a) 敞开系统　　(b) 封闭系统　　(c) 隔离系统

图 2-2 系统分类

表 2-1 三类系统的比较

系统类型	与环境的能量交换	与环境的物质交换
敞开系统(开放系统)	有	有
封闭系统	有	无
隔离系统(孤立系统)	无	无

思考与讨论

在一全封闭、外墙又绝热的房间内,有电源和一台正在工作的冰箱。如果将冰箱作为系统,则冰箱属于哪类系统,如果将冰箱和电源作为系统,则该系统又属于哪类系统呢?

2. 状态和状态函数

(1) 状态

热力学所研究的系统变化,就是研究它的状态变化。系统的状态是系统所有性质的总和。例如,将一定量的空气作为研究的系统,则该系统的状态就是用空气的温度、压力、摩尔体积等性质来描述的,当系统的所有性质确定后,系统的状态也就确定了。换言之,系统的状态确定后,其所有性质亦均有确定值。

(2) 状态函数

在热力学中，人们将由状态所决定的性质统称为状态函数。体积、压力、温度、热容、热力学能、焓、熵、亥姆霍兹函数、吉布斯函数等都是热力学里非常重要并且经常用到的状态函数。

状态函数具有以下两个基本特征：

由系统状态微小变化所引起的状态函数 X 的变化用全微分 dX 表示；

系统的性质是系统所处状态的单值函数，即系统状态函数的变化值只取决于系统的始态和末态，与变化的具体途径无关。例如，若烧杯中的水由 $25℃(t_1)$ 升高到 $50℃(t_2)$，则温度的变化值 $\Delta_1^2 t = t_2 - t_1 = 25℃$，不因具体变化途径而异。

当系统处于一定的状态时，它的各种宏观性质都有确定的数值。按照热力学系统内宏观性质（状态函数）数值与物质的量之间的关系，将系统的状态函数分为广度量（广度性质）和强度量（强度性质）。

① 广度量。广度量的数值与系统中物质的量成正比，其具有加和性。例如体积、质量、热力学能等都属于系统的广度量，这些广度量的数值是系统中各部分该种性质的总和。

② 强度量。强度量与物质的量无关，且不具有加和性。例如，温度、压力等，仅取决于自身的特性，即这些强度量的数值等于系统中各部分该量的数值。

由任何两种广度量之比得出的物理量均为强度量，例如，摩尔体积、密度等。

(3) 平衡态

平衡态是指在一定的条件下，系统中各个相的热力学性质不随时间变化，且将系统与环境隔离后，系统的性质仍不改变的状态。若系统处于平衡态，则应同时满足以下四个条件。

① 热平衡。无隔热壁存在时，系统有单一的温度，系统与环境之间不存在热量交换。

② 力平衡。无刚性壁存在时，系统有单一的压力。

③ 相平衡。多相共存时，系统每一相的组成和各物质的数量均不随时间变化而变化。

④ 化学平衡。化学反应系统的组成不随时间变化而变化。

> **课堂练习**
>
> 判断下列说法的对错。
> 1. 状态给定后，状态函数就有一定的值，反之亦然。
> 2. 状态函数改变后，状态一定改变。
> 3. 状态改变后，状态函数一定都变。

3. 过程和途径

过程是指系统从一个状态变化到另一个状态的途径。

物理化学中，根据系统内部物质变化类型的不同，将过程分为三类：单纯 pVT 变化、相变化和化学变化。

根据过程进行条件的不同，将过程分为以下几类。

① 恒温过程。变化过程中始终有 $T_{系统}=T_{环境}=$ 常数时，为恒温过程；$T_{始态}=T_{终态}=T_{环境}=$ 常数时，为等温过程。

② 恒压过程。变化过程中始终有 $p_{系统}=p_{环境}=$ 常数时，为恒压过程；$p_{始态}=p_{终态}=p_{环境}=$ 常数时，为等压过程；仅仅是 $p_{终态}=p_{环境}=$ 常数时，为恒外压过程。

③ 恒容过程。过程中系统的体积始终保持不变。

④ 绝热过程。系统与环境间无热交换的过程。

⑤ 循环过程。经历一系列变化后又回到始态的过程。循环过程前后状态函数变化量均为零。

⑥ 可逆过程。系统经历某过程后，能够通过原过程的反向变化而使系统和环境都回到原来的状态（在环境中没有留下任何变化），该过程为可逆过程。

4. 功和热

功与热只是能量传递的一种形式，而不是能量的形式。且二者均为与途径有关的量，而不是状态函数，其国际制单位为焦耳（J）。

（1）功

系统与环境之间传递的除热以外的其他能量都称为功，用符号 W 表示，其导致粒子做有序运动。在物理化学中，功可以分为体积功（膨胀功，图 2-3）（W）和非体积功（其他功）（W'），热力学中一般不考虑非体积功。

热力学规定：环境对系统做功，$W>0$，系统对环境做功，$W<0$。

体积功本质上就是机械功，其定义式为

$$\delta W=-F_{环境} \cdot \mathrm{d}l=-F_{环境}\frac{\mathrm{d}V}{A}=-p_{环境}\mathrm{d}V$$

对于有限过程，当体积由 V_1 变化到 V_2 时，系统与环境之间交换的体积功为：

$$W=-\int_{V_1}^{V_2}p_{环境}\mathrm{d}V$$

（2）热

系统与环境之间因温差而传递的能量称为热，用符号 Q 表示。

热力学规定：系统从环境吸热，$Q>0$，系统向环境放热，$Q<0$。

5. 热力学能

系统总能量（E）通常包含系统整体运动的动能（T）、系统在外力场中的位能（V）以及热力学能（U），以前称内能三部分。热力学中一般只考虑静止的系统，无整体运动，不考虑外力场的作用，所以只注意热力学能。

小贴士：

热功当量实验

（1）机械功

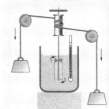

焦耳在电机线圈的转轴上绕两根细线，分别跨过相距 27.4m 的定滑轮后垂挂几英磅（1 英磅=0.4535924 千克）重的砝码。线圈浸在量热器的水中。由砝码下落距离可算出机械功大小，由水温变化可算出热量多少。

（2）电功

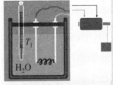

将通电金属丝放在水中加热。根据电流做的功和水获得的热量来计算当量。

实验结果表明：无论以何种方式做功，只要做功的数量相同，水温升高的度数是一样的。

热力学能（U）是系统内部能量的总和。它包括分子的平动能、转动能、振动能；电子和核的能量；分子之间相互作用的位能。

热力学能是状态函数，对于只含一种化合物的单相系统，经实验证明，用 p、V、T 中的任意两个和物质的量 n 就能确定系统的状态，即：

$$U=U(T,p,n)$$

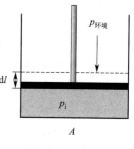

图2-3 体积功

思考与讨论

"功、热和热力学能都是能量，所以它们的性质相同。"思考并讨论这种观点是否正确。

二、热力学第一定律

1.热力学第一定律的文字描述

热力学第一定律是能量守恒与转化定律在热现象领域内所具有的特殊形式，其说明热力学能、热和功之间可以相互转化，但总的能量不变。

其也可以表述为：第一类永动机是不可能制成的。历史上曾有人付出许多的努力试图制造这样的机器，实践证明一切努力都是徒劳的。因为不消耗能量而能不断对外做功的机器是违背能量守恒定律的。

2.封闭系统热力学第一定律的数学表达式

假设当封闭系统由状态 1 变到状态 2 时，系统与环境交换的热为 Q，交换的功为 W，则系统热力学能的变化为：

$$\Delta U = U_2 - U_1 = Q + W$$

对于微小变化过程，则有：

$$dU = \delta Q + \delta W$$

以上两式为封闭系统热力学第一定律的数学表达式。其表明封闭系统中热力学能的该变量等于变化过程中系统和环境之间交换的热和功的总和。

思考与讨论

1mol 理想气体从 0℃ 恒容加热至 100℃ 和从 0℃ 恒压加热至 100℃，ΔU 是否相同？Q 是否相同？W 是否相同？

三、恒容热与恒压热

化学化工实验及生产过程中，恒容过程通常是在体积固定的密闭反应器或设备中进行的，恒压过程是在敞开的容器或设备中在大气压下进行的，下面讨论这两种过程的热效应。

1. 恒容热

系统处于恒容过程，则系统与环境交换的热量称为恒容热，用 Q_V 表示。若不考虑非体积功，则恒容过程的体积功 W 为零，由第一定律表达式可得：

$$\Delta U = U_2 - U_1 = Q + W = Q_V$$

上式表明封闭系统在恒容（无非体积功）的条件下，系统与环境交换的热量等于系统热力学能的变量。

2. 恒压热

系统处于恒压过程，则系统与环境交换的热量称为恒压热，用 Q_p 表示。在不考虑非体积功的条件下，恒压过程（$p_{始态} = p_{终态} = p_{环境} = 常数$）的体积功为：

$$W = -p_{环境} \Delta V = -p_{环境}(V_2 - V_1) = -(p_2 V_2 - p_1 V_1)$$

由热力学第一定律，可得：

$$\begin{aligned} Q_p &= \Delta U - W = (U_2 - U_1) + (p_2 V_2 - p_1 V_1) \\ &= (U_2 + p_2 V_2) - (U_1 + p_1 V_1) \end{aligned}$$

为了便于研究，热力学上把 $(U+pV)$ 定义为焓，用符号 H 表示，它具有能量单位 J，其定义式为

$$H = U + pV$$

因为 U、p、V 都是状态函数，因此其组合 $(U+pV)$ 亦为状态函数，即 H 也是状态函数，也就是说，焓的变量 ΔH 只与系统的始态和终态有关，同时热力学能和体积的广度性质决定了焓也是广度量，于是恒压热可以表示为：

$$Q_p = \Delta H = H_2 - H_1$$

上式表明封闭系统在恒压、不做非体积功的条件下，系统与环境交换的热量等于系统的焓变。也就是说，只有在此条件下，焓才表现出它的特性，否则焓没有明确的物理意义，也没有绝对值。

> **思考与讨论**
>
> 系统经一个循环后，ΔH、ΔU、Q、W 是否皆等于零？

四、相变热

系统中性质（物理性质和化学性质）完全相同的均匀部分，称为相。物质从一相转移至另一相的过程，称为相变化过程。相变化过程中系统吸收或放出的热称相变热或相变焓，例如，$\Delta_{汽化} H$、$\Delta_{熔化} H$、$\Delta_{升华} H$、$\Delta_{凝固} H$ 等。通常将 1mol 物质相变热称为摩尔相变焓，$\Delta_{相变} H_m$ 表示，单位为 J/mol 或 kJ/mol。因此，

$$\Delta_{相变} H = n \Delta_{相变} H_m$$

五、化学反应热效应

小贴士：
氧弹式量热计

将装好煤样并充氧至规定压力的氧弹放入内筒子系统开始进行水循环，稳定水温，然后向内筒子注水，达到预定水量后，开始搅拌，使内筒水温均衡至室温（相差不超过 1.5℃），此时感温控头测定水温并记录下来。当内筒子水温基本稳定后，控制系统指示点火电路导通，点火后，样品在氧气的助燃下迅速燃烧，产生的热量通过氧弹传递给内筒，引起内筒水温的上升。当氧弹内所有的热量释放出以后，温度开始下降，当检测到内筒水温下降信号后判定该试验结束。利用水温的变化间接计算反应放出的热量。

化学化工生产离不开化学反应，而化学反应常伴有放热或吸热现象。当系统发生化学反应之后，为使产物的温度回到反应前始态时的温度，系统放出或吸收的热量，称为该化学反应的热效应。若化学反应在恒压下进行，则所产生的热效应称为恒压热效应，若反应在恒容下进行，则所产生的热效应称为恒容热效应。

1. 反应进度

反应进度是用来描述某一化学反应进行程度的物理量，用符号 ξ 表示，单位为 mol。

设某反应 $\nu_D D + \nu_E E \longrightarrow \nu_F F + \nu_G G$

该反应的通式可写为

$$0 = \sum_B \nu_B B$$

式中，B 表示任一反应组分，ν_B 表示其化学计量系数，规定产物的 ν_B 为正值，反应物的 ν_B 为负值。该反应的反应进度为

$$d\xi = \frac{dn_B}{\nu_B}$$

式中，n_B 为化学反应方程式中任一物质 B 的物质的量。

若任一反应物质 B 在 $t=0$ 时物质的量为 $n_{B,0}$，$t=t$ 时物质的量为 n_B，则该反应的反应进度为

$$\xi = \frac{n_B - n_{B,0}}{\nu_B} = \frac{\Delta n_B}{\nu_B}$$

反应进度被应用于反应热的计算、化学平衡和反应速率的定义等方面。在反应进行到任意时刻时，可以用任一反应物或生成物来表示反应进行的程度，所得的值都是相同的，即：

$$d\xi = \frac{dn_D}{\nu_D} = \frac{dn_E}{\nu_E} = \frac{dn_F}{\nu_F} = \frac{dn_G}{\nu_G}$$

应用反应进度时，必须与化学反应计量方程相对应，否则就是不明确的。

2. 摩尔反应焓

一个化学反应的焓变取决于反应的进度，显然同一反应，反应进度不同，焓变也不同。反应进度为 1mol 时的焓变，称为摩尔反应焓，记作 $\Delta_r H_m$，单位为 J/mol 或 kJ/mol。

$$\Delta_r H_m = \frac{\Delta_r H}{\Delta \xi} = \frac{\nu_B \Delta_r H}{\Delta n}$$

（1）热化学标准态

在化学化工实验和生产中，多数化学反应是在恒压条件下进行的。通常所说的化学反应热效应或反应热，如不另加注明，都是指恒压热效应。因为 H 是状态函数，所以只有当反应物和产物的状态确定以后，ΔH 才有确定值。为了使同一种物质在不同的化学反应中能够有一个共同的参考状

态,并以此作为建立基础数据的严格标准,热力学规定了物质的标准态。

气体的标准态为:温度为 T、压力 $p^{\ominus}=100\text{kPa}$ 时且具有理想气体性质的状态。

液体的标准态为:温度为 T、压力 $p^{\ominus}=100\text{kPa}$ 时的纯液体。

固体的标准态为:温度为 T、压力 $p^{\ominus}=100\text{kPa}$ 时的纯固体。

标准态不规定温度,每个温度都有一个标准态。一般 298.15 K 时的标准态数据可以通过手册查得。

(2) 标准摩尔反应焓

若参加反应的物质都处于标准态,当反应进度为 1 mol 时的焓变,则称为标准摩尔反应焓。

例如:298.15K 时,
$$\text{H}_2(\text{g}, p^{\ominus}) + \text{I}_2(\text{g}, p^{\ominus}) \longrightarrow 2\text{HI}(\text{g}, p^{\ominus})$$
$$\Delta_r H_m^{\ominus}(298.15\text{K}) = -51.8\text{kJ/mol}$$

式中,$\Delta_r H_m^{\ominus}$(298.15K) 表示反应物和生成物都处于标准态时,在 298.15K,反应进度为 1mol 时的焓变。$p^{\ominus}$ 代表气体的压力处于标准态。

反应进度为 1mol,必须与所给反应的计量方程对应。若反应用下式表示,显然焓变值会不同。

$$\frac{1}{2}\text{H}_2(\text{g}, p^{\ominus}) + \frac{1}{2}\text{I}_2(\text{g}, p^{\ominus}) \longrightarrow \text{HI}(\text{g}, p^{\ominus})$$

反应进度为 1mol,表示按计量方程反应物应全部作用完。若是一个平衡反应,显然实验所测值会低于计算值。但可以用过量的反应物,测定刚好反应进度为 1mol 时的热效应。

3. 标准摩尔反应焓的计算

(1) 盖斯定律

1840 年盖斯 (G. H. Hess) 在对许多化学反应热效应研究的基础上,归纳出一个规律:"不管反应是一步完成的,还是分几步完成的,其热效应相同,当然要保持反应条件(如温度、压力等)不变。"这个规律称为盖斯定律。通过该定律可以求取那些不易直接测定的化学反应的热效应。

例如,求解 C(s) 和 $\text{O}_2(\text{g})$ 生成 CO(g) 的摩尔反应焓。

已知: (1) $\text{C}(\text{s}) + \text{O}_2(\text{g}) \longrightarrow \text{CO}_2(\text{g})$ $\Delta_r H_{m,1}$

(2) $\text{CO}(\text{g}) + \frac{1}{2}\text{O}_2(\text{g}) \longrightarrow \text{CO}_2(\text{g})$ $\Delta_r H_{m,2}$

则 (1) - (2) = (3),即

(3) $\text{C}(\text{s}) + \frac{1}{2}\text{O}_2(\text{g}) \longrightarrow \text{CO}(\text{g})$ $\Delta_r H_{m,3}$

由盖斯定律可得
$$\Delta_r H_{m,3} = \Delta_r H_{m,1} - \Delta_r H_{m,2}$$

(2) 标准摩尔生成焓

在一定温度和压力下,由最稳定的单质合成 1mol 物质 B 的焓变,称为物质 B 的摩尔生成焓,用 $\Delta_f H_m$ 表示。若该反应中各物质均处于热力学标准状态,则此反应的焓变称为物质 B 的标准摩尔生成焓,用 $\Delta_f H_m^{\ominus}$

表示。

生成焓仅是个相对值，相对于标准状态下稳定单质的生成焓等于零。

例如，在 298.15K 时，$\frac{1}{2}H_2(g,p^{\ominus}) + \frac{1}{2}Cl_2(g,p^{\ominus}) \longrightarrow HCl(g,p^{\ominus})$，该反应的标准摩尔反应焓为 $\Delta_r H_m^{\ominus}(298.15K) = -92.13 kJ/mol$，该反应中的 $H_2(g)$ 和 $Cl_2(g)$ 为最稳定的单质，因此 $HCl(g)$ 的标准摩尔生成焓为

$$\Delta_f H_m^{\ominus}(298.15K) = \Delta_r H_m^{\ominus}(298.15K) = -92.13 kJ/mol$$

标准摩尔生成焓是物质的一个重要的热性质，因此可以利用各物质的摩尔生成焓求化学反应焓变。

对于在标准压力 $p^{\ominus}$ 和反应温度（通常为 298.15 K）的任一反应：

$$\nu_D D + \nu_E E \longrightarrow \nu_F F + \nu_G G$$

则

$$\Delta_r H_m^{\ominus} = \{\nu_F \Delta_f H_m^{\ominus}(F) + \nu_G \Delta_f H_m^{\ominus}(G)\} - \{\nu_D \Delta_f H_m^{\ominus}(D) + \nu_E \Delta_f H_m^{\ominus}(E)\}$$
$$= \sum_B \nu_B \Delta_f H_m^{\ominus}(B)$$

式中，ν_B 表示化学反应中任一组分的化学计量系数，规定产物的 ν_B 为正值，反应物的 ν_B 为负值。

思考与讨论

> 25℃、100kPa 下液态氮的标准摩尔生成焓 $\Delta_f H_m$（298.15K）为零吗？

(3) 标准摩尔燃烧焓

在一定温度和压力下，1mol 物质 B 完全氧化时的焓变，称为物质 B 的摩尔燃烧焓或摩尔燃烧热，用 $\Delta_c H_m$ 表示。若该反应中各物质均处于热力学标准状态，则此反应的焓变称为物质 B 的标准摩尔燃烧焓，用 $\Delta_c H_m^{\ominus}$ 表示。

在标准摩尔燃烧焓的定义中，完全氧化是指在没有催化剂作用下的自然燃烧。例如，物质中含有碳元素，完全氧化后的最终产物为 $CO_2(g)$ 而不是 $CO(g)$；若含氢元素，其完全氧化的产物规定为 $H_2O(l)$ 而不是 $H_2O(g)$；S 完全氧化变为 $SO_2(g)$；N 安全氧化变为 $N_2(g)$；金属变为游离态。由标准摩尔燃烧焓的定义可知，上述燃烧最终产物的标准摩尔燃烧焓等于零。

标准摩尔燃烧焓的数据可由实验直接测定，也可由手册查得。利用燃烧焓求化学反应的焓变时，化学反应的焓变值等于各反应物燃烧焓的总和减去各产物燃烧焓的总和，即：

$$\Delta_r H_m^{\ominus}(B) = -\sum_B \nu_B \Delta_c H_m^{\ominus}(B)$$

(4) 燃烧和爆炸反应的最高温度

火焰是由恒压燃烧过程所产生的，而爆炸是指恒容反应因温度、压力升高而引起的破坏。计算恒压燃烧反应最高火焰温度的依据为：

$$Q_p = \Delta H = 0$$

而计算恒容爆炸反应的最高温度依据是：

$$Q_V = \Delta U = 0$$

第二节 化学平衡及移动

化工生产以及与应用有关的化学研究中，人们最关心的问题莫过于化学反应的方向和反应平衡时的转化率，因为它关系到在一定的条件下，反应能否按人们所希望的方向进行，最终能得到多少产品，反应的经济效益如何。

本节主要讨论化学反应在某一时刻进行方向的判断、化学反应达到平衡的条件以及达平衡时反应系统内各物质的数量关系。

一、化学反应的方向和限度

违背热力学第一定律的变化与过程一定不能发生。但不违背热力学第一定律的变化与过程未必能自动发生。

1. 自发过程

在自然条件下能够发生的过程，称为自发过程。自发过程的逆过程称为非自发过程。自然条件，是指不需要人为加入体积功和非体积功的条件。

自然界中发生的一切变化过程，在一定的环境条件下总是朝着一定的方向进行。例如，水往低处流；热从高温物体传向低温物体；扩散从高浓度向低浓度进行；在 0℃、101.325 kPa 下，水会自动结冰。如不改变环境条件，这些过程是不会自动逆向进行的。也就说，自发过程是热力学中的不可逆过程。

2. 化学反应方向和限度的判据

（1）焓判据

19 世纪中叶，贝赛洛（M. Berthelot）等人曾提出过一个将反应热与化学反应进行方向联系起来的经验规则，即："在没有外界能量的参与下，化学反应总是朝着放热更多的方向进行。"

在 1173K 和 101.3kPa 的条件下，于通风的石灰窑中煅烧石灰石生产生石灰的主要反应为：$CaCO_3(s) \longrightarrow CaO(s) + CO_2(g)$，$\Delta_r H_m^{\ominus} = 178.5$ kJ/mol 该反应是能够发生的，但是相同条件下其逆反应不能发生。这说明吸热反应的存在使得贝赛洛规则作为化学反应方向和限度的判据是不全面的，为此，还需讨论与化学反应方向有关的其他因素。

（2）熵判据

① 混乱度。生产生石灰的主要反应为：

$$CaCO_3(s) \longrightarrow CaO(s) + CO_2(g), \Delta_r H_m^{\ominus} = 178.5 \text{kJ/mol}$$

由上述反应可以看出，通过化学反应，固态反应物生成了气态产物，产物分子的活动范围变大了，分子的热运动自由度增大了。也就是说，化学反应导致系统内分子热运动的混乱度增大了，结合焓判据可以知道，化学反应的方向既不能单靠反应热决定，也不能单靠系统混乱度增大来决定，即化学反应方向和限度的影响因素是二者的综合。

② 热力学第二定律。将焓判据和系统的混乱度综合起来作为化学反应方向和限度的判据时，必然引出热力学第二定律。

热力学第二定律和第一定律一样，都是人们经过大量实践而归纳出的自然界的普遍规律，但是不同于热力学第一定律，第二定律的表述有很多种，其中两种经典的表述如下。

克劳修斯（R. Clausius）表述：热从低温物体传给高温物体而不产生其他变化是不可能的。

开尔文（L. Kelvin）表述：从单一热源吸热，使之完全转化为功，而不产生其他变化是不可能的。

尽管热力学第二定律的种种叙述形式表面上不同，但都反映了实际宏观过程的单向性，即不可逆性这一自然界的普遍规律。

③ 克劳修斯不等式。在热力学第二定律的基础上得到了化学反应方向和限度的普遍性判据——克劳修斯不等式：

$$\int_1^2 \frac{\delta Q_r}{T} - \int_1^2 \frac{\delta Q}{T_{环境}} \geqslant 0$$

式中，$\int_1^2 \frac{\delta Q_r}{T}$ 为系统由始态 1 变化至终态 2 的可逆过程的热温商。由于它只取决于系统的始终态，而与其所经历的过程无关，所以将它定义为状态函数熵（S）的变化，即 $\Delta S = \int_1^2 \frac{\delta Q_r}{T}$。若克劳修斯不等式大于零，则表示该反应为实际可行的不可逆过程；若等于零，则表示该反应为可逆过程。

（3）吉布斯判据

利用克劳修斯不等式判断化学反应的方向和限度时，不但需要计算系统的可逆热，还需要计算环境与系统交换的热，通常情况下，实际过程中的热温商是不容易计算的，因此其使用时会存在一定的困难，有必要进一步得到更方便的判据。在化学化工生产中，人们常遇到的是恒温、恒压且非体积功为零的过程，从克劳修斯不等式出发，引出一个新的状态函数，即吉布斯函数（G）及其相应的判据。

对于封闭系统，恒温、恒压、$W'=0$ 的过程，有

$$Q = Q_p = \Delta H$$

对于反应进度为 1mol 的任一反应来讲，将上式带入克劳修斯不等式，并分离变量，可得：

$$\Delta_r H_m - T \Delta_r S_m \leqslant 0$$

式中，$\Delta_r H_m$ 和 $\Delta_r S_m$ 分别表示化学反应的摩尔反应焓和摩尔反应熵。由于温度恒定，上式可写成如下形式：

$$\Delta_r (H_m - T S_m) \leqslant 0$$

因此，定义：

小贴士：
卡诺热机

卡诺热机是一个依靠卡诺循环运作的理想热机，工质在温度 T_1 下从相同温度的高温热源吸入热量 Q_1，然后在温度 T_2 下向相同温度的低温热源排放热量 Q_2，并对外做净功 W，其热机效率只取决于两个热源的温度，即：

$$\eta = -\frac{W}{Q_1} = 1 - \frac{T_2}{T_1}。$$

$$G = H - TS$$

式中，G 称为吉布斯函数，简称吉氏函数，是状态函数，具有容量性质，所以封闭系统，恒温、恒压非体积功为零的化学反应方向的吉布斯判据为：

$$\Delta_r G_{m,T,p,W'=0} \leqslant 0$$

小贴士：

热力学第二定律

热力学第二定律（second law of thermodynamics）是指热永远都只能由热处转到冷处（在自然状态下）。它是关于在有限空间和时间内，一切和热运动有关的物理、化学过程具有不可逆性的经验总结。热力学第一定律未解决的能量转换过程中的方向、条件和限度问题，恰恰是由热力学第二定律所规定的。

二、化学平衡

1. 化学平衡的含义

可逆反应是指在同一条件下既能正向进行又能逆向进行的反应。绝大多数化学反应都具有可逆性。化学平衡状态是指在一定条件下的可逆反应中，正反应和逆反应速率相等，反应混合物中各组分的浓度保持不变的状态。当反应达到平衡的时候，正反应和逆反应都仍在继续进行。

2. 化学反应的平衡条件

对于任一反应：$\nu_D D + \nu_E E = \nu_F F + \nu_G G$，其达到平衡的条件为：

$$\Delta_r G_m = \Delta_r G_m^{\ominus} + RT \ln J_p = 0$$

式中，$\Delta_r G_m$ 为摩尔反应吉布斯函数的变化；$\Delta_r G_m^{\ominus}$ 为标准摩尔反应吉布斯函数的变化；J_p 为压力商。

3. 标准平衡常数

对于低压下进行的气相（可视为理想气体）反应：

$$\nu_D D(g) + \nu_E E(g) \longrightarrow \nu_F F(g) + \nu_G G(g)$$

该反应在一定温度下达到化学平衡时，其压力的实验平衡常数为：

$$K_p = \frac{p_F^{\nu_F} p_G^{\nu_G}}{p_D^{\nu_D} p_E^{\nu_E}}$$

式中，p_D、p_E、p_F、p_G 分别为物质 D、E、F、G 的平衡分压。

为了避免计算时单位带来的影响，规定气体分压的标准态 $p^{\ominus}$ 为 100kPa，将压力平衡常数中各物质的分压除以相应的标准态压力 $p^{\ominus}$，此时平衡分压的组合以符号 $K^{\ominus}$ 表示，称为标准平衡常数，其表达式为：

$$K^{\ominus} = \frac{(p_F/p^{\ominus})^{\nu_F}(p_G/p^{\ominus})^{\nu_G}}{(p_D/p^{\ominus})^{\nu_D}(p_E/p^{\ominus})^{\nu_E}}$$

由此可知，有理想气体参与的化学反应达到平衡的条件为：

$$\Delta_r G_m^{\ominus} = -RT \ln K^{\ominus}$$

4. 化学平衡的计算

化学平衡的计算除了包括平衡常数的计算外，还包括化学平衡时各组分的浓度或分压、反应物转化率以及收率的计算。

转化率：转化掉的某反应物占原始反应物的分数，即：

$$\text{转化率} = \frac{\text{平衡时反应物 B 消耗掉的量}}{\text{反应开始时该反应物 B 的原始量}} \times 100\%$$

产率：转化为指定产物的某反应物占原始反应物的分数，即：

$$\text{产率} = \frac{\text{转化为指定产物的反应物 B 消耗掉的量}}{\text{反应开始时该反应物 B 的原始量}} \times 100\%$$

【例】 900K 下乙苯脱氢制乙烯：$C_6H_5C_2H_5(g) \longrightarrow C_6H_5C_2H_3(g) + H_2(g)$ 的平衡常数 $K^\ominus = 1.51$。求计算反应压力为 100kPa、原料为纯乙苯时乙苯的平衡转化率 $\alpha_\text{平}$。

解： 反应压力为 100kPa，原料为纯乙苯时：

$$C_6H_5C_2H_5(g) \longrightarrow C_6H_5C_2H_3(g) + H_2(g)$$

$t=0$: $n_{B,0}/\text{mol}$ 1   0   0

$t=t_\text{平}$: $n_{B,e}/\text{mol}$ $1-\alpha_\text{平}$ $\alpha_\text{平}$ $\alpha_\text{平}$

$$\sum_B n_{B,e} = 1 - \alpha_\text{平} + \alpha_\text{平} + \alpha_\text{平} = 1 + \alpha_\text{平} \text{ (mol)}$$

$t=t_\text{平}$: $p_{B,e}/\text{kPa}$ $\dfrac{1-\alpha_\text{平}}{1+\alpha_\text{平}}p$ $\dfrac{\alpha_\text{平}}{1+\alpha_\text{平}}p$ $\dfrac{\alpha_\text{平}}{1+\alpha_\text{平}}p$

所以

$$K^\ominus = \frac{\left(\dfrac{\alpha_\text{平}}{1+\alpha_\text{平}}p/p^\ominus\right)^2}{\left(\dfrac{1-\alpha_\text{平}}{1+\alpha_\text{平}}p/p^\ominus\right)} = \frac{\alpha_\text{平}^2}{1-\alpha_\text{平}^2} \times \frac{p}{p^\ominus}$$

代入数据计算，得

$$K^\ominus = \frac{\alpha_\text{平}^2}{1-\alpha_\text{平}^2} \times \frac{100}{100} = 1.51$$

从而，$p = 100\text{kPa}$ 时 $\alpha_\text{平} \approx 0.776$。

三、影响化学平衡的因素

化学反应达到平衡时，其正、逆反应速率相等，因而它的热力学特征是存在一个平衡常数。若反应系统所处条件不变，则化学平衡可以保持下去。若温度、压力、浓度等条件发生了改变，则原来的化学平衡可能被破坏，导致反应向某一方向进行，直至在新的条件下建立新的平衡，这一过程称为化学平衡的移动。

(1) 温度对平衡的影响

温度变化对于化学平衡的影响，在于使平衡常数发生了变化。

对于放热反应，升高温度，平衡常数减小，从而平衡向左移动；对于吸热反应，升高温度，平衡常数增大，从而平衡向右移动。所以，升高温度时，平衡向吸热反应的方向移动，降低温度时，平衡向放热反应的方向移动。

(2) 压力对平衡的影响

温度改变导致 $K^\ominus$ 改变，所以平衡组成改变。温度不变时，$K^\ominus$ 不改变，但对于反应系统中气相体积变化的化学反应，改变压力则能改变其平衡转化率。

在其他条件不变时，增大压力，平衡向气体分子数减少（气体体积缩小）的方向移动；减小压力，平衡向气体分子数增多（气体体积增大）的方向移动；反应前后气体分子数相等的可逆反应，改变压力，平衡不发生移动。

（3）惰性气体对平衡的影响

惰性气体是指不与反应物及产物发生反应的气体物质。向反应系统中加入惰性气体且体积不变，可看作减小压力。

（4）浓度对平衡的影响

大量实验表明，增加反应物浓度或减少产物浓度会使反应向产物方向移动；减小反应物浓度或增大反应物浓度，平衡向逆反应方向移动。例如，$SO_2 + 0.5 O_2 \longrightarrow SO_3$，淋水吸收 SO_3 或增加一种反应物会提高其他反应物的平衡转化率。例如，$SO_2 + 0.5 O_2 \longrightarrow SO_3$，增加 O_2 比例也可提高 SO_2 平衡转化率。

如果改变平衡系统的条件之一（浓度、压力、温度），平衡就向能减弱这种改变的方向移动。这一规律叫做勒夏特列原理，又称为平衡移动原理。

思考与讨论

> 若 $SO_2 + \dfrac{1}{2} O_2 \longrightarrow SO_3$ 在温度为 T 的容器内达到平衡后，通入不参与反应的惰性气体，思考并讨论会不会影响平衡常数 $K_p^\ominus$ 和平衡产量？（设气体都是理想气体。）

第三节　化学反应速率

对于任意一个化学反应，反应的方向和限度或平衡等问题，是变化的可能性问题，属于热力学研究的范畴；变化速率和变化的机理，则属于化学动力学的研究范畴。

研究化学反应速率有着十分重要的实际意义。若炸药爆炸的速率不快，水泥硬化的速率很慢，那么它们就不会有现在这样大的用途；相反，如果橡胶迅速老化变脆，钢铁很快被腐蚀，那么它们也就没有了应用价值。研究反应速率对人们的生产和生活都是十分重要的。

一、化学反应速率的定义

化学反应速率是指在一定条件下，由反应物转变为生成物的快慢程度，对于任一反应 $0 = \sum\limits_{B} \nu_B B$，可以用单位体积内反应进度随时间的变化来表示反应进行的快慢，用符号 v 表示，即：

$$v = \frac{1}{V} \cdot \frac{d\xi}{dt}$$

将反应进度的定义式 $d\xi = \dfrac{dn_B}{\nu_B}$ 代入上式，可得：

小贴士：

化学反应动力学

化学动力学（chemical kinetics），也称反应动力学、化学反应动力学，是物理化学的一个分支，是研究化学过程进行的速率和反应机理的物理化学分支学科。它的研究对象是性质随时间而变化的非平衡的动态体系。化学动力学往往是化工生产过程中的决定性因素。

$$v = \frac{1}{V\nu_B} \cdot \frac{dn_B}{dt}$$

对于恒容反应，体积为常数，则 $\frac{dn_B}{V} = dc_B$，因此化学反应速率可用浓度表示如下：

$$v = \frac{1}{\nu_B} \cdot \frac{dc_B}{dt}$$

对于任意反应 $\nu_D D + \nu_E E \longrightarrow \nu_F F + \nu_G G$，反应物的化学计量系数为负值，产物的化学计量系数为正值，因此其恒容反应速率可具体表示如下：

$$v = -\frac{1}{\nu_D} \cdot \frac{dc_D}{dt} = -\frac{1}{\nu_E} \cdot \frac{dc_E}{dt} = \frac{1}{\nu_F} \cdot \frac{dc_F}{dt} = \frac{1}{\nu_G} \cdot \frac{dc_G}{dt}$$

由上式可知，对于特定反应，其反应速率 v 是唯一确定的，与物质 B 的选择无关，因此 v 不需加注下角标；而如需指明某反应物的消耗速率或某生成物的生成速率时，必须指明所选择的物质，并用下角标注明，如 v_D 表示物质 D 的消耗速率，v_F 表示物质 F 的生成速率，且化学反应速率与生成物的消耗速率及生成物的生成速率具有以下关系：

$$v = \frac{v_D}{-\nu_D} = \frac{v_E}{-\nu_E} = \frac{v_F}{\nu_F} = \frac{v_G}{\nu_G}$$

对于恒温、恒容的气相反应，反应速率也可用各物质的分压来表示。对于理想气体反应，$p_B = n_B RT/V = c_B RT$，则 $dc_B = \frac{dp_B}{RT}$，则用分压表示的反应速率为：

$$v = \frac{1}{\nu_B RT} \cdot \frac{dp_B}{dt}$$

其中，$v_p = \frac{1}{\nu_B} \cdot \frac{dp_B}{dt}$，则 $v = \frac{v_p}{RT}$。

二、化学反应速率方程

1. 基元反应和非基元反应

人们多数情况下不能说明化学反应的过程。有的反应是一步完成的，而多数的反应需要经历若干个步骤才能完成。由反应物一步直接转化为产物的反应称为基元反应。一个反应的反应历程一般是指该反应进行过程中所涉及的所有基元反应。绝大多数宏观反应都是由两个或两个以上基元反应组成的复合反应，这种复合反应称为非基元反应。

基元反应中反应物的粒子数目之和称为反应分子数。按参与反应的反应分子数的不同将基元反应分为单分子反应、双分子反应和三分子反应三类。

2. 基元反应的速率方程

基元反应的速率与各反应物浓度的幂乘积成正比，其中各物质浓度的幂级数为基元反应方程式中相应物质的化学计量系数，此即质量作用定律，也就说，对于任一基元反应 $aA + bB + \cdots \longrightarrow$ 产物，其反应速率方程可表示为

$$v_B = -\frac{dc_B}{dt} = kc_B^b c_A^a \cdots$$

式中，a、b…为反应物的 A、B…的反应级数，若令 $a+b+\cdots=n$，则 n 称为反应的总级数，k 为反应速率常数，单位为 $(mol/m^3)^{1-n}/s$，该单位与反应级数有关。

化学化工实验和生产中的大多数化学反应都是非基元反应，非基元反应的速率方程不能直接应用质量作用定律求得，而是需要通过实验测得。

3. 简单反应级数的速率方程

上述讨论的速率方程 $v_B = kc_B^b c_A^a \cdots$ 为速率方程的微分形式，该形式反映出反应速率与反应物浓度之间的关系，但是在化工生产中，人们常常更加关注指定时间内各物质的浓度，或者达到一定转化率时需要的反应时间。要解决上述问题，需要将速率的微分形式转化为积分形式，即浓度与时间的函数关系，如表 2-2 所示。

表 2-2 不同反应级数基元反应的速率方程及半衰期

反应级数	速率方程	半衰期
零级反应	$c_A = -kt + c_{A,0}$	$t_{1/2} = \dfrac{c_{A,0}}{2k}$
一级反应	$\ln c_A = -kt + \ln c_{A,0}$	$t_{1/2} = \dfrac{\ln 2}{k}$
二级反应	$\dfrac{1}{c_A} = kt + \dfrac{1}{c_{A,0}}$	$t_{1/2} = \dfrac{1}{kc_{A,0}}$

思考与讨论

某反应，无论反应物初始浓度为多少，在相同时间和温度时，反应物消耗的浓度为定值，则此反应是几级反应？

三、影响化学反应速率的因素

1. 温度对反应速率的影响

对于大多数反应，不管是放热反应还是吸热反应，其反应速率都是随着温度的升高而增大。通常认为，温度对浓度的影响可以忽略不计，从而反应速率随温度的变化体现在反应速率常数随温度的变化上。

1884 年，荷兰化学家范特霍夫（Van't Hoff）通过大量的实验总结出一个经验定律，也称为范特霍夫规则：对于均相反应，在室温附近，温度每升高 10K，反应速率常数变为原来的 2～4 倍，即：

$$\frac{k(T+10K)}{k(T)} \approx 2 \sim 4$$

式中，$k(T)$ 是温度为 T 时的速率常数；$k(T+10K)$ 是温度为 $T+10K$ 时的速率常数。在缺少数据时，范特霍夫规则可粗略估算化学反应速率常数，但是想要较为准确地表示出温度与反应速率常数之间的关系，则需使用阿伦尼乌斯方程，即：

$$k = A e^{-\frac{E_a}{RT}}$$

式中，A 称为指前因子或表观频率因子，其单位与 k 相同；E_a 阿伦尼乌斯活化能或活化能，单位为 J/mol，若温度变化范围不大，则可将 E_a 看作常数。

【例】 采用 B106 催化剂进行一氧化碳变换反应试验时，测得正反应活化能为 $9.629×10^4$ J/mol，如果不考虑逆反应，试问反应温度为 550℃时的反应速率是反应温度为 400℃时的反应速率的多少倍？

解： 从题中可知，除了温度不同外，其他反应条件都相同，而温度的影响表现在反应速率常数 k 上，故可用反应速率常数之比来描述反应速率之比。

$$\frac{v_{550}}{v_{400}}=\frac{k_{550}}{k_{400}}=\frac{Ae^{-\frac{E_a}{RT_{550}}}}{Ae^{-\frac{E_a}{RT_{400}}}}=e^{\frac{E_a}{R}\left(\frac{1}{T_{400}}-\frac{1}{T_{550}}\right)}=e^{\frac{9.629×10^4 \text{J/mol}}{8.314\text{J/(mol·K)}}\left(\frac{1}{(273.15+400)\text{K}}-\frac{1}{(273.15+550)\text{K}}\right)}≈23（倍）$$

思考与讨论

> 在常温下，H_2 和 O_2 的混合物即使经过相当长的时间也不会发生反应，而当温度升高至 500℃时，千分之一秒就会发生反应并产生爆炸，试分析产生这一现象发生的原因。

2. 浓度对反应速率的影响

由速率方程 $v_B=-\frac{dc_B}{dt}=kc_B^b c_A^a \cdots$ 可知反应级数为正值时，增加反应物的浓度能使反应速率增加；而反应级数为负值时，增加反应物的浓度会使反应速率下降。也就是说，浓度对反应速率的影响不仅与浓度的高低有关，还与反应级数的大小和正负有关。

3. 催化剂对反应速率的影响

一般来说，催化剂是指参与化学反应中间历程的，又能选择性地改变化学反应速率，而其本身的数量和化学性质在反应前后基本保持不变的物质。催化剂之所以能增大反应速率是由于其能改变反应的路径，使反应发生所需的活化能降低，从而使反应体系活化分子百分数提高，有效碰撞概率提高，反应速率增大。人们通常把催化剂加速化学反应，使反应尽快达到化学平衡的作用叫作催化作用，但其并不改变反应的平衡。

催化剂具有选择性，即某一催化剂只对某个特定反应具有催化作用。在化学化工实验和生产中，可以利用催化剂的选择性加速所需的主反应而抑制副反应的发生。同时还应强调的是，化学反应的限度是化学平衡，催化剂能够加快反应速率，但不能改变反应的方向和限度。

拓展阅读：生活中的物理化学

> 冬天，人在感觉手冷的时候，可以用搓手的办法使手变热，这是由于搓手通过做功得到热；也可以把手插进裤袋里使手变热；用体温把手暖热，这是通过热传递得到热。

知识框架

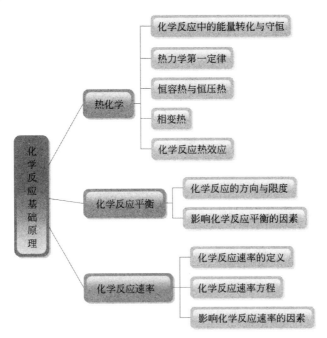

课后习题

1. 理想气体，反抗恒外压 $P_{外} = 101.3 \text{KPa}$，体积由 1m^3 膨胀至 5m^3，同时吸热 100J，求过程 $W = ?$ $\Delta U = ?$

2. 1mol $CH_3C_6H_5$ 在其沸点 383.15K 时蒸发为气态，求该过程的 $\Delta_{vap}U_m^{\ominus}$ 和 $\Delta_{vap}H_m^{\ominus}$。已知该温度下 $CH_3C_6H_5$ 的汽化热为 362kJ/kg，气体为理想气体。

3. 25℃时水蒸气和一氧化碳的标准摩尔生成焓分别为 -241.596kJ/mol 和 -110.419kJ/mol，试计算：25℃时反应 $C(石墨) + H_2O(g) \longrightarrow H_2(g) + CO(g)$ 的恒压热 $\Delta_r H_m^{\ominus}(298.15\text{K})$ 和恒容热 $\Delta_r U_m^{\ominus}(298.15\text{K})$。

4. 由标准摩尔燃烧焓计算 298.15K 时丙烷裂解反应的恒压热效应。

$C_3H_8(g) \longrightarrow CH_4(g) + C_2H_4(g)$，查表

$\Delta_c H_{m C_3H_8(g)}^{\ominus}(298.15\text{K}) = -2219.07\text{kJ} \cdot \text{mol}$，$\Delta_c H_{m CH_4(g)}^{\ominus}(298.15\text{K}) = -890.31\text{kJ/mol}$，$\Delta_c H_{m C_2H_4(g)}^{\ominus}(298.15\text{K}) = -1410.97\text{kJ/mol}$。

5. 298.15K，$p^{\ominus}$ 下，C 金刚石和 C 石墨的摩尔熵分别为 2.45J/(K·mol)和 5.71J/(K·mol)，其燃烧焓分别为 -395.40kJ/mol 和 -393.51kJ/mol。求在 298.15K，$p^{\ominus}$ 下，石墨 $\longrightarrow$ 金刚石的 $\Delta_r G_m^{\ominus}$，并判断哪一种晶形稳定。

6. 在一个抽空的恒容容器中引入氯和二氧化硫，若它们之间没有发生反应，则在 375.3 K 时的分压分别为 47.836 kPa 和 44.786 kPa。将容器保持在 375.3 K，经一定时间后，总压力减少至 86.096 kPa，且维持不变。求下列反应的 K_p。

7. 某一级反应 A $\longrightarrow$ 产物，初始速率为 $1 \times 10^{-3} \text{mol/(L·min)}$，1h 后速率为

0.25×10^{-3} mol/(L·min)。求 k、$t_{1/2}$ 和初始浓度 $c_{A,0}$。

8. 在 500℃ 及初压为 101.325 kPa 时，某碳氢化合物气相分解反应的半衰期为 2 s。若初压降为 10.133 kPa，则半衰期增加为 20 s。求速率常数。

9. 某反应由相同初始浓度开始到转化率达 20 % 所需时间，在 40℃ 时为 15 min，60℃ 时为 3 min。试计算此反应的活化能。

实训建议

以下实验项目可供选择。

1. 液体饱和蒸气压的测定

掌握静态法测定液体饱和蒸气压的原理及操作方法，学会由图解法求其平均摩尔汽化热和正常沸点；熟悉真空泵、恒温槽及气压计的使用及注意事项。

2. 化学反应平衡常数的测定

掌握用分光光度法测定化学反应平衡常数的原理和方法，了解分光光度法的基本原理，掌握分光光度计的正确使用方法。

3. 蔗糖水解反应速率常数的测定

根据物质的旋光性研究蔗糖水解反应，测定蔗糖水溶液在 H^+ 催化下转化的反应速率常数和半衰期；了解蔗糖水解反应的反应物浓度与旋光度之间的关系；熟悉旋光仪的基本构造以及测定旋光物质旋光度的基本原理，掌握旋光仪的使用方法。

第三章
酸碱反应

知识目标：1. 了解酸碱质子理论基础知识；
     2. 掌握酸碱平衡时的 pH 计算；
     3. 掌握酸碱滴定相关计算。
能力目标：1. 能够用酸碱质子理论相关公式计算 pH；
     2. 能够正确选择酸碱指示剂进行酸碱滴定。

本章总览：酸和碱是化工行业中两种非常重要的原材料，在化工产品生产、表面处理、容器清洗等领域应用广泛。同时，酸碱反应是一类日常生活中常见的、很重要的反应。本章将重点介绍酸碱质子理论、溶液的酸碱性、水溶液中酸碱平衡的 pH 计算和解离度计算、常见的酸碱指示剂变色原理和选择原则等。通过本章的学习，人们了解酸碱质子理论的基本概念和主要应用，掌握缓冲溶液 pH 的计算方法，掌握酸碱滴定指示剂的选择方法。

第一节 酸、碱概述

  仔细观察身边的化学变化，可以发现其中很多都属于酸碱反应。人们对于酸、碱本质和规律的把握，经历了一个由浅入深的认识过程。不断研究并完善酸碱理论，是化学领域非常重要的内容之一。1887 年，瑞典科学家阿伦尼乌斯在详细研究的基础上提出了电离理论，为化学发展作出了杰出贡献。1923 年，丹麦科学家布朗施泰德提出了酸碱质子理论，扩大了酸碱的范围，更新了酸碱的含义。尽管酸碱质子理论只限于质子的放出和接受，在应用质子理论时必须含有氢元素，使用范围存在一定的局限性。由于使用酸碱质子理论有助于掌握酸碱的特征，人们在研究酸碱相关特征及反应时常常选择酸碱质子理论。

一、酸碱质子理论

1. 酸碱质子理论基本概念

  酸碱质子理论认为凡能给出质子（H^+）的物质都是酸；凡能接受质子（H^+）的物质都是碱。如 HCl、HNO_3、HCO_3^- 为酸，$NaOH$、KOH、HS^-、NH_3 为碱。

根据酸碱质子理论，酸和碱不是孤立的。酸给出质子后生成碱，碱接受质子后就变成了酸。

$$酸 \rightleftharpoons H^+ + 碱$$
$$HAc \rightleftharpoons H^+ + Ac^-$$
$$H_2PO_4^- \rightleftharpoons H^+ + HPO_4^{2-}$$
$$HPO_4^{2-} \rightleftharpoons H^+ + PO_4^{3-}$$
$$NH_4^+ \rightleftharpoons H^+ + NH_3$$
$$[CH_3NH_3]^+ \rightleftharpoons H^+ + CH_3NH_2$$
$$[Fe(H_2O)_6]^{3+} \rightleftharpoons H^+ + [Fe(OH)(H_2O)_5]^{2+}$$
$$[Fe(OH)(H_2O)_5]^{2+} \rightleftharpoons H^+ + [Fe(OH)_2(H_2O)_4]^+$$

从酸碱关系可以看出：在酸碱质子理论中，酸、碱具有相对性，酸和碱可以是中性分子，也可以是阳离子或阴离子。同时，在酸碱质子理论中不存在盐的概念，它们分别是离子酸或离子碱。

酸和碱的这种关系称为酸碱共轭关系，相应的一对酸碱称为共轭酸碱对。

$$酸 \rightleftharpoons H^+ + 碱$$
（共轭酸）　（共轭碱）

右边的碱是左边酸的共轭碱；左边的酸又是右边碱的共轭酸。酸越强，相对应的共轭碱越弱；酸越弱，相对应的共轭碱就越强。

2.酸碱反应的实质

根据酸碱质子理论，酸和碱必须成对存在。因此，酸碱反应的实质是两个共轭酸碱对之间的质子转移反应。酸碱反应的实质是质子的传递过程，即质子从酸传递给碱。可用通式表示为：

$$酸_1 + 碱_2 \rightleftharpoons 碱_1 + 酸_2$$

比如，$CH_3COOH + OH^- \rightleftharpoons CH_3COO^- + H_2O$，酸1（$CH_3COOH$）把质子传递给碱2（$OH^-$）后生成了碱1（$CH_3COO^-$）。按照酸碱反应的实质，化学物质的解离、中和反应和水解反应也可以看作质子传递的酸碱反应。比如 NH_4Cl 的水解：

$$NH_4^+ + H_2O \rightleftharpoons NH_3 + H_3O^+$$
　　酸1　　碱2　　　碱1　　酸2

二、溶液的酸碱性

水是最重要的溶剂，水溶液的酸碱性取决于溶质和水的电离平衡。

1.水的电离

纯水有微弱的导电能力，说明水分子能够电离，水分子的电离很弱。

$$H_2O + H_2O \rightleftharpoons H_3O^+ + OH^-$$

上式可以简写为：

$$H_2O \rightleftharpoons H^+ + OH^-$$

实验测定得知，在常温（25℃）时，1L 纯水仅有 10^{-7} mol 的水分子电离，所以 $[H^+] = [OH^-] = 10^{-7}$ mol/L，根据化学反应平衡原理：

$$K_w = [H^+][OH^-] = 10^{-14}$$

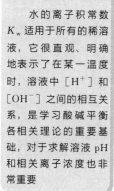

小贴士：

水的离子积常数 K_w 适用于所有的稀溶液，它很直观、明确地表示了在某一温度时，溶液中 $[H^+]$ 和 $[OH^-]$ 之间的相互关系，是学习酸碱平衡各相关理论的重要基础，对于求解溶液 pH 和相关离子浓度也非常重要

K_w 称为水的离子积常数（水的离子积），即在一定温度下，水在电离平衡时，$[H^+]$ 和 $[OH^-]$ 的乘积为一常数（K_w）。常温时，一般可认为 $K_w=1.0\times10^{-14}$。实验证明，温度升高时，K_w 增大；温度降低，K_w 减少（表3-1）。

表3-1 不同温度下水的离子积常数

$t/℃$	离子积常数 K_w	pK_w	$t/℃$	离子积常数 K_w	pK_w
15	0.46×10^{-14}	14.34	70	15.8×10^{-14}	12.80
25	1.00×10^{-14}	14	80	25.1×10^{-14}	12.60
30	1.48×10^{-14}	13.83	100	55.0×10^{-14}	12.26

2. 溶液的酸度

当水达到电离平衡时，H^+ 和 OH^- 的离子浓度已经确定。此时，在水中加入酸（或碱），变成新酸（或新碱）溶液。由于 H^+（OH^-）的浓度增大，水的电离平衡向左移动达到新平衡，H^+ 和 OH^- 的浓度仍然保持着 K_w 的关系。换句话说，任何物质的水溶液，不论它是酸性、中性、还是碱性，都同时含有 H^+ 和 OH^-，它们的浓度不同。由于 K_w 反映了水溶液中 H^+ 和 OH^- 浓度间相互依存和相互制约的关系，即知道了 H^+ 浓度也就知道了 OH^- 浓度。因此，可以统一用 H^+ 浓度（或 OH^- 浓度）来表示溶液的酸碱性。酸性溶液或碱性溶液可使指示剂变色，酸碱指示剂主要用来检验溶液的酸碱性。

水溶液中氢离子的浓度称为溶液的酸度。酸度是溶液酸、碱性的定量标准。溶液中氢离子浓度的计算方法见本章第二节。

三、常见的酸和碱

（一）常见的酸

1. 酸的分类

酸是指由氢离子和酸根离子组成的化合物，酸的常见分类方法见表3-2。

表3-2 酸的分类方法

分类		简要描述
按酸根中是否含氧	含氧酸	酸根中含有氧原子的酸，如硫酸（H_2SO_4）、醋酸（CH_3COOH）
	无氧酸	酸根中不含氧原子的酸，如氢氯酸（HCl）、氢溴酸（HBr）
通过解离产生 H^+ 的个数	一元酸	能解离出一个 H^+，如 HCl、HNO_3、HCOOH、CH_3COOH
	二元酸	能解离出两个 H^+，如 H_2SO_4、HOOCCOOH
	多元酸	能解离出三个及以上的 H^+，如 H_3PO_4、$HOOCCH_2C(COOH)(OH)CH_2COOH$
氢离子的来源	无机酸	能解离出 H^+ 的无机化合物，如氢氯酸（HCl）、硫酸（H_2SO_4）
	有机酸	能解离出 H^+ 的有机化合物，如醋酸、柠檬酸
按酸在水溶液中的解离度大小	强酸	在水溶液中完全解离，如 HCl、H_2SO_4、HNO_3、$HClO_4$
	中强酸	解离处于强酸和弱酸之间，如磷酸、亚硝酸、草酸、丙酮酸
	弱酸	在水溶液中部分解离，如 H_2CO_3、醋酸等

2. 酸性氧化物

凡是能跟碱起反应，生成盐和水的氧化物叫作酸性氧化物。酸性氧化物有气态、液态、固态。大多数非金属氧化物是酸性氧化物。酸性氧化物大多数能溶于水，跟水化合生成酸。

如：$SO_3 + H_2O \longrightarrow H_2SO_4$，$CO_2 + H_2O \longrightarrow H_2CO_3$

所以把 SO_3 通入水中形成溶液时，溶质是 H_2SO_4 而不是 SO_3。其中水溶液显酸性，pH<7，滴入紫色石蕊试液变红。酸性氧化物的使用、贮存、运输需要特别注意安全相关事项。

3. 常见酸的性质

小知识：
有热量放出的反应是放热反应。
常见的放热反应有所有的燃烧反应、活泼金属与水（酸）的反应；酸碱中和反应、铝热反应等。常见的吸热反应有绝大部分的分解反应、含弱电解质离子的盐的水解等。

常见的酸有盐酸、硫酸、硝酸、磷酸、碳酸等。酸溶液能和某些金属、金属氧化物、碱反应，酸也能和某些盐反应生成新酸和新盐。在化工生产过程中，如果存在化学品，建议先查询化学品安全技术说明书，了解相关详细事项。

(1) 盐酸

氯化氢气体极易溶于水，1 体积水能溶解 500 体积的 HCl。盐酸是氯化氢的水溶液，无色、盐酸是重要的化工产品之一，常用于金属表面除锈和制药。工业上常用浓盐酸的质量分数是 37%，密度为 $1.19g/cm^3$。浓盐酸有刺激性气味，打开瓶盖后有挥发性有白雾出现。在使用浓盐酸时需要注意加强工程防护、个体防护，并确保相关泄露的应急处置及时有效。

① 盐酸与某些金属反应。盐酸能与多种活泼金属反应生成盐和氢气，稀盐酸与镁、稀盐酸与铁的反应方程式如下：

$$Mg + 2HCl \longrightarrow H_2 \uparrow + MgCl_2$$
$$Fe + 2HCl \longrightarrow H_2 \uparrow + FeCl_2$$

反应所产生的氢气是易燃易爆气体，燃烧时会产生大量热，氢气爆炸危险度 17.5，爆炸极限（体积）为 4.1%～76%，自燃温度 500～571℃。

② 盐酸与金属氧化物反应。在铁锈上滴加盐酸，铁锈逐渐消失，溶液由无色变黄色，化学方程式为：

$$Fe_2O_3 + 6HCl \longrightarrow 2FeCl_3 + 3H_2O。$$

三氯化铁固体，易溶于水并且有强烈的吸水性，能吸收空气里的水分而潮解。在有机合成工业中常用作催化剂、氧化剂和氯化剂。

③ 盐酸与碱反应。盐酸能与氢氧化钠反应生成氯化钠和水，反应放热，手能感觉到温度升高。化学反应方程式为：

$$HCl + NaOH \longrightarrow NaCl + H_2O$$

④ 盐酸与某些盐反应生成新酸和新盐。

$$HCl + AgNO_3 \longrightarrow HNO_3 + AgCl \downarrow$$
$$2HCl + CaCO_3 \longrightarrow CaCl_2 + CO_2 \uparrow + H_2O$$

(2) 硫酸

硫酸是重要的化工原料，用于生产化肥、农药，以及冶炼金属、精炼石油和金属除锈等。硫酸是无色黏稠、油状液体，不易挥发，无气味，质量分数为 98% 的浓硫酸密度为 $1.84g/cm^3$，浓硫酸有吸水性，在实验室中常用它作干燥剂,硫酸具有腐蚀性。浓硫酸在稀释时还会放出大量的热。人们在实验室使用浓硫酸时要特别小心。化工企业使用、贮存硫酸需要完善的安全管理制度,配备相对应的现场应急设备,并通过培训、演习等方式确保相关现场工作人员熟知硫酸特性和应急处置措施。

① 硫酸与某些金属反应。稀硫酸能与多种活泼金属反应生成盐和氢气,稀硫酸与镁、稀硫酸与铁的反应方程式如下:

$$Mg + H_2SO_4 \longrightarrow MgSO_4 + H_2 \uparrow$$
$$Fe + H_2SO_4 \longrightarrow FeSO_4 + H_2 \uparrow$$

② 硫酸与金属氧化物反应。在铁锈上滴加硫酸,铁锈逐渐消失,溶液由无色变黄色,化学方程式为:

$$Fe_2O_3 + 3H_2SO_4 \longrightarrow Fe_2(SO_4)_3 + 3H_2O$$

③ 硫酸与碱反应。硫酸能与氢氧化铜反应生成硫酸铜和水。化学反应方程式为:

$$H_2SO_4 + Cu(OH)_2 \longrightarrow CuSO_4 + 2H_2O$$

④ 硫酸与某些盐反应生成新酸和新盐。

$$H_2SO_4 + BaCl_2 \longrightarrow BaSO_4 \downarrow + 2HCl$$

(二) 常见的碱

1. 碱的分类

碱是指由氢氧根离子和金属离子组成的化合物。常见碱的分类方法有两种,见表 3-3。

表 3-3 碱的分类方法

分类		简要描述
按在水中的溶解性	可溶性碱	在水中可溶,如 $NaOH$、$Ca(OH)_2$、KOH、$Ba(OH)_2$、$NH_3·H_2O$
	难溶性碱	在水中难溶,如 $Cu(OH)_2$、$Fe(OH)_3$、$Mg(OH)_2$ 等
通过电离产生 OH^- 的个数	一元碱	能解离出一个 OH^-,如 $NaOH$、KOH
	二元碱	能解离出两个 OH^-,如 $Ca(OH)_2$、$Cu(OH)_2$
	多元碱	能解离出三个及以上的 OH^-,如 $Fe(OH)_3$

2. 碱性氧化物

凡是能跟酸起反应,生成盐和水的氧化物叫作碱性氧化物,大多数金属氧化物是碱性氧化物。金属活动性强的碱性氧化物(如 Na_2O、K_2O、CaO 等)可直接与水化合生成碱。

如:$Na_2O + H_2O \longrightarrow 2NaOH$

所以当把 Na_2O 加入水中形成溶液时,溶质是 $NaOH$ 而不是 Na_2O,其水溶液显碱性,pH>7,滴入无色酚酞试液溶液变红色。

3. 常见碱的性质

常见的碱有 $NaOH$、$Ca(OH)_2$、$Ba(OH)_2$、$Fe(OH)_3$、$Cu(OH)_2$、乙二胺、苯胺、吡啶等。

碱与某些非金属氧化物反应生成盐和水,碱与酸反应生成盐和水,碱与盐反应生成新碱和新盐。

(1) 氢氧化钠（NaOH）

氢氧化钠，俗称苛性钠、火碱或烧碱，易溶于水，是一种重要的化工原料，广泛应用于肥皂、石油、造纸、纺织和印染等工业。氢氧化钠是白色固体，呈颗粒状或片状，有强烈的腐蚀性。取少量氢氧化钠放在表面皿上，在空气中放置片刻后其表面吸收空气中水分而潮解，表面变潮湿。取少量氢氧化钠放入盛有少量水的试管里，其溶于水放出大量热，用手触摸试管外壁时，感到较热。在使用氢氧化钠时要注意加强个体防护。如果不慎将碱液沾到皮肤上，要用较多的水冲洗，再涂上硼酸溶液。部分化学反应方程式如下：

$$2NaOH + CO_2 \longrightarrow Na_2CO_3 + H_2O$$
$$NaOH + HCl \longrightarrow NaCl + H_2O$$
$$2NaOH + CuSO_4 \longrightarrow Cu(OH)_2 \downarrow + NaSO_4$$

(2) 氢氧化钙[Ca(OH)$_2$]

氢氧化钙，俗称熟石灰或消石灰，微溶于水。氢氧化钙能与空气中的二氧化碳反应，生成坚硬的碳酸钙，其是一种很重要的建筑材料。在澄清的石灰水中充入二氧化碳，溶液变浑浊。氢氧化钙对皮肤、衣服等也有腐蚀作用，在使用中注意安全防护。氢氧化钙的部分化学反应方程式如下：

$$Ca(OH)_2 + CO_2 \longrightarrow CaCO_3 \downarrow + H_2O$$
$$Ca(OH)_2 + SO_3 \longrightarrow CaSO_4 + H_2O$$
$$Ca(OH)_2 + H_2SO_4 \longrightarrow CaSO_4 + 2H_2O$$

> **思考与讨论**
> 1. 简述工业盐酸的几种制法。
> 2. 简述工业烧碱的几种制法。

第二节 酸碱平衡中的计算

一、强酸、强碱溶液 pH 的计算

水溶液中，H$^+$ 浓度变化很大，浓的时候可以大于 10mol/L，稀的时候可达 10^{-15} mol/L。H$^+$ 浓度大小可以表示溶液酸性的强弱，也可以表示溶液碱性的强弱。对于弱酸性或弱碱性溶液，比如 [H$^+$] <1mol/L 时，用 pH 表示溶液的酸度更为方便。1909 年索伦森首先提出来的 pH 的定义是：溶液中氢离子浓度的负对数。

$$pH = -lg[H^+]$$

从 [H$^+$] 换算为 pH 的方法为：

$$[H^+] = m \times 10^{-n}$$
$$pH = n - lgm$$

同时，根据 $K_w = [H^+][OH^-] = 10^{-14}$，并且令 pOH = $-$lg[OH$^-$]，可得：

$$pH + pOH = 14$$

因此，只要确定了溶液的 $[H^+]$ 或者 $[OH^-]$，就能很容易计算其 pH 了。

人们可根据 pH 的大小判断溶液的酸碱性：pH<7，溶液为酸性；pH=7，溶液为中性；pH>7，溶液为碱性。使用 pH 试纸或酸碱指示剂可以粗略知道 pH，使用酸度计可以准确测出溶液的 pH。在计算 pH 时取至小数点后面两位即可，因为通常使用较精密的 pH 计测定时只能测至小数后两位数字，pH 试纸的使用区间一般在 0~14。

1. 强酸溶液 pH 的计算

强酸（如 HCl、HNO_3、$HClO_4$、H_2SO_4）在水溶液中 100% 解离，可以得出：相同浓度的强酸酸度相等。

【例】 计算 0.001 mol/L 盐酸溶液的 pH。

解： 盐酸为强酸，$pH = -lg[H^+] = -lg(0.001) = 3$

【例】 将 pH=3 的盐酸溶液，稀释 1000 倍，则稀释后溶液的 pH 为多少？

解： 原盐酸溶液的 $[H^+]$：$[H^+] = 10^{-pH} = 0.001$ (mol/L)

稀释 1000 倍后，$[H^+]$ 为：

$[H^+] = 0.001/1000 = 10^{-6}$ (mol/L)

$pH = -lg[H^+] = -lg(10^{-6}) = 6$

2. 强碱溶液 pH 的计算

解题思路为：先求出 pOH，再求出 pH。

【例】 计算 0.001 mol/L 氢氧化钠溶液的 pH。

解： 氢氧化钠为强碱，$pOH = -lg[OH^-] = -lg(0.001) = 3$

$pH = 14 - pOH = 14 - 3 = 11$

课堂练习

> 将 pH=11 的氢氧化钠溶液稀释 1000 倍，则稀释后溶液的 pH 为多少？

想一想：
对同一溶液来说，pH 和 pOH 之间的联系是什么？

二、弱酸、弱碱溶液 pH 的计算

弱酸、弱碱在水中都能发生解离作用，它们的水溶液都能导电。不同电解质溶液的导电能力相差很大，其主要原因是它们在水中的解离程度差别很大。弱酸、弱碱在水溶液中仅能部分解离。

计算弱酸溶液 pH 时，需要先求得 $[H^+]$ 的值。由于弱酸是部分解离，在水溶液中存在着已解离的弱酸组分离子和未解离的弱酸分子之间的动态平衡，这种平衡称为解离平衡。因此需要在解离平衡与 $[H^+]$ 之间构建联系。

1. 解离常数

重点阐述某温度下 HA 型一元弱酸的解离平衡：

$$HA \rightleftharpoons H^+ + A^-$$

根据化学平衡的原理，解离平衡的平衡常数表示式为：

$$\frac{[H^+][A^-]}{[HA]} = K_i$$

式中，$[HA]$、$[H^+]$、$[A^-]$ 分别表示 HA、H^+、A^- 在解离平衡时的浓度。K_i 为解离平衡时的平衡常数，称为解离常数（一般用 K_a 表示弱酸的解离常数，用 K_b 表示弱碱的解离常数）。K 值越大，解离程度越大。通常把 $K_a = 10^{-7} \sim 10^{-2}$ 的酸称为弱酸，$K_a < 10^{-7}$ 的酸称为极弱酸；$K_b = 10^{-7} \sim 10^{-2}$ 的碱称为弱碱，$K_b < 10^{-7}$ 的碱称为极弱碱。

有时为了表述清晰，在 K_i 后加圆括号注明具体弱电解质的化学式。比如：

$$CH_3COOH \rightleftharpoons H^+ + CH_3COO^-$$

其平衡常数表达式为：

$$K_{aCH_3COOH} = \frac{[H^+][CH_3COO^-]}{[CH_3COOH]}$$

解离常数 K_i 是衡量电解质解离程度大小的特征常数，与温度有关，与浓度无关，可以通过实验测得，也可以通过热力学数据计算求得。解离常数 K_i 可以用于衡量酸、碱的强度，当 $K_i = 10^{-3} \sim 10^{-2}$ 的电解质称为中强电解质，$K_i \leq 10^{-5}$ 者称为弱电解质；$K_i \leq 10^{-9}$ 者称为极弱电解质。弱酸在水中的解离常数（25℃）见表 3-4。

表 3-4 弱酸在水中的解离常数（25℃）

酸	解离方程式	解离常数 K_a	pK_a
氢氟酸（HF）	$HF \rightleftharpoons H^+ + F^-$	3.53×10^{-4}	3.45
乙酸（CH_3COOH）	$CH_3COOH \rightleftharpoons H^+ + CH_3COO^-$	1.76×10^{-5}	4.75
草酸（$H_2C_2O_4$）	$H_2C_2O_4 \rightleftharpoons H^+ + HC_2O_4^-$	$K_1\ 5.9 \times 10^{-2}$	1.23
	$HC_2O_4^- \rightleftharpoons H^+ + C_2O_4^{2-}$	$K_2\ 6.4 \times 10^{-5}$	4.19
碳酸（H_2CO_3）	$H_2CO_3 \rightleftharpoons H^+ + HCO_3^-$	$K_1\ 4.4 \times 10^{-7}$	6.36
	$HCO_3^- \rightleftharpoons H^+ + CO_3^{2-}$	$K_2\ 5.61 \times 10^{-11}$	10.25

2. 解离度

解离度是指弱电解质在水溶液中达到解离平衡时的解离百分率。

实际使用时，通常以已解离的弱电解质的浓度百分率来表示：

$$解离度(a) = \frac{平衡时已解离的弱电解质的浓度}{弱电解质的起始浓度} \times 100\%$$

现以 HA 为例，若起始浓度为 c，解离度为 a，则

$$HA \rightleftharpoons H^+ + A^-$$

起始浓度　　c　　　0　　0

平衡浓度　　$c-ca$　ca　ca

代入平衡常数表达式：

$$K_i = \frac{[H^+][A^-]}{[HA]} = \frac{ca \times ca}{c - ca}$$

$$K_i = \frac{ca^2}{1-a}$$

当 $c/K_i \geq 500$ 时，$1-a \approx 1$，则上式可改写为：

$$K_i = ca^2$$

$$a = \sqrt{\frac{K_i}{c}}$$

上式即弱电解质解离度、解离常数和浓度三者之间的定量关系式。由此可见，只有在浓度相同的情况下，才能用解离度的大小来表示弱电解质的相对强度。

3. 一元弱酸溶液中的离子浓度

在一元弱酸的水溶液中，同时存在着两种物质的解离平衡：一个是溶质一元弱酸，另一个是溶剂水。

$$HA \rightleftharpoons H^+ + A^- \quad K_a$$
$$H_2O \rightleftharpoons H^+ + OH^- \quad K_w$$

两个解离平衡都产生 H^+，当弱酸的 $K_a \gg K_w$，起始浓度 c 不是很小时，可以忽略水解离产生的 H^+，只需考虑弱酸的解离。

现以 HA 为例，若起始浓度为 c，则

$$HA \rightleftharpoons H^+ + A^-$$

起始浓度 c 0   0

平衡浓度 c_{HA} c_{H^+} c_{A^-}

则 $c_{H^+} = c_{A^-}$，$c_{HA} = c - c_{H^+}$

代入解离平衡的平衡常数表达式：

$$K_a = \frac{[H^+][A^-]}{[HA]} = \frac{c_{H^+} \times c_{H^+}}{c - c_{H^+}} = \frac{c_{H^+}^2}{c - c_{H^+}}$$

上式就是比较精确计算一元弱酸溶液中 c_{H^+} 的公式。由表达式可知，只需要知道一元弱酸的 K_a，起始浓度 c（配制时的酸浓度），就可以得出平衡时的 c_{H^+}。

在计算时，当 $c/K_i \geq 500$，达到解离平衡时，由于解离平衡时 c_{H^+} 很少，对平衡时的弱酸浓度产生很小影响，可以进行近似处理，即 $c - c_{H^+} \approx c$，此时：

$$K_a = \frac{c_{H^+}^2}{c - c_{H^+}} \approx \frac{c_{H^+}^2}{c}$$

$$c_{H^+} = \sqrt{K_a c}$$

上式为计算 HA 型一元弱酸溶液中 c_{H^+} 最常用的近似公式。

多元弱酸在水中的解离是分步进行的，每一步解离都有相对应的解离平衡和解离常数，一元弱酸的解离平衡原理同样适用于多元弱酸的解离。一般来说，第二步比解离比第一步解离困难得多，第三步解离比第二步解离困难得多，因此在计算时，根据具体情况，可以进行一些近似处理。解

离平衡和其他平衡一样,当平衡体系的外界条件改变时,会引起解离平衡移动,从而会有同离子效应和盐效应。

【例】 计算 25℃ 时,0.1mol/L CH_3COOH 的溶液的 pH。(已知 CH_3COOH 的 $K_a = 1.76 \times 10^{-5}$)。

解: CH_3COOH 为一元弱酸,并且满足 $c/K_a = \dfrac{0.1}{1.76 \times 10^{-5}} \approx 5682 \geqslant 500$,

因此:$c_{H^+} = \sqrt{K_a c} = \sqrt{1.76 \times 10^{-5} \times 0.1} \approx 1.33 \times 10^{-3}$ (mol/L)

$$pH = -\lg[H^+] = -\lg(1.33 \times 10^{-3}) \approx 2.88$$

> **小知识:**
> 在弱电解质溶液中,加入含有与弱电解质具有相同离子的易溶强电解质,弱电解质解离度降低的现象称为同离子效应。
> 在弱电解质溶液中,加入一种与弱电解质不含相同离子的某一强电解质,弱电解质解离度增加的现象称为盐效应。

4. 一元弱碱溶液中的离子浓度

在一元弱碱的水溶液中,同时存在着两个物质的解离平衡:一个是溶质一元弱碱,另一个是溶剂水。

$$BOH \rightleftharpoons B^+ + OH^- \quad K_b$$

$$H_2O \rightleftharpoons H^+ + OH^- \quad K_w$$

两个解离平衡都产生 OH^-,当弱碱的 $K_b \gg K_w$,起始浓度 c 不是很小时,可以忽略水解离产生的 OH^-,只需考虑弱碱的解离。

现以 BOH 为例,若起始浓度为 c,则

$$BOH \rightleftharpoons B^+ + OH^-$$

起始浓度	c	0	0
平衡浓度	c_{BOH}	c_{B^+}	c_{OH^-}

则 $c_{B^+} = c_{OH^-}$,$c_{BOH} = c - c_{OH^-}$

代入解离平衡的平衡常数表达式:

$$K_b = \frac{[B^+][OH^-]}{[BOH]} = \frac{c_{OH^-} \times c_{OH^-}}{c - c_{OH^-}} = \frac{c^2_{OH^-}}{c - c_{OH^-}}$$

上式就是计算一元弱碱溶液中 c_{OH^-} 比较精确的公式。由表达式可知,只需要知道一元弱碱的 K_b(表 3-5),起始浓度 c(即配制时的碱浓度),就可以得出平衡时的 c_{OH^-}。在计算时,当 $c/K_i \geqslant 500$,达到解离平衡时,由于解离平衡时 c_{OH^-} 很小,对平衡时的弱碱浓度只产生很小影响,可以进行近似处理,即 $c - c_{OH^-} \approx c$,此时:

$$K_b = \frac{c_{OH^-} \times c_{OH^-}}{c - c_{OH^-}} \approx \frac{c^2_{OH^-}}{c - c_{OH^-}}$$

$$c_{OH^-} = \sqrt{K_b c}$$

上式为计算 BOH 型一元弱碱溶液中 c_{OH^-} 最常用的近似公式。求得 c_{OH^-} 后,再根据溶液中水的平衡常数得出 c_{H^+},就可以计算出溶液 pH。

表 3-5　弱碱在水中的解离常数（25℃）

碱	解离方程式	解离常数 K_b	pK_b
氨水($NH_3 \cdot H_2O$)	$NH_3 \cdot H_2O \rightleftharpoons NH_4^+ + OH^-$	1.79×10^{-5}	4.75
氢氧化铅[$Pb(OH)_2$]	$Pb(OH)_2 \rightleftharpoons PbOH^+ + OH^-$ $PbOH^+ \rightleftharpoons Pb^{2+} + OH^-$	$K_1\ 9.6 \times 10^{-4}$ $K_2\ 3.0 \times 10^{-8}$	3.02 7.52
氢氧化锌[$Zn(OH)_2$]	$Zn(OH)_2 \rightleftharpoons ZnOH^+ + OH^-$ $ZnOH^+ \rightleftharpoons Pb^{2+} + OH^-$	$K_1\ 4.4 \times 10^{-5}$ $K_2\ 1.5 \times 10^{-9}$	4.36 8.82

【例】 计算 25℃时，0.10 mol/L $NH_3 \cdot H_2O$ 的溶液的 pH。（已知 $NH_3 \cdot H_2O$ 的 $K_b = 1.79 \times 10^{-5}$）。

解：$NH_3 \cdot H_2O$ 为一元弱碱，并且满足 $c/K_b = \dfrac{0.1}{1.79 \times 10^{-5}} \approx 5587 \geqslant 500$，

因此：$c_{OH^-} = \sqrt{K_b c} = \sqrt{1.79 \times 10^{-5} \times 0.1} = 1.33 \times 10^{-3}$ （mol/L）

$C_{H^+} = \dfrac{K_w}{c_{OH^-}} = \dfrac{10^{-14}}{1.33 \times 10^{-3}} = 7.5 \times 10^{-12}$ （mol/L）

$pH = -\lg [H^+] = -\lg (7.5 \times 10^{-12}) = 11.12$

解离度：$a = \dfrac{c_{OH^-}}{c} \times 100\% = \dfrac{1.33 \times 10^{-3}}{0.10} \times 100\% = 1.33\%$

小测试

计算 25℃时，0.10 mol/L CH_3COONa 溶液的 pH。（已知 CH_3COOH 的 $K_a = 1.76 \times 10^{-5}$。）（pH=8.88）

提示：

根据酸碱质子理论，CH_3COONa 为一元弱碱。

第三节　缓冲溶液

一、缓冲溶液及缓冲作用原理

1. 缓冲溶液的定义

缓冲溶液是一种能抵抗少量外来的酸或碱，而保持溶液本身 pH 基本不变的溶液。一般来说，缓冲溶液由弱酸和弱酸盐、弱碱和弱碱盐组成。比如 CH_3COOH-CH_3COONa、$NH_3 \cdot H_2O$-NH_4Cl 等都可以组成不同 pH 的缓冲溶液。比如：向装有 pH 为 4.75 的混合溶液（0.1 mol/L CH_3COOH 和 0.1 mol/L CH_3COONa）中滴入少量 HCl，或者滴加少量 NaOH 溶液，溶液 pH 均保持 4.75 左右。

2. 缓冲溶液作用原理

缓冲溶液保持 pH 基本不变的作用称为缓冲作用。现以 CH_3COOH-CH_3COONa 组成的混合溶液为例，来说明缓冲作用的原理。混合溶液存

小知识:

人体内血液组成成分之一血浆的正常pH值为7.35～7.45。pH<7.35就会出现酸中毒；pH>7.45就会出现碱中毒。严重的酸中毒或碱中毒都会危及生命。缓冲溶液在维持血浆pH相对稳定方面起了非常重要的作用。血浆中有三种缓冲体系：碳酸氢盐缓冲溶液（$NaHCO_3-H_2CO_3$）、磷酸氢盐缓冲体系（$Na_2HPO_4-NaH_2PO_4$）和血浆蛋白缓冲体系（Na-血浆蛋白/H-血浆蛋白）。

在大量的CH_3COOH和CH_3COO^-，并存在着CH_3COOH的解离平衡：

$$CH_3COOH(大量) \rightleftharpoons H^+(极小量) + CH_3COO^-(大量)$$

根据平衡移动原理，当外加少量强酸时，溶液中的CH_3COO^-立即与外加的H^+结合成CH_3COOH，使平衡向左移动，原有溶液中的H^+减少，因此抵消了外加的少量H^+，保持了溶液的pH基本不变。在这个过程中，CH_3COO^-表现为抗酸成分。当外加少量强碱时，OH^-与H^+结合生成水，原有溶液中的H^+浓度减少，平衡向右移动，CH_3COOH解离产生的H^+补充了外加少量强碱消耗的H^+，从而使溶液的pH保持不变。CH_3COOH表现为抗碱成分。当外加少量水时，因稀释使得H^+浓度降低，但另一方面，CH_3COOH解离度增加，从而使得溶液的pH基本不变。

二、缓冲溶液pH的计算

缓冲溶液一般由一对共轭酸碱对组成，由弱酸及其共轭碱组成的缓冲溶液平衡为：

$$HA \rightleftharpoons A^- + H^+$$

起始浓度 c_{HA} c_{A^-} 0

平衡浓度 $c_{HA}-x$ $c_{A^-}+x$ x

代入平衡常数表达式：

$$K_a = \frac{[H^+][A^-]}{[HA]} = \frac{[H^+](c_{A^-}+x)}{c_{HA}-x}$$

在缓冲溶液中，存在大量的HA和A^-，H^+相对较小，可以进行一些近似处理，$c_{HA}-x \approx c_{HA}$，$c_{A^-}+x \approx c_{A^-}$。

则上式可变为：

$$K_a = \frac{[H^+](c_{A^-}+x)}{c_{HA}-x} = \frac{[H^+] \times c_{A^-}}{c_{HA}}$$

两边取负对数得：

$$-\lg K_a = -\lg \frac{c_{A^-}}{c_{HA}} - \lg[H^+]$$

$$pH = pK_a + \lg \frac{c_{A^-}}{c_{HA}}$$

从而，缓冲溶液的pH计算公式为：

$$pH = pK_a + \lg \frac{c_{共轭碱}}{c_{共轭酸}}$$

式中，$c_{共轭碱}$是组成缓冲溶液的共轭碱的浓度，$c_{共轭酸}$是组成缓冲溶液的共轭酸的浓度。

同理可得，弱碱和弱碱盐所组成的缓冲溶液，$pH = pK_w - pK_b + \lg \frac{c_{共轭碱}}{c_{共轭酸}}$

缓冲溶液的缓冲作用有一定的限度，超过此限度，缓冲溶液将失效。

【例】 用0.10mol/L的CH_3COOH溶液和0.20 mol/L的CH_3COONa溶液等体积混合配成50 mL缓冲溶液，求此溶液的pH。（已

知 CH_3COOH 的 $pK_a = 4.75$)

解：组成缓冲溶液的共轭酸碱对是 $CH_3COOH\text{-}CH_3COONa$

依题意

$$c_{CH_3COO^-} = \frac{0.20 \times 25 \times 10^{-3}}{50 \times 10^{-3}} = 0.1 \text{(mol/L)}$$

$$c_{CH_3COOH} = \frac{0.10 \times 25 \times 10^{-3}}{50 \times 10^{-3}} = 0.05 \text{(mol/L)}$$

$$pH = pK_a + \lg \frac{c_{共轭碱}}{c_{共轭酸}} = 4.75 + \lg \frac{0.1}{0.05} \approx 5.05$$

第四节 酸碱滴定

一、酸碱指示剂及指示剂变色原理

1. 酸碱指示剂

借助颜色变化来指示溶液 pH 值的物质叫作酸碱指示剂。酸碱指示剂通常是一类复杂的有机物质，一般是有机弱酸或有机弱碱，其颜色只能在一定的 pH 区间内保持。变色范围中，pH 值小的一侧显示的颜色称为指示剂的酸色，pH 值大的一侧显示的颜色称为指示剂的碱色。指示剂的变色范围越窄越好。比如甲基橙是一种有机弱碱，甲基橙的酸色为红色，碱色为黄色，其是一种双色指示剂，它在溶液中的解离平衡可用下式表示：

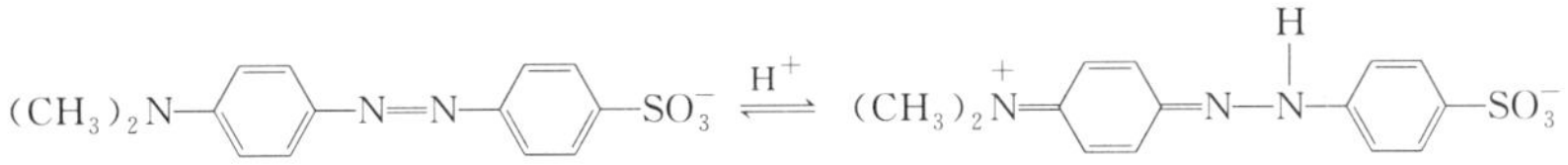

$$(CH_3)_2N-\!\!\!\!\!\!-\!\!\!\!\!\!\bigcirc\!\!\!\!\!\!-\!\!\!\!\!\!N=N-\!\!\!\!\!\!\bigcirc\!\!\!\!\!\!-SO_3^- \xrightleftharpoons[]{H^+} (CH_3)_2\overset{+}{N}=\!\!\!\!\!\!\bigcirc\!\!\!\!\!\!=N-\overset{H}{N}-\!\!\!\!\!\!\bigcirc\!\!\!\!\!\!-SO_3^-$$

黄色（偶氮式）　　　　　　红色（醌式）

由平衡关系式可以看出，当溶液中 $[H^+]$ 增大时，反应向右进行，此时甲基橙主要以醌式形式存在，溶液呈红色；当溶液中 $[H^+]$ 降低，而 $[OH^-]$ 增大时，反应向左进行，甲基橙主要以偶氮式形式存在，溶液呈黄色。

实验室常用的 pH 试纸是将滤纸经多种指示剂的混合液浸透、晾干而制得的。使用时，通过与标准比色板对照，以得出相对应溶液 pH 值。

2. 酸碱指示剂变色原理

指示剂变色是在一定的 pH 范围内进行的，能够使指示剂颜色发生变化的 pH 范围叫作指示剂的变色范围。

$$HIn \rightleftharpoons H^+ + In^-$$
　　　酸式　　　　碱式

平衡时指示剂的解离平衡常数为：

$$K_{HIn} = \frac{[H^+][In^-]}{[HIn]}$$

$$\frac{[In^-]}{[HIn]} = \frac{K_{HIn}}{[H^+]}$$

小知识：

300 多年前的一天，英国科学家波义耳随手将紫罗兰带进了实验室，为洗掉意外飞溅到紫罗兰上的盐酸酸沫，他把花放到水里，一会儿发现紫罗兰颜色变红了，他当时想可能是盐酸使紫罗兰颜色变红色。后来，经过波义耳的不断实践，他从石蕊苔藓中提取了紫浸液，这就是最早的石蕊试液，酸能使它变红色，碱能使它变蓝色，波义耳把它称作指示剂。

$\dfrac{[\text{In}^-]}{[\text{HIn}]}$ 值决定溶液的颜色。$\dfrac{[\text{In}^-]}{[\text{HIn}]}=1$ 时,两者浓度相等,溶液表现出酸式色和碱式色的中间颜色,此时 pH=pK_{HIn},称为指示剂的理论变色点。在一定的温度下,K_{HIn} 是常数,因此,溶液的颜色只与 pH 相关。同时,在此范围内,只能看到混合色。$\dfrac{[\text{In}^-]}{[\text{HIn}]}$ 值与观察到的颜色见表 3-6。

表 3-6 $\dfrac{[\text{In}^-]}{[\text{HIn}]}$ 值与观察到的颜色

$\dfrac{[\text{In}^-]}{[\text{HIn}]}$ 值	观察到的颜色
>10	观察到 In$^-$ 的颜色
=10	可在 In$^-$ 的颜色中勉强看到 HIn 的颜色,此时 pH=pK_{HIn}+1
<0.1	观察到 HIn 的颜色
=0.1	可在 HIn 的颜色中勉强看到 In$^-$ 的颜色,此时 pH=pK_{HIn}−1

> **小贴士:**
> 当一种类型浓度是另一种类型浓度 10 倍以上时,人眼才能分辨出来,才能观察到这种类型所呈现的颜色。

由表 3-6 可知,当 $\dfrac{[\text{In}^-]}{[\text{HIn}]}<0.1$ 时,指示剂呈现酸式色;$\dfrac{[\text{In}^-]}{[\text{HIn}]}>10$ 时,指示剂呈现碱式色;因此,指示剂变色范围为:pH=p$K_{\text{HIn}}\pm1$,为 2 个单位 pH。指示剂实际变色范围除受温度影响外,由于人们对不同颜色的敏感度有差异,实际大多数的指示剂的变化范围小于 2 个 pH 单位,与理论值有差异。常用酸碱指示剂见表 3-7。

表 3-7 常用酸碱指示剂

指示剂	变色范围	颜色		pK_{HIn}	浓度	用量/(滴/10mL)
		酸式色	碱式色			
甲基橙	3.1~4.4	红色	黄色	3.4	1g/L 水溶液	1
甲基红	4.4~6.2	红色	黄色	5.2	0.1%的 60%乙醇溶液	1
酚酞	8.0~9.6	无色	红色	9.1	1g/L 水溶液	1~3
百里酚酞	9.4~10.6	无色	蓝色	10.0	1g/L 水溶液	1~2

在酸碱滴定中,有时需要将滴定终点控制在很窄的 pH 范围内,此时可以选择混合指示剂。常用的混合指示剂见表 3-8。

表 3-8 几种常用的混合指示剂

混合指示剂	变色点	颜色		备注
		酸式色	碱式色	
1 份 0.1mg/mL 甲基橙水溶液 1 份 0.25mg/mL 靛蓝磺酸钠水溶液	4.1	紫色	黄绿色	pH=4.1 灰色
1 份 0.2mg/mL 甲基红乙醇溶液 3 份 0.1mg/mL 溴甲酚绿乙醇溶液	5.1	酒红色	绿色	pH=5.1 灰色
3 份 0.1mg/mL 酚酞的 50%乙醇溶液 1 份 0.1mg/mL 百里酚蓝的 50%乙醇溶液	9.0	黄色	紫色	黄色→绿色→紫色

注:份指示液体积。1 份 0.1%甲基橙水溶液,1 份 0.25%靛蓝磺酸钠水溶液指两种指示剂的体积比为 1∶1。

> **小知识:**
> 在化学计量点附近加一滴标准溶液(此时标准溶液过量)所引起的 pH 的突变称为滴定突跃。滴定突跃所在的 pH 范围称为滴定突跃范围。

二、指示剂的选择原则

1. 指示剂变色范围的影响因素

指示剂本身是弱酸或弱碱,因在溶液中达到解离平衡而呈现不同的颜色。解离常数随温度改变而改变。因此,温度改变,指示剂变色范围也随之改变。指示剂若过量则会消耗滴定剂,引起滴定误差。对于单色指示剂,指示剂用量偏少，终点变色敏锐；用量偏多时，溶液颜色的深度随指示剂浓度的增加而加深。一般溶液颜色由浅变深时，肉眼对其比较敏感。如用碱滴定酸时，一般以酚酞为指示剂，因为终点时，酚酞由无色变为红色，比较敏锐易于观察。当用酸滴定碱时，多以甲基橙为指示剂，因为终点时，甲基橙由黄色变为橙红色，比较明显易于观察。因此，指示剂变色范围的影响因素有温度、指示剂用量、滴定次序等。

2. 指示剂的选择原则

最理想的指示剂是恰好在化学反应的化学计量点变色。实际上是不可能的。在化学计量点附近加一滴标准溶液所引起的 pH 的突变称为滴定突跃。滴定突跃范围所在的 pH 范围称为滴定突跃范围。此后，pH 主要由过量的标准溶液决定。滴定曲线中的滴定突跃范围是指示剂选择的依据。因此，指示剂选择原则是指示剂的变色范围全部或部分落在滴定突跃范围内。

比如，用 0.1mol/L NaOH 溶液滴定 0.1mol/L HCl 溶液时，改变 NaOH 溶液浓度，化学计量点的 pH 值仍然是 7.00，但滴定突跃的长短不一。在符合滴定分析终点误差少于 ±0.1% 的要求下，酸碱溶液浓度越大，滴定曲线中化学计量点附近的滴定突跃越长，可供选择的指示剂越多。如果酸碱溶液的浓度越小，则在化学计量点附近的滴定突跃越短，可供选择的指示剂就越少。

小测试

称取 0.700g 含 NaOH 和 Na_2CO_3 的样品（杂质不与 HCl 反应），溶解后稀释至 100mL。取 20mL 该溶液，用甲基橙作指示剂，用 0.1100mol/L HCl 滴定，终点时用去 26.00mL；另取 20mL 上述溶液，加入过量 $BaCl_2$ 溶液，过滤，滤液中加入酚酞作指示剂，滴定达终点时，用去上述 HCl 溶液 20.00mL。试求样品中 NaOH 和 Na_2CO_3 的质量分数。

(NaOH 62.9%；Na_2CO_3 25%)

思考与讨论

酸碱指示剂为什么能指示酸碱滴定终点的到达？

拓展阅读：化学品安全技术说明书

提示：

首先考虑 HCl 和 Na_2CO_3 的反应，由于选用甲基橙作指示剂，所以反应物为 CO_2，其次注意，当过量 $BaCl_2$ 与 Na_2CO_3 反应并过滤后，溶液中还有未反应的 NaOH，用 HCl 滴定 NaOH 时，选用甲基橙或酚酞均可。

英文缩写 MSDS (material safety data sheet) 主要包含以下 16 项内容

1	化学品名称和制造商信息	9	理化特性
2	化学组成信息	10	稳定性和反应活性
3	危害信息	11	毒理学信息
4	急救措施	12	生态学信息
5	消防措施	13	废弃处置
6	泄露应急处理	14	运输信息
7	操作和储存	15	法规信息
8	接触控制和个人防护措施	16	其他信息

知识框架

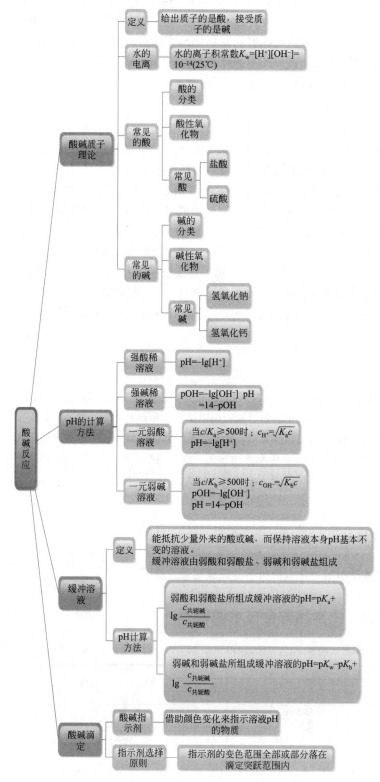

课后习题

1. 指出下列物质相对应的共轭酸。
(1) CO_3^{2-} (2) $H_2PO_4^-$ (3) HCO_3^-

2. 指出下列物质相对应的共轭碱。
(1) HCO_3^- (2) HPO_4^{2-} (3) $H_2PO_4^-$

3. 计算下列溶液的 pH。
(1) 0.05mol/L NH_4Cl
(2) 0.1mol/L $NaCl$
(3) 0.05mol/L $NaHCO_3$

4. 称取无水 Na_2CO_3 基准物质 0.1500g，标定盐酸时消耗溶液体积 25.00 mL，计算盐酸溶液的浓度。

实训项目

0.1mol/L 氢氧化钠标准溶液的配制与标定

一、实验目的

① 掌握氢氧化钠标准溶液的配制和标定方法。
② 熟悉碱式滴定管的使用方法。
③ 掌握酚酞指示剂滴定终点的判断。
④ 熟悉定量分析的逻辑思维方法。

二、实验原理

由于 NaOH 易吸收空气中的 CO_2 生成 Na_2CO_3，影响 NaOH 的纯度。因此，对于要求高的定量分析，在使用前需要去除 Na_2CO_3。Na_2CO_3 在 NaOH 饱和溶液中不易溶解。故可将 NaOH 配成饱和溶液，装塑料瓶中放置，待 Na_2CO_3 沉淀后，量取一定量上清液，稀释至所需配制的浓度，即得估值浓度的 NaOH 溶液，待标定后即得精确浓度。

标定碱溶液的基准物质很多，最常用的是邻苯二甲酸氢钾（摩尔质量为 204.23g/mol），滴定反应为：

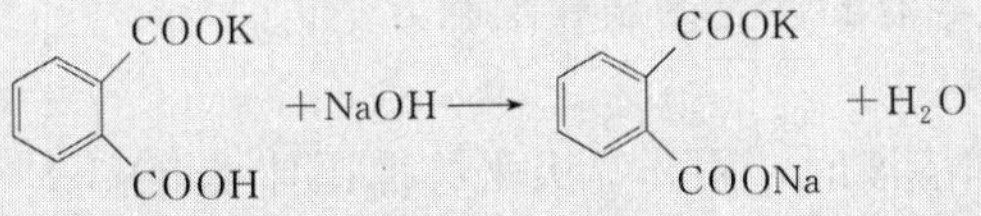

$$\text{邻苯二甲酸氢钾} + NaOH \longrightarrow \text{邻苯二甲酸钾钠} + H_2O$$

化学计量点时由于弱酸盐的水解，溶液 pH 值约为 9.1，呈弱碱性，可以酚酞作为指示剂。

三、仪器与试剂

(1) 仪器

分析天平、碱式滴定管（50mL）、量筒（100mL）、锥形瓶（250mL，3个）、吸量管、玻璃棒、胶头滴管。

(2) 试剂

氢氧化钠饱和溶液、邻苯二甲酸氢钾（提前在 105~110℃下干燥至恒重）、酚酞指示剂（0.1%）。

四、实验内容

1. 配制 0.1mol/L NaOH 溶液

称取约 60gNaOH，倒入装有 50 mL 蒸馏水的小塑料瓶中，搅拌使其溶解，得到 NaOH 的饱和溶液，静置数日。

用吸量管移取提前配制的澄清 NaOH 饱和溶液 2.5 mL，加入装有 400mL 新煮沸放冷蒸馏水的塑料瓶中，搅拌摇匀，即得。

2. 标定 0.1 mol/L NaOH 溶液

用天平精密称取 3 份基准物质邻苯二甲酸氢钾，每份在 0.4500～0.5500g 之间，分别盛放于 250mL 锥形瓶中，分别加 50mL 新煮沸放冷的蒸馏水，小心振摇使之完全溶解后，加酚酞指示剂两滴。

润洗碱式滴定管 2～3 次，装入待标定的 NaOH 溶液，慢慢滴加 NaOH 溶液至锥形瓶中的溶液呈微红色，且保持 30s 不褪色即为终点，准确记录此时 NaOH 溶液的读数，平行测定三次。

五、数据记录与结果处理

实验过程中保持原有的有效数字位数，将实验数据及处理结果填入下表。

项目	1	2	3
称取的邻苯二甲酸氢钾的质量/g			
计算邻苯二甲酸氢钾的物质的量/mol			
计算需要的 NaOH 的物质的量/mol			
NaOH 溶液滴定管初读数/mL			
NaOH 溶液滴定管终读数/mL			
计算消耗的 NaOH 溶液体积/mL			
计算 NaOH 溶液的浓度/(mol/L)			
计算 NaOH 溶液浓度平均值/(mol/L)			

六、实验指导

1. 实验前预习电子天平的使用方法和注意事项。
2. 实验前预习吸量管、碱式滴定管的使用方法和注意事项。
3. 实验前预习 NaOH 固体和溶液使用注意事项。
4. 实验前预习饱和溶液的计算方法和配制方法。

七、思考题

1. 配制 NaOH 饱和溶液时，用托盘天平称取固体 NaOH 是否会影响浓度的准确度？
2. 是否需要配制邻苯二甲酸氢钾准确浓度的溶液？

第四章
氧化还原反应及原电池

知识目标：1. 掌握氧化数的基本概念、氧化还原反应的本质和规律；
2. 熟练应用氧化态法和离子-电子法配平反应方程式；
3. 熟悉原电池和电极电势的表示方法，掌握电极电势的应用。

能力目标：1. 配平氧化还原反应方程式；
2. 学习查电极电势，进行氧化还原反应的相关分析。

本章总览：从化学反应过程中有无电子转移来看，化学反应可以分为两大类。一类是非氧化还原反应，即反应过程中没有发生电子转移，如酸碱反应、沉淀反应；另一类是氧化还原反应，反应过程中涉及电子从一种物质转移到另一种物质。氧化还原反应在自然界中无处不在，其是一切物质循环的基础。

植物的新陈代谢

物质燃烧

金属冶炼

放置的苹果变黄

动植物新陈代谢、化工、冶金生产上常常涉及氧化还原反应。氧化还原反应涉及土壤中某些元素存在状态的转化、金属冶炼、基本化工原料和成品的生产等，氧化还原反应对于制备新物质、获取化学热能和电能等都具有非常重要的意义。在有机化学中，可根据碳的氧化数变化来判断是否发生了氧化还原反应。

氧化还原的化学反应和原电池中电化学反应的相同点是都发生了氧化剂和还原剂之间的电子转移，不同点在于电子转移的方式。在普通的化学反应中，这种电子转移常在分子热运动时发生，没有形成电子的定向运动，常以热能表现出来。在原电池的电化学反应中，电子转移是定向的。这是由还原剂和氧化剂的半电池电极电势不同决定的。因此用电化学方法，紧抓氧化还原反应的电子转移，通过电极电势来探讨电子转移的规律。

第一节　氧化还原反应概述

一、氧化还原反应基本概念

1. 氧化数

氧化数又称氧化值，是化学学科一个非常重要的基础概念。1970年，国际纯粹与应用化学联合会（IUPAC）定义了氧化数的概念——氧化数是某元素一个原子的荷电数。这种荷电数由假设把每个键中的电子指定给电负性较大的原子而求得。通俗地讲，氧化数是指某元素一个原子在特定形式下所带的电荷数。

根据氧化数的定义，确定氧化数的一般规则如下。

① 单质中，元素的氧化数为零。如 O_2、H_2、C 等物质中元素的氧化数为零。

② 任何化合物分子中，各元素氧化数的代数和为零。

③ 单原子离子的氧化数等于该离子所带的电荷数，多原子离子中各元素氧化数的代数和等于该离子所带的电荷数。

④ 共价化合物中，把属于两原子共用的电子指定给其中电负性较大的那个原子后，各原子上的电荷数即它的氧化数。如在 H_2S 中，S 的氧化数为 -2，H 的氧化数为 $+1$。

⑤ 大多数化合物中，氢的氧化值为 $+1$；只有在与电负性比它小的原子结合时（如 NaH），氢的氧化值为 -1。通常，氧在化合物中的氧化值为 -2；但是在过氧化物中，氧的氧化值为 -1。在氟的氧化物中，如 OF_2 和 O_2F_2 中，氧的氧化值分别为 $+1$ 和 $+2$。

根据以上规则，可以计算复杂分子中任一元素的氧化数。

【例】 求 H_5IO_6 中 I 的氧化数。

解： 已知 H 的氧化数为 $+1$，O 的氧化数为 -2，设 I 的氧化数为 x，则

$$5\times(+1)+x+6\times(-2)=0$$
$$x=+7$$

【例】 求 SO_4^{2-} 中 S 的氧化数。

解： 已知 O 的氧化数为 -2，设 S 的氧化数为 x，则

$$x+4\times(-2)=-2$$
$$x=+6$$

> **小知识：**
> 氧化值与化合价有一定的区别和联系。氧化值是人为规定的一种宏观统计数值，有整数也有分数，有正数也有负数；化合价则代表一种元素原子形成的化学键的数目，是一种微观真实值，只有正整数。多数情况下，一种元素氧化值的绝对值等于其化合价。

思考与讨论

> 指出下列物质的氧化数。
> $Cr_2O_7^{2-}$　Fe_2O_3　$S_2O_3^{2-}$　PbO_2　$HClO$　PH_3

2. 氧化还原反应半反应式

反应前后元素氧化数发生变化的化学反应称为氧化还原反应。有单质参加的化合反应和有单质生成的分解反应均为氧化还原反应。元素氧化数升高的过程称为氧化，元素氧化数降低的过程称为还原。在氧化还原反应中，氧化与还原是同时发生的，且升高的总数与降低的总数相等。

氧化剂、还原剂是指反应物，写在化学反应方程式的左边。反应所含元素氧化数降低的物质叫作氧化剂，氧化剂被还原，发生还原反应，得到的生成物是还原产物。反应所含元素氧化数升高的物质叫作还原剂，其被氧化，发生氧化反应，得到的生成物是氧化产物。还原产物和氧化产物写在化学反应方程式的右边。氯化铜与锌反应生成铜和氯化锌的化学反应方程式如下：

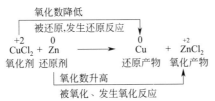

分子式上面的数字代表各相应原子的氧化数。在上述反应中，$CuCl_2$ 中 Cu 的氧化数从 $+2$ 下降到 0，$CuCl_2$ 是氧化剂，它本身被还原，使得 Zn 被氧化。Zn 的氧化数从 0 升高到 $+2$，Zn 是还原剂，它本身被氧化，使得 $CuCl_2$ 被还原。

在氧化还原反应中，每个氧化还原反应都是由两个半反应组成的，分别叫氧化反应和还原反应，统称半反应。如：

$$\text{氧化还原反应}: Cu^{2+} + Zn \longrightarrow Cu + Zn^{2+}$$

此反应可表示为两部分：

$$\text{氧化反应}: Zn - 2e^- \longrightarrow Zn^{2+}$$

$$\text{还原反应}: Cu^{2+} + 2e^- \longrightarrow Cu$$

由上式可以看出，每个半反应中都包括同一种元素的两种不同氧化态，如 Cu^{2+} 和 Cu，Zn^{2+} 和 Zn。它们被称为一对氧化还原电对，简称电对。电对中氧化数较高的物质称为氧化态（如 Cu^{2+}，Zn^{2+}），氧化数较低的物质称为还原态（如 Cu，Zn）。通常用氧化态/还原态表示电对，如 Zn^{2+}/Zn、Cu^{2+}/Cu。半反应可表示为：

$$\text{氧化态} + ne^- \rightleftharpoons \text{还原态}$$

二、氧化还原反应方程式配平

氧化还原方程式一般比较复杂，参与反应的物质较多，反应物除了氧化剂和还原剂以外，还经常会有介质（酸、碱、水）等，因此配平氧化还原方程式时需要按照一定的原则和步骤进行。氧化还原方程式配平原则有电荷守恒和质量守恒。电荷守恒是指氧化剂得电子数等于还原剂失电子数；质量守恒是指反应前后各元素原子总数相等。

氧化还原反应方程式配平时常用氧化态法和离子-电子法。氧化态法能迅速配平明确氧化态的简单氧化还原反应，并且不限于水溶液中的反应。

离子-电子法只适用于水溶液中的反应，不需要知道元素的氧化态，特别是对于有介质参与的复杂反应的配平比较方便。

下面主要以同一个化学反应（稀硫酸溶液中，高锰酸钾和亚硫酸钾反应生成硫酸锰和硫酸钾）为例，详细说明氧化态法和离子-电子法两种方法配平的具体步骤。

1. 氧化态法

氧化态法配平氧化还原方程式的原则是：氧化剂中元素氧化数降低的总数等于还原剂中元素氧化数升高的总数。

① 写出已知反应物和生成物的化学式：

$$KMnO_4 + K_2SO_3 + H_2SO_4(稀) \longrightarrow MnSO_4 + K_2SO_4$$

② 标出氧化态有变化的元素，计算出前后氧化态变化的数值，并使升降数相等：

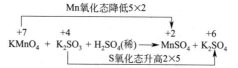

③ 在氧化剂和还原剂前面乘上相对应的系数：

$$2KMnO_4 + 5K_2SO_3 + H_2SO_4(稀) \longrightarrow 2MnSO_4 + 5K_2SO_4$$

④ 配平反应前后氧化数没有变化的原子数。

一般情况下，先配平除 H 和 O 以外的其他原子，然后再检查反应前后的 H 数，必要时加 H_2O 进行平衡。

具体到上式来说，先检查 K，左边有 12 个，右边有 10 个，因此右边需要加上 1 个 K_2SO_4 分子；检查 S，右边有 8 个，左边 6 个，因此左边需再加两个 H_2SO_4 分子，即总共 3 个 H_2SO_4 分子；再检查 H，左边有 6 个，右边无，因此需要右边加上 3 个 H_2O。即：

$$2KMnO_4 + 5K_2SO_3 + 3H_2SO_4(稀) \longrightarrow 2MnSO_4 + 6K_2SO_4 + 3H_2O$$

⑤ 最后核对氧原子数。上式中两边的氧原子数相等，说明方程式已配平。

特别注意的是，在配平过程中平衡氢和氧原子数时，可以加入 H_2O，但在酸性条件下反应，不能加入或生成 OH^-；在碱性条件下反应，不能加入或生成 H^+。

提示：
先确定各化学式的具体写法，然后确定氧化数的变化；再按照例题中的步骤逐步配平。

小测试

> 硫化亚铁在空气中焙烧，生成氧化铁和二氧化硫，配平相关反应方程式。

2. 离子-电子法

离子-电子法配平氧化还原反应方程式的原则是氧化剂获得电子的总数等于还原剂失去电子的总数。以在稀硫酸溶液中，高锰酸钾和亚硫酸钾反应生成硫酸锰和硫酸钾为例，详细说明应用离子-电子法配平化学反应方程式的步骤。

① 写出氧化还原反应式的离子方程式：
$$MnO_4^- + SO_3^{2-} \longrightarrow Mn^{2+} + SO_4^{2-}$$

② 将未配平的离子方程式写成氧化剂的还原反应和还原剂的氧化反应两个半反应式：

还原半反应：$MnO_4^- \longrightarrow Mn^{2+}$

氧化半反应：$SO_3^{2-} \longrightarrow SO_4^{2-}$

③ 分别配平两个半反应式。

先配平半反应的原子数，然后在半反应的左边或右边加上适当的电子数配平电荷数。

在还原半反应中，左边比右边多 4 个 O，因为是酸性反应环境，只能加 H^+ 或 H_2O，因此右边加上 4 个 H_2O，此时左边加上 8 个 H^+。再在半反应式的左边加上适当的电子（$5e^-$）来配平电荷数。因此：

还原半反应：
$$MnO_4^- + 8H^+ + 5e^- \longrightarrow Mn^{2+} + 4H_2O$$

在氧化半反应中，右边比左边多 1 个 O，因为是酸性反应环境，只能加 H^+ 或 H_2O，因此左边加上 1 个 H_2O，此时右边加上 2 个 H^+，为了平衡左右两边的电荷数，右边加上 $2e^-$，使半反应配平。因此：

氧化半反应：$SO_3^{2-} + H_2O \longrightarrow SO_4^{2-} + 2H^+ + 2e^-$

④ 根据氧化剂获得的电子总数必须与还原剂失去的电子总数相等的原则，找出电子转移的最小公倍数，然后分别将两个半反应式乘以适当系数以确保电子转移数相同，然后两式相加，得到配平的离子方程式。本反应方程式的最小公倍数是 10，因此还原半反应乘以 2、氧化半反应乘以 5，然后两式相加：

$$
\begin{array}{l}
\ MnO_4^- + 8H^+ + 5e^- \longrightarrow Mn^{2+} + 4H_2O \quad \times 2 \\
+)\ \ SO_3^{2-} + H_2O \longrightarrow SO_4^{2-} + 2H^+ + 2e^- \quad \times 5 \\
\hline
2MnO_4^- + 5SO_3^{2-} + 6H^+ \longrightarrow 2Mn^{2+} + 5SO_4^{2-} + 3H_2O
\end{array}
$$

⑤ 改写成分子反应式时，注意完善未参与氧化还原反应的离子，比如 K^+。

$$2KMnO_4 + 5K_2SO_3 + 3H_2SO_4(稀) \longrightarrow 2MnSO_4 + 6K_2SO_4 + 3H_2O$$

课堂练习

> 用离子-电子法配平氧化还原反应方程式 $ClO_3^- + S^{2-} \longrightarrow Cl^- + S + OH^-$

第二节　氧化还原反应基本反应规律及常见的氧化剂和还原剂

一、氧化还原反应基本规律

1. 守恒律

（1）质量守恒

反应前后各元素的原子个数不变。

（2）氧化数变化守恒

氧化数有升必有降，电子有得必有失。对于一个完整的氧化还原反应，氧化数升高总数与降低总数相等，失电子总数（或共用电子对偏离）与得电子总数（或共用电子对偏向）相等。

2. 价态律

当某一元素具有可变价态时，处于最低价态的元素只有还原性，处于最高价态的元素只有氧化性，处于中间价态的元素既有还原性又有氧化性（表 4-1）。

表 4-1　物质的价态律

化合价	-2	0	$+4$	$+6$
代表物	H_2S	S	SO_2	H_2SO_4（浓）
性质	还原性	既有氧化性又有还原性		氧化性

3. 强弱律

在氧化还原反应中，依据反应原理，有强氧化剂＋强还原剂 $\longrightarrow$ 弱氧化剂（氧化产物）＋弱还原剂（还原产物），即在同一氧化还原反应中，氧化剂的氧化性比氧化产物的强，还原剂的还原性比还原产物的强。如由反应 $2FeCl_3+2KI \longrightarrow 2FeCl_2+2KCl+I_2$ 可知，$FeCl_3$ 的氧化性比 I_2 的强，KI 的还原性比 $FeCl_2$ 的强。

一般来说，含有同种元素不同价态的物质，价态越高氧化性越强（氯的含氧酸除外），价态越低还原性越强。如氧化性：浓 $H_2SO_4 > SO_2$（H_2SO_3）$> S$；还原性：$H_2S > S > SO_2$。金属活动性顺序表中，从左到右，单质的还原性逐渐减弱，阳离子（铁指 Fe^{2+}）的氧化性逐渐增强。

$$\underrightarrow{K \ Ca \ Na \ Mg \ Al \ Zn \ Fe \ Sn \ Pb \ (H) \ Cu \ Hg \ Ag \ Pt \ Au}$$
金属活动性减弱，金属原子失去电子的能力依次减弱，还原性依次减弱

$$\underrightarrow{K^+ \ Ca^{2+} \ Na^+ \ Mg^{2+} \ Al^{3+} \ (H^+) \ Zn^{2+} \ Fe^{2+} \ Sn^{2+} \ Pb^{2+} \ Cu^{2+} \ Fe^{3+} \ Hg^{2+} \ Ag^+}$$
对应的金属阳离子得电子的能力增强，即氧化性增强

对于非金属活动性顺序表，有：

$$\underrightarrow{F_2 \ Cl_2 \ Br_2 \ I_2 \ S}$$
氧化性逐渐减弱

$$\underrightarrow{F^- \ Cl^- \ Br^- \ I^- \ S^{2-}}$$
还原性逐渐减弱

单质的氧化性强，离子的还原性弱；单质的还原性强，离子的氧化性弱。此外，反应条件要求越低，反应越剧烈，对应物质的氧化性或还原性就越强。

4. 转化律

含同种元素不同价态的物质间发生氧化还原反应时，该元素价态的变化一定遵循"高价＋低价 $\longrightarrow$ 中间价"的规律。即同种元素不同价态间发生氧化还原反应时，价态的变化为"只靠拢，不交叉"。元素相邻价态之间的转化最容易；同种元素不同价态之间发生反应，元素的化合价只靠近而不交叉，同种元素相邻之间不发生氧化还原反应。比如：

$$3Cl_2+6KOH \longrightarrow KClO_3+5KCl+3H_2O$$

小知识：

氧是地壳中最丰富、分布最广的元素，也是构成生物界与非生物界最重要的元素，单质氧在大气中占 20.9%。在地壳的含量为 48.6%。

在受限空间内进行作业工作前，需要先确认氧气浓度是否在允许范围内。应监测氧含量，并确保在 19%～21% 范围内。在可能存在有毒气体、可燃气体的情况下还需同时监测其浓度，并采取相应的防护措施。

$$2Na_2S + Na_2SO_3 + 6HCl \longrightarrow 6NaCl + 3S\downarrow + 3H_2O$$
$$KClO_3 + 6HCl \longrightarrow 3Cl_2\uparrow + KCl + 3H_2O$$

5. 难易律

越易失去电子的物质，失去后就越难得电子；越易得到电子的物质，得到后就越难失去电子。当一种氧化剂遇到多种还原剂时，先氧化还原性强的，后氧化还原性弱的，即还原性最强的优先发生反应；当一种还原剂遇到多种氧化剂时，先还原氧化性强的，后还原氧化性弱的，即氧化性最强的优先发生反应。

二、常见的氧化剂和还原剂

1. 常见的氧化剂

① 活泼非金属单质：O_2、Cl_2、Br_2、I_2 等。

② 高价金属阳离子：Fe^{3+}、Cu^{2+}、Ag^+ 等。

③ 高价或较高价化合物：MnO_2、$Na_2Cr_2O_3$、$K_2Cr_2O_7$、$KMnO_4$、HNO_3、浓硫酸、$KClO_3$ 等。

④ 过氧化物：H_2O_2、Na_2O_2、有机过氧酸（如过氧乙酸、过氧三氟乙酸、过氧间氯苯甲酸、过氧对硝基苯甲酸）。

⑤ 专用氧化剂：$Pb(OOCCH_3)_4$、SeO_2 等。

从安全生产角度来说，氧化剂是需要重点关注的，很多化学反应都是放热反应，还会有热量的连锁反应，接下来的状态是否可控就是一个未知数。比如发生一个伴有放热的化学反应时，会引起环境温度升高和反应体系温度升高。与此同时，温度是影响化学平衡、化学反应速率的一个非常重要的因素，对化学平衡、化学反应速率产生难以预测的影响。

就氧气（O_2）来说，它能和大多数金属和非金属燃烧或者缓慢反应形成氧化物。燃烧反应是放热反应，这些热可以为生产生活所用，比如液化气、天然气燃烧用来煮饭。意想不到的燃烧、过多的热量易引发火灾、爆炸。比如：2019年9月29日13时10分许，浙江省宁海县某日用品公司发生重大火灾事故（图4-1）。公司员工孙某在厂房西侧一层灌装车间用电磁炉加热制作香水原料异构烷烃混合物，在将加热后的混合物倒入塑料桶时，因静电放电引起混合物可燃蒸气起火燃烧。孙某未就近取用灭火器灭火，而是用纸板扑打、覆盖塑料桶等方法持续4分多钟灭火，但未灭火成功。塑料桶被烧熔，引燃周边易燃可燃物，一层车间全面燃烧并发生了数次爆炸。在起火燃烧六分钟后，二层、三层成品包装车间可燃物被一楼经楼道蔓延的高温烟气点燃。整个厂房处于立体燃烧状态。事故造成19人死亡，3人受伤，过火总面积约1100m²，直接经济损失约2380.4万元。

(a)　　　　　　　　(b)　　　　　　　　(c)

图 4-1　重大火灾事故图示

> **小贴士：**
> 燃烧的三要素是可燃物、助燃物、点火源。氧气是很常见的助燃物。大部分无机物、有机物都可以在一定条件下燃烧。物质燃烧类型有闪燃、自燃、点燃。燃烧的产物有完全产物（如 CO_2、H_2O、SO_2、N_2 等）和不完全燃烧产物（如 CO、NH_3、醇类、酮类、醚类等）。

在防火防爆技术中，防止形成可燃、可爆系统是一个非常重要的原则。在灭火时，使用各种方法控制空气中的氧气参与燃烧是很常见的灭火策略。

2. 常见的还原剂

① 活泼或较活泼的金属单质：K、Ca、Na、Mg、Al、Zn、Fe 等。

② 某些非金属单质：H_2、C 等；

③ 变价元素中元素低价金属阳离子：Cu^+、Fe^{2+} 等；

④ 变价元素中元素低价态非金属阴离子：S^{2-}、I^-、Br^-、Cl^- 等；

⑤ 变价元素中元素较低价化合物：CO、SO_2、H_2SO_3、H_2S、NH_3 等。

【事故案例】 2014 年 8 月，某金属制品有限公司抛光铝轮毂的抛光二车间发生特别重大铝粉尘爆炸事故，共造成 97 人死亡、163 人受伤，直接经济损失 3.51 亿元。调查表明：二车间除尘系统较长时间未按规定清理，铝粉尘集聚（事故调查估算沉积铝粉约 20kg）。除尘系统风机开启后，打磨过程中产生的高温颗粒（主要成分为 88.3% 的铝和 10.2% 的硅，抛光铝粉粒径中位值为 19μm），在集尘桶上方形成粉尘云（经实验测试，该粉尘为爆炸性粉尘，粉尘云引燃温度为 500℃）。与此同时，有一个除尘器集尘桶锈蚀破损，桶内铝粉受潮，发生氧化放热反应，达到粉尘云的引燃温度，引发除尘系统及车间的系列爆炸。因集尘桶没有泄爆装置，爆炸产生的高温气体和燃烧物经同一管道从 48 个工位的吸尘口喷出，导致全车间所有工位操作人员直接受到爆炸冲击，造成群死群伤。根据现场条件，模拟计算集尘桶内抛光铝粉与水发生的放热反应，计算表明：在抛光铝粉呈絮状堆积、散热条件差的条件下，集尘桶内的铝粉表层温度可达到粉尘云引燃温度 500℃。另外，桶底锈蚀产生的氧化铁和铝粉在前期放热反应触发下，可发生铝热反应，释放大量热量使体系的温度进一步升高。集尘桶内发生的放热的氧化还原反应方程式主要有：

$$2Al + 6H_2O \longrightarrow 2Al(OH)_3 + 3H_2$$

$$4Al + 3O_2 \longrightarrow 2Al_2O_3$$

$$2Al + Fe_2O_3 \longrightarrow Al_2O_3 + 2Fe$$

小测试：

> 指出下列只能作氧化剂或还原剂、既能作氧化剂也能作还原剂的化学物质。
>
> O_2、Cl_2、Fe_2O_3、Fe、$Na_2Cr_2O_3$、CH_4、
>
> $CH_2=\overset{\overset{CH_3}{|}}{C}-CH=CH_2$ 、

> **提示：**
> 注意各元素的氧化数分别有哪些。

思考与讨论

> 1. 查找资料，写出香水的常用原料。
> 2. 香水原料有异构十二烷（$C_{12}H_{26}$）、异构十六烷（$C_{16}H_{34}$）。请写出它们完全燃烧和不完全燃烧的化学反应方程式。

第三节 原电池和电极电势

一、原电池

1.原电池的概念

在一个装有硫酸铜溶液的烧杯中,加入锌片,锌溶解而铜析出,这时发生氧化还原反应,溶液中有硫酸锌和锌片、硫酸铜和析出的铜:

$$Zn(s)+CuSO_4(aq) \longrightarrow Cu(s)+ZnSO_4(aq)$$

反应的实质是 Zn 失去电子,被氧化成为 Zn^{2+};Cu^{2+} 得到电子,被还原成 Cu。由于锌和硫酸铜溶液直接接触,电子就从 Zn 直接转移给了 Cu^{2+}。这时电子的转移是无序的,反应中化学能转变为热能而放出,使溶液的温度升高,没有电流产生。

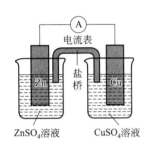

图 4-2 铜锌原电池

接下来,调整一下实验装置。按图 4-2 的装置,在一个烧杯中放入硫酸锌和锌片,在另一个烧杯中放入硫酸铜溶液和铜片,用盐桥(由琼脂和饱和的氯化钾溶液或饱和的硝酸钾溶液构成)将两个烧杯中的溶液联系起来,用导线连接锌片和铜片。

实验发现,当线路接通后,外电路中的电流表指针就会发生偏转,说明有电流产生,并且从指针偏转的方向可以看出电子是由锌片流向铜片的。这种借助于氧化还原反应将化学能转变为电能的装置称为原电池。

在原电池中,电子流出的一极称为负极,负极上发生氧化反应;电子流入的一极称为正极,正极上发生还原反应。两极上的反应称为电极反应,又因每一电极是原电池的一半,因此电极反应又称为半电池反应。两个电极反应(半电池反应)相加,得到电池反应。

如铜锌原电池中:

锌片,负极(氧化反应) $Zn(s) \rightleftharpoons Zn^{2+}(aq)+2e^-$
铜片,正极(还原反应) $Cu^{2+}(aq)+2e^- \rightleftharpoons Cu(s)$

两电极反应(半电池反应)相加,就得到电池反应:

$$Zn(s)+CuSO_4(aq) \rightleftharpoons Cu(s)+ZnSO_4(aq)$$

随着原电池反应的继续进行,Zn 失去电子变成 Zn^{2+} 进入 $ZnSO_4$ 溶液,$ZnSO_4$ 溶液因 Zn^{2+} 增加而带正电荷;$CuSO_4$ 溶液中的 Cu^{2+} 从铜片上获得电子,成为金属铜沉积在铜片上,$CuSO_4$ 溶液因 SO_4^{2-} 过剩而带负电荷。这两种情况都会阻碍电子从锌到铜的移动,以致反应终止。盐桥的作用就是使整个装置形成一个回路,随着反应的进行,盐桥中的正离子(K^+)向 $CuSO_4$ 溶液移动,负离子(Cl^-)向 $ZnSO_4$ 溶液移动,以保持溶液电中性,从而使电流持续产生。

2.原电池的表示方法

从理论上来说,任何一个自发的氧化还原反应都可以用来组成一个原电池。原电池涉及正极和负极，需要专门的表示方法。原电池是由两个半电池组成的。在上述铜锌原电池中，Zn 和 $ZnSO_4$ 溶液组成锌半电池，Cu 和 $CuSO_4$ 溶液组成铜半电池。每一个半电池都由同一元素不同氧化数的两种物质组成。氧化数高的物质称为氧化型物质，如锌半电池中的 Zn^{2+} 和铜半电池中的 Cu^{2+}。氧化数低的物质称为还原型物质，如锌半电池中的 Zn 和铜半电池中的 Cu。氧化型物质和它相对应的还原型物质组成氧化还原电对，通常用"氧化型/还原型"表示。如铜半电池和锌半电池的电对分别表示为 Cu^{2+}/Cu 和 Zn^{2+}/Zn。氧化型和还原型物质在一定的条件下可以互相转化：

$$氧化型 + ne^- \rightleftharpoons 还原型$$

式中，n 表示电子的计量系数。

在电化学中，原电池的装置可以用符号来表示。如铜锌原电池的电池符号为：

$$(-)Zn \mid ZnSO_4(c_1) \parallel CuSO_4(c_2) \mid Cu(+)$$

负极（-）写在左边，正极（+）写在右边，"|"表示半电池中两相之间的界面，"‖"表示盐桥。必要时溶液需注明浓度或活度，气体要注明分压。若溶液中有两种离子参与电极反应，则用逗号分开。导体（如 Zn、Cu 等）总是写在电池符号的两侧。若用惰性电极须注明其材料（如 Pt、C）。

例如：

$$(-)Pt, H_2(p_1) \mid H^+(c_1) \parallel Fe^{3+}(c_2), Fe^{2+}(c_3) \mid Pt(+)$$

表示的反应为：

$$负极 \quad H_2 \rightleftharpoons 2H^+ + 2e^-$$
$$+ \quad 正极 \quad 2Fe^{3+} + 2e^- \rightleftharpoons 2Fe^{2+}$$
$$\overline{}$$
$$电池反应：H_2 + 2Fe^{3+} \rightleftharpoons 2H^+ + 2Fe^{2+}$$

3. 原电池的电动势

在铜锌原电池中，两极一旦用导线连通，电流便从正极（铜极）流向负极（锌极），这说明两极之间存在电势差，而且正极电势一定比负极电势高。这种电势差就是电动势，用符号"E"表示，它是在外电路没有电流通过的状态下，右边电极电势与左边电极电势的差。即：

$$E = E_右 - E_左 \quad 或 \quad E = E_正 - E_负$$

式中，E 值都是相对于同一基准电极的电势。不是由同一基准物质得出的数据没有任何意义。

电动势的大小主要取决于组成原电池物质的本性。原电池的电动势可以通过精密电位计测得，此外电动势还与温度有关。通常在标准状态下测定的电动势称为标准电动势。在 298.15K 下的标准电动势以 $E^{\ominus}$ 表示。

二、电极电势

1. 金属电极电势的产生

物理学指出任何两种不同的物体相互接触时，在相界面上就会产生电势差。当把金属浸入其盐溶液中时，金属及其盐溶液就构成了金属电极。

此时，在金属和溶液的接触面上就有两种反应过程：一方面，由于受极性溶剂分子的吸引以及本身的热运动，金属表面的一些原子有把电子留在金属上而自身以溶剂化离子的形式进入溶液的倾向，即：

$$M \longrightarrow M^{n+}(aq) + ne^-$$

显然，温度越高，金属越活泼，溶液越稀，这种倾向越大。

另一方面，溶液中的金属离子受到金属表面自由电子的吸引，有结合电子变成中性原子而沉积在金属上的倾向，即：

$$M^{n+}(aq) + ne^- \longrightarrow M$$

一般金属越不活泼，离子浓度越大，这种倾向越大。

当这两种倾向（溶解与沉积）的速率相等时，就建立了动态平衡：

$$M \rightleftharpoons M^{n+}(aq) + ne^-$$

若金属失去电子进入溶液的倾向大于离子得到电子沉积到金属上的倾向，达平衡时就形成了金属带负电，靠近金属附近的溶液带正电的双电层结构，这样，金属与溶液间就产生了电势差。有了电势差就会有电子的流动。

相反，若离子获得电子的能力大于金属失去电子的能力，则形成金属带正电而其附近溶液带负电的双电层结构，金属与溶液间也产生电势差。

这种由金属及其盐溶液间形成的电势差，称为金属的电极电势。金属的活泼性及其盐溶液的浓度不同，金属的电极电势也就不同。

2.电极电势的确定

迄今为止，电极电势的绝对值尚无法直接测量，而只能用比较的方法确定其相对值。1953年，国际纯粹和应用化学联合会建议以标准氢电极作为比较用的标准。

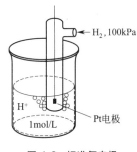

图4-3 标准氢电极

标准氢电极的组成如图4-3所示。它是将镀有一层海绵状铂黑的铂片，浸入氢离子浓度为 1.0mol/L 的 H_2SO_4 溶液中，在温度为 298.15K 时，不断通入压力为 100kPa 的纯氢气流。氢气被铂黑吸附，被氢气饱和了的铂片就像由氢气构成的电极一样。

溶液中的氢离子与被铂黑吸附而达到饱和的氢气，建立动态平衡：

$$2H^+(aq) + 2e^- \rightleftharpoons H_2(g)$$

规定此标准氢电极的电极电势为零。即：

$$E^{\ominus}(H^+/H_2) = 0.000V$$

将待测电极与标准氢电极组成原电池，并以标准氢电极为负极，待测电极为正极，测定该电池的电动势。由于标准氢电极的电极电势为零，所以测得的原电池的电动势即待测电极的电极电势。

标准电极电势（以符号 $E^{\ominus}$ 表示）是指待测电对处于标准状态（固体物质皆为纯净物，组成电对的有关物质的浓度为 1.0mol/L，气体的压力为 100kPa）时，所测电极的电极电势。通常测定温度为 298.15K。

> **小贴士：**
>
> 电极电势的大小，主要取决于物质的本性，但同时又与体系的温度、溶液中离子的浓度等外界条件有关。为了方便比较各电极电势的大小，人们在应用中提出了标准电极电势的概念，并建立了电极电势的数据库。这样，各电极电势就可以随时调用和相互比较了。

例如，欲测定铜电极的标准电极电势，则应组成如下原电池：

$(-)Pt,H_2(100kPa)|H^+(1.0mol/L)\|Cu^{2+}(1.0mol/L)|Cu(+)$

测得此电池的标准电动势为 $E^\ominus=0.342V$。即：

$E^\ominus=E^\ominus_{(+)}-E^\ominus_{(-)}$
$\quad\quad=E^\ominus(Cu^{2+}/Cu)-E^\ominus(H^+/H_2)=0.342V$

因为　　$E^\ominus(H^+/H_2)=0.000V$

所以　　$E^\ominus(Cu^{2+}/Cu)=0.342V$

比如需要测定锌电极的标准电极电势，则应组成如下原电池：

$(-)Pt,H_2(100kPa)|H^+(1.0mol/L)\|Zn^{2+}(1.0mol/L)|Zn(+)$

实际测定时，外电路要反接才能测得该电池的标准电动势，$E^\ominus=0.762V$。

故 $E^\ominus(Zn^{2+}/Zn)=-0.762V$。即：

$E^\ominus=E^\ominus_{(+)}-E^\ominus_{(-)}$
$\quad\quad=E^\ominus(H^+/H_2)-E^\ominus(Zn^{2+}/Zn)=0.762V$

因为　　$E^\ominus(H^+/H_2)=0.000V$

所以　　$E^\ominus(Zn^{2+}/Zn)=-0.762V$

"—"号表示与标准氢电极组成原电池时，待测电极实际为负极。

如果组成电极反应的物质都是离子，则用惰性电极（如铂片）插入含有该物质（同种元素不同氧化数的离子）的溶液构成电极。这种电极称为氧化还原电极。例如，铂浸入 Fe^{3+} 和 Fe^{2+} 的溶液中构成的氧化还原电极。

电极符号：$Fe^{3+}(aq),Fe^{2+}(aq)|Pt$

电极反应：$Fe^{3+}+e^-\rightleftharpoons Fe^{2+}$

在实际测定电极电势时，使用标准氢电极很不方便，人们通常用甘汞电极（图 4-4）代替标准氢电极，这种电极称为参比电极。饱和甘汞电极是由 Hg 和糊状 Hg_2Cl_2 及饱和 KCl 溶液组成的。

电极符号：

$\quad\quad Pt,Hg(l)|Hg_2Cl_2(s)|KCl(饱和溶液)$

电极反应：

$\quad\quad Hg_2Cl_2(s)+2e^-\rightleftharpoons 2Hg(l)+2Cl^-(aq)$

在常温下，饱和甘汞电极具有稳定的电极电势，且容易制备，使用方便。

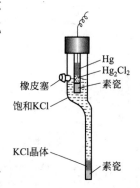

图 4-4　甘汞电极

表 4-2 中列出了一些氧化还原电对的标准电极电势。

表 4-2　一些氧化还原电对的标准电极电势（298.15K）

电极反应 （氧化型 + $ne^-\rightleftharpoons$ 还原型）	$E^\ominus/V$	电极反应 （氧化型 + $ne^-\rightleftharpoons$ 还原型）	$E^\ominus/V$
$Li^++e^-\rightleftharpoons Li$	-3.040	$Pb^{2+}+2e^-\rightleftharpoons Pb$	-0.126
$Na^++e^-\rightleftharpoons Na$	-2.71	$Sn^{2+}+2e^-\rightleftharpoons Sn$	-0.138

续表

电极反应 (氧化型 + ne^- ⇌ 还原型)	$E^{\ominus}$/V	电极反应 (氧化型 + ne^- ⇌ 还原型)	$E^{\ominus}$/V
$K^+ + e^- \rightleftharpoons K$	-2.931	$2H_3O^+ + 2e^- \rightleftharpoons H_2 + 2H_2O$	$+0.0000$
$Cr^{3+} + e^- \rightleftharpoons Cr^{2+}$	-0.407	$S + 2H^+ + 2e^- \rightleftharpoons H_2S$	$+0.142$
$Mg^{2+} + 2e^- \rightleftharpoons Mg$	-2.70	$O_2 + 2H^+ + 2e^- \rightleftharpoons H_2O_2$	$+0.695$
$Fe^{3+} + 3e^- \rightleftharpoons Fe$	-0.037	$Ca(OH)_2 + 2e^- \rightleftharpoons Ca + 2OH^-$ (碱性溶液中)	-3.02
$Ca^{2+} + 2e^- \rightleftharpoons Ca$	-2.868	$Fe(OH)_3 + e^- \rightleftharpoons Fe(OH)_2 + OH^-$ (碱性溶液中)	-0.891
$Cl_2 + 2e^- \rightleftharpoons 2Cl^-$	$+1.358$	$Mg(OH)_2 + e^- \rightleftharpoons Mg + 2OH^-$ (碱性溶液中)	-2.690
$Cu^{2+} + 2e^- \rightleftharpoons Cu$	$+0.342$	$ZnO + H_2O + 2e^- \rightleftharpoons Zn + 2OH^-$ (碱性溶液中)	-1.249
$Zn^{2+} + 2e^- \rightleftharpoons Zn$	-0.762	$ClO_3^- + 6H^+ + 6e^- \rightleftharpoons Cl^- + 3H_2O$	$+1.48$

在使用标准电极电势表时,应注意以下几点:

① 电极反应统一书写为还原反应。

$$氧化型 + ne^- \rightleftharpoons 还原型$$

它表示电对中氧化型物质得到电子被还原趋势的大小,因此称为还原电势。其代数值越大,说明该电对氧化型物质得到电子的能力越强,氧化性越强,其对应的还原型物质则越难失去电子。

② 标准电极电势值与电极反应物质的计量系数无关。例如:

$$Cu^{2+} + 2e^- \rightleftharpoons Cu \qquad E^{\ominus}(Cu^{2+}/Cu) = +0.342V$$

$$2Cu^{2+} + 4e^- \rightleftharpoons 2Cu \qquad E^{\ominus}(Cu^{2+}/Cu) = +0.342V$$

③ 数值适用于常温下的水溶液和标准态,在非水溶液或非标准态时则不适用。

为了便于查找数据,标准电极电势表分为酸表和碱表。酸表是指在 $c(H^+) = 1mol/L$ 的酸性介质中的标准电极电势;碱表是指在 $c(OH^-) = 1mol/L$ 的碱性介质中的标准电极电势。如未标明酸碱介质,则看其列出的电极反应式。式中有 H^+ 出现的为酸性介质,有 OH^- 出现的为碱性介质。

④ 电极电势是电极处于平衡状态时表现出来的特征值,它与达到平衡的快慢(速率)无关。

3. 能斯特方程

实际上化学反应经常在非标准状态下进行,而且反应过程中离子浓度也会改变。此时影响电极电势大小的因素有:电极材料、溶液中离子的浓度或气体分压、温度。于是,只有在非标准状态和标准状态下建立有效链接,才能应用标准状态下测得的电极电势数据。

1888 年能斯特从理论上推导出一个简单公式,给出了电极电势与温度、溶液浓度的关系式,通常称之为能斯特方程。能斯特解决了标准状态与非标准状态之间的关系这一难题。能斯特方程沿用至今。

若电极反应为:

$$a\,氧化型 + ne^- \rightleftharpoons b\,还原型$$

则 $E(氧化型/还原型) = E^{\ominus}(氧化型/还原型) + \dfrac{RT}{nF}\ln\dfrac{[氧化型]^a}{[还原型]^b}$ ❶

式中，E（氧化型/还原型）表示电极的电极电势；$E^{\ominus}$（氧化型/还原型）表示电极的标准电极电势；R 为摩尔气体常数；T 为热力学温度；n 表示电极反应中电子的计量系数；F 为法拉第常数；$[氧化型]^a$、$[还原型]^b$ 分别表示电极反应中在氧化型、还原型一侧各物质的相对浓度幂的乘积。

当电极电势单位用 V，浓度单位用 mol/L，压力单位用 Pa 表示时，则 $R = 8.314\,J/(K\cdot mol)$，$F = 96485\,C/mol$。当 T 为 298.15K，自然对数转换为常用对数时，上式可改写为：

$$E(氧化型/还原型) = E^{\ominus}(氧化型/还原型) + \dfrac{0.0592}{n}\lg\dfrac{[氧化型]^a}{[还原型]^b}$$

应用能斯特方程时，应注意以下几点：

① 电极反应中出现的固体或纯液体，不列入方程式中；若为气体，方程式中的相对浓度用相对分压代替，相对分压的数值大小是气体压强与标准状态压力（100kPa）的比值。

② 电极反应中，如有 H^+、OH^-、其他离子等参与反应，则这些物质也应表示在方程式中。如

$$MnO_4^- + 8H^+ + 5e^- \rightleftharpoons Mn^{2+} + 4H_2O$$

$$E(MnO_4^-/Mn^{2+}) = E^{\ominus}(MnO_4^-/Mn^{2+}) + \dfrac{0.0592}{5}\lg\dfrac{[MnO_4^-][H^+]^8}{[Mn^{2+}]}$$

由于 H^+ 浓度的幂指数大，所以对 E 值的影响较大。在计算时要特别注意首先确定介质酸碱性及具体数值。

三、影响电极电势的因素

利用能斯特方程可以计算电对在各浓度下的电极电势，此在实际应用中显得非常重要。下面分别讨论溶液中各种因素的变化对电极电势的影响。

1. 浓度及分压变化对电极电势的影响

【例】计算在 25℃ 时，Zn^{2+} 浓度为 0.001mol/L 时，Zn^{2+}/Zn 的电极电势。

解：电极反应：

$$Zn^{2+} + 2e^- \rightleftharpoons Zn$$

查表 4-2 得 $E^{\ominus}(Zn^{2+}/Zn) = -0.762\,V$。

代入能斯特方程得：

$$E(Zn^{2+}/Zn) = E^{\ominus}(Zn^{2+}/Zn) + \dfrac{0.0592}{2}\lg[Zn^{2+}]$$

$$= -0.762 + \dfrac{0.0592}{2}\lg 0.001 \approx -0.851\,(V)$$

【例】在 25℃ 时，$c(Cl^-) = 0.100\,mol/L$，$p(Cl_2) = 200\,kPa$，求

---

❶ 本书中以某物质外加方括号表示该物质的浓度。

所组成电对的电极电势。

解：电极反应：
$$Cl_2 + 2e^- \rightleftharpoons 2Cl^-$$

查表 4-1 得 $E^{\ominus}(Cl_2/Cl^-) = 1.358$，由能斯特方程得：

$$E(Cl_2/Cl^-) = E^{\ominus}(Cl_2/Cl^-) + \frac{0.0592}{2}\lg\frac{p(Cl_2)}{[Cl^-]^2}$$

$$E(Cl_2/Cl^-) = 1.358 + \frac{0.0592}{2}\lg\frac{200/100}{(0.100)^2} \approx 1.43(V)$$

2. 酸度对电极电势的影响

【例】 下列电极反应：
$$ClO_3^- + 6H^+ + 6e^- \rightleftharpoons Cl^- + 3H_2O; \quad E^{\ominus}(ClO_3^-/Cl^-) = 1.45V$$

求：$c(ClO_3^-) = c(Cl^-) = 1.0 mol/L$，$c(H^+) = 10 mol/L$ 时的 $E(ClO_3^-/Cl^-)$ 值。

解：根据能斯特方程得：

$$E(ClO_3^-/Cl^-) = E^{\ominus}(ClO_3^-/Cl^-) + \frac{0.0592}{6}\lg\frac{[ClO_3^-][H^+]^6}{[Cl^-]}$$

将已知数据代入上式得：

$$E(ClO_3^-/Cl^-) = 1.45 + \frac{0.0592}{6}\lg\frac{1.0 \times 10^6}{1.0} \approx 1.51(V)$$

当 $c(H^+) = 10 mol/L$ 时，$E(ClO_3^-/Cl^-)$ 的值由标准态时的 $E^{\ominus}(ClO_3^-/Cl^-)$ 值从 1.45 V 增大到 1.51 V，增大了 0.06V。由此可见，含氧酸在酸性介质中显示出较强的氧化性。即酸度改变对电极电势的影响显著。

3. 沉淀的生成对电极电势的影响

【例】 在 Ag^+/Ag 电对的溶液中加入 NaCl 溶液后，Cl^- 浓度为 1.0mol/L，求 $E(Ag^+/Ag)$ 的值。

解：原来的 Ag^+/Ag 溶液中，电极反应为：
$$Ag^+ + e^- \rightleftharpoons Ag$$

加入 NaCl 溶液，则有沉淀反应：
$$Ag^+ + Cl^- \rightleftharpoons AgCl\downarrow$$

当 $c(Cl^-) = 1.0 mol/L$ 时：

$$[Ag^+] = \frac{K^{\ominus}_{sp\,AgCl}}{[Cl^-]} = \frac{1.8 \times 10^{-10}}{1.0} = 1.8 \times 10^{-10}(mol/L)$$

根据电极反应，由能斯特方程得：
$$E(Ag^+/Ag) = E^{\ominus}(Ag^+/Ag) + 0.0592\lg[Ag^+]$$
$$= 0.7996 + 0.0592\lg(1.8 \times 10^{-10})$$
$$\approx 0.223(V)$$

可见，由于 AgCl 沉淀的生成，Ag^+ 浓度减少，Ag^+/Ag 电对的电极电势随之下降。

上述电对的电极电势实际上就是下列电对的标准电极电势：

$$AgCl(s) + e^- \rightleftharpoons Ag(s) + Cl^-(aq) \quad E^{\ominus}(AgCl/Ag) = +0.223V$$

同理，可以计算出 $E^{\ominus}$（AgBr/Ag）和 $E^{\ominus}$（AgI/Ag）的值并列于表 4-3。从表 4-3 可知，随着卤化银的溶度积 $K_{sp}^{\ominus}$ 的降低，Ag^+ 浓度也随之降低，$E^{\ominus}$（AgX/Ag）的值逐渐降低，电对所对应的氧化型物质的氧化能力逐渐减弱。

溶度积 K_{sp} 既表示难溶强电解质在溶液中溶解趋势的大小，也表示生成该难溶电解质沉淀的难易。任何难溶的电解质，不管它的溶解度多么小，其饱和水溶液中总有与其达成平衡的离子；任何沉淀反应，无论它进行得多么完全，溶液中也依然存在它的组成离子，而且其离子浓度的系数次方之积必为常数，只是溶度积大小不同。

小知识：

自然界没有绝对不溶解的物质，很多通常认为不溶于水的物质也有微弱溶解于水的倾向，总体表现为一种沉淀-溶解的平衡状态。为了描述这一状态，引入溶度积 K_{sp}。溶度积 K_{sp} 是指在一定温度下，难溶电解质沉淀-溶解平衡的平衡常数，大小等于难溶强电解质饱和溶液中离子浓度的系数次方的积，其为一常数。

表 4-3 卤化银电对的标准电极电势

电极反应	$K_{sp}^{\ominus}$	$c(Ag^+)/(mol/L)$	$E^{\ominus}$
$Ag^+ + e^- \rightleftharpoons Ag$			+0.7996
$AgCl(s) + e^- \rightleftharpoons Ag(s) + Cl^-(aq)$	约 10^{-10}	约 10^{-10}	+0.223
$AgBr(s) + e^- \rightleftharpoons Ag(s) + Br^-(aq)$	约 10^{-13}	约 10^{-13}	+0.071
$AgI(s) + e^- \rightleftharpoons Ag(s) + I^-(aq)$	约 10^{-17}	约 10^{-17}	-0.152

4. 弱电解质的生成对电极电势的影响

【例】电极反应：

$$2H^+ + 2e^- \rightleftharpoons H_2 \quad E^{\ominus}(H^+/H_2) = 0.000V$$

在该系统中加入 CH_3COOH-CH_3COONa 溶液，当 $p(H_2) = 100kPa$，$c(CH_3COOH) = c(CH_3COO^-) = 1.0mol/L$ 时，求 $E(H^+/H_2)$ 的值。

解：加入的 CH_3COOH-CH_3COONa 溶液是一个缓冲溶液，因此溶液中

$$H^+ + CH_3COO^- \rightleftharpoons CH_3COOH$$

所以

$$[H^+] = \frac{K_{aCH_3COOH}^{\ominus}[CH_3COOH]}{[CH_3COO^-]}$$

$$[H^+] = \frac{K_{aCH_3COOH}^{\ominus} \times 1.0}{1.0} = K_{aCH_3COOH}^{\ominus} = 1.76 \times 10^{-5}$$

对于电极反应：$2H^+ + 2e^- \rightleftharpoons H_2$

则有

$$E(H^+/H_2) = E^{\ominus}(H^+/H_2) + \frac{0.0592}{2}\lg\frac{[H^+]^2}{p(H_2)}$$

$$= 0.000 + \frac{0.0592}{2}\lg\frac{(1.76 \times 10^{-5})^2}{100/100}$$

$$\approx -0.281(V)$$

上述所计算的 $E(H^+/H_2)$ 值实际上就是下列电对的标准电极电势：

$$2CH_3COOH + 2e^- \rightleftharpoons H_2 + 2CH_3COO^- \quad E^{\ominus}(CH_3COOH/H_2) = -0.281V$$

计算结果表明，由于弱电解质 CH_3COOH 的生成，H^+ 浓度减少，故 H^+/H_2 电对的电极电势随之降低。

第四节　电极电势的应用

标准电极电势是化学中重要的数据之一。它能把水溶液中进行的氧化还原反应系统化、数学化，应用很方便。电极电势的应用范围很广泛，主要应用在以下几个方面。

一、比较氧化剂和还原剂的相对强弱

电极电势的大小，反映了氧化还原电对中氧化型物质和还原型物质的氧化、还原能力的相对强弱。电极电势的代数值越大，该电对的氧化型物质越易得到电子，氧化性越强。如 $E^{\ominus}(F_2/F^-)=+2.866V$，$E^{\ominus}(H_2O_2/H_2O)=+1.776V$，$E^{\ominus}(MnO_4^-/Mn^{2+})=+1.51V$，上述数值说明氧化型物质 F_2、H_2O_2、MnO_4^- 都是强氧化剂，且在标准状态下，氧化能力为 $F_2>H_2O_2>MnO_4^-$。

电极电势的代数值越小，该电对的还原型物质越易失去电子，还原性越强。如 $E^{\ominus}(Li^+/Li)=-3.040V$，$E^{\ominus}(K^+/K)=-2.931V$，$E^{\ominus}(Na^+/Na)=-2.71V$，上述数值说明还原型物质 Li、K、Na 都是强还原剂，且在标准状态下，还原能力为 Li>K>Na。

如果标准电极电势表是按 $E^{\ominus}$ 值从小到大的顺序排列的，则对于氧化剂来说，其强度在表中的递变规律是从上而下依次增强；而对于还原剂来说，其强度在表中的递变规律是从下而上依次增强。

应该指出的是，在非标准状态下比较氧化剂和还原剂的相对强弱时，应先利用能斯特方程，先计算该条件下各电对的 E 值后再作判断。

小贴士：

查阅标准电极电势表时，应注意确认各物质是否和标准电极电势中的各物质完全相符。比如反应物作为氧化剂，应从氧化型物质一栏查出，然后看其对应的还原型物质是否与还原产物相符；如反应物作为还原剂，则应从还原型物质一栏查出，然后看其对应的氧化型物质是否与氧化产物相符。只有完全相符时，查出的 $E^{\ominus}$ 值才是正确的。

二、判断氧化还原反应的方向和限度

1. 判断氧化还原反应的方向

氧化还原反应总是由较强的氧化剂和较强的还原剂相互作用，向着生成较弱氧化剂和较弱还原剂的方向进行。在原电池中，电极电势值大的氧化型物质和电极电势值小的还原型物质之间的反应是自发反应，这就是说，作为氧化剂的电对的电极电势大于作为还原剂的电对的电极电势：

$$E_{氧化剂}>E_{还原剂}$$

氧化还原反应的方向也可由氧化还原反应组成的原电池的电动势来判断。在原电池中，$E_正$ 就是氧化剂电对的 $E_{氧化剂}$，$E_负$ 就是还原剂电对的 $E_{还原剂}$。所以原电池的电动势：

$$E=E_正-E_负=E_{氧化剂}-E_{还原剂}>0$$

即氧化还原反应向原电池电动势 $E>0$ 的方向进行。例如：

$$Zn+Cu^{2+}\rightleftharpoons Zn^{2+}+Cu$$
$$E^{\ominus}(Cu^{2+}/Cu)=+0.342V$$
$$E^{\ominus}(Zn^{2+}/Zn)=-0.762V$$

显然，Cu^{2+} 的氧化性比 Zn^{2+} 的强，而 Zn 的还原性比 Cu 的强。故 Cu^{2+} 能将 Zn 氧化，反应会自发地向右进行。

此反应组成的原电池的电动势：

$$E^{\ominus}=E^{\ominus}_{氧化剂}-E^{\ominus}_{还原剂}=E^{\ominus}(Cu^{2+}/Cu)-E^{\ominus}(Zn^{2+}/Zn)>0$$

所以反应自发向右进行。

严格来说，标准电极电势只能判断标准状态下氧化还原反应进行的方向。如果两个电对的标准电极电势相差得比较大（>0.2V），一般可以根据标准电极电势判断氧化还原反应进行的方向。如果两个电对的标准电极电势相差得比较小（<0.2V），在非标准状态下，由于溶液中有关离子浓度对电极电势的影响，电动势 E 值符号有可能改变，氧化还原反应进行的方向可能会改变。此时应计算实际情况（非标准态）下的电动势 E 值，并以此数值来判断氧化还原反应的方向。

【例】 判断在酸性溶液中，H_2O_2 与 Fe^{2+} 混合时能否发生氧化还原反应。若能反应，写出反应的产物。

解： H_2O_2 中氧元素的氧化数为 -1，处于中间氧化态，它可以失去电子使氧化数升高而作还原剂，本身被氧化为 O_2，所对应的半反应为：

$$2H^+ + O_2 + 2e^- \rightleftharpoons H_2O_2 \quad E^{\ominus}=+0.695V$$

另一方面，H_2O_2 又可作为氧化剂，本身被还原成氧化数为 -2 的氧，对应的半反应为：

$$H_2O_2 + 2H^+ + 2e^- \rightleftharpoons 2H_2O \quad E^{\ominus}=+1.776V$$

Fe^{2+} 也是中间氧化态，所以 Fe^{2+} 既可以作氧化剂，也可以作还原剂，有关半反应为：

$$Fe^{3+}+e^- \rightleftharpoons Fe^{2+} \quad E^{\ominus}=0.771V$$

$$Fe^{2+}+2e^- \rightleftharpoons Fe \quad E^{\ominus}=-0.447V$$

分析上述四个可能发生的半反应及其 $E^{\ominus}$ 值可知：电对 H_2O_2/H_2O 的 $E^{\ominus}$ 值最大，H_2O_2 又是氧化型物质，H_2O_2 无疑是其中最强的氧化剂。因此，如 H_2O_2 与 Fe^{2+} 间发生反应，Fe^{2+} 就是还原剂，这样，Fe^{2+} 必是电对中的还原型物质（Fe^{3+}/Fe^{2+}）。所以 H_2O_2 与 Fe^{2+} 在酸性中混合时，能够发生反应，其反应方向为：

$$2Fe^{2+}+H_2O_2+2H^+ \longrightarrow 2Fe^{3+}+2H_2O$$

反应产物为 Fe^{3+} 和 H_2O。

2. 判断氧化还原反应的限度

任何一个反应进行的程度，都可以用 $K^{\ominus}$ 来判断。氧化还原反应的平衡常数可根据有关电对的标准电极电势来计算。例如，下列反应：

$$Zn+Cu^{2+} \rightleftharpoons Zn^{2+}+Cu$$

其平衡常数表达式为：$K^{\ominus}=\dfrac{[Zn^{2+}]}{[Cu^{2+}]}$

氧化还原反应由两个电极反应组成：

$$Cu^{2+}+2e^- \rightleftharpoons Cu$$

$$E(Cu^{2+}/Cu)=E^{\ominus}(Cu^{2+}/Cu)+\dfrac{0.0592}{2}\lg[Cu^{2+}]$$

$$Zn^{2+}+2e^- \rightleftharpoons Zn$$

$$E(\text{Zn}^{2+}/\text{Zn}) = E^{\ominus}(\text{Zn}^{2+}/\text{Zn}) + \frac{0.0592}{2}\lg[\text{Zn}^{2+}]$$

随着反应的进行，Cu^{2+} 的浓度不断减少，Zn^{2+} 浓度不断增加。因而 $E(\text{Cu}^{2+}/\text{Cu})$ 的代数值不断减小，$E(\text{Zn}^{2+}/\text{Zn})$ 的代数值不断增大。当 $E(\text{Cu}^{2+}/\text{Cu}) = E(\text{Zn}^{2+}/\text{Zn})$ 时，反应达到平衡。此时

$$E^{\ominus}(\text{Zn}^{2+}/\text{Zn}) + \frac{0.0592}{2}\lg[\text{Zn}^{2+}] = E^{\ominus}(\text{Cu}^{2+}/\text{Cu}) + \frac{0.0592}{2}\lg[\text{Cu}^{2+}]$$

$$\lg\frac{[\text{Zn}^{2+}]}{[\text{Cu}^{2+}]} = \frac{[E^{\ominus}(\text{Cu}^{2+}/\text{Cu}) - E^{\ominus}(\text{Zn}^{2+}/\text{Zn})] \times 2}{0.0592}$$

因为 $K^{\ominus} = \dfrac{[\text{Zn}^{2+}]}{[\text{Cu}^{2+}]}$

所以 $\lg K^{\ominus} = \dfrac{[E^{\ominus}(\text{Cu}^{2+}/\text{Cu}) - E^{\ominus}(\text{Zn}^{2+}/\text{Zn})] \times 2}{0.0592}$

查表 4-2 知：$E^{\ominus}(\text{Cu}^{2+}/\text{Cu}) = +0.342\text{V}$，$E^{\ominus}(\text{Zn}^{2+}/\text{Zn}) = -0.762\text{V}$，代入上式计算出该反应的平衡常数值为：

$$K^{\ominus} \approx 1.98 \times 10^{37}$$

$K^{\ominus}$ 值很大，可以认为 Zn 置换 Cu^{2+} 的反应进行得很完全。

由此可得，298.15K 时氧化还原反应的标准平衡常数的计算公式为：

$$\lg K^{\ominus} = \frac{(E^{\ominus}_{\text{氧化剂}} - E^{\ominus}_{\text{还原剂}}) \times n}{0.0592} = \frac{nE^{\ominus}}{0.0592}$$

式中，$E^{\ominus}_{\text{氧化剂}}$、$E^{\ominus}_{\text{还原剂}}$ 分别为反应中氧化剂与其还原产物组成的电对的标准电极电势、还原剂与其氧化产物组成的电对的标准电极电势；n 为总反应中转移的电子数目；$E^{\ominus}$ 为反应的标准电动势。

可以看出，氧化还原反应进行的程度与组成反应的两个电对的 $E^{\ominus}$ 有关，而与反应物浓度无关。两个电对的 $E^{\ominus}$ 相差越大，$K^{\ominus}$ 值就越大，氧化还原反应进行得越完全。

【例】 试计算 25℃ 时反应 $\text{Sn} + \text{Pb}^{2+} \rightleftharpoons \text{Sn}^{2+} + \text{Pb}$ 的平衡常数；反应开始时，$c_{\text{Pb}^{2+}}$ 为 2.0 mol/L，问平衡时 $c_{\text{Pb}^{2+}}$ 和 $c_{\text{Sn}^{2+}}$ 各为多少？

解： $\text{Sn} + \text{Pb}^{2+} \rightleftharpoons \text{Sn}^{2+} + \text{Pb}$

查表 4-2 知：
$$E^{\ominus}(\text{Pb}^{2+}/\text{Pb}) = -0.126\text{V}$$
$$E^{\ominus}(\text{Sn}^{2+}/\text{Sn}) = -0.138\text{V}$$

电动势 $E^{\ominus} = E^{\ominus}(\text{Pb}^{2+}/\text{Pb}) - E^{\ominus}(\text{Sn}^{2+}/\text{Sn})$
$$= -0.126 - (-0.138) = 0.012 \text{ (V)}$$

因为 $\lg K^{\ominus} = \dfrac{nE^{\ominus}}{0.0592} = \dfrac{2 \times 0.012}{0.0592} \approx 0.41$

所以 $K^{\ominus} \approx 2.57$

设平衡时 $c_{\text{Sn}^{2+}} = x$ mol/L，则 $c_{\text{Pb}^{2+}} = (2.0 - x)$ mol/L。

又因为 $K^{\ominus} = \dfrac{[\text{Sn}^{2+}]}{[\text{Pb}^{2+}]}$

因此 $2.57 = \dfrac{x}{2-x}$

解得 $x \approx 1.44$

因此
$$c_{Sn^{2+}} = 1.44 \text{mol/L}$$
$$c_{Pb^{2+}} = 2.0 - 1.44 = 0.56 (\text{mol/L})$$

计算结果表明，平衡时 $c(Pb^{2+})$ 仍然很大，反应进行得很不完全。

【例】 利用原电池测定 AgCl 的溶度积 $K_{sp}^{\ominus}$（AgCl）。

解：由有关电对的标准电极电势可求得化学反应的平衡常数。而溶度积常数也是平衡常数，用电化学的方法来测定难溶盐的溶度积时，关键是要设计出一个合理的原电池，使电池反应正好就是难溶盐的沉淀反应。

AgCl 的沉淀平衡为：

$$AgCl(s) \rightleftharpoons Ag^+ + Cl^-$$

将其分解为两个半反应：

$$\begin{array}{ll} \text{负极} & Ag + Cl^- \rightleftharpoons AgCl(s) + e^- \\ (+) \quad \text{正极} & Ag^+ + e^- \rightleftharpoons Ag \\ \hline \text{电池反应：} & Ag^+ + Cl^- \rightleftharpoons AgCl(s) \end{array}$$

电池符号：

$$(-) \text{ Ag, AgCl(s)} | Cl^- (1.0 \text{mol/L}) \| Ag^+ (1.0 \text{mol/L}) | Ag (+)$$

原电池的标准电动势：

$$E^{\ominus} = E^{\ominus}(Ag^+/Ag) - E^{\ominus}(AgCl/Ag) = 0.7996 - 0.223 = 0.5766(V)$$

$$\lg K^{\ominus} = \frac{nE^{\ominus}}{0.0592} = \frac{1 \times 0.5766}{0.0592} \approx 9.74$$

$$K^{\ominus} \approx 5.50 \times 10^9$$

所以 AgCl 的溶度积：

$$K_{sp}^{\ominus}(AgCl) = \frac{1}{K^{\ominus}} = \frac{1}{5.50 \times 10^9} \approx 1.82 \times 10^{-10}$$

三、元素电势图及其应用

许多元素具有多种氧化态，各种氧化态物质可以组成不同的电对，为了方便了解同一元素的不同氧化态物质的氧化还原性，拉提默提出了元素电势图的概念。

1. 元素电势图的表示方式

元素电势图：将同一元素的不同氧化态物质，按其氧化态，从高到低排列，不同氧化态物质之间以直线连接，并在线上标明相邻氧化态物质组成电对时的标准电极电势值。例如，S 元素的氧化态有 +6、+4、+2、0、-2，在酸性溶液中可组成的电对有：

$$SO_4^{2-} + 4H^+ + 2e^- \rightleftharpoons H_2SO_3 + H_2O \qquad E^{\ominus} = +0.172V$$
$$H_2SO_3 + 4H^+ + 4e^- \rightleftharpoons S + 3H_2O \qquad E^{\ominus} = +0.449V$$
$$S + 2H^+ + 2e^- \rightleftharpoons H_2S \qquad E^{\ominus} = +0.142V$$

如果用元素电势图表示，则为：

$$SO_4^{2-} \xrightarrow{0.172} H_2SO_3 \xrightarrow{0.449} S \xrightarrow{0.142} H_2S$$

根据溶液酸碱性的不同，元素电势图又分为酸性介质中的和碱性介质中的两种。

2. 元素电势图的应用

元素电势图的表达直观、方便，可清楚地看出该元素各氧化态物质的氧化还原性。它的主要应用如下。

① 比较元素各氧化态物质的氧化还原性，以及介质对氧化还原能力的影响。

如氯元素在酸性介质中的元素电势图为：

$E_A^\ominus/V$

$$\text{ClO}_4^- \xrightarrow{+1.189} \text{ClO}_3^- \xrightarrow{+1.214} \text{HClO}_2 \xrightarrow{+1.64} \text{HClO} \xrightarrow{+1.628} \text{Cl}_2 \xrightarrow{+1.358} \text{Cl}^-$$

（其中 ClO_3^- 到 Cl_2 为 $+1.47$）

氯元素在碱性介质中的元素电势图为：

$E_B^\ominus/V$

$$\text{ClO}_4^- \xrightarrow{+0.36} \text{ClO}_3^- \xrightarrow{+0.33} \text{HClO}_2 \xrightarrow{+0.66} \text{HClO} \xrightarrow{+0.382} \text{Cl}_2 \xrightarrow{+1.358} \text{Cl}^-$$

（其中 ClO_3^- 到 Cl_2 为 $+0.472$）

由元素电势图可见，在酸性介质中氯元素的电极电势都为较大的正值，此说明氯的氧化态为+7、+5、+3、+1、0时，各氧化态物质都具有较强的氧化能力，都是强氧化剂。而在碱性介质中，氧化态为+7、+5、+3、+1时各电对的电极电势值都较小，这说明此时它们的氧化能力都较小。故当选用氯的含氧酸盐作为氧化剂时，应选择在酸性介质中进行反应。

② 判断物质能否发生歧化反应。在氧化还原反应中，有些元素的氧化态可以同时向较高和较低氧化态转变。这种反应称为歧化反应。根据元素电势图可以判断物质的歧化反应能否发生。

由碱性介质中氯的元素电势图可得知：

$$E_B^\ominus/V \qquad \text{ClO}^- \xrightarrow{+0.382} \text{Cl}_2 \xrightarrow{+1.358} \text{Cl}^-$$

由元素电势图可知：

$$E_B^\ominus/V(\text{Cl}_2/\text{Cl}^-) = +1.358\text{V}$$
$$E_B^\ominus/V(\text{ClO}^-/\text{Cl}_2) = +0.382\text{V}$$

由于 $E_B^\ominus$（Cl_2/Cl^-）$> E_B^\ominus$（ClO^-/Cl_2），所以电对 Cl_2/Cl^- 中氧化型物质 Cl_2 能够氧化电对 ClO^-/Cl_2 中还原型物质 Cl_2。于是就有反应：

$$\text{Cl}_2 + \text{Cl}_2 \longrightarrow \text{Cl}^- + \text{ClO}^-$$

即 Cl_2 发生了歧化反应：

$$\text{Cl}_2 + 2\text{OH}^- \longrightarrow \text{Cl}^- + \text{ClO}^- + \text{H}_2\text{O}$$

对照酸性介质中氯的元素电势图：

$$E_A^\ominus/V \qquad \text{HClO} \xrightarrow{+1.628} \text{Cl}_2 \xrightarrow{+1.358} \text{Cl}^-$$

由于 1.358V < 1.628V，即 $E_A^\ominus$（Cl_2/Cl^-）$< E_A^\ominus$（HClO/Cl_2）。故在酸性介质中，Cl_2 不能发生歧化反应。相反，HClO 能氧化 Cl^- 而生成 Cl_2，即有逆歧化反应发生：

$$Cl^- + HClO + H^+ \longrightarrow Cl_2 + H_2O$$

推广至一般，判断歧化反应能否进行的一般规则为：

在元素电势图中：

$$A \xrightarrow{E_{左}^{\ominus}} B \xrightarrow{E_{右}^{\ominus}} C$$

若 $E_{右}^{\ominus} > E_{左}^{\ominus}$，则 B 会发生歧化反应

$$B \longrightarrow A + C$$

若 $E_{右}^{\ominus} < E_{左}^{\ominus}$，则 B 不会发生歧化反应，而 A 和 C 能发生逆歧化反应，即：

$$A + C \longrightarrow B$$

3. 计算电对的标准电极电势

根据元素电势图，可以计算出图中任一组合电对的标准电极电势。例如对下列元素电势图：

$$A \underset{n_1}{\overset{E_1^{\ominus}}{\longrightarrow}} B \underset{n_2}{\overset{E_2^{\ominus}}{\longrightarrow}} C \underset{n_3}{\overset{E_3^{\ominus}}{\longrightarrow}} D$$
$$\underset{n}{\underbrace{\qquad\qquad E_x^{\ominus} \qquad\qquad}}$$

从理论上可以推导出下列公式：

$$nE_x^{\ominus} = n_1 E_1^{\ominus} + n_2 E_2^{\ominus} + n_3 E_3^{\ominus}$$

所以

$$E_x^{\ominus} = \frac{n_1 E_1^{\ominus} + n_2 E_2^{\ominus} + n_3 E_3^{\ominus}}{n}$$

式中，n_1、n_2、n_3、n 分别代表各电对电极反应中电子的计量系数。

【例】 已知溴在碱性介质中的电势图：

$E_B^{\ominus}/V$

$$\overset{+0.514}{\overbrace{BrO_3^- \overset{?}{\longrightarrow} BrO^- \overset{+0.45}{\longrightarrow} Br_2}} \overset{+1.087}{\longrightarrow} Br^-$$

计算 $E^{\ominus}(BrO_3^-/Br^-)$ 和 $E^{\ominus}(BrO_3^-/BrO^-)$ 的值。

解：

$$6E^{\ominus}(BrO_3^-/Br^-) = 5E^{\ominus}(BrO_3^-/Br_2) + E^{\ominus}(Br_2/Br^-)$$

所以 $E^{\ominus}(BrO_3^-/Br^-) = \dfrac{[5 \times E^{\ominus}(BrO_3^-/Br_2)] + E^{\ominus}(Br_2/Br^-)}{6}$

$$E^{\ominus}(BrO_3^-/Br^-) = \frac{[5 \times E^{\ominus}(BrO_3^-/Br_2)] + E^{\ominus}(Br_2/Br^-)}{6}$$

$$= \frac{5 \times 0.514 + 1.087}{6} = +0.61(V)$$

又因为 $5E^{\ominus}(BrO_3^-/Br_2) = 4E^{\ominus}(BrO_3^-/BrO^-) + E^{\ominus}/(BrO/Br_2)$

所以 $E^{\ominus}(BrO_3^-/BrO^-) =$

$$\frac{[5 \times E^{\ominus}(BrO_3^-/Br_2)] - E^{\ominus}(BrO^-/Br_2)}{4}$$

$$=\frac{5\times 0.514-0.45}{4}=+0.53(V)$$

思考与讨论

已知锰在酸性介质中的元素电势图：

$E_B^{\ominus}/V$

$MnO_4^- \xrightarrow{+0.558} MnO_4^{2-} \xrightarrow{+2.265} MnO_2 \xrightarrow{+0.91} Mn^{3+} \xrightarrow{+1.541}$

$Mn^{2+} \xrightarrow{-1.185} Mn$

1. 计算 $E^{\ominus}$（MnO_4^-/Mn^{2+}）。
2. 判断哪些物质可以发生歧化反应，写出歧化反应式。

知识框架

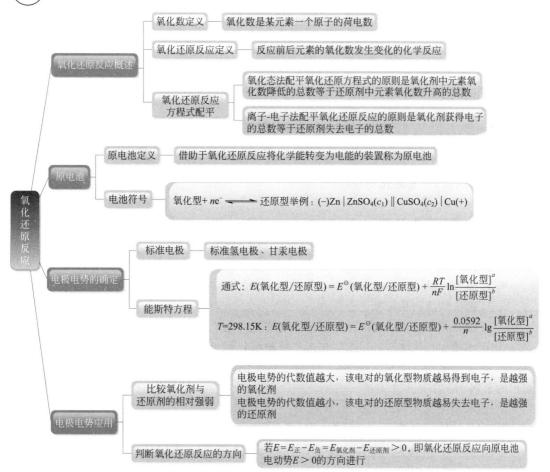

课后习题

1. 指出下列物质中各元素的氧化态。

K_2MnO_4 $Cr_2O_7^{2-}$ BaH_2 Na_3PO_4 C_2H_6 C_2H_2 C_2H_5OH

2. 指出下列物质的哪些只能做氧化剂或还原剂、哪些既能作氧化剂也能做还原剂。

Na_2S Zn H_2O_2 I_2 $FeSO_4$ Na_2SO_3 KNO_2

3. 用氧化态法配平下列氧化还原反应方程式。

(1) $Cu + H_2SO_4 \longrightarrow CuSO_4 + SO_2 + H_2O$

(2) $NH_4NO_3 \longrightarrow N_2 + O_2 + H_2O$

(3) $Na_2S_2O_3 + I_2 \longrightarrow Na_2S_4O_6 + NaI$

4. 用氧化态法配平下列氧化还原反应方程式。

(1) $Cr_2O_7^{2-} + SO_3^{2-} + H^+ \longrightarrow Cr^{3+} + SO_4^{2-}$

(2) $PbO_2(S) + Cl^- + H^+ \longrightarrow Pb^{2+} + Cl_2$

5. 指出下列反应中,哪些是氧化剂,哪些是还原剂?写出有关半反应及电池符号。

(1) $Cu^{2+} + Fe \longrightarrow Cu + Fe^{2+}$

$c(Cu^{2+}) = c(Fe^{2+}) = 0.1 \text{ mol/L}$

(2) $Pb + 2H^+ + 2Cl^- \longrightarrow PbCl_2 + H_2$

$c(Pb^{2+}) = c(Cl^-) = 1.0 \text{ mol/L}, p(H_2) = 1 \times 10^5 \text{ Pa}$

实训项目

项目一 遇湿易燃物品 Na 性质实验

1. 实验目的

掌握金属 Na 的物理化学特性

2. 实验原理

Na 与水的反应方程式:

$$2Na + 2H_2O \longrightarrow 2NaOH + H_2 \uparrow$$

3. 实验用品

Na,小刀,镊子,滤纸,水槽,酚酞指示剂,1000 mL 量筒、温度计

4. 实验步骤及结果记录

① 仔细观察瓶装 Na 的物理特性和保存特点(记录)。

② 在水槽中加入 200 mL 水,加入 2 滴酚酞,记录反应前水温和室内气温。

③ 在滤纸上切取蚕豆大小 Na,用镊子夹着滤纸吸干煤油,在电子天平上迅速称重切出的金属 Na 的质量。

④ 往水槽中投入 Na,仔细记录现象。

⑤ 记录反应后水温。

⑥ 在干净水槽装 100 mL 无水乙醇,加入 1 滴酚酞,重复③~⑤实验步骤,并做好记录。

Na 性质实验记录表

	反应物	溶液体积	Na 形状	Na 质量/g	溶液温度（前）	溶液温度（后）	现象
1	自来水	200 mL	片状				
2	自来水	200 mL	块状				
3	无水乙醇	100 mL	片状				
4	无水乙醇	100 mL	块状				

5. 思考与讨论
① 用自己的话描述 Na 的理化特性、保存方式、安全技术要点。
② 查找遇湿易燃物品的分类方法，并写出两三个物质的化学反应方程式。

项目二　KNO_3 的性质实验（木炭跳蹦床）

1. 实验目的
了解氧化剂硝酸钾的性质；
了解固体物质燃烧的基本特点。

2. 实验原理
硝酸钾（KNO_3）受热分解会产生氧气（O_2）。

$$2KNO_3 \xrightarrow{\text{加热}} 2KNO_2 + O_2 \uparrow$$

在融化的硝酸钾中放入木炭，木炭会与产生的氧气发生化学反应，生成 CO_2 气体。

$$C + O_2 \xrightarrow{\text{点燃}} CO_2$$

硝酸钾（KNO_3）受热分解会产生氧气（O_2），在融化的硝酸钾中放入木炭，木炭会与硝酸钾分解产生的 O_2 作用生成 CO_2 气体。生成的 CO_2 将木炭顶起，使木炭与硝酸钾液体脱离接触，反应中断，CO_2 气体不再发生；此时由于重力作用，木炭回落到硝酸钾上面，反应再次发生，又产生 CO_2 气体，木炭第二次被顶起；如此反复，如同木炭玩蹦床一般。

3. 实验用品
铁架台、试管夹、镊子、长试管、硝酸钾、木炭、小刀、酒精灯

4. 实验步骤及结果记录
① 取一根干净试管，在试管中加入 3g 左右固体硝酸钾；
② 用铁夹将试管直立地固定在铁架台上，点燃酒精灯并加热试管。
③ 取黄豆粒大小木炭，轻轻加入试管中，继续加热；
④ 观察实验现象，并做好实验记录。
在实验过程中，注意在通风橱中进行，实验结束后及时清洗试管。

5. 思考与讨论
① 实验时的安全注意事项有哪些？
② 详细列举实验时用到的全部化学物质，并指出哪些属于危险化学品。

第五章
非金属元素及其化合物

知识目标：1. 了解卤素、氧族元素、氮族元素和碳族元素的通性；
    2. 熟悉氯、硫、氮、磷、硅单质及其化合物的物理性质，了解其用途；
    3. 掌握氯、硫、氮、磷、硅单质及其化合物的化学性质和制备。
能力目标：1. 能根据非金属元素的价层电子构型，推断其物理性质与化学性质；
    2. 根据非金属元素单质和化合物的性质判断其主要用途。

本章总览：非金属元素位于元素周期表 p 区的右上方，均为主族元素。 p 区元素包括周期系中的ⅢA～ⅧA元素，该区元素沿 B—Si—As—Te—At 对角线可分为两部分，对角线右上角（含对角线上元素）为非金属元素，对角线左下角为金属元素。除去氢，所有非金属元素全部集中在这个区域。

非金属元素的核外电子构型为 $1s^{1\sim 2} \sim ns^2np^{1\sim 6}$。其中 B、C、Si、P、As、S、Se、Te、I 为固态，Br_2 为液态，其余均为气态。大多数的非金属元素与人们的生产生活有着密切的关系。

非金属元素在周期表中的位置

第一节　氯及其化合物

卤族元素又称卤素，是周期系第ⅦA族元素，用符号X表示。该族主要包括氟（F）、氯（Cl）、溴（Br）、碘（I）和砹（At）。卤素原子的价层电子构型为ns^2np^5，与稳定的8电子构型ns^2np^6比较，仅缺少一个电子；其核电荷是同周期元素除稀有气体外最多的，原子半径是同周期元素中最小的，故它们最容易获得电子。

卤素是典型的非金属元素，表现出强的氧化性，常见的氧化数是-1，在含氧酸及其盐中表现出正氧化数+1、+3、+5和+7。在本族内自上往下，原子半径递增，而氧化性则依次递减。

本节重点讲解卤族元素中的氯元素及其化合物。

小贴士：

卤素的希腊文原意为成盐元素。在自然界，氟主要以萤石和冰晶石等矿物存在；氯、溴、碘主要以钠、钾、钙、镁的无机盐形式存在于海水中；海藻是碘的重要来源；砹为放射性元素，仅以微量且短暂地存在于铀和钍的蜕变产物中。

一、氯的物理性质及制备

氯在自然界以化合物形式存在，主要以钠、钾、钙、镁的无机盐形式存在于海水中，其中氯化钠的含量最高。此外，盐湖、盐层等中也含有氯。

（一）氯的物理性质

卤素的单质均为双原子的非极性分子。常温、常压下，氯为黄绿色气体并带有强烈的刺激性气味。氯极易被液化，工业上液氯贮存于钢瓶中。氯气微溶于水，易溶于四氯化碳等非极性有机溶剂。

氯气有毒，对眼、鼻、呼吸道等有强烈的刺激作用，吸入大量蒸气会导致严重的中毒，甚至死亡。若不慎吸入氯气，应立即脱离中毒环境，转移至新鲜空气流通的上风向位置，轻度中毒（如出现辣眼睛、流泪、流涕、咽干、干咳等症状）者休息后多数可自行缓解，症状严重（如呼吸困难等）者应及时拨打急救电话120。

思考与讨论

为什么氯在自然界中以化合物的形式存在？

小贴士：

含氯消毒剂是指溶于水产生具有杀微生物活性的次氯酸的消毒剂。次氯酸分子体积小，易穿过细胞壁；同时，它又是强氧化剂，能损坏细胞膜，释放出蛋白质、RNA、DNA等物质，并影响多种酶系统，从而使病毒或细菌死亡。

（二）氯的制备

工业上一般采用电解食盐的方法制取氯气：

$$2NaCl + 2H_2O \xrightarrow{电解} 2NaOH + H_2\uparrow + Cl_2\uparrow$$

实验室则用强氧化剂与浓盐酸制取氯气：

$$2KMnO_4 + 16HCl(浓) \longrightarrow 2KCl + 2MnCl_2 + 5Cl_2\uparrow + 8H_2O$$

$$MnO_2 + 4HCl(浓) \xrightarrow{\triangle} MnCl_2 + Cl_2\uparrow + 2H_2O$$

二、氯的化学性质

（一）与金属的反应

氯能与各种金属作用，潮湿的氯加热还可以与不活泼金属（如铂、金）反应。干燥的氯气不与铁反应，所以氯气或液氯可以贮存在钢瓶中。

$$Cu + Cl_2 \xrightarrow{\text{点燃}} CuCl_2$$

$$2Na + Cl_2 \xrightarrow{\text{点燃}} 2NaCl$$

（二）与非金属反应

氯能与大多数非金属元素（氧气、氮气，稀有气体除外）直接化合，且反应较剧烈。例如：

$$2S + Cl_2 \xrightarrow{\text{点燃}} S_2Cl_2$$

$$S + Cl_2 \xrightarrow{\text{点燃}} SCl_2$$

$$2P + 3Cl_2 \xrightarrow{\text{点燃}} 2PCl_3$$

$$2P + 5Cl_2 \xrightarrow{\text{点燃}} 2PCl_5$$

氯和氢的混合气体在常温下反应缓慢，但是当被强光照射或加热时，氯和氢立即反应甚至发生爆炸。

$$H_2 + Cl_2 \xrightarrow{\text{光照}} 2HCl$$

（三）与 H_2O 反应

氯气遇水会产生次氯酸，次氯酸具有漂白、消毒作用；HClO 还具有强氧化性，光照下分解放出 O_2。

$$Cl_2 + H_2O \rightleftharpoons HCl + HClO$$

$$2HClO \xrightarrow{\text{光照}} 2HCl + O_2 \uparrow$$

码 5-1 氯气与水的反应

（四）卤素置换反应

卤素单质在水溶液中的氧化性按以下顺序递减：$F_2 > Cl_2 > Br_2 > I_2$，位于前面的卤素单质可以氧化后面卤素的阴离子，从而置换出后面的卤素单质。

$$Cl_2 + 2Br^- \longrightarrow 2Cl^- + Br_2$$

$$Cl_2 + 2I^- \longrightarrow 2Cl^- + I_2$$

$$Br_2 + 2I^- \longrightarrow 2Br^- + I_2$$

三、氯的常见化合物

（一）氯化氢

1. 氯化氢的物理性质与制备

氯化氢为无色、不可燃气体，有刺激性气味，具有很好的热稳定性。与空气中的水蒸气结合形成酸雾，极易溶于水，生成盐酸。

工业上通常采用氯气和氢气合成法制备氯化氢：

$$H_2 + Cl_2 \xrightarrow{\text{燃烧}} 2HCl$$

实验室通过氯化钠与浓硫酸的反应制取氯化氢：

$$NaCl + H_2SO_4(\text{浓}) \longrightarrow NaHSO_4 + HCl \uparrow$$

2. 氯化氢的化学性质

(1) 酸性

氯化氢的水溶液即盐酸，为无机强酸。在水溶液中，HCl 分子完全电离，氢离子与一个水分子络合，成为 H_3O^+，使溶液显酸性：

$$HCl + H_2O \longrightarrow H_3O^+ + Cl^-$$

(2) 还原性

氯化氢和盐酸都具有还原性，能被强氧化剂 $KMnO_4$、MnO_2、$K_2Cr_2O_7$ 等所氧化。例如：

$$MnO_2 + 4HCl \longrightarrow MnCl_2 + Cl_2 \uparrow + 2H_2O$$

$$K_2Cr_2O_7 + 14HCl \longrightarrow 2CrCl_3 + 2KCl + 3Cl_2 \uparrow + 7H_2O$$

(二) 氯的含氧酸及其盐

氯可以形成次氯酸、亚氯酸、氯酸和高氯酸四种类型的含氧酸。这些酸都不稳定，多数只能存在于溶液中。但是其相应的盐很稳定，具有广泛的应用。

1. 次氯酸及其盐

(1) 次氯酸

将氯气通入水中即可生成次氯酸（HClO）。次氯酸为无色气体，有刺激性气味。次氯酸是很弱的酸，酸性比碳酸还弱。

次氯酸很不稳定，光照下易分解，释放出氧气：

$$2HClO \xrightarrow{\text{光照}} 2HCl + O_2 \uparrow$$

次氯酸受热分解成盐酸和氯酸：

$$3HClO \xrightarrow{\triangle} HClO_3 + 2HCl$$

因此，氯水应放置在阴凉处避光保存，且不适合久置，否则成分会发生改变。

(2) 次氯酸盐

将氯气通入 NaOH 溶液中，即可得到次氯酸钠（NaClO）。次氯酸盐的溶液有氧化性和漂白作用。工业上，通常采用在消石灰中通入氯气的方式制漂白粉：

$$2Cl_2 + 3Ca(OH)_2 \longrightarrow Ca(ClO)_2 + CaCl_2 \cdot Ca(OH)_2 \cdot H_2O + H_2O$$

次氯酸钙长时间放置于空气中会失效：

$$Ca(ClO)_2 + H_2O + CO_2 \longrightarrow CaCO_3 \downarrow + 2HClO$$

次氯酸盐受热发生歧化反应。例如：

$$3NaClO \xrightarrow{\triangle} NaClO_3 + 2NaCl$$

小贴士：

漂白粉常用于棉、麻、丝制品的漂白。漂白粉也具有消毒、杀菌的作用。漂白粉与易燃物混合易引起燃烧甚至爆炸。

漂白粉有毒，吸入体内会引起咽喉疼痛甚至全身中毒。

思考与讨论

漂白粉贮存的注意事项有哪些？

2. 亚氯酸及其盐

(1) 亚氯酸

硫酸与亚氯酸钡作用可得到亚氯酸（$HClO_2$）的水溶液：

$$Ba(ClO_2)_2 + H_2SO_4 \longrightarrow BaSO_4 + 2HClO_2$$

亚氯酸属于中强酸，酸性比次氯酸稍强。亚氯酸只能存在于溶液中，且极不稳定，易分解：

$$8HClO_2 \longrightarrow 6ClO_2\uparrow + Cl_2\uparrow + 4H_2O$$

ClO_2 受热或撞击，会立即发生爆炸：

$$2ClO_2 \longrightarrow Cl_2 + 2O_2$$

(2) 亚氯酸盐

亚氯酸盐比亚氯酸稳定，但固体亚氯酸盐受热或撞击时，会立即发生爆炸并分解。亚氯酸盐与有机物混合易发生爆炸，必须密闭贮存于阴暗处。

3. 氯酸及其盐

(1) 氯酸

氯酸（$HClO_3$）的酸性与盐酸、硝酸接近，属于强酸。氯酸也是一种强氧化剂，但氧化能力不如次氯酸和亚氯酸。氯酸溶液的浓度不可过高（体积分数不大于 40%），否则会迅速分解并发生爆炸。

$$3HClO_3 \longrightarrow 2O_2\uparrow + Cl_2\uparrow + HClO_4 + H_2O$$

(2) 氯酸盐

氯酸钾（$KClO_3$）是无色晶体，有毒。$KClO_3$ 与易燃物或碳、硫、磷等物质混合时，受撞击即发生猛烈爆炸。氯酸钾大量用于制造火柴、烟火以及炸药等。$KClO_3$ 在酸性溶液中是强氧化剂，例如：

$$2ClO_3^- + I_2 + 2H^+ \longrightarrow 2HIO_3 + Cl_2$$

氯酸钾在不同的条件下以不同的方式分解，如高温条件下（400℃左右），其分解成氯化钾和高氯酸钾：

$$4KClO_3 \xrightarrow{400℃} 3KClO_4 + KCl$$

在 MnO_2 催化作用下氯酸钾则分解为氯化钾和氧气：

$$2KClO_3 \xrightarrow{MnO_2} 2KCl + 3O_2\uparrow$$

4. 高氯酸

(1) 高氯酸

高氯酸（$HClO_4$）可由高氯酸钾与浓硫酸反应制得：

$$KClO_4 + H_2SO_4(浓) \longrightarrow KHSO_4 + HClO_4$$

$HClO_4$ 是已知酸中最强的无机含氧酸，也是氯的含氧酸中最稳定的。无水的高氯酸是无色的发烟液体，通常使用浓度（体积分数）为 60% 的水溶液。浓的 $HClO_4$ 不稳定，受热发生分解：

$$4HClO_4 \xrightarrow{\triangle} 7O_2\uparrow + 2Cl_2\uparrow + 2H_2O$$

浓热的 $HClO_4$ 是强的氧化剂，与有机物质混合会发生爆炸性反应。因此，贮存、运输和使用 $HClO_4$ 时应远离有机物。

(2) 高氯酸盐

高氯酸盐通常为无色晶体，易溶于水，但 $KClO_4$、$RbClO_4$、$CsClO_4$

小贴士：

亚氯酸及亚氯酸盐的爆炸危险性必须引起人们的高度重视，特别是在贮存、运输环节。其应贮存于阴凉、干燥的危化品专用仓库内，远离火种、热源，避免阳光直射，防潮、防雨淋。此外其应与可燃物、酸类物质隔离贮运。一旦泄漏，应急人员应首先穿戴防毒面具和手套，做好个体防护，再行施救。

和 NH_4ClO_4 的溶解度很小。高氯酸盐的稳定性比高氯酸要强。

$$KClO_4 \xrightarrow{\triangle} 2O_2\uparrow + KCl$$

固态的高氯酸盐在高温下是强氧化剂，用于制造威力强大的炸药。有些高氯酸盐［如 $Mg(ClO_4)_2$］有显著的水合作用，可用作干燥剂。

思考与讨论

> 氯的含氧酸及其盐很多容易引起爆炸，这些试剂使用、贮存和运输应注意什么？

第二节 硫及其化合物

周期系第 VIA 族主要包括氧（O）、硫（S）、硒（Se）、碲（Te）、钋（Po），这些元素统称为氧族元素。从上至下，氧族元素原子半径和离子半径逐渐增大，电离能和电负性逐渐变小。因此，随着原子序数的增加，元素的金属性逐渐增强，非金属性逐渐减弱。氧和硫是典型的非金属元素，硒和碲是准金属元素，而钋是金属元素。

氧族元素的价层电子构型为 ns^2np^4，其原子有获得两个电子达到稀有气体稳定电子层结构的趋势，它们在化合物中的常见氧化数为 -2。

本节重点讲解氧族元素中的硫元素及其化合物。

一、硫的物理性质及制备

1. 硫的物理性质

硫元素在自然界中分布很广，可以游离态和化合态存在。游离态的硫主要存在于火山口附近或地壳的岩层里。化合态的硫包括金属硫化物［如黄铁矿（FeS_2）］和硫酸盐，如石膏（$CaSO_4 \cdot 2H_2O$）、芒硝（$Na_2SO_4 \cdot 10H_2O$）等。

单质硫又称硫黄，为淡黄色固体，密度是水的 2 倍。单质硫不溶于水，易溶于 CS_2、CCl_4 等溶剂。

硫具有多种同素异形体，常见的有斜方硫、单斜硫和弹性硫。不同的同素异形体可在不同的温度条件下进行转化。

2. 硫的制备

单质硫可从其天然矿床中制得，将含有天然硫的矿石隔绝空气加热，硫熔化为液体从而和沙石等杂质分开，进一步通过蒸馏可得到更纯净的硫。

$$3FeS_2 + 12C + 8O_2 \longrightarrow Fe_3O_4 + 12CO\uparrow + 6S\downarrow$$

单质硫也可以从硫化物中制得：

$$3CuS + 8HNO_3 \longrightarrow 3Cu(NO_3)_2 + 3S\downarrow + 2NO\uparrow + 4H_2O$$

小贴士：

在自然界，氧和硫可以单质存在，由于很多金属在地壳中以氧化物和硫化物的形式存在，故这两种元素常被称为矿元素。硒和碲为稀散元素，常存在于重金属的硫化物矿中，自然界中不存在其单质。硒、碲都是半导体材料。钋是放射性元素。

二、硫的化学性质

1. 与金属反应

硫能与多种金属（金、铂、钯除外）直接化合，生成金属硫化物。

$$S + Fe \xrightarrow{\triangle} FeS$$
$$S + Hg \xrightarrow{\triangle} HgS$$

2. 与非金属反应

硫能够与卤素（碘除外）、氧、碳、磷等非金属元素作用生成相应的共价化合物。

$$S + O_2 \xrightarrow{点燃} SO_2$$
$$S + 3F_2 \longrightarrow SF_6$$

3. 与氢气反应

硫蒸气能与氢气直接化合生成硫化氢：

$$S + H_2 \xrightarrow{\triangle} H_2S$$

4. 与氧化性酸反应

与硝酸、硫酸反应时，硫被氧化：

$$S + 2HNO_3 \longrightarrow H_2SO_4 + 2NO\uparrow$$
$$S + 2H_2SO_4 \longrightarrow 3SO_2\uparrow + 2H_2O$$

5. 与碱性溶液反应

硫与碱性溶液共热生成硫化物和亚硫酸盐：

$$3S + 6NaOH \xrightarrow{\triangle} 2Na_2S + Na_2SO_3 + 3H_2O$$

硫过量时则生成硫代硫酸盐：

$$4S + 6NaOH \xrightarrow{\triangle} 2Na_2S + Na_2S_2O_3 + 3H_2O$$

> **小贴士：**
> 硫在工农业生产中有广泛的应用。硫可用来制造硫酸；橡胶产业中大量的硫用于橡胶硫化，以增强橡胶的弹性和韧性；农业上用作杀虫剂，如石灰硫黄合剂；医药方面，硫可以用来生产治疗某些皮肤病的药物——硫黄软膏；此外，硫还用于制作烟花、火柴和火药等。

三、硫的常见化合物

（一）硫化氢

1. 硫化氢来源

自然界的硫化氢存在于火山喷射气、矿泉水以及腐烂的动植物体内。同时，在石油钻井行业中，高压、深井钻探也会经常遇到含有硫化氢的地层。

2. 硫化氢制备

工业上一般用 Na_2S 与稀硫酸反应制取 H_2S：

$$Na_2S + H_2SO_4 \longrightarrow Na_2SO_4 + H_2S\uparrow$$

实验室中常用硫化亚铁与稀硫酸作用来制备硫化氢气体：

$$FeS + H_2SO_4 \longrightarrow FeSO_4 + H_2S\uparrow$$

3. 硫化氢物理性质

硫化氢是无色、有臭鸡蛋气味的气体，H_2S 为极性分子，但极性比水弱。由于分子间形成氢键的倾向很小，因此熔点（-86℃）、沸点（-60.7℃）都比水低得多。

硫化氢为有毒气体，有麻醉中枢神经的作用，空气中如含 0.1%（体积分数）的 H_2S 就会迅速引起头疼、眩晕等症状，吸入大量 H_2S 会造成人昏迷甚至死亡。工业上，H_2S 在空气中的最大允许含量为 0.01mg/L。

 拓展知识链：硫化氢

> 硫化氢是仅次于氰化氢的剧毒物，是极易致人死亡的有毒气体。全世界每年都有人因硫化氢中毒而死亡，其被称为职业中毒中仅次于一氧化碳的第二大杀手。在油气钻探、开采中，一旦高含硫化氢油气井发生井喷失控，将导致严重的人员伤亡事故。含硫物品腐败容易产生硫化氢，食品贮存、污水淤泥处理、造纸工艺等环节均容易产生硫化氢；由于硫化氢的密度比空气的大，其往往富集于地下空间或低洼处，如地下储藏室、地下管网等。因此陌生环境中的地下空间及低洼处应避免贸然前往。

当心硫化氢

4. 硫化氢的化学性质

硫化氢的水溶液具有弱酸性。同时，硫化氢中硫原子处于低氧化数（-2）状态，因此硫化氢具有还原性。硫化氢溶液在空气中放置时，容易被空气中的氧所氧化而析出单质硫，使溶液变混浊。硫化氢能与许多重金属离子反应，生成金属硫化物沉淀，这是实验室检测是否有 H_2S 气体逸出的常用方法，如：

$$Pb(Ac)_2 + H_2S \longrightarrow PbS\downarrow + 2HAc$$

（二）硫化物

氢硫酸可形成正盐和酸式盐，酸式盐均易溶于水，而正盐中除碱金属硫化物和 $(NH_4)_2S$ 易溶于水外，其他大多难溶于水，并具有特征颜色。

根据硫化物在酸中的溶解情况，其一般分为以下四类。

① 不溶于水，但溶于稀盐酸的硫化物，如 FeS、MnS、ZnS 等。

$$ZnS + 2H^+ \longrightarrow Zn^{2+} + H_2S$$

② 不溶于水和稀盐酸，但溶于浓盐酸的硫化物，如 PbS、CdS、SnS_2 等。

$$PbS + 4HCl(浓) \longrightarrow H_2[PbCl_4] + H_2S$$

③ 不溶于水和盐酸，但溶于浓硝酸的硫化物。如 CuS、Ag_2S 等。

$$3CuS + 8HNO_3(浓) \longrightarrow 3Cu(NO_3)_2 + 3S\downarrow + 2NO\uparrow + 4H_2O$$

④ 仅溶于王水的硫化物。如 HgS，王水不仅能使 S^{2-} 氧化，还能使 Hg^{2+} 与 Cl^- 结合，从而使硫化物溶解。

$$3HgS + 2HNO_3 + 12HCl \longrightarrow 3H_2[HgCl_4] + 3S\downarrow + 2NO\uparrow + 4H_2O$$

由于氢硫酸是弱酸，故硫化物都有不同程度的水解。碱金属硫化物（如 Na_2S）溶于水几乎全部水解，使溶液呈碱性。由于价格便宜，工业上常用 Na_2S 代替 NaOH 作为强碱使用，俗称硫化碱。其水解反应式如下：

小贴士：

电子酸碱理论和 Lewis 酸

化学家路易斯（Lewis）提出从化学键的角度探讨酸碱的概念，以接受或放出电子对作为判别标准，电子的接收体称为酸，电子的给予体称为碱。这一理论把更多的物质用酸碱概念联系起来，是更为广义的酸碱理论。常见的 Lewis 酸包括下列几种类型：① 可以接受电子的分子，如 BF_3、$AlCl_3$、$FeCl_3$、$SnCl_4$、$ZnCl_2$ 等；② 金属离子，如 Li^+、Ag^+、Cu^{2+} 等；③ 正离子，如 R^+、Br^+、H^+ 等。常见的 Lewis 碱包括下列几种类型：① 含未共用电子对的化合物，如 RNH_2、ROH、RCHO 等；② 负离子，如 R^-、X^-；③ 富电子的原子团，如烯烃、芳烃等。

小贴士：

Na_2S 是一种白色晶体，熔点为1180℃，在空气中易潮解，工业品一般是含不同结晶水的化合物。

工业上用于制造硫化染料、脱毛剂、农药和鞣革，也用于制荧光粉。

$$Na_2S + H_2O \rightleftharpoons NaHS + NaOH$$

某些氧化数较高金属的硫化物（如 Al_2S_3、Cr_2S_3 等）遇水完全水解：

$$Al_2S_3 + 6H_2O \longrightarrow 2Al(OH)_3\downarrow + 3H_2S\uparrow$$

根据溶解性的不同，硫化物可用于金属离子的定性分析、提纯及分离。

思考与讨论

用化学方法鉴别 Zn^{2+}、Pb^{2+}、Cu^{2+}。

（三）硫的氧化物

硫的氧化物主要有二氧化硫和三氧化硫两种。

1. 二氧化硫（SO_2）

SO_2 为无色、具有强烈刺激性气味的气体，易液化，易溶于水。火山爆发时会释放出大量的二氧化硫，许多工业过程中也会产生该气体。二氧化硫是重要的大气污染物之一，慢性中毒会使人食欲丧失和引起器官炎症等问题。

硫或黄铁矿在空气中燃烧可以生成 SO_2：

$$S + O_2 \xrightarrow{\text{点燃}} SO_2$$

$$4FeS_2 + 11O_2 \xrightarrow{\text{点燃}} 2Fe_2O_3 + 8SO_2$$

在 SO_2 中，S 的氧化数为 +4，所以 SO_2 既有氧化性又有还原性，但还原性更显著，氧化性只有在强还原剂作用下才表现出来：

$$2SO_2 + O_2 \longrightarrow 2SO_3$$

$$SO_2 + 2CO \xrightarrow[\text{高温}]{\text{催化剂}} 2CO_2 + S$$

SO_2 溶于水生成亚硫酸（H_2SO_3），也称为亚硫酐。

$$SO_2 + H_2O \rightleftharpoons H_2SO_3$$

有些有机物能与 SO_2 或 H_2SO_3 发生加成反应，生成一种无色的加成物而使有机物褪色，所以 SO_2 具有漂白作用，但其漂白性不持久，一段时间后会逐渐恢复至原来的颜色。

拓展知识链：酸雨的产生及其危害

酸雨是 pH<5.6 的雨、雪或其他形式（如雾、露、霜）的大气降水，是一种大气污染现象。

形成酸雨的主要大气污染物是二氧化硫和氮氧化物。酸雨能使树叶中的养分、土壤中的碱性养分丢失，对人类的健康、自然界的生态平衡威胁极大。当空气中 SO_2 含量超过 $10mg/m^3$ 时，就可造成严重危害，可以使人、畜死亡，农作物大面积减产、森林毁坏、建筑物腐蚀。

2. 三氧化硫（SO_3）

纯净的 SO_3 是无色、易挥发的固体，熔点为 16.8℃，沸点为 44.8℃。

在工业上 SO_3 主要用来生产硫酸。SO_3 与水极易化合生成硫酸，同时放出大量的热量，SO_3 在潮湿的空气中快速形成白色的酸雾。

SO_3 是一种强氧化剂，可以使单质磷燃烧；也可将碘化物氧化为单质碘：

$$5SO_3 + 2P \longrightarrow P_2O_5 + 5SO_2$$
$$2KI + SO_3 \longrightarrow K_2SO_3 + I_2$$

小贴士：

发烟硫酸——含有 SO_3 的硫酸溶液，其密度，熔、沸点因 SO_3 含量不同而异。当它暴露于空气中时，挥发出来的 SO_3 会和空气中的水蒸气形成硫酸的细小露滴而冒烟，故称为发烟硫酸。

（四）硫的含氧酸及其盐

根据硫含氧酸的结构类似性可将其分为四个系列：亚硫酸系列、硫酸系列、连硫酸系列和过硫酸系列，见表 5-1。

表 5-1　硫的含氧酸的分类

分类	名称	化学式	硫平均氧化数	结构式	存在形式
亚硫酸系列	亚硫酸	H_2SO_3	+4	HO—S(=O)—OH	盐
	连二亚硫酸	$H_2S_2O_4$	+3	HO—S(=O)—S(=O)—OH	盐
硫酸系列	硫酸	H_2SO_4	+6	HO—S(=O)(=O)—OH	酸、盐
	硫代硫酸	$H_2S_2O_3$	+2	HO—S(=O)(=S)—OH	盐
	焦硫酸	$H_2S_2O_7$	+6	HO—S(=O)(=O)—O—S(=O)(=O)—OH	酸、盐
连硫酸系列	连二硫酸	$H_2S_2O_6$	+2.5	HO—S(=O)(=O)—S(=O)(=O)—OH	盐
	连多硫酸	$H_2S_xO_6$ ($x=3\sim6$)		HO—S(=O)(=O)—(S)$_{x-2}$—S(=O)(=O)—OH	盐
过硫酸系列	过一硫酸	H_2SO_5	+6	HO—S(=O)(=O)—O—OH	酸、盐
	过二硫酸	$H_2S_2O_8$	+6	HO—S(=O)(=O)—O—O—S(=O)(=O)—OH	酸、盐

1. 亚硫酸及其盐

（1）亚硫酸

二氧化硫溶于水生成不稳定的亚硫酸（H_2SO_3）。亚硫酸只存在于水溶液中：

$$SO_2 + H_2O \rightleftharpoons H_2SO_3$$

亚硫酸的酸性比碳酸强，既有氧化性又有还原性，主要以还原性为主，氧化产物一般为 SO_4^{2-}。

小贴士：

亚硫酸盐有很多用途，$Ca(HSO_3)_2$ 能溶解木质素制造纸浆，广泛用于造纸工业。亚硫酸钠和亚硫酸氢钠用于染料工业；漂白织物时用作去氯剂。此外，亚硫酸盐还广泛用于香料、皮革、食品加工和医药等工业中。

（2）亚硫酸盐

亚硫酸可形成正盐（如 Na_2SO_3）和酸式盐（如 $NaHSO_3$）。绝大多数的正盐都难溶于水，而酸式盐易溶于水。在含有难溶性钙盐的溶液中通入 SO_2，可将其转变为可溶性的酸式盐。例如：

$$CaSO_3 + SO_2 + H_2O \longrightarrow Ca(HSO_3)_2$$

亚硫酸盐与亚硫酸相比，具有更强的还原性，在空气中易被氧化成硫酸盐。

$$2Na_2SO_3 + O_2 \longrightarrow 2Na_2SO_4$$

亚硫酸盐受热易分解：

$$4Na_2SO_3 \xrightarrow{\triangle} 3Na_2SO_4 + Na_2S$$

2. 硫酸及其盐

（1）硫酸

纯硫酸是无色、油状液体。凝固点为 10.4℃，98% 的硫酸沸点是 338℃。SO_3 与水化合即可生成硫酸；也可采用接触法生产硫酸，原料主要是硫黄、硫铁矿或冶炼厂烟道气。

视频扫一扫 码 5-2 硫酸的稀释

浓硫酸有强吸水性。与水混合时，形成水合物且放出大量的热。在稀释硫酸时，正确的做法是把浓硫酸缓慢加入水中，并不断搅拌。切不可将水倒入浓硫酸中，因为水的密度小于浓硫酸，水会浮在浓硫酸上面，浓硫酸释放的热使水沸腾，容易使浓硫酸液滴飞溅，造成严重的化学灼伤事故。

浓硫酸还能从一些有机化合物中夺取与水分子组成相当的氢和氧，从而使这些有机物炭化。例如，蔗糖被浓硫酸脱水。

$$\underset{\text{蔗糖}}{C_{12}H_{22}O_{11}} \xrightarrow{\text{浓 } H_2SO_4} 12C + 11H_2O$$

小贴士：

利用浓硫酸的吸水性，可干燥不与其起反应的各种气体，如氯气、氢气和二氧化碳等。

浓硫酸能严重破坏动植物组织，灼伤皮肤，损毁衣服。使用时必须注意安全，正确佩戴防护用具。如误溅到皮肤上，先用纸蘸去，并立即用大量水冲洗，及时就医。

在加热的条件下，浓硫酸是较强的氧化剂，能与许多的金属和非金属反应。其自身被还原为 SO_2。

$$Cu + 2H_2SO_4(浓) \xrightarrow{\triangle} CuSO_4 + SO_2 + 2H_2O$$

$$Zn + 2H_2SO_4(浓) \xrightarrow{\triangle} ZnSO_4 + SO_2 + 2H_2O$$

$$C + 2H_2SO_4(浓) \xrightarrow{\triangle} CO_2 + 2SO_2 + 2H_2O$$

若遇还原性强的锌，浓硫酸还可以被还原为 S 或 H_2S。

$$3Zn+4H_2SO_4(浓)\longrightarrow 3ZnSO_4+S+4H_2O$$
$$4Zn+5H_2SO_4(浓)\longrightarrow 4ZnSO_4+H_2S+4H_2O$$

但是在冷的浓硫酸中，铁、铝金属表面生成一种致密的保护膜，从而使金属不能继续与酸反应，此称为钝化现象。

（2）硫酸盐

硫酸能生成正盐和酸式盐（如 $NaHSO_4$）两种。酸式硫酸盐大多易溶于水。正硫酸盐中 $CaSO_4$、$BaSO_4$、$PbSO_4$、$SrSO_4$ 难溶于水，Ag_2SO_4 微溶于水，其余均易溶。

ⅠA 族和 ⅡA 族元素的硫酸盐（如 Na_2SO_4、K_2SO_4、$MgSO_4$、$CaSO_4$）对热很稳定，1000℃也不会分解；过渡元素硫酸盐的热稳定性较差，受热分解成 SO_3 和金属氧化物或金属单质。

$$CuSO_4 \xrightarrow{\triangle} CuO+SO_3\uparrow$$
$$Ag_2SO_4 \xrightarrow{\triangle} Ag_2O+SO_3\uparrow$$
$$2Ag_2O \xrightarrow{\triangle} 4Ag+O_2\uparrow$$

小贴士：

许多硫酸盐具有重要的用途，例如明矾是常用的净水剂和媒染剂；胆矾是消毒、杀菌剂和农药；绿矾是农药、治疗贫血的药剂以及制墨水的原料；芒硝（$Na_2SO_4\cdot 10H_2O$）是重要的化工原料等。

可溶性硫酸盐从溶液中析出后常带有结晶水，这种硫酸盐俗称矾，如表 5-2 所示。

表 5-2　常见的可溶性硫酸盐

名称	分子式
胆矾	$CuSO_4\cdot 5H_2O$
皓矾	$ZnSO_4\cdot 7H_2O$
绿矾	$FeSO_4\cdot 7H_2O$

另外，硫酸盐所形成的复盐，也叫作矾，如表 5-3 所示。

表 5-3　常见的硫酸盐复盐

名称	分子式
钾明矾	$K_2SO_4\cdot Al_2(SO_4)_3\cdot 24H_2O$
摩尔盐	$(NH_4)_2SO_4\cdot FeSO_4\cdot 6H_2O$
铬钾矾	$K_2SO_4\cdot Cr_2(SO_4)_3\cdot 24H_2O$

3. 连硫酸及其盐

连硫酸主要以盐的形式存在。连二亚硫酸钠（$Na_2S_2O_4$）为白色固体，以二水合物（$Na_2S_2O_4\cdot 2H_2O$）的形式存在。

连二亚硫酸钠可溶于冷水，但其水溶液极不稳定，可发生如下分解反应：

$$2S_2O_4^{2-}+H_2O\longrightarrow S_2O_3^{2-}+2HSO_3^-$$

连二亚硫酸钠是很强的还原剂，能还原碘、碘酸盐、O_2、Ag^+、Cu^{2+} 等。例如：

$$Na_2S_2O_4+O_2+H_2O\longrightarrow NaHSO_3+NaHSO_4$$

在气体分析中，上述反应可用于分析氧气。

4. 过硫酸及其盐

硫的含氧酸中含有过氧基（—O—O—）的化合物称为过硫酸。过硫酸可以看成是过氧化氢的衍生物。例如：

过一硫酸　　　过二硫酸

过二硫酸盐与有机物混合时，容易引起燃烧或爆炸，使用时应注意安全，必须密闭贮存于阴凉处。

第三节　氮、磷及其化合物

> **小贴士：**
> 氮族元素在我国国民经济中有着重要的意义。氮主要用于合成氨及其下游产品，包括化肥、硝酸和炸药等，也可作为保护气体和深度冷冻剂；磷大量用于生产磷酸、农药、火柴、烟幕弹等；As、Sb、Bi 主要用于生产合金；Bi 还可用于原子能反应堆中的冷却剂等。

周期系第 VA 族的氮（N）、磷（P）、砷（As）、锑（Sb）、铋（Bi）五种元素，统称为氮族元素。氮族元素的原子半径随原子序数的增大而递增，电离能、电负性则递减。氮族元素的价层电子构型为 ns^2np^3，主要形成共价化合物。与电负性较大的元素结合时，氧化数主要为 +3 和 +5；也可生成氧化数为 -3 的化合物，且形成 -3 氧化数的趋势从 N 到 Sb 递减。

一、氮、磷的物理性质及制备

1. 氮的物理性质及制备

绝大部分氮以单质形式存在于空气中，自然界中氮的无机化合物较少，主要以铵盐、硝酸盐形式存在于土壤和矿物质中。氮在是构成动植物体中蛋白质的重要元素，普遍存在于有机体内。

氮气是无色、无臭、无味的气体，不可燃，密度比空气稍轻，难溶于水。

氮气是空气的主要成分，当其在空气中含量显著增高时，会使氧气的相对含量大大降低，可致动脉血氧分压下降、机体缺氧窒息。

实验室一般通过加热固体亚硝酸钠和氯化铵溶液混合物来制取氮气：

$$NH_4Cl + NaNO_2 \longrightarrow NH_4NO_2 + NaCl$$

$$NH_4NO_2 \xrightarrow{\triangle} N_2\uparrow + 2H_2O$$

工业上则主要通过分馏液态空气制得氮气。

2. 磷的物理性质及制备

> **小贴士：**
> 黄磷主要用于制造高纯度磷酸，生产有机磷杀虫剂、烟幕弹等；红磷可用于生产火柴和农药。

磷主要以化合物的形式存在于自然界中。磷最重要的矿石为磷灰石，其主要成分为 $Ca_3(PO_4)_2$。磷也是生物体内重要的元素，主要存在于细胞、蛋白质、骨骼和牙齿中。

磷有多种同素异形体，主要包括白磷、红磷和黑磷三种。其中，白磷为无色透明晶体，有剧毒，不溶于水，易溶于 CS_2；红磷为暗红色固体，无毒，不溶于水或 CS_2；黑磷密度最大，也最稳定，能导电，不溶于有机溶剂，化学惰性较强。

单质磷可通过加热磷酸钙、石英砂和炭粉的混合物制取。

二、氮、磷的化学性质

（一）氮的化学性质

氮分子是双原子分子，两个氮原子以三键相结合，其 N≡N 键能（946kJ/mol）相当大，所以氮气具有特殊的稳定性，表现出高的化学惰性，因此常用作保护气体。

1. 与金属反应

在高温，特别是有催化剂存在的情况下，氮气可以和镁、钙、锶、钡等金属化合生成氮化物。例如：

$$N_2 + 3Mg \xrightarrow[\text{催化剂}]{\triangle} Mg_3N_2$$

2. 与非金属反应

在高温、高压以及催化剂作用下，氮气可以和氢气直接合成氨。

$$N_2 + 3H_2 \xrightarrow[\text{催化剂}]{\triangle, \text{高压}} 2NH_3$$

> **拓展知识链：液氮** 
>
> 液氮是指液态的氮气，其无色、无臭、无腐蚀性、不可燃，温度为 −196℃。工业上，液氮常用作深度制冷剂，用于食品及特殊物品的冷链运输、活体组织及生物样品存贮以及低温物理学研究等。
>
>
>
> 液氮汽化时会大量吸热，人体皮肤直接接触液氮会造成冻伤。使用时需遵照操作规程，穿戴低温防护用具，防止冻伤。
>
> 此外，氮气是可窒息性气体，$1m^3$ 液氮可以膨胀至 $696m^3$ 21℃的纯气态氮，如在常压下汽化产生的氮气过量，则可使空气中氧分压下降，在密闭环境中泄漏易引起缺氧窒息。因此，使用场所应有良好的自然通风条件。搬运时轻装轻卸，防止钢瓶及附件破损，并配备泄漏应急处理设备。

（二）磷的化学性质

磷的化学性质活泼，可以与多种金属和非金属化合。在磷的三种同素异形体中，白磷的化学性质最活泼，着火点为 40℃。白磷和潮湿空气接触时发生氧化作用，而产生绿色磷光和白烟。白磷易自燃，因此通常被保存于水中，且浸没于水下以隔绝空气。

1. 与卤素反应

磷可以与卤素单质化合生成相应的卤化物。根据卤素的量，可以生成三卤化磷（PX_3，X＝Cl、Br、I）或五卤化磷（PX_5，X＝Cl、Br、I）。此反应剧烈。

$$P_4 + 6Cl_2 \longrightarrow 4PCl_3$$
$$P_4 + 10Cl_2 \longrightarrow 4PCl_5$$

2. 与碱溶液反应

与热的碱溶液反应生成磷化氢和次磷酸盐。

$$4P + 3KOH + 3H_2O \xrightarrow{\triangle} PH_3 + 3KH_2PO_2$$

> 小贴士：
> 如不慎将黄磷沾到皮肤上，可用硫酸铜溶液冲洗，以利用磷的还原性来解毒。

3. 与金属的盐反应

白磷可以将金、铜、银等从其盐中还原出来。例如：

$$11P + 15CuSO_4 + 24H_2O \xrightarrow{\triangle} 5Cu_3P + 6H_3PO_4 + 15H_2SO_4$$
$$2P + 5CuSO_4 + 8H_2O \xrightarrow{\triangle} 5Cu + 2H_3PO_4 + 5H_2SO_4$$

三、氮、磷的常见化合物

（一）氮的化合物

1. 氨及铵盐

（1）氨

氨（NH_3）是氮的重要化合物之一，几乎所有含氮的化合物都可以由它制取。氨为无色有刺激性臭味的气体，在空气中的爆炸极限为16%～27%，操作场所严禁烟火。NH_3一般液化贮存于钢瓶中，应注意钢瓶的附件不能用铜制品，否则会被NH_3腐蚀。

NH_3极易溶于水，且溶于水后体积明显增大。氨与水类似，是一种良好的溶剂，能溶解碱金属和碱土金属。

工业上一般用氮气和氢气在高温、高压、催化剂作用下化合制备氨：

$$N_2 + 3H_2 \xrightarrow[\text{催化剂}]{\text{高温、高压}} 2NH_3$$

实验室可以通过铵盐与碱反应制取少量氨气：

$$2NH_4Cl + Ca(OH)_2 \xrightarrow{\triangle} CaCl_2 + 2NH_3 + 2H_2O$$

氨主要有以下三类反应。

① 加合反应。NH_3分子氮原子上存在孤对电子，可发生一系列加合反应，能与水形成氨的水合物，例如$NH_3 \cdot H_2O$和$2NH_3 \cdot H_2O$。氨溶液中存在以下平衡，故其呈碱性。

$$NH_3 + H_2O \rightleftharpoons NH_3 \cdot H_2O \rightleftharpoons NH_4^+ + OH^-$$

> 小贴士：
> 氨与氯气反应产生的HCl和剩余的NH_3进一步反应产生NH_4Cl白烟，工业上用此反应检查氯气管道是否漏气。

② 取代反应。NH_3遇活泼金属，氨分子中的氢原子可被取代，生成一系列氨的衍生物，如氨基（—NH_2）化合物$NaNH_2$；亚氨基（=NH）化合物Li_2NH；氮（≡N）的化合物AlN。例如：

$$2NH_3 + 2Na \xrightarrow{350℃} 2NaNH_2 + H_2$$

③ 氧化反应。由于氨分子中的氮处于最低氧化数（-3），因而具有还原性。常温下氨在水溶液中能被多种强氧化剂所氧化。

氨可以在氧气中燃烧。

$$4NH_3 + 3O_2 \xrightarrow{\text{点燃}} 2N_2 + 6H_2O$$

在催化剂作用下，NH_3可被O_2氧化为NO：

$$4NH_3 + 5O_2 \xrightarrow{催化剂} 4NO + 6H_2O$$

氨能与 Cl_2、Br_2 反应。例如：

$$3Cl_2 + 2NH_3 \longrightarrow N_2 + 6HCl$$

（2）铵盐

铵盐是氨和酸反应的产物，一般为无色晶体，易溶于水。

在铵盐溶液中加入强碱并加热，会释放出氨来：

$$NH_4^+ + OH^- \xrightarrow{\triangle} NH_3\uparrow + H_2O$$

这是鉴定铵盐的常用方法。

固体铵盐加热极易分解，其分解产物与酸根的性质以及分解温度有关。

挥发性酸形成的铵盐，分解产物一般为氨和相应的酸或酸式盐。例如：

$$NH_4HCO_3 \xrightarrow{\triangle} NH_3\uparrow + CO_2\uparrow + H_2O$$

$$NH_4Cl \xrightarrow{\triangle} NH_3\uparrow + HCl\uparrow$$

非挥发性酸形成的铵盐，则逸出氨。

$$(NH_4)_2SO_4 \xrightarrow{\triangle} NH_3\uparrow + NH_4HSO_4$$

氧化性酸形成的铵盐分解出的 NH_3 会立即被氧化，分解产物为 N_2 或氮的氧化物。例如：

$$NH_4NO_3 \xrightarrow{210℃} N_2O\uparrow + 2H_2O$$

$$2NH_4NO_3 \xrightarrow{300℃} 2N_2\uparrow + O_2 + 4H_2O$$

小贴士：

氯化铵常用于染料工业、焊接以及制造原电池；硝酸铵、硫酸铵和碳酸氢铵是优良的化学肥料。

2. 氮的氧化物

氮可以形成多种氧化物：N_2O、NO、N_2O_3、NO_2、N_2O_5，氮的氧化数从 +1 到 +5。其中以 NO 和 NO_2 较为重要。工业废气、染料废气及汽车尾气中都含有 NO_x。NO_2 是主要的空气污染物之一。

（1）一氧化氮

NO 是无色气体，熔点为 $-163.6℃$，沸点为 $-151℃$，难溶于水。

工业上通常采用用空气将氨氧化的方法制备 NO，实验室中则采用金属铜与稀硝酸的反应制备 NO：

$$3Cu + 8HNO_3(稀) \longrightarrow 3Cu(NO_3)_2 + 2NO\uparrow + 4H_2O$$

常温下 NO 容易被氧化为红棕色的二氧化氮：

$$2NO + O_2 \longrightarrow 2NO_2$$

由于分子中含有孤对电子，NO 还可以和金属离子形成配合物。

$$FeSO_4 + NO \longrightarrow [Fe(NO)]SO_4$$
$$\text{（棕色）}$$

（2）二氧化氮

二氧化氮为红棕色、有刺激性气味的气体，有毒。熔点为 $-9.3℃$，沸点为 $22.4℃$，易溶于水。

实验室通常用金属与浓硝酸反应制备 NO_2。

$$Cu + 4HNO_3(浓) \longrightarrow Cu(NO_3)_2 + 2NO_2\uparrow + 2H_2O$$

小贴士：

铵盐热分解时产生大量的气体和热量，气体受热体积急剧膨胀，如在密闭容器中进行，则会发生爆炸。因此，硝酸铵可用于制造炸药，多用于矿山爆炸、开山劈岭等。

小贴士：

NO 主要用于制硝酸、人造丝漂白剂以及二甲醚的安定剂。

NO_2 主要用于制硝酸、硝化剂、氧化剂、催化剂以及丙烯酸酯聚合抑制剂。

NO_2 溶于水并与水反应生成硝酸。

$$3NO_2 + H_2O \longrightarrow 2HNO_3 + NO$$

NO_2 溶于碱生成 NO_3^- 和 NO_2^- 的混合物。

$$2NO_2 + 2NaOH \longrightarrow NaNO_3 + NaNO_2 + H_2O$$

3. 氮的含氧酸及其盐

（1）亚硝酸（HNO_2）及其盐

① 亚硝酸：将等物质的量的 NO 和 NO_2 混合物溶解于冰水中或在亚硝酸盐的冷溶液中加入硫酸，均可生成亚硝酸。

$$NO + NO_2 + H_2O \xrightarrow{冰水} 2HNO_2$$

$$Ba(NO_2)_2 + H_2SO_4 \xrightarrow{冰水} BaSO_4 + 2HNO_2$$

亚硝酸很不稳定，仅存在于冷的稀溶液中，加热时则分解：

$$2HNO_2 \underset{}{\overset{\triangle}{\rightleftharpoons}} H_2O + N_2O_3 \underset{}{\overset{\triangle}{\rightleftharpoons}} H_2O + NO + NO_2$$
$$\qquad\qquad\qquad\qquad（蓝色）\qquad\qquad（红棕色）$$

亚硝酸是弱酸，酸性比醋酸略强。

② 亚硝酸盐：亚硝酸盐，特别是碱金属和碱土金属的亚硝酸盐比较稳定。用 NaOH 或 Na_2CO_3 溶液吸收 NO 或 NO_2 的混合气体即可得到亚硝酸钠。

亚硝酸盐一般为无色（$AgNO_2$ 为浅黄色）固体，易溶于水，有毒。

在亚硝酸及其盐中，氮的氧化数处于中间状态，因此其既有氧化性又有还原性。在酸性溶液中以氧化性为主：

$$Fe^{2+} + HNO_2 + H^+ \longrightarrow Fe^{3+} + NO + H_2O$$

$$2I^- + 2HNO_2 + 2H^+ \longrightarrow I_2 + 2NO + 2H_2O$$

后一个反应可用于测定亚硝酸盐的含量。

与更强的氧化剂作用时，亚硝酸盐则表现出还原性，可被氧化成硝酸盐（NO_3^-）。例如：

$$2KMnO_4 + 5KNO_2 + 3H_2SO_4 \longrightarrow 2MnSO_4 + 5KNO_3 + K_2SO_4 + 3H_2O$$

由于氮和氧原子上都含有孤对电子，NO_2^- 能与金属离子形成配合物。例如，与 K^+ 形成 $K_3[Co(NO_2)_6]$ 沉淀，此方法可用于检测 K^+。

（2）硝酸及其盐

①硝酸：无色、易挥发、有刺激性气味的液体，沸点为 83℃。硝酸能与水以任意比互溶。含有 NO_2（10%～15%）的浓硝酸（98%以上）也称为发烟硝酸。

工业上一般采用氨的催化氧化法制备硝酸。将氨气与空气的混合气体通过灼热的铂-铑合金网，NH_3 被氧化为 NO，并进一步被氧化为 NO_2，NO_2 与水反应生成硝酸。

$$4NH_3 + 5O_2 \xrightarrow{Pt\text{-}Rh} 4NO + 6H_2O$$

$$2NO + O_2 \longrightarrow 2NO_2$$

$$3NO_2 + H_2O \longrightarrow 2HNO_3 + NO$$

小贴士：

KNO_2 和 $NaNO_2$ 大量用于染料和有机合成中。亚硝酸盐有剧毒，易转化为致癌物质亚硝胺。咸菜或酸菜的制作过程中，容易产生亚硝酸盐；鱼、肉加工制作过程中为防腐保鲜也会加入亚硝酸盐，如用量过多则会引起中毒。

实验室中则采用硝酸盐与浓硫酸反应制备硝酸。

$$NaNO_3 + H_2SO_4(浓) \longrightarrow NaHSO_4 + HNO_3$$

HNO_3 受热或光照时会分解：

$$4HNO_3 \xrightarrow{光或热} 4NO_2\uparrow + O_2\uparrow + 2H_2O$$

因此，硝酸应避光贮存并置于低温暗处。

硝酸的化学性质主要表现为强氧化性和硝化作用。

氧化性：硝酸是一种强氧化剂，它能氧化几乎所有的金属和许多非金属。非金属元素碳、磷、硫、碘等被硝酸氧化为相应的含氧酸，而硝酸被还原为 NO。例如：

$$3C + 4HNO_3 \longrightarrow 3CO_2 + 4NO + 2H_2O$$
$$3P + 5HNO_3 + 2H_2O \longrightarrow 3H_3PO_4 + 5NO$$
$$S + 2HNO_3 \longrightarrow H_2SO_4 + 2NO$$
$$3I_2 + 10HNO_3 \longrightarrow 6HIO_3 + 10NO + 2H_2O$$

硝酸与金属的反应较复杂。硝酸被还原成的产物有很多种，包括 NO_2、HNO_2、NO、N_2O 等，其被金属还原的程度主要取决于硝酸的浓度和金属的活泼性，硝酸的氧化性随浓度降低而减弱。

浓硝酸与浓盐酸的混合物（体积比为 1∶3）称为王水，能溶解不与硝酸作用的金属。

冷的浓硝酸遇铁、铝等金属表现为"钝态"，即金属表面形成一层致密的氧化膜，阻止金属与硝酸进一步的作用，因此，可用铁罐或铝罐装运硝酸。

硝化作用：硝酸与有机化合物发生作用，以硝基（—NO_2）取代分子中的一个或几个氢原子，称为硝化作用。例如：

 $+ HNO_3 \xrightarrow{H_2SO_4}$ $NO_2 + H_2O$

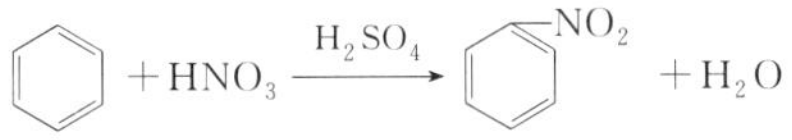

这是有机化学中极为重要的一类反应。

② 硝酸盐：硝酸与金属或金属氧化物作用可得到相应的硝酸盐。大多数硝酸盐为无色晶体、易溶于水，水溶液无氧化性。固体硝酸盐在常温下比较稳定，但在高温条件下会分解并放出氧气，因此是高温氧化剂。

硝酸盐受热分解可以分为以下三种类型。

活泼金属（比 Mg 活泼的碱金属和碱土金属）的硝酸盐分解为亚硝酸盐和 O_2：

$$2NaNO_3 \xrightarrow{\triangle} 2NaNO_2 + O_2\uparrow$$

活泼性较小的金属（位于 Mg 和 Cu 之间）的硝酸盐分解为相应的金属氧化物、NO_2 和 O_2：

$$2Pb(NO_3)_2 \xrightarrow{\triangle} 2PbO + 4NO_2\uparrow + O_2\uparrow$$

活泼性更小的金属（活泼性弱于 Cu）的硝酸盐分解为金属单质、NO_2 和 O_2：

$$2AgNO_3 \xrightarrow{\triangle} 2Ag + 2NO_2\uparrow + O_2\uparrow$$

小贴士：

利用硝酸的硝化作用可以生产许多含氮染料、塑料、药物以及制造烈性的含氮炸药，如硝化甘油、三硝基甲苯（TNT）、三硝基苯酚（苦味酸）等。

小贴士：

硝酸盐受热分解放出氧气，与可燃物混合受热会迅速燃烧，甚至爆炸。根据这一性质，硝酸盐可用来制造烟火及黑火药。

(三) 磷的化合物

1. 磷的氧化物

当氧气充分时，磷的燃烧产物是五氧化二磷，当氧不足时则生成三氧化二磷。根据蒸气密度测定，它们的化学式分别是 P_4O_{10} 和 P_4O_6。

(1) 三氧化二磷 P_2O_3 (P_4O_6)

P_4O_6 为白色固体，有类似大蒜的气味，熔点为 24℃，沸点为 174℃，易溶于有机溶剂。

P_4O_6 不稳定，在空气中加热转化为 P_4O_{10}；常温下也会慢慢被氧化。在冷水中，P_4O_6 缓慢生成亚磷酸：

$$P_4O_6 + 6H_2O(冷) \longrightarrow 4H_3PO_3$$

在热水中则发生歧化反应，反应剧烈：

$$P_4O_6 + 6H_2O(热) \longrightarrow 3H_3PO_4 + PH_3$$
$$5P_4O_6 + 18H_2O(热) \longrightarrow 12H_3PO_4 + 8P$$

(2) 五氧化二磷 P_2O_5 (P_4O_{10})

五氧化二磷为白色雪花状固体，俗称无水磷酸。熔点为 566℃，359℃ 时升华。五氧化二磷对水有很强的亲和力，极易吸潮。它可使硫酸和硝酸脱水，生成相应的酸酐和磷酸：

$$P_4O_{10} + 6H_2SO_4 \longrightarrow 6SO_3\uparrow + 4H_3PO_4$$
$$P_4O_{10} + 12HNO_3 \longrightarrow 6N_2O_5\uparrow + 4H_3PO_4$$

2. 磷的含氧酸及其盐

小贴士：
磷酸是重要的无机酸，大量用于生产磷肥，也应用于有机合成、塑料、医药及电镀工业中。

磷有多种含氧酸，其中较重要的有正磷酸（H_3PO_4）、焦磷酸（$H_4P_2O_7$）、三聚磷酸（$H_5P_3O_{10}$）、偏磷酸（HPO_3）、亚磷酸（H_3PO_3）、次磷酸（H_3PO_2）。五氧化二磷与不等量的水反应分别得到偏磷酸、焦磷酸、正磷酸。

焦磷酸、三聚磷酸和四聚偏磷酸都是多聚磷酸。多聚磷酸为缩合酸，酸性比正酸的酸性强。

本节主要介绍正磷酸及其盐。

正磷酸（H_3PO_4）：简称磷酸，是磷的含氧酸中最稳定的，为三元中强酸。纯磷酸为无色晶体，熔点为 42℃。加热时磷酸逐步脱水生成焦磷酸、偏磷酸，因此磷酸没有自身的沸点。以任意比与水混溶。

工业上通常用 76% 的硫酸分解磷酸钙制取磷酸：

$$Ca_3(PO_4)_2 + 3H_2SO_4 \longrightarrow 2H_3PO_4 + 3CaSO_4$$

人们也可用五氧化二磷与水作用制取更纯的磷酸。

磷酸有很强的配位能力，能与许多金属离子形成配合物。如与黄色 Fe^{3+} 生成 $[Fe(PO_4)_2]^{3-}$、$[Fe(HPO_4)_2]^{-}$ 等无色配离子。

正磷酸盐：有三种类型，包括磷酸正盐（Na_3PO_4）、磷酸一氢盐（Na_2HPO_4）和磷酸二氢盐（NaH_2PO_4）。

磷酸二氢盐都易溶于水，其他两种盐除 K^+、Na^+、NH_4^+ 盐外，一般不溶于水。可溶性磷酸盐在水中有不同程度的水解，而使溶液显示不同的 pH。

小贴士：
磷酸盐可用作化肥、动物饲料的添加剂，用于钢铁构件的磷化处理。同时，磷酸盐在生物体的新陈代谢、光合作用、神经功能和肌肉活动中都起着重要的作用。

此外，磷污染会造成河、湖水质的富营养化，流失的磷肥和生活污水中的含磷洗涤剂是磷污染的主要来源。

磷酸二氢钙溶于水，能被植物吸收，是重要的磷肥。例如，磷酸钙与硫酸作用生成的磷酸二氢钙与石膏的混合物称为过磷酸钙，可直接用作肥料。 $Ca_3(PO_4)_2 + 2H_2SO_4 + 4H_2O \longrightarrow 2(CaSO_4 \cdot 2H_2O) + \underset{\text{磷酸二氢钙}}{Ca(H_2PO_4)_2}$

磷酸盐与过量钼酸铵在浓硝酸溶液中生成黄色磷钼酸铵晶体，此反应可用来鉴定 PO_4^{3-}。

$$PO_4^{3-} + 12MoO_4^{2-} + 24H^+ + 3NH_4^+ \longrightarrow \underset{\text{(黄色)}}{(NH_4)_3PO_4 \cdot 12MoO_3 \cdot 6H_2O} \downarrow + 6H_2O$$

3. 磷的卤化物

磷在干燥氯气中燃烧可以生成 PCl_3 或 PCl_5。磷过量时生成 PCl_3，氯过量时生成 PCl_5，PCl_3 与氯气反应也可以生成 PCl_5：

$$2P + 3Cl_2 \longrightarrow 2PCl_3$$
$$2P + 5Cl_2 \longrightarrow 2PCl_5$$
$$PCl_3 + Cl_2 \longrightarrow PCl_5$$

（1）三氯化磷

三氯化磷（PCl_3）为无色透明液体，易挥发，会对眼结膜、气管黏膜产生刺激。

在高温或催化剂作用下，PCl_3 可以与氧或硫反应生成三氯氧磷（$POCl_3$）或三氯硫磷（$PSCl_3$）。

三氯化磷易水解，生成亚硫酸和氯化氢。

（2）五氯化磷

五氯化磷（PCl_5）为白色固体，加热分解为 PCl_3 和 Cl_2。

PCl_5 也容易水解，水解产物因水量而不同：

$$PCl_5 + H_2O \longrightarrow POCl_3 + 2HCl$$
$$POCl_3 + 3H_2O \longrightarrow H_3PO_4 + 3HCl$$

> 小贴士：
> 磷的卤化物的蒸气均有辛辣的刺激性气味，有腐蚀性，且有毒，使用时应注意佩戴个人安全防护器具。

第四节　硅及其化合物

周期系第ⅣA族的碳（C）、硅（Si）、锗（Ge）、锡（Sn）、铅（Pb）五种元素，统称为碳族元素。其中碳和硅属于典型的非金属元素；锗为准金属元素，性质与硅相似，同为半导体材料；锡和铅是金属元素，但不易形成离子化合物，而主要形成共价化合物。碳族元素的原子价层电子构型为 ns^2np^2，能形成氧化数为 +2 和 +4 的化合物。碳的主要氧化数有 +4 和 +2（有时也能形成氧化数为 0、-2、-4 的化合物），硅的氧化数都是 +4，而锗、锡、铅的氧化数主要为 +2 和 +4。

本节主要介绍硅及其化合物。

一、硅的物理性质及制备

硅有晶体和无定形体两种状态。晶体硅为银灰色，有金属光泽，结构与金刚石类似，质硬而脆，熔、沸点较高。无定形硅为灰黑色粉末，熔点、

> 小贴士：
> 碳和硅在自然界分布很广，碳是地球上化合物种类最多的元素之一，也是生物界的主要元素；硅的含量仅次于氧，主要存在于硅酸盐矿和石英矿中；锗常以硫化物伴生在其他金属硫化物矿中；锡主要以锡石（SnO_2）存在；铅主要以方铅矿（PbS）形式存在。

沸点、密度和硬度明显低于晶体硅。

单质硅可由二氧化硅在高温下还原得到：

$$SiO_2 + 2C \xrightarrow{\text{高温}} Si + 2CO\uparrow$$

高纯硅是最重要的半导体材料，作为半导体材料用的硅，不仅纯度要求高，且必须是单晶体。高纯度单晶硅需经过区域熔炼法等物理方法提纯，主要制备步骤如下：

$$SiO_2 \xrightarrow[\text{电炉}]{\text{焦炭}} Si(粗) \xrightarrow{Cl_2} SiCl_4 \xrightarrow{\text{精馏}} SiCl_4(纯) \xrightarrow[1200℃]{H_2} Si(纯)$$

二、硅的化学性质

无定形硅的化学性质比晶体硅的活泼，能与强碱溶液反应生成硅盐酸。例如：

$$Si + 2NaOH + H_2O \longrightarrow Na_2SiO_3 + 2H_2\uparrow$$

硅在室温下不与氧、水、氢卤酸反应，但能与硝酸和氢氟酸的混合溶液反应：

$$3Si + 4HNO_3 + 12HF \longrightarrow 3SiF_4 + 4NO\uparrow + 8H_2O$$

在高温下硅能与所有卤素反应，生成四卤化硅（SiX_4）。硅能与氢形成一系列氢化物（如甲硅烷SiH_4），称为硅烷。

三、硅的常见化合物

（一）二氧化硅

小贴士：

石英经1600℃熔化、冷却后形成石英玻璃，石英玻璃具有很多特殊性能，如热膨胀系数小，可透过可见光和紫外线、性质稳定等，常用于制造高级化学器皿和光学仪器；石英的另一个用途是制造光导纤维，用于光导通信，有望逐步取代电缆。

二氧化硅（SiO_2）又称硅石，在自然界有晶体和无定形体两种。硅藻土是天然无定形二氧化硅，具有多孔性，常用作吸附剂或催化剂载体。石英是常见的二氧化硅晶体，无色透明的纯石英称为水晶。石英难熔，坚硬且脆，沙子是混有杂质的石英细粒。

SiO_2的化学性质不活泼，与一般酸不起反应，但能与氢氟酸反应：

$$SiO_2 + 4HF \longrightarrow SiF_4 + 2H_2O$$

因此，氢氟酸溶液不能存放于玻璃瓶中。

SiO_2与氢氧化钠或纯碱共热可制备硅酸盐：

$$SiO_2 + 2NaOH \xrightarrow{\triangle} Na_2SiO_3 + H_2O$$

$$SiO_2 + Na_2CO_3 \xrightarrow{\triangle} Na_2SiO_3 + CO_2\uparrow$$

可见，氢氧化钠对玻璃制品有轻微腐蚀性，两者会生成硅酸钠，使得玻璃仪器中的活塞黏着于仪器上，导致瓶盖无法打开。

（二）硅酸及其盐

硅酸：有多种形式，其组成随形成时的条件而异。常见的硅酸有偏硅酸（H_2SiO_3）、正硅酸（H_4SiO_4）、焦硅酸（$H_6Si_2O_7$）等。常以通式$xSiO_2 \cdot yH_2O$表示，因为在各种硅酸中，以偏硅酸的组成最简单，故常以H_2SiO_3简式代表硅酸。

硅酸为二元弱酸，实验室通常用可溶性硅酸盐与盐酸作用来制备：

$$SiO_3^{2-} + 2H^+ \longrightarrow H_2SiO_3$$

硅酸在水中的溶解度不大，刚开始生成的单分子硅酸能溶于水，但这些单硅酸会逐步缩合成硅酸溶胶。若在稀的硅酸溶胶内加入电解质或在适当浓度的硅酸盐溶液中加入酸，则生成硅酸凝胶，经洗涤、干燥可得到固体硅胶。

 应用示例：变色硅胶

> 硅胶是一种白色稍透明的固体，内有很多微小的孔隙，内表面积很大，1g 硅胶内表面可达 $800\sim900\text{m}^2$。因此，硅胶具有很强的吸附性能，可用作吸附剂、干燥剂和催化剂载体。 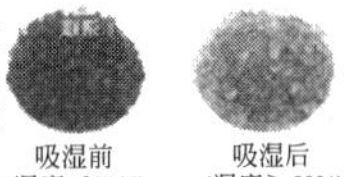
>
>
> 吸湿前（湿度≤20%）　吸湿后（湿度≥50%）
>
> 将硅酸凝胶用 $CoCl_2$ 溶液浸泡，烘干后可得变色硅胶。变色硅胶内含有氯化钴，无水时 $CoCl_2$ 显蓝色，吸水后的水合物 $CoCl_2 \cdot 6H_2O$ 呈粉红色，这种颜色的变化可指示硅胶的吸湿程度。硅胶呈现粉红色表明其已失去吸湿能力，需要烘烤、脱水，再次变为蓝色后，重新恢复吸湿能力。

硅酸盐：天然硅酸盐矿占地壳组成的 95%，其种类繁多，结构复杂。最常见的天然硅酸盐是硅铝酸盐，例如花岗岩的主要成分——正长石和白云母，以及黏土的主要成分——高岭土等。

二氧化硅与不同比例的碱性氧化物共熔，可得到若干组成的硅酸盐，例如碱金属的硅酸盐：

$$SiO_2 + M_2O \xrightarrow{共熔} M_2SiO_3$$
$$SiO_2 + 2M_2O \xrightarrow{共熔} M_4SiO_4$$

硅酸盐分为可溶于水的和不可溶于水的两大类，通常仅碱金属的硅酸盐可溶于水。最常见的可溶性硅酸盐是 Na_2SiO_3，溶于水的水溶液俗称水玻璃，又叫"泡花碱"。

由于硅酸盐的酸性很弱，所以硅酸钠在水溶液中强烈水解并呈碱性。

大多硅酸盐都是难溶的，且结构比较复杂。例如，天然分子筛——泡沸石；还有一类是人工合成的分子筛，以氢氧化钠、铝酸钠和水玻璃为原料制成的高效硅铝吸附剂，其组成通式为：

$$M_{x/n}[(AlO_2)_x(SiO_2)_y] \cdot mH_2O$$

其中，M 为金属阳离子；n 为金属阳离子电荷数；(x/n) 为金属阳离子的个数。

合成分子筛按比表面积和组成的不同分为若干类型，可用于干燥、净化分离、石油催化裂化或作为催化剂载体等不同领域。

（三）硅的卤化物

硅的卤化物可用通式 SiX_4 表示，常温下，SiF_4 为气体，$SiCl_4$ 和 $SiBr_4$ 为液体，SiI_4 为固体。

四氯化硅可以通过硅与氯共热，或者二氧化硅与氯、碳共热进行制备：

小贴士：

玻璃的用途非常广泛，是纺织、造纸、制皂、铸造等领域的重要原料，建筑工业上用作黏合剂，木材、织物通过水玻璃浸泡可起到防腐、不易起火的效果。

小贴士：

水分子筛由于能让气体或液体混合物中直径比孔径直径小的分子进入空穴，直径大的分子留在空外，从而起到"筛选"分子的作用。

合成分子筛价格便宜、工艺简单，易于再生，已在许多工业领域得到广泛的使用。

$$Si + 2Cl_2 \xrightarrow{\triangle} SiCl_4$$

$$SiO_2 + 2C + 2Cl_2 \xrightarrow{\triangle} SiCl_4 + 2CO\uparrow$$

四氯化硅，熔点 $-70℃$，沸点 $57.6℃$，气态四氯化硅有刺激性，易水解，在潮湿的空气中会因水解产生浓烟：

$$SiCl_4 + 3H_2O \longrightarrow H_2SiO_3 + 4HCl$$

（四）硅烷

硅烷可以用通式 Si_xH_{2n+2}（$n=1\sim6$）表示，其结构与烷烃相似，目前尚未制得与烯烃、炔烃相似的不饱和硅烷化合物。

常温下，硅烷大多为液体或气体，能溶于有机溶剂。硅甲烷是最常见的硅烷，为无色气体，遇氧能自燃并放出大量的热：

$$SiH_4 + 2O_2 \longrightarrow SiO_2 + 2H_2O$$

SiH_4 在纯水和微酸性溶液中不水解，但当水中含有微量的碱时迅速水解，放出氢气。

$$SiH_4 + (n+2)H_2O \xrightarrow{OH^-} SiO_2 \cdot nH_2O\downarrow + 4H_2\uparrow$$

> 小贴士：
> $SiCl_4$ 主要用于制造高纯硅、硅酸酯类、有机硅单体、高温绝缘漆和硅橡胶等。
> 硅甲烷大量用于制高纯硅。

💡 拓展阅读：游离二氧化硅粉尘对人体健康的危害

游离二氧化硅是指岩石或矿物中没有与金属或金属化合物结合的呈游离状的二氧化硅。

在自然界中，游离二氧化硅分布很广，在 16km 以内的地壳内约占 5%，在 95% 的矿石中均含有数量不等的游离二氧化硅，其中纯度极高者通常称为石英。游离二氧化硅粉尘，俗称矽尘。

一定数量的矽尘进入人体肺泡后可导致最普遍、最严重的一种尘肺病——硅沉着病。

接触矽尘的行业及工艺包括但不限于：

① 各类矿山开采、开山筑路、采石、水利工程及开凿隧道等作业；

② 玻璃厂、石英粉厂、耐火材料厂等生产过程中矿石原料破碎、碾磨、筛选、配料等作业；

③ 机械制造业中铸造车间的型砂粉碎、调配、铸件开箱、清砂及喷砂等作业；

④ 陶瓷厂原料准备、打磨、珠宝加工、石器加工等作业。

知识框架

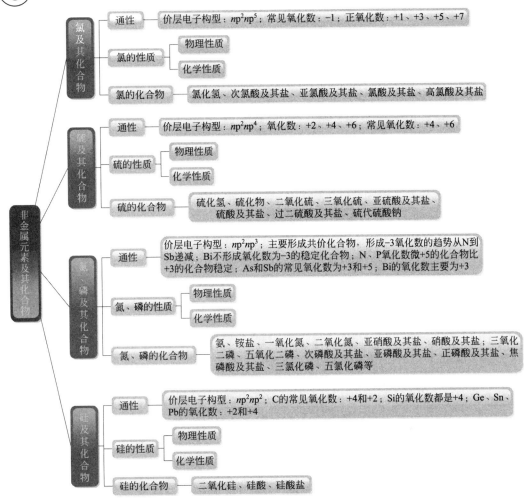

课后习题

一、填空题

1. 氯水应放置在阴凉处避光保存，且不适合久置，这是因为其主要成分次氯酸很不稳定，受光照易分解，释放出_____；受热则分解为_____。

2. 王水是指_____和_____的混合物，能溶解不与硝酸作用的金属。

3. SiO_2 的化学性质不活泼，与一般酸不起反应，但能与_____反应，因此玻璃瓶不能用于储存该溶液。

4. 在冷的浓硫酸中，铁、铝金属表面生成一种致密的保护膜，从而使金属不能继续与酸反应，这种现象称为_____。

5. FeS 与酸作用制备 H_2S 时，有盐酸、硫酸、硝酸，最好选用_____。

二、选择题

1. 下列关于氧族元素的叙述正确的是（　　）。

A. 能和大多数金属直接化合

B. 都能和氢气直接化合

C. 均可显 -2、$+4$、$+6$ 化合价

D. 固体单质都不导电

2. 下列硫化物中，难溶于水易溶于稀盐酸的黑色沉淀是（　　）。

　　A. FeS　　　　　B. CuS　　　　　C. ZnS　　　　　D. PbS

3. 下列酸中最强的无机含氧酸是（　　）。

　　A. H_3PO_3　　　B. H_2SO_4　　　C. HNO_3　　　D. $HClO_4$

4. 硫化氢为有毒气体，工业上 H_2S 在空气中的最大允许含量为（　　）

　　A. 0.01mg/L　　B. 0.05mg/L　　C. 0.02mg/L　　D. 0.03mg/L

5. 下列卤化物不发生水解反应的是（　　）。

　　A. $SnCl_4$　　　B. CCl_4　　　C. $SnCl_2$　　　D. BCl_3

三、写出下列反应或现象所涉及的反应式

1. 电解食盐制取氯气

2. 室温下，硫与汞的反应。（硫黄可以用于处理室内少量汞的泄漏的原理。）

3. 实验室检测是否有 H_2S 气体逸出的常用方法。

4. 硝酸受热或光照时发生分解。

5. 长期存放的 Na_2S 或 $(NH_4)_2S$ 溶液颜色会变深。

6. 不能用玻璃仪器盛装氢氟酸。

7. 氯气通入氢氧化钠溶液。

8. $Hg + HNO_3$（浓）$\longrightarrow$

9. $S + NaOH \longrightarrow$

10. $Na_2S_2O_3 + I_2 \longrightarrow$

四、鉴别下列各组化合物

1. NO 与 NO_2

2. SO_2 与 SO_3

3. $NaNO_2$ 与 $NaNO_3$

五、简答题

1. 试讨论氮气在常温下化学性质极不活泼的原因。

2. 稀释硫酸时应注意哪些问题？

3. 简述在常温下，为什么铁、铝容器可以用来储存浓硫酸，而不能储存稀硫酸？

六、钠盐 A 溶于水，加入稀盐酸后生成刺激性气体 B 和黄色沉淀 C。气体 B 能使 $KMnO_4$ 溶液褪色。向 A 溶液中通入氯气，得到溶液 D；向 D 溶液中加入 $BaCl_2$ 溶液即有白色沉淀 E 生成，E 不溶于稀硝酸。试推断 A、B、C、D、E 各为何种化合物并写出相关反应方程式。

实训建议

本章可选择性开展硅酸盐的性质实验、硝酸的氧化性实验、亚硝酸及其盐的性质实验、磷酸盐的性质实验等，帮助学生掌握氮、磷、硅及其化合物的性质，掌握硝酸和亚硝酸及其盐、可溶性硅酸盐和难溶性硅酸盐、磷酸盐的重要性质等。

第六章
金属元素及其化合物

知识目标：1. 了解钠、钙、铁、铝等元素单质和化合物的物理性质及用途；

2. 掌握钠、钙、铁、铝等元素单质和化合物的化学性质；

3. 了解重金属及放射性金属的性质和危害。

能力目标：1. 能判断钠、钙、铁、铝化合物或离子的稳定性及发生的反应；

2. 能鉴定 Fe^{2+} 、 Fe^{3+} 、 Hg^{2+} 等离子。

本章总览：在已知的 118 种元素中，金属元素种类高达九十余种。不同国家对金属有不同的分类体系，我国目前将金属元素分为黑色金属和有色金属两类。这种分类并无严格的科学根据，如“黑色”和“有色”的命名只是约定俗成而已。对于众多的有色金属，人们按照它们性质、用途、分布及其储量等的不同，又将其分为四类，即重金属、轻金属、贵金属和稀有金属。

金属是一种具有光泽（即对可见光强烈反射），富有延展性，容易导电、导热的物质。 地球上的绝大多数金属元素是以化合态存在于自然界中的。这是因为多数金属的化学性质比较活泼，只有极少数的金属，如金、银等，以游离态存在。金属在自然界中广泛存在，在生活中应用极为普遍，是在现代工业中非常重要和应用最多的一类物质。金属元素在周期表中的位置如下图所示。

金属元素

族 周期	ⅠA	ⅡA	ⅢB	ⅣB	ⅤB	ⅥB	ⅦB	ⅧB(Ⅷ)			ⅠB	ⅡB	ⅢA	ⅣA	ⅤA	ⅥA	ⅦA	ⅧA(O)
1	1 H 氢																	2 He 氦
2	3 Li 锂	4 Be 铍											5 B 硼	6 C 碳	7 N 氮	8 O 氧	9 F 氟	10 Ne 氖
3	11 Na 钠	12 Mg 镁											13 Al 铝	14 Si 硅	15 P 磷	16 S 硫	17 Cl 氯	18 Ar 氩
4	19 K 钾	20 Ca 钙	21 Sc 钪	22 Ti 钛	23 V 钒	24 Cr 铬	25 Mn 锰	26 Fe 铁	27 Co 钴	28 Ni 镍	29 Cu 铜	30 Zn 锌	31 Ga 镓	32 Ge 锗	33 As 砷	34 Se 硒	35 Br 溴	36 Kr 氪
5	37 Rb 铷	38 Sr 锶	39 Y 钇	40 Zr 锆	41 Nb 铌	42 Mo 钼	43 Tc 锝	44 Ru 钌	45 Rh 铑	46 Pd 钯	47 Ag 银	48 Cd 镉	49 In 铟	50 Sn 锡	51 Sb 锑	52 Te 碲	53 I 碘	54 Xe 氙
6	55 Cs 铯	56 Ba 钡	57-71 镧系	72 Hf 铪	73 Ta 钽	74 W 钨	75 Re 铼	76 Os 锇	77 Ir 铱	78 Pt 铂	79 Au 金	80 Hg 汞	81 Tl 铊	82 Pb 铅	83 Bi 铋	84 Po 钋	85 At 砹	86 Rn 氡
7	87 Fr 钫	88 Ra 镭	89-103 锕系	104 Rf 𬬻	105 Db 𬭊	106 Sg 𬭳	107 Bh 𬭛	108 Hs 𬭶	109 Mt 鿏	110 Ds 𫟼	111 Rg 𬬭	112 Cn 鿔	113 Nh 鿭	114 Fl 𫓧	115 Mc 镆	116 Lv 𫟷	117 Ts 鿬	118 Og 鿫

镧系	57 La 镧	58 Ce 铈	59 Pr 镨	60 Nd 钕	61 Pm 钷	62 Sm 钐	63 Eu 铕	64 Gd 钆	65 Tb 铽	66 Dy 镝	67 Ho 钬	68 Er 铒	69 Tm 铥	70 Yb 镱	71 Lu 镥
锕系	89 Ac 锕	90 Th 钍	91 Pa 镤	92 U 铀	93 Np 镎	94 Pu 钚	95 Am 镅	96 Cm 锔	97 Bk 锫	98 Cf 锎	99 Es 锿	100 Fm 镄	101 Md 钔	102 No 锘	103 Lr 铹

金属元素在周期表中的位置

第一节 常见的活泼金属

一、钠及其化合物

钠属于碱金属，也称为ⅠA族元素，这一族元素主要包括锂（Li）、钠（Na）、钾（K）、铷（Rb）、铯（Cs）、钫（Fr）。由于其氧化物的水化物呈强碱性，故称为碱金属。

本族元素的价层电子构型为ns^1，常见氧化数为+1。从上至下，碱金属元素原子及离子半径逐渐增大，化学活泼性增强，还原性增强；同时熔、沸点降低，硬度减小，电离能级电负性降低。

碱金属的价电子易受光激发而电离，在火焰中加热显现出不同的颜色，称为焰色反应。具体为锂显红色，钠显黄色，钾显紫色，铷显红紫色，铯显蓝色。

（一）钠

1. 钠的物理性质及制备

钠表面具有银白色光泽，柔软、易熔。钠单质硬度低，具有良好的延展性，用小刀即可切割，能够溶于汞和液氨。

钠是热和电的良导体，具有较好的磁性。

工业上一般采用电解熔融 NaCl 的方法来制取钠。

2. 钠的化学性质

钠的化学性质很活泼，主要发生以下几种类型的反应。

（1）与非金属反应

钠能够分别与氢气和氧气化合，生成相应的化合物。

$$2Na + H_2 \xrightarrow{高温} 2NaH$$

$$4Na + O_2 \longrightarrow 2Na_2O$$
白色固体

$$2Na + O_2 \xrightarrow{点燃} Na_2O_2$$
淡黄色粉末

（2）与金属反应

$$4Na + 9Pb \xrightarrow{\triangle} Na_4Pb_9$$

$$Na + Hg \longrightarrow Na\text{-}Hg$$
钠汞齐

（3）与水反应

钠和水反应生成 NaOH 和 H_2，该反应剧烈，容易引起燃烧和爆炸，钠一般需贮存于煤油或石蜡油中。

$$2Na + 2H_2O \longrightarrow 2NaOH + H_2$$

（4）与盐反应

钠具有强还原性，能够从金属氯化物中还原出相应的金属：

小贴士：

金属的分类

黑色金属：通常指铁、锰、铬及其合金。

有色金属：黑色金属以外的其他金属。通常分为以下四类：

轻金属：密度＜4.5g/cm³

重金属：密度＞4.5g/cm³

贵金属：通常指金、银、铂，价格较贵、性质稳定；

稀有金属：含量较少、分布稀散。

码 6-1 焰色反应

小贴士：

碱金属中锂最重要的矿石是锂辉石（LiAlSi₂O₆）；钠主要以 NaCl 形式存在于海洋、盐湖和岩石中；钾的主要矿物是钾石盐（2KCl·MgCl₂·6H₂O），我国青海钾盐储量占全国的96.8%。

码 6-2 金属钠与水的反应

$$4Na + TiCl_4 \xrightarrow{\text{高温}} 4NaCl + Ti$$

或 Na 与 NH_4Cl（水溶液）反应：

$$2Na + 2H_2O \longrightarrow 2NaOH + H_2$$
$$NH_4Cl + NaOH \longrightarrow NaCl + NH_3 + H_2O$$

（5）与氧化物反应

$$4Na + CO_2 \xrightarrow{\text{点燃}} 2Na_2O + C$$

（二）钠的化合物

1. 钠的氧化物

碱金属能形成多种类型的氧化物，其中比较常见的有正常氧化物（含有 O^{2-}）、过氧化物（含有 O_2^{2-}）和超氧化物（含有 O_2^-）三类。

纯的 Na_2O_2 为白色粉末，工业品一般为浅黄色。

在实验室中，钠的正常氧化物可利用金属还原相应的硝酸盐制取：

$$10Na + 2NaNO_3 \longrightarrow 6Na_2O + N_2\uparrow$$

过氧化物 Na_2O_2 通常是通过将熔融的金属 Na 在除去 CO_2 的干燥空气中燃烧制备。

$$2Na + O_2 \xrightarrow{\text{点燃}} Na_2O_2$$

Na_2O_2 与水或稀酸反应，生成 H_2O_2，同时放出大量的热：

$$Na_2O_2 + 2H_2O \longrightarrow H_2O_2 + 2NaOH$$
$$Na_2O_2 + H_2SO_4(稀) \longrightarrow Na_2SO_4 + H_2O_2$$

Na_2O_2 与 CO_2 反应能放出 O_2：

$$2Na_2O_2 + 2CO_2 \longrightarrow O_2\uparrow + 2Na_2CO_3$$

Na_2O_2 在碱性介质中是强氧化剂，可以将矿石氧化分解为可溶于水的化合物。例如：

$$2Fe(CrO_2)_2 + 7Na_2O_2 \longrightarrow 4Na_2CrO_4 + Fe_2O_3 + 3Na_2O$$

> **小贴士：**
> Na_2O_2 是化工中最常用的碱金属过氧化物，常用作熔矿剂，纺织、纸浆的漂白剂。
> 由于其可放出氧气，也常用作防毒面具、高空飞行以及潜艇中的供氧剂。
> Na_2O_2 在遇到棉花、木炭、铝粉等还原性物质时，会发生爆炸，故使用时应特别小心。

2. 钠的氢氧化物

氢氧化钠为白色固体，易吸潮，易溶于水，在空气中吸收 CO_2 生成碳酸盐。NaOH 是一种强碱，也称为烧碱、苛性钠。

NaOH 能与非金属及其氧化物作用生成钠盐。例如：

$$3I_2 + 6NaOH \longrightarrow 5NaI + NaIO_3 + 3H_2O$$
$$SiO_2 + 2NaOH \longrightarrow Na_2SiO_3 + H_2O$$

因玻璃中含有 SiO_2，容易被 NaOH 腐蚀，因此在制备浓碱时应使用铸铁器皿，实验室的 NaOH 溶液应贮存于塑料瓶中。

拓展知识链：氯碱工业

工业上用电解饱和氯化钠溶液的方法来制取氢氧化钠（NaOH）、氯气（Cl_2）和氢气（H_2），并以它们为原料生产一系列

码 6-3
氯碱的生产工艺

化工产品,此称为氯碱工业。氯碱工业是最重要、最基本的化学工业之一,其产品广泛应用于石油化学工业、轻工业、纺织工业以及冶金工业等领域。

食盐电解工艺危险性主要涉及以下几个方面。

1. 火灾爆炸

电解过程中,阴极产生的氢气属易燃、易爆气体,其爆炸极限为4.5%~95%(体积比),若氢气系统不严密而逸出氢气,则可能引起电解槽爆炸或着火事故。

氯气、氢气混合极易发生爆炸,当氯气中含氢量达5%以上时,则随时可能在光照或受热情况下发生爆炸。

如果盐水中存在的铵盐超标,在适宜的条件(pH<4.5)下,铵盐和氯作用可生成氯化铵,浓氯化铵溶液与氯还可生成黄色油状的三氯化氮。三氯化氮是一种爆炸性物质,与许多有机物接触或加热至90℃以上以及被撞击、摩擦等时,即发生剧烈的分解而爆炸。

2. 中毒

电解过程中,阳极产生氯气,氯气常温、常压下为黄绿色,具有强烈的刺激性,是氧化性很强的剧毒气体。

3. 化学灼伤

电解溶液中含有的氢氧化钠或氢氧化钾,具有强腐蚀性,一旦侵入人的皮肤会引起表皮烧伤,溅入人的眼中会引起视力衰退甚至失明,如吸入碱雾或碱蒸气,则有可能导致上呼吸道和肺部受到损害,甚至发生肺炎。

3. 钠的盐类

碱金属常见的盐包括卤化物、硫酸盐、硝酸盐、碳酸盐和磷酸盐。

(1) 钠盐的一般性质

绝大多数碱金属盐类的晶体属于离子晶体,具有较高的熔点和沸点。常温下为固体,熔化时能导电。

碱金属的盐类大多易溶于水,仅有少数是难溶的。碱金属一般具有较高的热稳定性,唯有硝酸盐的热稳定性较差,加热到一定温度时可分解。例如:

$$2NaNO_3 \xrightarrow{830℃} 2NaNO_2 + O_2 \uparrow$$

(2) 重要的钠盐

氯化钠:人类日常生活中必不可少的物质,也是化学工业基础,是制造几乎所有钠、氯化合物的常用原料。NaCl广泛存在于海洋、盐湖中,将盐水晾晒通常得到粗食盐,进一步溶于水,通过沉淀反应去除硫酸钙、硫酸镁等杂质,再经过滤、蒸发、浓酸、结晶可得到纯净的精盐。

碳酸钠:又称为纯碱、苏打,是重要的化工原料之一。目前工业上常用氨碱法和联合制碱法制取碳酸钠。联合制碱法是由我国杰出化学家侯德榜发明的,该方法将合成氨与制碱联合起来,大大提高了NaCl的利用率,同时副产品还可以作为氮肥，降低成本，实现连续化生产。

Na_2CO_3 在饱和状态时能强烈水解，溶液 pH 可达 12。

碳酸氢钠：俗称小苏打，广泛应用于食品、医疗等领域。工业上制取高纯度的 $NaHCO_3$ 时，可在碳酸钠溶液中通入 CO_2：

$$Na_2CO_3 + CO_2 + H_2O \longrightarrow 2NaHCO_3$$

$NaHCO_3$ 为酸式盐，溶于水后呈弱碱性。加热到 50℃ 以上开始逐渐分解为 Na_2CO_3、CO_2 和 H_2O。

二、钙及其化合物

钙属于碱土金属，也称为ⅡA族元素，这一族元素包括铍（Be）、镁（Mg）、钙（Ca）、锶（Sr）、钡（Ba）、镭（Ra）六种。由于钙、锶、钡的氧化物性质介于"碱"族与"土"族元素之间，故称为碱土金属。

本族元素的价层电子构型为 ns^2，在周期表中属于 s 区元素，常见氧化数为 +2。从上至下，碱土金属元素性质呈明显的规律性变化，原子及离子半径逐渐增大，化学活泼性增强，还原性增强；同时熔、沸点降低，硬度减小，电离能及电负性降低。

与碱金属元素相似，碱土金属元素燃烧也显现出不同的颜色，如镁发出耀眼的白光，钙呈现砖红色光芒，锶呈现鲜红色，而钡盐显现绿色。焰色反应可用于检验这些金属离子是否存在。

小贴士：

第ⅢA族元素有时称为土族元素，其中铝最典型，铝的氧化物，如黏土的主要成分 Al_2O_3 既难溶又难熔，故有土金属之称。

（一）钙

1. 钙的物理性质及制备

钙单质为银白色固体，表面容易形成氧化物和碳酸盐而变暗，熔、沸点比相应的碱金属要高。钙的硬度略大于碱金属，但仍然可以用小刀切割，切割面迅速氧化变暗。

钙金属的导电性和导热性较好。

工业上一般采用电解熔融 $CaCl_2$ 或 CaO 的方法来制取钙。

2. 钙的化学性质

钙能与大多数的非金属反应生成稳定的盐，其遇热不易分解，室温下也不发生水解。

$$Ca + Cl_2 \longrightarrow CaCl_2$$
$$Ca + S \longrightarrow CaS$$
$$3Ca + N_2 \longrightarrow Ca_3N_2$$

空气中钙很容易被氧化，故应密封保存。

钙与水作用，生成氢氧化物并放出氢气，其氢氧化物的碱性很强。

$$Ca + 2H_2O \longrightarrow Ca(OH)_2 + H_2\uparrow$$

（二）钙的化合物

1. 钙的氧化物

CaO 又名石灰或生石灰，其为白色粉末，难溶于水。熔点较高，溶于水呈较强的碱性。

通常通过加热碳酸盐、硝酸盐或氢氧化物使其分解来制备钙的氧化物。

$$CaCO_3 \xrightarrow{\triangle} CaO + CO_2 \uparrow$$

在冶金工业中，CaO 常被用作冶炼助熔剂（其主要作用是与矿物中的杂质结合成渣而与金属分离，达到熔炼或精炼的目的）和烟气脱硫吸收剂，在化学工业用于制电石、造纸、水处理等。

码 6-4 电石的生产工艺

拓展知识链：电石生产工艺的危险性

电石的主要成分为碳化钙，其是重要的基本化工原料，主要用于产生乙炔气、有机合成、氧炔焊接等。

工业上一般采用电炉炼法，将焦炭和氧化钙置于 2200℃ 左右的电炉中熔炼。

$$CaO + 3C \xrightarrow{2200℃} CaC_2 + CO$$

电石生产工艺的危险性主要涉及以下几个方面。

① 电炉工艺操作具有火灾、爆炸、烧伤、中毒、触电等危险性；

② 电石遇水会发生剧烈反应，生成乙炔气，具有燃爆危险性；

③ 电石的冷却、破碎过程具有人身伤害、烫伤等危险性；

④ 反应产物一氧化碳是最常见的窒息性有害气体，与空气混合达 12.5%～74% 时会引起燃烧和爆炸；

⑤ 生产中若炉气出口温度失控，突然升高，则会引发炉内压力突然增大，造成爆炸事故。

2. 钙的氢氧化物

小贴士：

$Ca(OH)_2$ 属强碱性物质，有刺激和腐蚀作用。吸入 $Ca(OH)_2$ 粉尘，对呼吸道有强烈刺激性，还有可能引起肺炎。眼接触 $Ca(OH)_2$ 亦有强烈刺激性，可致灼伤。

CaO 与水作用生成氢氧化钙，俗称熟石灰，为白色固体，溶解度较低，易吸潮，固体 $Ca(OH)_2$ 常被用作干燥剂。

$Ca(OH)_2$ 是一种强碱，具有杀菌和防腐能力，对皮肤和织物有腐蚀作用；与水组成的乳状悬浮液称为石灰乳，是常用的建筑材料。

$Ca(OH)_2$ 与二氧化碳反应生成难溶于水的碳酸钙，可用于检验 CO_2：

$$Ca(OH)_2 + CO_2 \longrightarrow CaCO_3 \downarrow + H_2O$$

$Ca(OH)_2$ 与酸反应生成相应的钙盐：

$$Ca(OH)_2 + 2HCl \longrightarrow CaCl_2 + 2H_2O$$

3. 钙盐

钙金属的盐类包括卤化物、硫酸盐、硝酸盐、碳酸盐和磷酸盐。

（1）钙盐的一般性质

绝大多数钙金属盐类的晶体属于离子晶体，具有较高的熔点和沸点。常温下为固体，熔化时能导电。

钙金属盐类的溶解度比相应碱金属的溶解度要小，钙的硝酸盐、氯酸盐、高氯酸盐、钙的卤化物（氟化物除外）易溶；钙的碳酸盐、磷酸盐、硫酸盐和铬酸盐较难溶。

(2) 重要的钙盐

氯化钙（$CaCl_2$）：无水 $CaCl_2$ 具有强吸水性，常用于干燥各类物质（乙醇和氨除外，其与 $CaCl_2$ 发生加合反应）。二水合物（$CaCl_2 \cdot 2H_2O$）与冰混合，可获得 -55℃ 低温，常用作制冷剂、道路融冰剂。

硫酸钙（$CaSO_4$）：二水硫酸钙（$CaSO_4 \cdot 2H_2O$）称为石膏、生石膏，为白色粉末，微溶于水。半水硫酸钙（$CaSO_4 \cdot 1/2H_2O$）称为熟石膏，也为白色粉末，有吸潮性，与水混合后逐渐硬化并膨胀，常用来制作模型、塑像、石膏绷带等。

工业上用氯化钙与硫酸铵的反应来制备二水硫酸钙：

$$CaCl_2 + (NH_4)_2SO_4 + 2H_2O \longrightarrow CaSO_4 \cdot 2H_2O + 2NH_4Cl$$

二水硫酸钙经煅烧、脱水，得半水硫酸钙。

三、铁及其化合物

广义上的过渡元素是指周期表中从ⅢB族到ⅡB族的所有元素，它们位于 s 区与 p 区之间，因而称为过渡元素。过渡元素单质都是金属。过渡元素原子结构的共同特点是价电子一般依次分布在次外层的 d 轨道上，最外层只有 1~2 个电子（Pd 例外），较易失去，其价层电子构型为 $(n-1)d^{1\sim10}ns^{1\sim2}$。

与同周期主族元素相比，过渡元素的原子半径一般较小。在各周期中从左向右，随原子序数的增加，原子半径逐渐减小，到铜族又稍增大；同族元素从上往下，原子半径增大，但到镧系（第六周期）又出现收缩。

过渡元素外观多呈银白色或灰白色，有光泽。多数过渡金属的熔、沸点高，硬度大。

过渡元素的特征之一是具有多种氧化数，这是由于除最外层 s 电子可以成键外，次外层 d 电子也可以部分或全部参与成键。过渡元素的另一特征是其所形成的配离子大都显色，这主要与过渡元素离子的 d 轨道未填满电子有关。此外，过渡元素的原子或离子的价层电子轨道能级相近，且部分轨道是空的，可以接纳配体的孤对电子；其离子一般具有较高的电荷和较小的半径，极化力强，对配体有较强的吸引力。因此，过渡元素具有很强的形成配合物的倾向，这也使得过渡元素及其化合物具有独特的催化性能。

本节重点介绍过渡金属中的铁元素及其化合物。

小贴士：

铁、钴、镍都是人体必需的元素。例如，人体血液中的血红蛋白和肌肉中的肌红蛋白具有输送和贮存氧的功能，它们都是由 Fe(Ⅱ) 和卟啉组成的，人体内缺血会引起贫血。

(一) 铁

在元素周期表中，铁（Fe）、钴（Co）、镍（Ni）位于第ⅧB族，其价层电子构型分别为 $3d^64s^2$、$3d^74s^2$、$3d^84s^2$，它们的性质相似，合称为铁系元素。

Fe 通常形成 +2、+3 两种氧化态，+3 氧化态化合物较稳定。

1. 铁的物理性质与制备

铁是地壳中丰度排行第四的元素，主要以化合态存在。铁的主要矿物有赤铁矿（Fe_2O_3）、磁铁矿（Fe_3O_4）和黄铁矿（FeS_2）。

铁系元素单质都是具有光泽的银白色金属，密度大，熔点高。铁有很好的延展性和强磁性，是优良的磁性材料。

铁是钢铁工业中最重要的产品和原材料。钢和铸铁都称为铁-碳合金，一般含碳 0.02%~2% 的称为钢，含碳大于 2% 的称为铸铁。为了改善钢的性质，还会在钢中加入一定量的 Cr、Ni、Mn、Ti 等元素，其称为合金钢。比起普通钢，合金钢的韧性、展性、耐腐蚀性、耐热性等都有大幅提升。

以氧化铁为原料，以焦炭和高炉中燃烧生成的 CO 为还原剂制备单质铁。

$$Fe_2O_3 + 3CO \xrightarrow{\text{高温}} 2Fe + 3CO_2$$

2. 铁的化学性质

铁属于中等活泼金属，能从非氧化性酸中置换出氢气。

$$Fe + H_2SO_4(稀) \longrightarrow FeSO_4 + H_2\uparrow$$

冷的浓硝酸、浓硫酸可以使铁变成钝态。因此贮运浓硝酸的容器和管道可用铁制品。

浓碱能够缓慢地侵蚀铁，而钴和镍在强碱中的稳定性比铁高，因此实验室在熔融碱性物质时应使用镍坩埚。

点燃或高温下，铁能与氧、氯、硫等非金属单质发生剧烈反应。例如：

$$3Fe + 2O_2 \xrightarrow{\text{点燃}} Fe_3O_4$$

$$2Fe + 3Cl_2 \xrightarrow{\text{点燃}} 2FeCl_3$$

$$Fe + S \xrightarrow{\text{高温}} FeS$$

（二）铁的化合物

1. 铁的氧化物

铁能形成氧化数为 +2 和 +3 的氧化物，且颜色不同，如 FeO 为黑色，Fe_2O_3 为砖红色。此外，铁还能形成混合价态氧化物 Fe_3O_4，即 $Fe^{II}Fe^{III}[Fe^{III}O_4]$。

FeO 为碱性氧化物，易溶于强酸而不溶于碱。FeO 的纳米材料具有良好的热、电性能，可制成多种温度传感器。

Fe_2O_3 俗称铁红，是赤铁矿的主要成分，难溶于水。

Fe_2O_3 与酸作用生成 Fe(Ⅲ) 盐。例如：

$$Fe_2O_3 + 6HCl \longrightarrow 2FeCl_3 + 3H_2O$$

Fe_2O_3 与碱性物质共熔，生成铁（Ⅲ）酸盐。例如：

$$Fe_2O_3 + Na_2CO_3 \xrightarrow{\text{熔融}} 2NaFeO_2 + CO_2\uparrow$$

2. 铁的氢氧化物

在 Fe(Ⅱ) 盐的溶液中加入碱，可得到相应的氢氧化物沉淀：

$$Fe^{2+} + 2OH^- \longrightarrow Fe(OH)_2\downarrow$$
（白色）

$Fe(OH)_2$ 极不稳定，在空气中易被氧化成红棕色的 $Fe_2O_3 \cdot xH_2O$，但习惯上仍将其写为 $Fe(OH)_3$。

$$4Fe(OH)_2 + O_2 + 2H_2O \longrightarrow 4Fe(OH)_3\downarrow$$

$Fe(OH)_3$ 具有两性，能溶于强碱：

小贴士：
两性化合物指既能表现出酸性，又能表现出碱性的化合物，且其中心元素必须在该化合物与酸、碱反应生成的盐中。

应用示例：氯化铁的应用

> 氯化铁常用作净水剂，是利用其水解的性质。它的水解产物与悬浮在水中的泥沙一起聚沉，使浑浊的水变澄清。
>
> 此外，工业上还利用浓 $FeCl_3$ 溶液的氧化性，将它用作印刷电路、印花滚筒的刻蚀剂，例如在无线电工业中，利用下列反应进行铜板刻蚀制造印刷电路。
>
> $$2FeCl_3 + Cu \longrightarrow 2FeCl_2 + CuCl_2$$

$Fe(OH)_3$ 与酸反应生成 Fe(Ⅲ) 盐：

$$Fe(OH)_3 + 3HCl \longrightarrow FeCl_3 + H_2O$$

3. 铁盐

（1）Fe(Ⅱ) 盐

氧化态为 +2 的铁系元素的盐，在性质上具有很多相似之处。它们与强酸形成的盐都易溶于水，且有微弱的水解，因而溶液显酸性。它们的弱酸盐都难溶于水。铁系元素的 +2 价水合离子都显一定的颜色。

七水硫酸亚铁（$FeSO_4 \cdot 7H_2O$）是重要的亚铁盐，又名绿矾。通常通过铁屑与硫酸作用进行制取。亚铁盐具有显著的还原性。

小贴士：

硫酸亚铁常被用来制作蓝黑墨水，还被用作媒染剂、鞣革剂、木材防腐剂以及杀虫剂等。

（2）Fe(Ⅲ) 盐

Fe(Ⅲ) 盐又称高铁盐，如三氯化铁、硫酸铁、硝酸铁等。Fe(Ⅲ) 盐的主要性质之一是容易水解，水溶液呈酸性。例如：

$$Fe^{3+} + 3H_2O \rightleftharpoons Fe(OH)_3 + 3H^+$$

Fe(Ⅲ) 盐的另一个性质是具有氧化性，在酸性溶液中属于中强氧化剂，能氧化一些还原性较强的物质。例如：

$$2FeCl_3 + 2KI \longrightarrow 2FeCl_2 + I_2 \downarrow + 2KCl$$
$$2FeCl_3 + H_2S \longrightarrow 2FeCl_2 + S \downarrow + 2HCl$$

氯化铁（$FeCl_3$）是重要的 Fe(Ⅲ) 盐，可由氯气和热的铁屑反应制得。无水 $FeCl_3$ 为棕褐色的共价化合物，易升华，易溶于水和有机溶剂。其水溶液因 Fe^{3+} 的水解而显酸性。

（3）铁系元素的配位化合物

铁系元素形成配合物的能力很强，可形成多种配合物，在不同的领域有重要而广泛的应用。铁常见配合物种类、性质及应用总结于表 6-1。

小贴士：

配位化合物为一类具有特征化学结构的化合物，由中心原子或离子（统称中心原子）和围绕它的分子或离子（称为配位体/配体）完全或部分通过配位键结合而形成。

配位键：配位化合物中存在的化学键，由一个原子提供成键的两个电子，成为电子给予体，另一个成键原子则成为电子接受体。

表 6-1 铁常见配合物的种类、性质及应用

种类	常见配合物	性质	应用
氨合物	$[Fe(NH_3)_6]Cl_2$	不稳定，易水解	
氰合物	$K_4[Fe(CN)_6]$	柠檬黄结晶	制造颜料、油漆、油墨
	$K_3[Fe(CN)_6]$	深红色晶体	印刷刷版、照片影影
	$[KFe(CN)_6Fe]$	蓝色沉淀	制造油墨、油漆
硫氰合物	$[Fe(SCN)_n]^{3-n}$ ($n=1\sim6$)	血红色	检验 Fe^{3+}、比色法测定 Fe^{3+} 含量

续表

种类	常见配合物	性质	应用
羰基化合物	$[Fe(CO)_5]$	浅黄色不稳定，受热分解	制备高纯铁粉

拓展知识链：人体的微量元素——铁

> 铁是第一个被公认的生命必需的微量过渡元素。成年人体内含有4~6gFe，其中绝大部分是以血红蛋白和肌红蛋白的形式存在于血液和肌肉组织中。
>
> 血红蛋白和肌红蛋白都是Fe^{2+}与血红素蛋白质形成的配合物。在生命体内起着载氧和储氧的重要功能。血红蛋白中的载氧蛋白，在动脉血中把O_2从肺部运送到肌肉，并固定在肌红蛋白上，在静脉血中将CO_2带回肺部排出。
>
> 血红蛋白与CO形成的配合物比它与O_2形成的配合物稳定得多，实验证明，当空气中CO的浓度达到0.08%时，就会发生严重的一氧化碳中毒，这时血红蛋白优先与CO结合，失去了载O_2功能，身体各组织中所需的氧气被中断，代谢发生故障，造成缺氧昏迷甚至死亡。

四、铝及其化合物

(一) 铝

铝属于硼族金属，在元素周期表中位于第三周期、第ⅢA族，这一族元素主要包括硼（B）、铝（Al）、镓（Ga）、铟（In）、铊（Tl），这一族元素也称为硼族元素。

本族元素的价层电子构型为ns^2np^1，在周期表中属于p区元素，最高氧化数为+3。硼、铝一般只形成氧化数为+3的化合物，从镓开始，形成+1氧化态的趋势逐渐增强。

硼族元素原子的价电子数为3，而价层电子轨道为4，属于缺电子原子，容易接受电子对，故容易形成聚合分子如Al_2C_6。

小贴士：
　　硼族元素也曾经被称为土族元素，这是因为它们的氧化物（以氧化铝为代表）多具有土性，即不易溶也不易熔。这一称呼现已基本废弃，代之以硼族元素。

1. 铝的物理性质

铝单质为银白色固体，质软、无毒，熔点为660℃。铝的导电性和导热性都很好，工业上是生产各种热交换器、散热器的常用材料。铝还具有良好的延展性，可制成很薄的铝箔，广泛应用于香烟和食品的包装。

铝合金具有强度大，密度较小，且不易生锈的特点，广泛应用于航天器、汽车以及船舶等的制造。

2. 铝的化学性质

铝的化学性质活泼，在空气中很快形成氧化膜，可阻止铝的进一步氧化。

铝在氧气中燃烧，生成氧化铝并放出大量的热。

$$4Al + 3O_2 \xrightarrow{\text{点燃}} 2Al_2O_3$$

铝属于两性金属，既能溶于强酸，也能溶于强碱：

$$2Al + 6H^+ \longrightarrow 2Al^{3+} + 3H_2\uparrow$$

$$2Al + 2OH^- + 6H_2O \longrightarrow 2Al(OH)_4^- + 3H_2\uparrow$$

铝也是还原剂，铝粉与 Fe_3O_4 粉末的混合物被引燃后，温度可高达 3000℃，该反应可以将铁的氧化物还原为铁单质，且放出的热量可以将铁熔化，常用于焊接铁轨。

$$8Al + 3Fe_3O_4 \xrightarrow{\text{高温}} 4Al_2O_3 + 9Fe$$

常温下，铝在浓硝酸和浓盐酸中会呈现钝态，阻止了其进一步的反应，所以常用铝罐运输浓硝酸。

铝在高温下也可以与氧、卤素、硫等非金属反应。

$$4Al + 3O_2 \xrightarrow{\text{高温}} 2Al_2O_3$$

$$2Al + 3Cl_2 \xrightarrow{\text{高温}} 2AlCl_3$$

$$2Al + 3S \xrightarrow{\text{高温}} Al_2S_3$$

(二) 铝的化合物

1. 铝的氧化物

氧化铝为白色无定形粉末，属于离子晶体，常见 α-Al_2O_3 和 γ-Al_2O_3 两种晶型。α-Al_2O_3 即自然界中的刚玉，具有硬度高、密度大、化学性质稳定等特点，可用作耐磨材料和耐火材料。

金属铝在空气中燃烧，或高温灼烧氢氧化铝、硝酸铝可制取 α-Al_2O_3。

γ-Al_2O_3 硬度小，质轻，不溶于水，能溶于酸和碱，具有很大的表面积和很强的吸附能力及催化活性，又称为活性氧化铝，可用作吸附剂和催化剂。

γ-Al_2O_3 可通过 450℃高温加热分解氢氧化铝或铵矾制取。

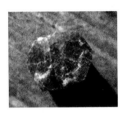

刚玉

活性氧化铝

2. 铝的氢氧化物

用铝盐与适量碱可得到白色凝胶状 $Al(OH)_3$ 沉淀，这种沉淀实际为含水量不等的氧化铝水合物 $Al_2O_3 \cdot xH_2O$，人们习惯上将水合氧化铝称为氢氧化铝。氢氧化铝也是一种两性物质，既显碱性，又显酸性，其碱性略强于酸性。

3. 铝盐

(1) 氯化物

氯化铝（$AlCl_3$）是最重要的卤化铝，为无色或浅黄色晶体，能溶于几乎所有的有机溶剂。氯化铝在水中强烈水解，因此无水 $AlCl_3$ 只能用干法制取：

$$2Al + 3Cl_2 \xrightarrow{\triangle} 2AlCl_3$$

$$Al_2O_3 + 3C + 3Cl_2 \xrightarrow{\triangle} 2AlCl_3 + 3CO$$

无水 $AlCl_3$ 最重要的工业用途是作为石油化工和有机合成的催化剂。

(2) 硫酸铝

无水硫酸铝 $Al_2(SO_4)_3$ 为白色粉末，可通过纯氢氧化铝与浓硫酸的共

小贴士：

氢氧化铝作为阻燃剂的原理：氢氧化铝受热分解时释放出结晶水，该过程为强吸热反应，吸收大量的热量，可起到冷却聚合物的作用，同时反应产生的水蒸气可稀释可燃气体，抑制燃烧的蔓延。

热制取：
$$2Al(OH)_3 + 3H_2SO_4 \longrightarrow Al_2(SO_4)_3 + 6H_2O$$

常温下，析出的白色针状结晶为 $Al_2(SO_4)_3 \cdot 18H_2O$，受热可逐渐失去结晶水。

硫酸铝易溶于水，发生水解而呈酸性：
$$Al^{3+} + H_2O \rightleftharpoons [Al(OH)]^{2+} + H^+$$

硫酸铝容易与碱金属（锂除外）或铵的硫酸盐结合形成复盐，称为矾。如铝钾矾 $K_2SO_4 \cdot Al_2(SO_4)_3 \cdot 24H_2O$，俗称明矾，广泛应用于水的净化、食品的膨化等。

明矾

 拓展知识链：食品安全——含铝泡打粉的危害

> 泡打粉是一种化学复合疏松剂，馒头、包子、面包等面食添加泡打粉后，能够快速发泡，变得膨松，因此其被作为食品添加剂广泛使用。市面上复合泡打粉的主要成分是明矾和铵明矾，而明矾中含有铝。含铝物质如沉积在骨骼中，可使骨组织密度增加，骨质变得疏松；如沉积在大脑中，可使脑组织发生器质性病变，导致记忆力衰退，甚至痴呆；如沉积于皮肤，会导致皮肤弹性降低，皱纹增多。
>
> 铝属于人体非必需的微量元素，摄入过多会对人体造成危害。联合国粮农组织和世界卫生组织食品添加剂联合专家委员会将铝的暂定每周耐受摄入量确定为每周每千克体重 2 毫克。

第二节　重金属元素

一、重金属元素概述

重金属原义是指密度大于 $4.5g/cm^3$ 的金属，环境污染方面所说的重金属主要指汞（水银）、镉、铅、铬以及类金属砷等生物毒性显著的重元素。

在这些元素中，除了铜、锌等是生命活动所需要的微量元素，其他大部分重金属（如汞、铅、镉等）并非生命活动所必需的，超过一定浓度都会对人体以及环境造成危害。

在人体内重金属能和蛋白质等发生强烈的相互作用，使它们失去活性，也可能在人体的某些器官中累积，造成慢性中毒。

环境中的重金属污染主要包括大气、水体和土壤三个体系。大气中的重金属大部分来自化石燃料的燃烧和金属的冶炼，可以通过呼吸作用随气体进入人体，也可以沿食物链通过消化系统被人体吸收，对人健康的危害极大。水体中的重金属主要来自工矿业废水、生活污水土壤重金属污染较多源自人为作用，如金属矿床开发，城市化，固体废物堆积，化肥、农药的施用及污水灌溉等过程。积累在土壤中的重金属可以通过淋溶作用进入水体，也可以通过种植等农业活动进入农作物，进而对人类造成危害。

重金属对人体的毒害程度取决于剂量、作用时间、多种因素的联合作用、化学状态以及个体敏感性等因素。重金属元素通过呼吸道、消化道和皮肤等途径进入人体，如果在人体内产生积累，将对人体新陈代谢及正常的生理作用产生明显损害，并抑制人体正常生理作用的发挥。

本节主要介绍铅、汞、镉三种元素及其化合物的性质、应用及对人体健康的影响。

二、铅及其化合物

（一）铅

1. 铅的物理性质及制备

铅属于ⅣA族元素，也称为碳族元素。铅占地壳总量的0.0016%，自然界中铅的主要矿石是方铅矿（PbS）。铅的冶炼包括先焙烧矿石，除去其中的硫、砷等杂质，将硫化物转化为氧化物，之后用碳还原制取金属单质。

铅块

铅原本为青白色，但接触空气后很快形成一层暗灰色的氧化物薄膜。铅的质地柔软，有延展性，熔点低，耐蚀性高，X射线和γ射线等不易穿透的特点。常用于制造铅砖或铅衣以防护X射线及其他射线。

 拓展知识链：放射防护服——铅衣

> 铅的原子序数高，核外电子多，光电效应和康普顿散射概率大，加之密度相对较高，而材料成本相对不高，是屏蔽X射线和γ射线的首选材料。
>
> 铅衣是一种由铅粉制成的特殊防护服，它可以通过屏蔽射线，将患者在做身体检查时的伤害降到最低，国家要求进行放射检查时，必须对非检查部位（尤其是性腺、甲状腺）进行屏蔽保护。

2. 铅的化学性质

铅是中等活泼金属，常温下，其与空气中的氧反应生成氧化铅。铅在空气中还可以与水缓慢作用；铅与浓硫酸强烈反应，生成酸式盐$Pb(HSO_4)_2$，与稀盐酸和稀硫酸则反应缓慢。铅与碱也能反应，释放出氢气：

$$Pb + 4KOH + 2H_2O \longrightarrow K_4[Pb(OH)_6] + H_2 \uparrow$$

（二）铅的化合物

1. 铅的氧化物和氢氧化物

铅的氧化物及其氢氧化物都具有两性，在酸性介质中，PbO_2是一种很强的氧化剂，能将Mn^{3+}氧化成紫色的MnO_4^-：

$$2Mn^{2+} + 5PbO_2 + 4H^+ \longrightarrow 2MnO_4^- + 5Pb^{2+} + 2H_2O$$

2. 铅盐

(1) 卤化铅

卤化铅中 PbF_2 是无色晶体，$PbCl_2$ 和 $PbBr_2$ 是白色晶体，PbI_2 为金黄色晶体。$PbCl_2$ 难溶于冷水，易溶于热水，在浓盐酸中可形成配合物：

$$PbCl_2 + 2HCl(浓) \longrightarrow H_2[PbCl_4]$$

卤化铅中 PbI_2 的溶解度最小，但它能溶于热水，或通过生成配合物而溶解于 KI 溶液。

$$PbI_2 + 2KI \longrightarrow K_2[PbI_4]$$

在四卤化铅中，$PbCl_4$ 为黄色液体，极不稳定，容易分解为 $PbCl_2$ 和 Cl_2。$PbBr_4$ 和 PbI_4 都不稳定，可迅速分解。

(2) 硫酸铅

硫酸铅 ($PbSO_4$) 难溶于水，易溶于浓硫酸和饱和醋酸铵溶液。

$$PbSO_4 + H_2SO_4(浓) \longrightarrow Pb(HSO_4)_2$$

$$PbSO_4 + 2Ac^- \longrightarrow Pb(Ac)_2 + SO_4^{2-}$$

(3) 铬酸铅

黄色的铬酸铅 ($PbCrO_4$) 可由 Pb^{2+} 与 CrO_4^{2-} 作用生成，该反应可用于鉴定 Pb^{2+} 或 CrO_4^{2-}。

$$Pb^{2+} + CrO_4^{2-} \longrightarrow PbCrO_4 \downarrow$$

(4) 硫化铅

PbS 为黑色沉淀，可通过 H_2S 与相应盐溶液 (Pb^{2+}) 的反应制得，该反应可用于检测剧毒的 H_2S 气体。

$$Pb(Ac)_2 + H_2S \longrightarrow PbS + 2HAc$$

PbS 不溶于稀盐酸，但可溶于浓盐酸和稀硝酸：

$$PbS + 4HCl(浓) \longrightarrow [PbCl_4]^{2-} + H_2S \uparrow + 2H^+$$

$$3PbS + 8H^+ + 2NO_3^- \longrightarrow 3Pb^{2+} + 3S \downarrow + 2NO \uparrow + 4H_2O$$

(三) 铅对人体健康的危害

在生产领域，铅及其化合物（不包括四乙基铅）中毒属于法定职业病，工业生产中其多因吸入铅烟或铅尘引发，以慢性中毒为主。初期感觉乏力，肌肉、关节酸痛，继之可出现腹隐痛、神经衰弱等症状。严重者可出现腹绞痛、贫血、肌无力和末梢神经炎，病情涉及神经系统、消化系统、造血系统及内脏。由于铅是蓄积性毒物，中毒后对人体造成长期影响。

金属汞

三、汞及其化合物

汞属于ⅡB族元素，该族包括锌（Zn）、镉（Cd）、汞（Hg）、镉（Cn），ⅡB族元素也称为锌族元素，其价层电子构型为 $(n-1)d^{10}ns^2$。汞常见的氧化数为+1、+2。

(一) 汞

1. 汞的物理性质及制备

汞俗称水银，是常温下唯一的液态金属。汞呈银白色，易挥发，有剧

视频扫一扫
码 6-5
汞的物理性质

毒。汞的相对密度大，受热时膨胀均匀，不润湿玻璃，常用来制作温度计、气压计等。

汞在自然界中主要以硫化物的形式存在，主要的天然矿石是朱砂（HgS）。单质汞可以通过朱砂与石灰共热，然后蒸馏进行制取。

$$HgS + O_2 \xrightarrow{\triangle} Hg + SO_2$$

$$4HgS + 4CaO \xrightarrow{\triangle} 4Hg + 3CaS + CaSO_4$$

2. 汞的化学性质

常温下汞很稳定，高温下（300℃）才能与空气中的氧化合，生成红色的氧化汞：

$$2Hg + O_2 \xrightarrow{300℃} 2HgO$$

加热时，汞可以与卤素反应，生成相应的卤化物：

$$Hg + Cl_2 \xrightarrow{\triangle} HgCl_2$$

常温下，汞可以与硫化合，生成 HgS：

$$Hg + S \longrightarrow HgS$$

小贴士：

利用汞与硫在室温下可以反应的特点，可以通过泼洒硫粉的方法处理泄漏在室内的汞，以消除汞蒸气的污染。

此外，汞能溶解多种金属，如金、银、锡、钠、钾等，形成合金，称为汞齐。汞齐常用作还原剂、催化剂以及用于薄层金属的沉积、分析中的金属分离等。

（二）汞的化合物

汞能形成氧化数为+1、+2 的化合物，+1 价的汞化合物称为亚汞化合物。汞的化合物大多难溶于水。

1. 汞的氧化物

氧化汞（HgO）有红色和黄色两种晶型，其都不溶于水。

在汞盐中加入碱，可得到黄色的 HgO 沉淀：

$$Hg^{2+} + 2OH^- \longrightarrow HgO\downarrow + H_2O$$
（黄色）

红色的 HgO 可由硝酸汞受热分解制取：

$$2Hg(NO_3)_2 \xrightarrow{\triangle} 2HgO\downarrow + 4NO_2\uparrow + O_2\uparrow$$
（红色）

氧化汞加热到 500℃ 时，分解为汞和氧气。

氧化汞是许多汞盐制备的原料。

2. 汞的氯化物

（1）氯化汞

氯化汞（$HgCl_2$）为白色针状结晶，熔点较低（280℃），易升华，也称为升汞。

$HgCl_2$ 可在过量的氯气中加热金属汞制备。

$HgCl_2$ 与稀氨水反应生成白色的氯化氨基汞沉淀：

$$HgCl_2 + 2NH_3 \longrightarrow Hg(NH_2)Cl\downarrow + NH_4Cl$$
（白色）

$HgCl_2$ 在酸性溶液中是较强的氧化剂，与适量的 $SnCl_2$ 反应生成白色 Hg_2Cl_2：

$$2HgCl_2 + SnCl_2 \longrightarrow \underset{(白色)}{Hg_2Cl_2} + SnCl_4$$

如果 $SnCl_2$ 过量，则 Hg_2Cl_2 将进一步被还原为黑色的金属汞：

$$Hg_2Cl_2 + SnCl_2 \longrightarrow \underset{(黑色)}{2Hg} + SnCl_4$$

分析化学中常用上述反应鉴定 Hg（Ⅱ）或 Sn（Ⅱ）。

(2) 氯化亚汞

氯化亚汞（Hg_2Cl_2）为白色粉末，难溶于水，少量无毒。Hg_2Cl_2 味略甜，俗称甘汞。

将金属汞和 $HgCl_2$ 固体一起研磨，可制取 Hg_2Cl_2：

$$Hg + HgCl_2 \longrightarrow Hg_2Cl_2$$

Hg_2Cl_2 不稳定，见光易分解，因此 Hg_2Cl_2 应注意避光保存。

$$Hg_2Cl_2 \xrightarrow{光照} HgCl_2 + Hg$$

Hg_2Cl_2 与氨反应，生成白色的氯化氨基汞和黑色的金属汞微粒，因此溶液显灰黑色。

$$Hg_2Cl_2 + 2NH_3 \longrightarrow \underset{(白色)}{Hg(NH_2)Cl} + \underset{(黑色)}{Hg} + NH_4Cl$$

上述反应可用于鉴定 Hg。

> **小贴士：**
> $HgCl_2$ 的稀溶液有杀菌作用，外科用作消毒剂，其也用作有机反应的催化剂。
> Hg_2Cl_2 在医药上用作泻剂和利尿剂。

思考与讨论

> 如何利用化学反应区分 Hg（Ⅰ）和 Hg（Ⅱ）？

3. 汞的硝酸盐

硝酸汞 [$Hg(NO_3)_2$] 和硝酸亚汞 [$Hg_2(NO_3)_2$] 都溶于水，并水解生成碱式盐沉淀。

$$Hg(NO_3)_2 + H_2O \longrightarrow Hg(OH)NO_3 \downarrow + HNO_3$$
$$Hg_2(NO_3)_2 + H_2O \longrightarrow Hg_2(OH)NO_3 \downarrow + HNO_3$$

在 $Hg(NO_3)_2$ 溶液中加入金属汞振荡，可得到 $Hg_2(NO_3)_2$：

$$Hg(NO_3)_2 + Hg \longrightarrow Hg_2(NO_3)_2$$

硝酸汞和硝酸亚汞受热时都可以分解，生成氧化汞：

$$2Hg(NO_3)_2 \xrightarrow{\triangle} 2HgO + 4NO_2 + O_2$$
$$Hg_2(NO_3)_2 \xrightarrow{\triangle} 2HgO + 2NO_2$$

在 $Hg(NO_3)_2$ 溶液中加入 KI 生成橘红色 HgI_2 沉淀，随后如继续加入 KI 溶液，橘红色沉淀消失，形成无色 $[HgI_4]^{2-}$：

$$Hg^{2+} + 2I^- \longrightarrow \underset{(橘红色)}{HgI_2 \downarrow}$$

$$HgI_2 + 2I^- \longrightarrow [HgI_4]^{2-}$$
$$\text{(无色)}$$

相似地,在 $Hg_2(NO_3)_2$ 溶液中加入 KI 生成浅绿色 Hg_2I_2 沉淀,继续加入 KI 溶液,形成无色 $[HgI_4]^{2-}$,并析出汞:

$$Hg_2^{2+} + 2I^- \longrightarrow Hg_2I_2 \downarrow$$
$$\text{(浅绿色)}$$
$$Hg_2I_2 + 2I^- \longrightarrow [HgI_4]^{2-} + Hg \downarrow$$

4. 汞的其他化合物

Hg(Ⅱ)容易和卤素离子(Cl^-、Br^-、I^-)、氰根(CN^-)等形成一系列的配合物,而 Hg(Ⅰ)不易形成配合物。

此外,汞还能形成许多稳定的有机化合物,如甲基汞 $Hg(CH_3)_2$、乙基汞 $Hg(C_2H_5)_2$ 等。这些化合物较易挥发,且毒性较大,在空气和水中都比较稳定,容易累积。

(三)汞对人体健康的危害

汞在自然或人工条件下均能以单质或汞的化合物两种形态存在,单质汞即元素汞,亦称金属汞。金属汞中毒常由汞蒸气引起,由于汞蒸气具有高度的扩散性和较大的脂溶性,可通过呼吸道进入肺泡,经血液循环运至全身。血液中的金属汞进入脑组织后,被氧化成汞离子,逐渐在脑组织中积累,达到一定量时就会对脑组织造成损害;另外一部分汞离子转移到肾脏。

在生产领域,汞及其化合物中毒属于法定职业病。生产过程中金属汞主要以蒸气状态经呼吸道进入人体。可引起急性和慢性中毒。急性中毒多由意外事故造成大量汞蒸气散逸引起,发病急,有头晕、乏力、发热、口腔炎症及腹痛、腹泻、食欲不振等症状。慢性中毒较为常见,最早出现神经衰弱综合征,表现为易兴奋、激动、情绪不稳定。汞毒性震颤为典型症状,严重时发展为意向性震颤并波及全身。少数患者出现口腔炎、肾脏及肝脏损害。

四、镉及其化合物

(一)镉

小贴士:

镉主要用于铁、铜、钢等金属的电镀,以增强对碱性物质的防腐蚀能力。镉还可用于制造电池,此外银、铟、镉的合金可用作原子反应堆的控制棒和屏障。镉的化合物大量用于生产颜料、荧光粉等。

镉属于锌族元素,其常见的氧化数为+1、+2。

1. 镉的物理性质及制备

镉为银白色金属,略带蓝白色,密度为 $8.64g/cm^3$,熔点为 320℃。镉在自然界中主要以硫镉矿形式存在,也有少量存在于锌矿中。

镉是锌矿冶炼过程中的副产品,在炼锌时同时被还原出来,经分馏提纯。

2. 镉的化学性质

镉在空气中生成一层氧化薄膜,可以起到防止其被进一步氧化的作用:

$$2Cd + O_2 \longrightarrow 2CdO$$

在加热条件下,镉可以与硫、卤素等非金属反应:

$$Cd + S \xrightarrow{\triangle} CdS$$
$$Cd + Cl_2 \xrightarrow{\triangle} CdCl_2$$

镉在稀硫酸或稀盐酸中缓慢反应，放出氢气：
$$Cd + 2HCl \longrightarrow CdCl_2 + H_2 \uparrow$$
镉与碱不反应。

（二）镉的化合物

1. 镉的氧化物

镉在空气中燃烧生成氧化镉（CdO）。氧化镉的颜色会因制备方法不同而异。CdO 不分解，但可以升华。

2. 镉的氢氧化物

在镉盐溶液中加入 NaOH 可得到白色的 $Cd(OH)_2$ 沉淀。$Cd(OH)_2$ 可溶于酸，但不溶于碱。在氨水中可以形成配离子：
$$Cd(OH)_2 + 4NH_3 \longrightarrow [Cd(NH_3)_4]^{2+} + 2OH^-$$

3. 镉盐

（1）**硫酸镉**

碳酸镉（$CdCO_3$）与稀硫酸反应，生成硫酸镉（$CdSO_4$）。硫酸镉通常以水合物的形式存在，如 $CdSO_4 \cdot 7H_2O$、$3CdSO_4 \cdot 8H_2O$、$CdSO_4 \cdot H_2O$ 等。在不同温度下，水合物之间可进行转化。例如：
$$3CdSO_4 \cdot 8H_2O \xrightleftharpoons{75℃} CdSO_4 \cdot H_2O \xrightleftharpoons{105℃} CdSO_4$$

（三）镉对人体健康的危害

在自然界中，镉常与锌、铅等共生，当环境受到镉污染后，镉可在生物体内富集，通过食物链进入人体，引起慢性中毒。镉被人体吸收后，在体内形成镉蛋白。镉选择性地蓄积于肾、肝，影响肝、肾器官中酶系统的正常功能。其中肾脏可吸收进入体内近 1/3 的镉，是镉中毒的"靶器官"。其他脏器（如脾、胰、甲状腺）和毛发等也有一定量的蓄积。骨质疏松症是镉中毒的典型症状。20 世纪 50 年代发生在日本四日市的"痛痛病"的根源就是镉污染水体。

在生产领域，镉及其化合物中毒属于法定职业病。生产过程中的镉中毒主要由吸入镉烟尘或镉化合物粉尘引起，一次大量吸入可引起急性肺炎和肺水肿；慢性中毒引起肺纤维化和肾脏病变。接触镉的工业有镉的冶炼、喷镀、焊接，浇铸轴承表面，镉蓄电池和其他镉化合物制造等。

第三节　放射性金属元素

一、放射性元素概述

放射性元素是能够自发地从不稳定的原子核内部释放出粒子或射线（如 α 射线、β 射线、γ 射线等），同时释放出能量，最终衰变形成稳定元素而停止放射的元素。这种性质称为放射性，这一过程叫作放射性衰变。

科学研究表明，宇宙中无时无刻不在散发着射线（来自宇宙空间的高能粒子流），这也就是人们常说的宇宙射线。地球作为宇宙中的一个星球，从诞生起时刻伴随着射线和放射性物质。常见的放射性元素有两类，一类是天然放射性元素，另一类是人工放射性元素。天然放射性元素是指那些最初是从自然界发现而不是由人工方法合成的放射性元素，主要包括钋（Po）、氡（Rn）、钫（Fr）、镭（Ra）、锕（Ac）、钍（Th）、镤（Pa）、铀（U）、镎（Np）、钚（Pu）。天然放射性元素的应用范围从早期的医学和钟表工业扩大到核动力、航空航天、考古等多个领域，其可用作核燃料、中子源、癌症治疗辐射源、有机反应催化剂等。

人工放射性元素是通过人工核反应合成的。合成的方式有：①反应堆中子辐照合成；②从辐照过的核燃料中提取；③用加速器加速粒子轰击合成；④热和爆炸合成。人工放射性元素主要包括锝（Tc）、钷（Pm）、镅（Am）、锔（Cm）、锫（Bk）、锎（Cf）、锿（Es）、镄（Fm）、钔（Md）、锘（No）、铹（Lr）、𬬻（Rf）、𬭊（Db）、𬭳（Sg）、𬭛（Bh）、𬭶（Hs）和𨭉（Mt）号元素。人工放射性元素可用作核电池原料（钷）、示踪原子（钷）、超导体（锝）等。

本节主要介绍铀和镭两种放射性元素的性质及其应用。

二、铀

（一）铀的主要性质

铀化学符号 U，原子序数 92，原子量 238.0289，属周期系 ⅢB 族，为锕系元素和天然放射性元素，是原子序数和相对原子量最大的天然元素。1789 年德国人 M.H. 克拉普罗特用硝酸处理沥青铀矿，得到铀的氧化物。1841 年法国人 E.M. 佩利若用金属钾还原四氟化铀，制得了金属铀。

铀矿石

铀在常温下是银白色的致密金属，熔点为 1132℃，沸点 3818℃，密度 19.05g/cm³。铀的化学性质活泼，在空气中生成致密的黑色氧化膜，可防止进一步的氧化。铀有 +3、+4、+5、+6 四种价态，以 +4 和 +6 价态为主。

铀是正电性很强的活泼元素，与几乎所有非金属元素（惰性气体除外）反应生成化合物，常以 U^{3+}、U^{4+}、UO_2^+ 和 UO_2^{2+} 离子形式存在。反应的温度和反应速度随铀的粒度不同而异。铀在室温空气或氧气中能自燃，细粒铀在水中亦能自燃。在一定条件下，铀氧化放出的能量可引起爆炸。铀粉尘的爆炸浓度下限为 55mg/dm³。

铀能与许多金属反应生成金属化合物。

（二）铀的应用

铀主要用作核燃料，在核反应堆中释放出巨大能量，碳化铀、氮化铀和硅化铀都是性能优越的核燃料。铀可用于发电，用作核武器以及潜艇、远洋货轮的动力装置。少量铀用于玻璃着色和陶瓷釉料。

三、镭

（一）镭的主要性质

镭化学符号 Ra，原子序数 88，原子量 226.0254，属周期系 ⅡA 族，为碱土金属和天然放射性元素。镭在自然界中以化合态存在，主要存在于多

金属镭

种矿物、土壤、矿泉水和海底淤泥中,且总量极少。

1898 年 M. 居里和 P. 居里从沥青铀矿提取铀后的矿渣中分离出溴化镭,1910 年他们又用电解氯化镭的方法制得了金属镭,它的英文名称来源于拉丁文 radius,含义是"射线"。除 ^{223}Ra、^{224}Ra、^{226}Ra、^{228}Ra 是天然放射性同位素外,其余都是用人工方法合成的。镭存在于所有的铀矿中,每 2.8t 铀矿中含 1g 镭。镭为银白色金属,熔点为 700℃,沸点低于 1140℃,密度约 5g/cm³。镭是最活泼的碱土金属,银白色有光泽的软金属。在空气中不稳定,易与空气中的氮气和氧气化合。

$$3Ra + N_2 \longrightarrow Ra_3N_2$$
$$2Ra + O_2 \longrightarrow 2RaO$$

镭与水作用放出氢气,生成氢氧化镭 $Ra(OH)_2$。

$$Ra + 2H_2O \longrightarrow Ra(OH)_2 + H_2 \uparrow$$

镭溶于稀酸。化学性质与钡十分相似;所有镭盐与相应的钡盐是同晶型的。镭的硫酸盐、碳酸盐、铬酸盐、碘酸盐微溶于水;镭的氯化物、溴化物、氢氧化物溶于水。

(二) 镭的应用

镭能放射出 α 和 γ 两种射线,并生成放射性气体氡。镭放出的射线能破坏、杀死细胞和细菌。因此,其常被用来治疗癌症等。此外,镭盐与铍粉的混合制剂可作中子放射源,用来探测石油资源、岩石组成等。

镭是原子弹的材料之一。老式的荧光涂料也含有少量的镭。中子轰击 ^{225}镭可以获取金属锕。

镭同位素用于寻找古河道中的铀。

拓展阅读:核辐射及其危害

放射性物质以波或微粒形式发射出的一种能量称为核辐射,核辐射主要包括 α、β、γ 三种射线。

α 射线是氦核,外照射穿透能力很弱,一张纸即可挡住,但吸入人体的危害大。

β 射线是电子流,照射皮肤后会导致烧伤。α 和 β 射线由于穿透力小,影响距离比较近,因此只要辐射源不进入体内,影响就不会太大。

γ 射线的穿透力很强,是一种波长很短的电磁波。γ 射线和 X 射线相似,能穿透人体和建筑物,危害距离远。一般宇宙、自然界产生的放射性物质的危害都不太大,只有核爆炸和核电站事故泄漏的放射性物质才能大范围地导致人员伤亡。

例如苏联的切尔诺贝利核电站事故和日本福岛县的福岛第一核电站事故。

知识框架

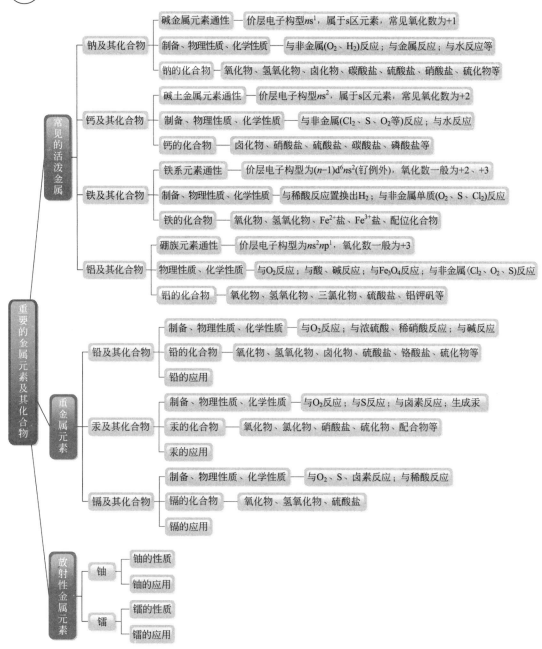

课后习题

一、填空题

1. 碱金属的价电子易受光激发而电离，在火焰中加热显现出不同的_____，称为_____。

2. 钠和水反应生成_____和_____，该反应剧烈，容易引起燃烧和爆炸。因此钠一般需储存于_____或_____中。

3. Ca(OH)$_2$ 与二氧化碳反应生成难溶于水的_____，该反应可用于检验是否有 CO$_2$。

4. 钢和铸铁都称为铁碳合金，一般含碳_____的称为钢，含碳大于_____的称为铸铁。为了改善钢的性质，还会在钢中加入一定量的___、___、___、___等元素，这种钢称为合金钢。

5. CrCl$_3$ 溶液与氨水反应生成_____色的_____，该产物与 NaOH 溶液作用生成_____色的_____。

二、选择题

1. 将 H$_2$S 通入下列离子的溶液中，无硫化物沉淀生成的是（   ）。
   A. Mn^{2+} B. Fe^{2+} C. Ni^{2+} D. [Ag(NH$_3$)$_2$]$^+$

2. 下列关于氢氧化铝的说法错误的是（   ）。
   A. 既显酸性，又显碱性
   B. 碱性略大于酸性
   C. 只显碱性
   D. 为白色凝胶状沉淀

3. 下列物质不易被空气中的 O$_2$ 氧化的是（   ）。
   A. Mn(OH)$_2$ B. Ni(OH)$_2$ C. Fe^{2+} D. [Co(NH$_3$)$_6$]$^{2+}$

4. 常温下唯一的液态金属是（   ）。
   A. 溴   B. 汞   C. 钠   D. 钾

5. Hg$_2$Cl$_2$ 与氨反应时的现象是（   ）。
   A. 释放出气体
   B. 沉淀显黑色
   C. 沉淀显白色
   D. 沉淀显灰黑色

6. 碳酸氢钠加热到 50℃ 以上开始逐渐分解，下列不属于其分解产物的是（   ）。
   A. Na$_2$CO$_3$ B. H$_2$ C. CO$_2$ D. H$_2$O

7. 下列金属与相应的盐可以发生反应的是（   ）。
   A. Fe 和 Fe^{2+} B. Cu 和 Cu^{2+} C. Hg 和 Hg^{2+} D. Zn 和 Zn^{2+}

三、完成下列反应式

1. SiO$_2$ + Na$_2$CO$_3$ $\xrightarrow{\triangle}$

2. NH$_4$HCO$_3$ $\xrightarrow{\triangle}$

3. 2H$_2$S + O$_2$ $\longrightarrow$

4. Pb(Ac)$_2$ + H$_2$S $\longrightarrow$

5. AgNO$_3$ + NaOH $\longrightarrow$

四、鉴别下列各组化合物

1. Na$_2$CO$_3$、NaHCO$_3$、NaOH

2. CaSO$_4$、CaCO$_3$

3. PbCl$_2$、PbCl$_4$

五、简答题

1. 结合反应式解释为什么 NaOH 溶液不能储存于玻璃器皿中。

2. 固体 NaOH 中常含有 Na_2CO_3，如何用最简单的方法检验 Na_2CO_3 是否存在，并设法去除。

3. 简述为什么过渡元素具有多种氧化数。

六、某金属 A 与水激烈反应，生成碱性的产物 B。B 与溶液 C 反应得到溶液 D，D 在无色火焰中燃烧呈黄色。将 $AgNO_3$ 溶液加入到 D 中生成白色沉淀 E，E 可溶于氨水。一种黄色粉末状物质 F 与 A 反应生成 G，G 溶于水生成 B。F 溶于水则得到 B 和 H 的混合溶液。试确定化合物 A～H 的分子式，并写出有关反应方程式。

实训建议

本章可选择性开展钠、钙、铁、铝、汞及其重要化合物的性质实验、硫酸亚铁铵的制备、硫代硫酸钠的制备等，有助于学生了解金属常见氧化态间的相互转化及转化条件，掌握 Fe(Ⅱ) 还原性和 Fe(Ⅲ) 的氧化性，熟悉 Hg^{2+} 的氧化性及其与氢氧化钠、氨水、碘化钾的反应等，熟悉无机化合物的制备、纯化及固体的干燥技术等。

第七章
有机化学概述

知识目标：1. 了解有机化合物的特点及分类；
2. 理解共价键的成键特点及类型；
3. 了解有机化合物的反应类型。

能力目标：1. 能够用构造式和结构简式表示有机化合物；
2. 能够辨别常见官能团并对有机化合物进行分类。

本章总览：有机化学是化学的一个重要分支，是研究有机化合物结构、理化性质、合成方法、应用以及它们之间的相关转变和内在联系的科学。有机化合物大量存在于自然界且与人们的日常生活息息相关，如粮、油、糖、棉、麻、毛、丝、木材、农药、塑料、橡胶、染料、香料、医药、石油、天然气等物质，其主要成分大多是有机化合物。而生物体本身也是一个"有机化工厂"，体内的代谢过程和生物的遗传现象等，都涉及有机化学反应。本章将介绍有机化学的起源与发展，碳原子的成键特性，有机化合物的特性、分类以及反应类型等。通过本章的学习，人们能够对有机化学及有机化合物具备基本的了解。

第一节　有机化学的起源与发展

小贴士：
生命力学说

在有机化学发展的前期，有机物只能从动植物体获得。如1769 年从葡萄汁中取得纯的酒石酸；1773 年从尿中取得尿素；1780 年从酸奶中取得乳酸；1805 年从鸦片中取得吗啡等。因此，人们当时普遍认为有

有机化学（organic chemistry）作为一门学科是在19 世纪中叶形成的。早期人们认为有机化合物只能由动植物等有机体产生，而且都与生命活动有关系，因而这些化合物与从无生命的矿物质中得到的物质不同，被认为是"有机"的。有机一词来源于有机体，即"有生机的物质"，以区别于矿物质等无机物。

1828 年，德国化学家维勒（F. Wöhler）在实验室通过氨和氰酸的反应得到了当时被公认为是有机物的尿素，使有机化合物的涵义发生了根本的变化。

$$NH_3 + NOCN \longrightarrow NH_4OCN \xrightarrow{加热} (NH_2)_2CO$$

接着，又有一些有机物被人工合成出来。德国化学家柯尔柏（H. Kolbe）在 1845 年合成出醋酸，1854 年法国化学家贝特洛（M. Berthelot）合成了油脂等。这些都证明了人工合成有机物是完全有可能的，从而彻底颠覆了生命力学说，有机化学进入了合成时代。

由于有机化合物都含有碳和氢这两种元素，有时还含有氧、氮、硫和卤素等元素，因此有机化合物就是指碳氢化合物和它们的衍生物。衍生物是指化合物中的某个原子或基团被其他原子或基团取代后衍生出来的那些化合物。但是，有些简单的含碳化合物，如二氧化碳、碳酸、碳酸盐等，由于其结构和性质与一般无机物相似，习惯上将它们归入无机化合物。

20世纪以来，以煤焦油和石油为主要原料的有机化学工业获得快速发展，生产出如燃料、橡胶、药物、塑料等有机化合物。如今，从人们的衣食住行到尖端科学技术的发展，再到经济建设和国防建设都离不开有机化学。同时，随着有机化学与其他学科的相互渗透与交叉，又逐步形成了一些新的学科，如金属有机化学、生物有机化学、超分子化学等。这些新学科、新技术将更有力地推动有机化学工业的发展，更好地服务于材料、能源、医学以及环境保护等方方面面。

机物是与生命现象密切相关的，是在生物体内一种特殊的、神秘的"生命力"作用下产生的，其只能从生物体内得到，不能人工合成。这就是生命力学说的观点。

第二节　有机化合物基础知识

一、碳原子的成键特性

1. 碳原子的化合价

碳元素位于元素周期表第二周期第Ⅳ主族，核外电子数为6，电子排布式为$1s^22s^22p^2$，最外层有4个电子，因此在化学反应中它既不容易失去电子，也不容易得到电子，难以形成离子键，而是形成特有的共价键。通常碳原子通过共用4对电子来与其他原子相结合，显然它的最高共价数为4。

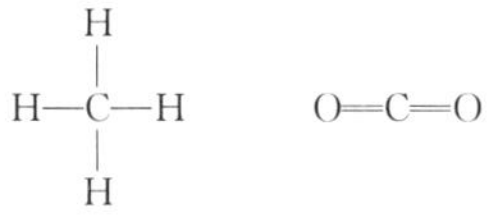

小贴士：

什么是超分子化学？

超分子化学是化学与生物学、物理学、材料科学、信息科学和环境科学等多门学科交叉构成的科学。它研究由多个分子间作用力（如静电引力、氢键、范德华力等）结合而成的分子整体的结构与功能。

$$\begin{array}{c} \text{H} \\ | \\ \text{H}-\text{C}-\text{H} \\ | \\ \text{H} \end{array} \qquad \text{O}=\text{C}=\text{O}$$

2. 共价键的种类

价键法认为，共价键的形成可以看成是原子轨道重叠的结果，重叠的程度越大，所形成的共价键就越牢固。

根据原子轨道重叠方式的不同，共价键分为两种不同的类型，即σ键和π键。当成键的两个原子沿键轴的方向发生轨道的相互重叠，电子云以键轴为轴呈圆柱形分布时，形成的共价键叫作σ键（图7-1）。σ键的成键电子云沿键轴旋转任何角度时，电子云的重叠都不会发生任何变化，因此σ键可以自由旋转。

小贴士：

人们可以将σ键的成键方式形象地称为"头碰头"重叠，而π键则是"肩并肩"重叠。

图7-1　σ键电子云的重叠形式

当两个相互平行的p轨道从侧面相互重叠时，重叠的部分不呈圆柱形对称分布，而是沿键轴分为上下两部分，这样的共价键叫作π键（图7-2）。π键不能自由旋转，否则会破坏p轨道的侧面重叠而导致π键的断裂。

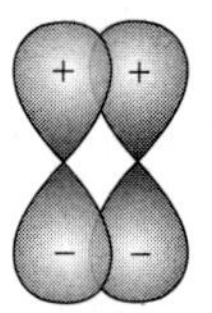

由于成键的方式不同，σ键的轨道重叠程度较大，而π键的轨道重叠程度较小，因此σ键的键能更大，也更为稳定。

码 7-1 σ键和π键的形成

图 7-2　π键电子云的重叠形式

二、有机化合物的表示方法

1. 构造式

构造式又叫结构式，就是用元素符号和短线表示化合物或单质分子中原子排列和结合方式的式子。将原子与原子用短线相连来代表共价键，一条短线代表一个共价键。当原子与原子之间以双键或三键相连时，则用两条或三条短线相连。

$$C-H \qquad C=C \qquad C\equiv N$$

构造式可以较为完整地表示出有机化合物的分子组成。

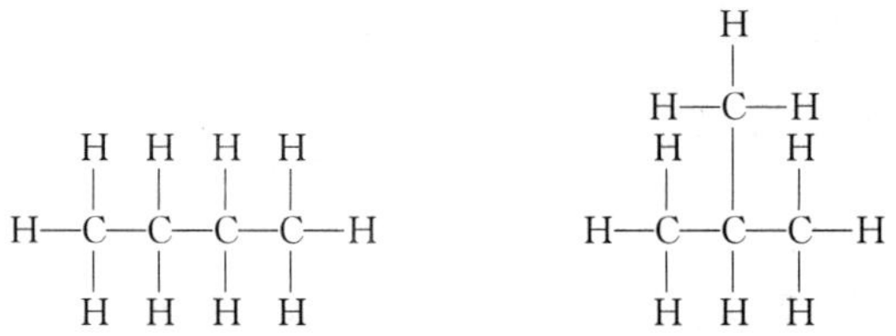

2. 结构简式

想一想：
不同的有机化合物表示方式各有什么特点？又适用于什么不同的情况呢？

在构造式的基础上，省略碳原子或其他原子与氢原子之间的短线，即可得到结构简式。例如，上面的化合物也可以表示为：

$$CH_3CH_2CH_2CH_3 \qquad CH_3CHCH_3 \atop |CH_3$$

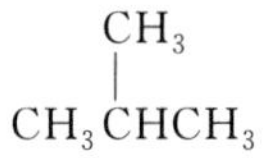

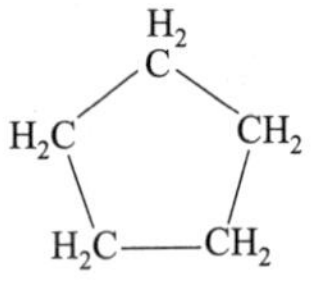

但是碳-碳双键、碳-碳三键、大多数环不能省略。碳-氧双键可省略，比如甲醛 HCHO。多个重复单位可以合并同类项，如上式左边的结构可表示为 $CH_3(CH_2)_2CH_3$。

结构简式也能反映出有机化合物的分子组成、原子间的连接顺序以及连接方式等，同时其更为简便。所以人们通常采用结构简式表示有机化合物的分子结构。

3. 键线式

键线式只用键线来表示碳的骨架。实际中两根单键之间的夹角以及一根双键和一根单键之间的夹角在构图中均画成120°。一根单键和一根三键之间的夹角画成180°。分子中的碳-氢键、碳原子及与碳原子相连的氢原子均省略，而其他杂原子及与杂原子相连的氢原子须保留。每个端点和拐角都代表一个碳。用这种方式表示的结构式为键线式。

结构简式　$CH_3CH_2CH_3$　　$H_2C\begin{smallmatrix}CH_2\\C\\\end{smallmatrix}CH_2 \atop H_2C-CH_2$　　$CH_3CH_2CH_2C\equiv N$

键线式

三、碳原子的连接形式

1. 碳原子连接形式概述

碳原子的连接形式是多种多样的，既可以是碳原子与其他原子相互连接，也可以是碳原子与碳原子之间相互连接；可以连接成链状，也可以连接成环状；碳原子之间可以单键连接，也可以双键、三键的形式相互连接形成有机化合物。

2. 同分异构现象

构成有机化合物的元素种类并不多，有机化合物的数量却如此巨大。究其原因，一方面是由于有机物中含有的碳原子数不同，另一方面是由于有机物中原子的连接顺序或成键方式不同。

在有机化合物中有一种现象，同一个化学式可以代表许多构造完全不同的化合物。例如，化学式为 C_3H_8O 的有机化合物就可以表示丙醇和甲乙醚这两种不同的化合物。

$$H_3C-CH_2-CH_2-OH \qquad CH_3-O-CH_2CH_3$$

丙酮（属于醇）　　　　　　甲乙醚（属于醚）

又如，同样是 C_5H_{12} 的分子式，可以表示正戊烷、异戊烷或者新戊烷。

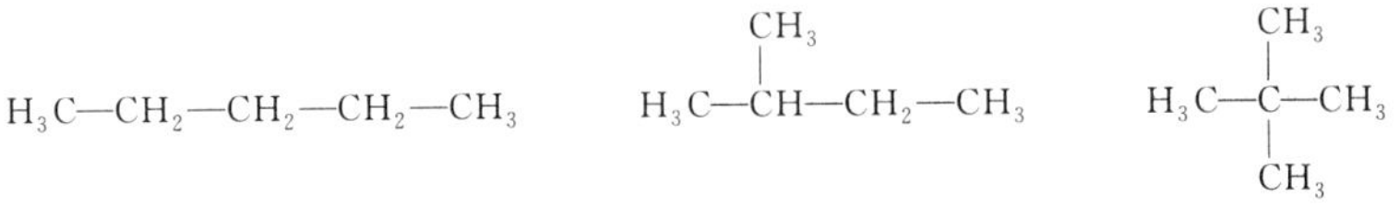

$$H_3C-CH_2-CH_2-CH_2-CH_3 \qquad H_3C-CH-CH_2-CH_3 \atop CH_3 \qquad H_3C-\underset{CH_3}{\overset{CH_3}{\underset{|}{\overset{|}{C}}}}-CH_3$$

正戊烷　　　　　　　异戊烷　　　　　　新戊烷

像这种分子式相同但分子构造和性质不同的化合物叫作同分异构体，简称异构体；这种现象叫作同分异构现象。有机化合物含有的碳原子和原子种类越多，它的异构体也就越多。例如，庚烷的异构体有 9 个，辛烷有 18 个，癸烷 75 个，十五烷 4374 个，而二十烷则有 366319 个。正是因为同分异构现象的存在，有机化合物的数量才如此巨大。

3. 同分异构的种类

异构现象的存在表明同一个分子式可以代表不同的化合物，所以在表示有机化合物时应注意，不能简单用分子式而应用构造式。

同分异构可以分为构造异构和立体异构两大类：

① 构造异构：分子中由原子互相连接方式和次序不同而产生的同分异构体，它又可以分为下面三种类型。

碳链异构：由碳原子骨架连接方式不同而产生的异构现象，如正丁烷

小贴士：

根据国际纯粹与应用化学联合会（IUPAC）的建议，分子中原子互相连接的次序和方式称为构造。以往也称结构，但根据 IUPAC 的建议，结构一词有更严格和普遍的意义，例如晶体结构、物质结构等，而分子的结构，应该包括构造、构型和构象三大要素。这些化学专业名词有专门的定义和应用范围，人们应遵循并掌握。

和异丁烷。

官能团位置异构：由官能团在碳链或碳环上位置不同而产生的异构，如 1-氯丙烷和 2-氯丙烷。

官能团异构：官能团种类不同而产生的异构，如乙醇和甲醚。

② 立体异构：

分子的构造相同，但由分子中原子在空间的排列方式不同而产生的同分异构体。它又可以分为构象异构和构型异构两种。

构象异构：通过单键的旋转或环的翻转而造成的原子在空间的不同排列方式，例如乙烷的重叠式和交叉式、环己烷的椅式和船式等。

构型异构：构型也是指有某种构造的分子中的原子在空间的不同排列状况，但不同构型之间需要通过断键和再成键才能完成转化。构型异构又分为顺反异构和光学异构两种。

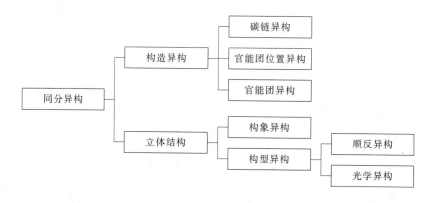

课堂活动：

大家可以列举出厨房里的常见有机物和无机物吗？你是如何判断的呢？

 课堂练习

> 将下列化合物的结构简式转化为键线式或者将键线式转换为结构简式。
>
> $CH_3-CH_2-CH-CH-CH_2-CH_3$
> $\quad\quad\quad\quad|\quad\ |$
> $\quad\quad\quad CH_3\ CH_3$
>
> （环己烷） $CH_3CH_2C\equiv CH$

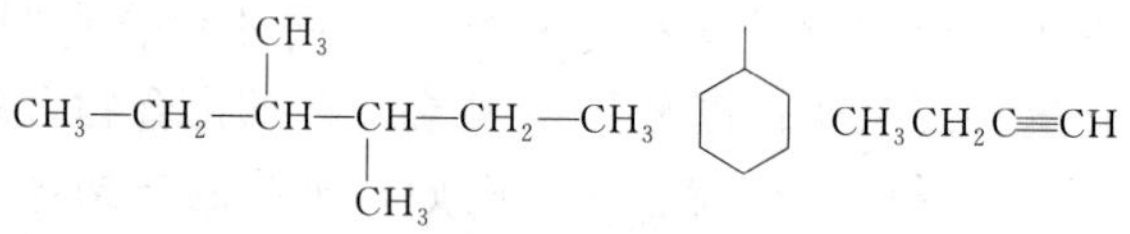

四、有机化合物的特性

1. 数目庞大、结构复杂

由于碳原子之间成键方式、连接方式以及连接顺序的不同，有机化合物数目众多。目前人类已知的有机化合物种类数目庞大，数量远远超过无机物。

2. 大多数都容易燃烧

由于有机化合物含有碳、氢等可燃元素，故绝大多数的有机化合物都可以燃烧。碳氢化合物还可以燃尽，最终产物为二氧化碳和水。有些有机化合物挥发性大，闪点低，在使用和贮运时要特别注意安全。相比之下，无机物不易燃烧，即使燃烧也不能燃尽。

3. 大多数熔点、沸点较低

大多数有机化合物在室温呈气态或液态，常温下呈固态的有机化合物，其熔点一般也很低（有机化合物的熔点一般在300℃以下，很少有超过400℃的）。而无机物的熔点一般很高。这是因为无机化合物的结晶是以离子为结构单位排列而成的，分子间靠的是强极性的静电引力，只有在极高的温度下，才能克服这种作用力。而有机化合物的组成单位是分子，其聚集状态主要依靠分子间力，它比无机物的离子间或原子间作用力要弱得多，导致固态有机物熔化或液态有机物汽化所需要的力也就较低，故熔、沸点较低。

小贴士：

在实验室中，人们通常采用灼烧法来初步判断有机物和无机物。将样品放置在坩埚上慢慢加热，大多数有机物会燃烧或者炭化变黑，最后通常会烧尽，不留残渣。大多数无机物不能燃烧，即使燃烧也不能烧尽，会留有残渣。

4. 大多数易溶于有机溶剂而不溶或难溶于水

通常化合物的溶解遵循相似相溶的原则。水是极性分子，对于强极性的无机物，水是很好的溶剂。有机化合物一般为非极性或弱极性，所以大多数有机化合物不溶或难溶于水，而易溶于有机溶剂。当然，也有一些有机化合物，如乙醇、乙酸等，因分子中含有极性较强的基团而可以溶于水。

5. 反应速率慢且副反应多

有机化合物之间的反应要经历旧共价键的断裂和新共价键的生成，而共价键不像无机物分子中的离子键那样容易解离，因此一般情况下有机化合物之间的反应速率较慢。为了加速反应，可以加热、搅拌、加入催化剂等手段促进反应的进行。此外，有机反应进行时，有机化合物分子的各个部位均会受到影响，这使得反应常常不是局限在某一特定部位。因此，有机反应产物多样化，且副反应多，产率较低。

6. 稳定性较差，加热时易分解

由于共价键的键能相比于无机物分子中的离子键要低很多，因此，其稳定性相对来说较差，加热时容易发生分解。

思考与讨论

人们在使用和贮运有机化合物时应注意什么？采用什么样的防范措施？

五、有机化合物的分类

有机化合物种类和数目繁多，因此需要一个完整的分类系统来阐明有机化合物的结构、性质以及它们之间的相互联系。结构相似的有机化合物在性质方面也相似。因此，人们可以根据有机化合物的结构特征对其进行分类。分类方法大体上有两种：按碳骨架分类和按官能团分类。

1. 按碳骨架分类

根据有机化合物中碳原子的连接方式以及组成碳骨架的原子可将有机

化合物分为两大类。

(1) 开链化合物

在开链化合物中,碳原子间或碳原子与其他原子之间连接成链状,碳链可以是直链,也可以带有支链。由于此类化合物最初是从动物的脂肪中得到的,所以又称为脂肪族化合物。

正己烷(直链)　　　　　3,4-二甲基正己烷(带支链)

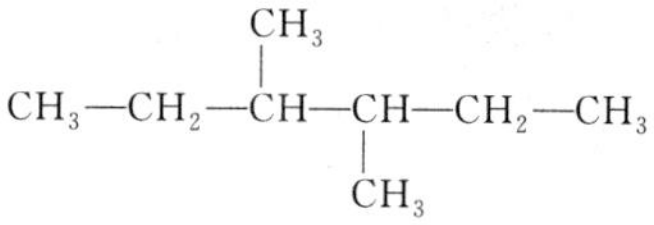

(2) 环状化合物

在环状化合物中,碳原子间或碳原子与其他原子之间连接成环状。环状化合物又可以依据组成环的原子或结构分成以下三类。

① 脂环化合物:从结构上可看作是开链化合物的碳链首尾相接,闭链成环。由于性质与脂肪族化合物相似,故称为脂环化合物。

小贴士:

芳香烃只是一个历史沿袭下来的名称,人们不能用化合物是否有香味来判断其是否属于芳香烃,而是要看其碳链连接的方式,详见第九章。

环己烷 　　环己烯　　环己醇

② 芳香族化合物:最初是从具有芳香气味的天然香树脂和香精油中提取出来的。这类化合物具有由碳原子连接而成的特殊环状结构,这种结构上的特殊性也导致它们具有一些与脂环化合物有较大区别的特殊性质。其共同特点是,分子中一般具有苯环结构。

苯 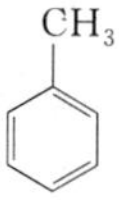　　　甲苯 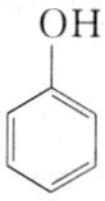　　　苯酚

③ 杂环化合物:也具有环状结构,但组成环的原子除了碳原子外,还有其他原子。这些原子称为杂原子,通常是指氧、硫、氮等原子。

呋喃　　　噻吩　　　吡啶

2. 按官能团分类

官能团指的是有机化合物分子中特别容易发生反应的一些原子或原子团,例如烯烃中的 C=C、炔烃中的 C≡C、卤代烃中的卤原子(—F、—Cl、—Br、—I)、醇中的羟基(—OH)等,这些原子、基团以及特征的化学结构决定了化合物的性质。含有相同官能团的有机物往往具有相似的化学性质,因此按所含有官能团的不同,可对有机化合物进行分类。

表 7-1 列出了一些常见的重要官能团。

表 7-1　常见的重要官能团

官能团	名称	物质类别	官能团	名称	物质类别
\C=C/	碳-碳双键	烯烃	\C=O	酮基	酮
—C≡C—	碳-碳三键	炔烃	—COOH	羧基	羧酸
—X(F, Cl, Br, I)	卤原子	卤代烃	—CN	氰基	腈
—OH	羟基	醇	—NO$_2$	硝基	硝基化合物
C—O—C	醚键	醚	—NH$_2$	氨基	胺
—C(=O)—H	醛基	醛	—SO$_3$H	磺酸基	磺酸

> **小贴士：**
> 自由基只能瞬间存在，是一种性质非常活泼的中间体。自由基型反应一般在光照、高温或者过氧化物存在下进行，多为链式反应，一旦发生，则迅速进行直至反应结束。

📖 课堂练习

> 指出下列化合物中所含有的官能团和化合物类别。
>
> H$_2$C=CHCN　　CH$_3$CH$_2$C≡CH　　CH$_3$CH$_2$CH$_2$I　　CH$_3$CHCH$_2$COOH
> 　　　　　　　　　　　　　　　　　　　　　　　　　　　　　|
> 　　　　　　　　　　　　　　　　　　　　　　　　　　　　　NH$_2$
>
> CH$_3$OCH$_2$CH$_3$　　—CH$_3$

💡 拓展阅读：生活中的有机化学

> 饮食：该领域中对有机化学的应用极为常见，例如：①纯碱发酵，借助发酵原理，利用纯碱提升馒头的松软效果，并增加其口感；②酒水制作，人们日常生活中饮用的酒，是以粮食、水果等为原料，经过一系列化学变化获得的；③烧水壶水垢处理，烧水壶在使用一段时间后，在其内部表层会出现水垢，要想去除这些白色水垢，可以借助有机化学原理，利用食醋，促使水垢产生化学反应，从而进行清除；④食品添加剂，人们日常饮食中经常会接触到食品添加剂，尤其是在零食中，如常见的饼干、火腿肠、方便面等食品，利用有机化学，在不影响人们身体健康质量的前提下，提高食品生产质量和存贮效果。
>
> 服装：人们生活中的必备物品，随着生活水平的提升，人们对服装也有了更多要求，这就促使人们利用有机化学，提供各种不同材质的布料，如棉质、绸质等。以棉质布料为例，这种布料的主要成分是纤维素，从化学方面来看，纤维素属于多糖分子，其中含有大量亲水基因，可以提高棉质材料吸水效果，还可提升棉质布料蓬松效果，带来极佳的舒适感。在使用有机化学时，通过控制布料的组成成分，可以产生不同布料质感，满足人们的不同需求。

出行：汽车是人们出行的重要工具，同时也是社会发展不可缺失的物品，而在使用中需要燃料的支撑。日常生活中，汽车通常以石油作为主要燃料，但石油是由不同碳氢化合物组成的，其包含硫、氮等化合物，影响着石油产品的质量。这就需要借助一定的手段，避免化合物出现在石油中，这种情况下有机化学的相关研究必不可少。

农业生产：在进行农业生产时，种子、化肥和农药都需要依托于有机化学。具体来说，首先，利用有机化学材料进行种子处理，一方面，可以提高种子的发芽率，为农业增产提供基础，另一方面，借助有机化学材料，可以在不损伤种子的前提下，减少种子本身病虫害，有助于提高其生长效果。其次，使用有机高效低毒农药，可以降低作物病虫害影响，并弱化药物污染。最后，使用有机化肥，既可以为作物提供更多的营养成分，又可以降低以往种植中的化学肥料污染严重的问题。

知识框架

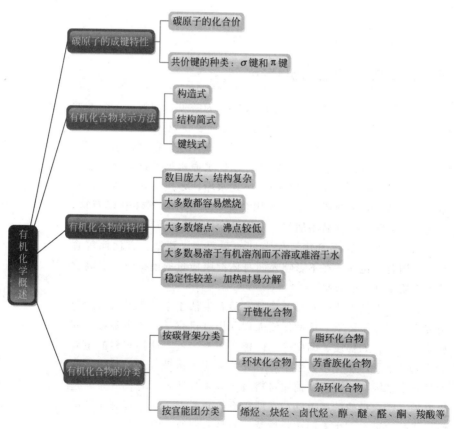

课后习题

1. 指出下列化合物哪些是无机物，哪些是有机物。
   (1) CH_3OH　　(2) $NaCl$　　(3) C_2H_5COOH　　(4) Na_2CO_3
   (5) CO_2　　(6) H_2NCONH_2　　(7) CCl_4　　(8) H_2CO_3

2. 指出下列化合物所含官能团的名称并与化合物类别进行连线（一个化合物可连多次）。

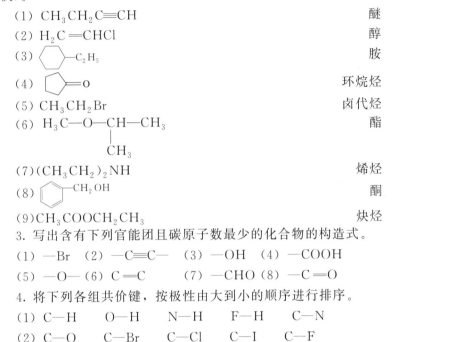

3. 写出含有下列官能团且碳原子数最少的化合物的构造式。
   (1) —Br　(2) —C≡C—　(3) —OH　(4) —COOH
   (5) —O—　(6) C=C　(7) —CHO　(8) —C=O

4. 将下列各组共价键，按极性由大到小的顺序进行排序。
   (1) C—H　　O—H　　N—H　　F—H　　C—N
   (2) C—O　　C—Br　　C—Cl　　C—I　　C—F

5. 指出下列化合物所含官能团名称和化合物类别。
   (1) $H_2C=CH-CH=CH_2$　(2) CH_3OCH_3　(3) ⌬—CHO　(4) $CH_3CH_2NH_2$
   (5) ⌬—COOH　(6) ⬡—OH　(7) ⌬—OH　(8) $H_2C=CHCN$

实训建议

本章主要为学生介绍有机化学的发展历程、有机化学的基础知识和发展方向等。建议将专题演讲、有机化学专业画图软件介绍、分子模型的搭建、有机实验室参观等活动作为实训项目。通过专题演讲、上机画图、动手操作、观看视频等方式激发学生对有机化学的学习兴趣，了解并掌握关于有机化学的基础知识。

第八章
脂肪烃

知识目标：1. 掌握脂肪烃的命名；
2. 理解 C—C、C═C、C≡C 的成键特点；
3. 掌握烷烃、烯烃、炔烃重要的化学性质及应用。

能力目标：1. 能对简单的脂肪烃进行命名或根据名称写出对应的结构式；
2. 能利用有机化合物性质上的差异鉴别常见的脂肪烃；
3. 能利用化学方程式表示常见脂肪烃的化学变化。

本章总览：分子中只含有碳和氢两种元素的化合物叫作碳氢化合物，简称烃。烃可以被看作有机化合物的母体，而其他有机化合物可以看作烃的衍生物。根据烃分子碳骨架的不同，烃可以分为链烃（脂肪烃）和环烃（脂环烃）。根据碳原子键成键的种类——单键、双键、三键，烃可分为烷烃、烯烃、炔烃。其中烷烃属于饱和烃，烯烃和炔烃属于不饱和烃。

第一节　烷烃

小贴士：

　　甲烷是最简单的有机物，是天然气、沼气和坑气的主要成分。甲烷主要用作燃料，广泛用于民用和工业中；它也是重要的化工原料，可以用来生产乙炔、氢气、合成氨等。

　　烷烃广泛存在于自然界中，其主要来源于石油、天然气和动植物体。烷烃可以作为燃料，同时也是生产涂料（图 8-1）、润滑剂（图 8-2）以及医用凡士林（图 8-3）的重要原料。

图 8-1　涂料

图 8-2　润滑剂

图 8-3　医用凡士林

　　石油中含烷烃的种类最多，通常由油田直接开采得到的原油是各种烃类的混合物，经分馏得到不同的馏分。再将不同馏分进行裂化、重整等二次加工得到高质量汽油、柴油等能源以及各种烯烃类和芳香烃类的化工原料。

一、烷烃的通式和结构

1. 烷烃的通式、同系列和同系物

烷烃是指碳原子之间以单键相连成链状,其余价键均与氢原子相连的化合物,例如,甲烷(CH_4)、乙烷(C_2H_6)、丙烷(C_3H_8)等,在饱和烷烃分子中,每增加一个碳原子,分子中要增加 2 个氢原子,故可用 C_nH_{2n+2} 表示烷烃的通式,n 表示碳原子的个数。一些饱和烷烃的名称和结构式见表 8-1。

表 8-1 一些饱和烷烃的名称和结构式

名称	分子式	结构简式	结构式	键线式
甲烷	CH_4	CH_4	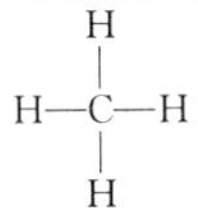 H−C(−H)(−H)−H	
乙烷	C_2H_6	CH_3CH_3	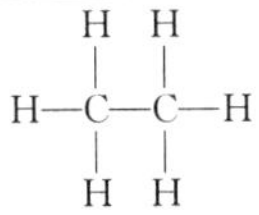 H−C−C−H	
丙烷	C_3H_8	$CH_3CH_2CH_3$	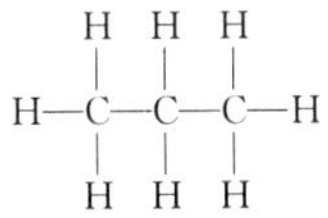 H−C−C−C−H	∧
正丁烷	C_4H_{10}	$CH_3CH_2CH_2CH_3$	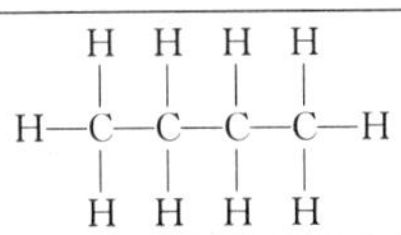 H−C−C−C−C−H	 ∧∨
正戊烷	C_5H_{12}	$CH_3CH_2CH_2CH_2CH_3$	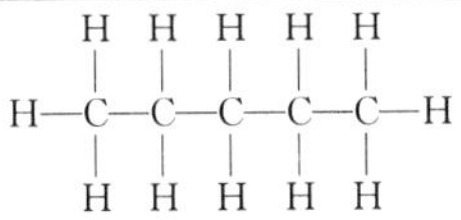 H−C−C−C−C−C−H	 ∨∧∨

这种结构相似,具有同一通式,且在组成上相差 1 个或多个 CH_2 基团的一系列化合物称为同系列,这个 CH_2 称为系列差,简称系差。同系列中的各化合物互称为同系物。同系物都具有相似的化学性质,由同系物中典型的、具有代表性的化合物可推知其他同系物的一般性质。

2. 烷烃的结构

(1) 甲烷的分子结构

甲烷是烷烃中最简单的分子,它的分子式为 CH_4,结构式如表 8-1 中所示,然而这样的结构式只能表示出甲烷分子中碳、氢原子之间的连接方式和次序,却并不能反映出甲烷分子的空间形状。运用现代实验技术可知,甲烷分子是正四面体,碳原子在四面体的中心,4 个氢原子占据正四面体的 4 个顶点。4 个 C—H 键的键长和键能完全相等,每一个键角均为 109.5°。

碳原子基态时的核外电子排布为 $1s^22s^22p^2$,最外层电子为 $2p^2$,根据电子配对法,碳的化合价应为二价,但实际上碳原子主要表现为四价。为了解释这一现象,科学家们提出了杂化轨道理论,即碳原子在成键时,能

小贴士:

杂化轨道理论是 1931 年由鲍林(Pauling L.)等人在价键理论的基础上提出的,在成键能力、分子的空间构型等方面丰富和发展了现代价键理论,使许多分子、原子的价键数目及分子空间结构得到了解释。

量相同或相近的原子轨道重新组合成新的轨道。也就是说，烷烃中的碳原子不是以 2p 轨道，而是以重新组合的 sp³ 杂化轨道成键的。

码 8-1 碳原子的 sp³ 杂化

拓展知识链：碳原子的 sp³ 杂化轨道

烷烃中的碳原子在成键时，2s 轨道上的 1 个电子吸收能量受到激发，跃迁到与之能量相近的 2p 空轨道上，此时形成了 $2s^1 2p^3$ 的电子排布，这四个轨道进行杂化，形成四个能量相等、形状相同的新轨道，称为 sp³ 杂化轨道。

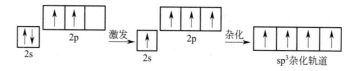

sp³ 杂化轨道含有 1/4 s 轨道成分和 3/4 p 轨道成分，其电子云形状由之前的 s 球形和 p 哑铃型变为一头大、一头小偏向一方。这种形状增加了其与其他原子轨道重叠的程度，因而形成的共价键更加稳固。

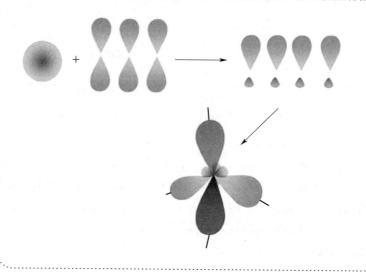

码 8-2 甲烷分子结构

四个 sp³ 杂化轨道在空间的排布呈正四面体形状（图 8-4），即以碳原子为中心，四个轨道轴相当于正四面体中心到四个顶点的连线方向，每两个对称轴之间的夹角为 109.5°，这样的空间排布使成键电子之间的距离达到最大化，从而使得排斥力最小，故体系最稳定。这一解释与甲烷分子的实测结果是相符的。人们通常还会采用模型，包括球棍模型（图 8-5）和比例模型（图 8-6），来更加形象地表示分子的立体结构。

(2) 烷烃中的 σ 键

在甲烷分子中，由碳原子的一条 sp³ 杂化轨道与氢原子的 s 轨道正面重叠形成的一个单键，称为 C—H σ 键。从乙烷之后，分子中会有两个或更

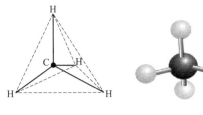 

图 8-4　甲烷的正四面体结构　　图 8-5　甲烷的球棍模型　　图 8-6　甲烷的比例模型

多的碳原子，这些碳原子也是 sp^3 杂化的。此时的烷烃分子中除了 C—H σ 键之外，还有碳原子与碳原子之间通过两条 sp^3 杂化轨道沿轨道对称轴正面交盖形成的 C—C σ 键。在前面的内容中已经了解键的特征：电子云沿键轴呈圆柱形对称分布，成键的两个原子可围绕键轴以任意角度旋转。

思考与讨论

为什么随着碳原子数的增加，碳链不是一条直线而是呈锯齿形？结合分子模型和本节讲过的知识大家来讨论一下吧！

乙烷的球棍模型　　　　丙烷的球棍模型

3. 烷烃的同分异构

（1）烷烃的构造异构

从丁烷（C_4H_{10}）开始，每个分子式都可以写出若干个不同的构造式，即碳原子的连接次序和排列方式不同。例如丁烷中的 4 个碳原子可以有两种连接方式，形成两种不同的构造；戊烷中的 5 个碳原子有三种连接方式，形成三种不同的构造。

$$H_3C-CH_2-CH_2-CH_3 \qquad H_3C-\underset{\underset{CH_3}{|}}{CH}-CH_3$$

丁烷的碳链异构

$$H_3C-CH_2-CH_2-CH_2-CH_3 \qquad H_3C-\underset{\underset{CH_3}{|}}{CH}-CH_2-CH_3 \qquad H_3C-\underset{\underset{\underset{CH_3}{|}}{\overset{CH_3}{|}}}{\overset{CH_3}{C}}-CH_3$$

戊烷的碳链异构

这种具有相同的分子组成,但是由碳原子间的连接方式不同而产生的同分异构现象称为碳链异构,属于同分异构现象中的一种。在系列烷烃中,甲烷、乙烷、丙烷不存在碳链异构体,其他的烷烃都有不同数目的碳链异构体。随着烷烃分子碳原子数的增多,碳原子之间可以形成多种连接方式,因此碳链异构体的数目也随之增加,表 8-2 列出了部分烷烃构造异构体的数目。

表 8-2 部分烷烃构造异构体的数目

碳原子数	异构体数	碳原子数	异构体数
1~3	1	9	35
4	2	10	75
5	3	11	159
6	5	12	355
7	9	15	4374
8	18	20	366319

课堂练习

庚烷 C_7H_{16} 会有几种同分异构体呢?试试写出所有异构体的结构式。

(2) 烷烃分子中碳原子的类型

由上面碳链异构体的构造式可以发现,碳原子在碳链中所处的位置不尽相同,它们所连接的碳原子和氢原子的数目也不相同。为了方便识别,可以将碳原子分为四类:

与一个碳原子相连的碳原子称为伯碳或一级碳原子,通常以 1°表示;
与两个碳原子相连的碳原子称为仲碳或二级碳原子,通常以 2°表示;
与三个碳原子相连的碳原子称为叔碳或三级碳原子,通常以 3°表示;
与四个碳原子相连的碳原子称为季碳或四级碳原子,通常以 4°表示。

例如:

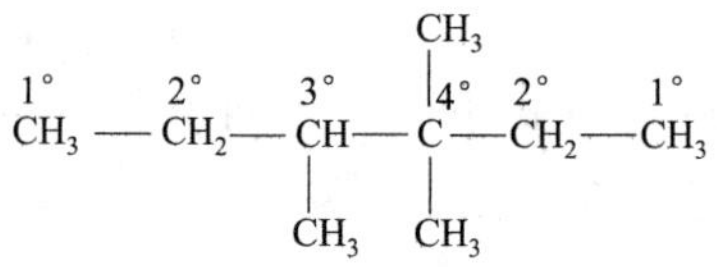

与此相对应,连接在伯、仲、叔碳原子上的氢原子分别称为伯、仲、叔氢原子。由于这四类碳原子和三类氢原子所处的位置不同,相互之间的影响也不同,因而它们的反应活性也不尽相同。

二、烷烃的命名

有机化合物种类繁多,数量庞大,结构复杂,又存在多种同分异构,因此必须有一套完善的命名体系才能将它们正确地表达并区分开。烷烃的命名是其他各类有机化合物命名的基础。

烷烃的命名法有两种,即普通命名法(习惯命名法)和系统命名法。

> **小贴士:**
> 2017 年 12 月 20 日,中国化学会有机化合物命名审定委员会在 IUPAC1993 和 IUPAC2013 蓝皮书基础上编写的《有机化合物命名原则 2017》(CCS2017)正式发布,本次修订是在 1980 版的《有机化合物命名原则》(CCS1980)规则基础上,做了更加细致的补充和规定。对于基础的有机化合物,CCS 2017 版命名原则的变动主要体现在取代基的表达顺序和官能团编号的表达位置两方面。以便于中英文名称的转换,更方便理解和国际交流。目前中、英文命名系统处于不断地修订完善中,一定时间

(1) 普通命名法

普通命名法只适用于一些结构简单的烷烃，命名基本原则如下。

① 根据分子中碳原子的数目称"某烷"，10个碳原子以内的烷烃依次用甲、乙、丙、丁、戊、己、庚、辛、壬、癸来表示；碳原子数在10个以上的用中文数字十一、十二……表示。

② 异构体用汉字词头加以区分，"正"表示直链烷烃；"异"表示从链端起第二个碳原子上带有一个甲基支链的烷烃；"新"表示从链端起第二个碳原子上带有两个甲基直链的烷烃。例如：

$$CH_3CH_2CH_2CH_2CH_3 \qquad CH_3CHCH_2CH_3 \qquad H_3C-\underset{\underset{CH_3}{|}}{\overset{\overset{CH_3}{|}}{C}}-CH_3$$
$$\underset{CH_3}{|}$$

正戊烷　　　　　异戊烷　　　　新戊烷

> 内新旧系统的命名原则共存使用。无论以何种方式命名，化合物名称所表示的结构是唯一的。

(2) 系统命名法

① 烷基的命名。烃分子中去掉一个氢原子后的剩余基团称为烃基。烷烃分子中去掉一个氢原子后的剩余基团称为烷基，通常以R表示，表8-3列出了一些常见的烷基。

表8-3　常见的烷基

烷基结构式	名称	烷基结构式	名称
CH_3-	甲基	$CH_3CH_2CH_2CH_2-$	正丁基
CH_3CH_2-	乙基	CH_3CHCH_2- $|$ CH_3	异丁基
$CH_3CH_2CH_2-$	正丙基	CH_3CH_2CH- $|$ CH_3	仲丁基
CH_3CH- $|$ CH_3	异丙基	$H_3C-\underset{\underset{CH_3}{\|}}{\overset{\overset{CH_3}{\|}}{C}}-$	叔丁基

> 小贴士：
>
> 系统命名法是根据国际纯粹与应用化学联合会（IUPAC）的命名原则并结合了我国汉字的特点而制定的有机化合物的命名原则，用系统命名法命名的化合物，名称与结构式是一一对应的。

② 烷烃的命名。

直链烷烃：直链烷烃的系统命名法与直链烷烃的普通命名法相似，只是把"正"字去掉，称为"某烷"。如 $CH_3CH_2CH_2CH_2CH_3$，$CH_3(CH_2)_9CH_3$ 分别称为戊烷、十一烷。

带有支链的烷烃：

选主链：选择含有最多碳原子的碳链为主链，依据其碳原子数称为"某烷"，并以该链为母体，其他支链作为取代基。如有等长的碳链时，选取含有取代基最多的碳链为主链。

定编号：从靠近支链的一端开始，依次用阿拉伯数字对主链碳原子进行编号；如有两种以上编号方法，则以取代基之和最小为原则。如两端与支链等距离，则从靠近构造较简单取代基的那端开始编号。

$$\overset{1}{CH_3}-\overset{2}{CH}-\overset{3}{CH}-\overset{4}{CH_2}-\overset{5}{CH}-\overset{6}{CH_3}$$
（支链上：CH_3、CH_2、CH_3、CH_3）

支链位次：2、3、5
正确

$$\overset{6}{CH_3}-\overset{5}{CH}-\overset{4}{CH}-\overset{3}{CH_2}-\overset{2}{CH}-\overset{1}{CH_3}$$
（支链上：CH_3、CH_2、CH_3、CH_3）

支链位次：2、4、5
错误

写全称：将每个取代基的位次和名称写在主链名称之前，位次之间用逗号","隔开，数字和名称之间用短线"-"隔开。有不同的取代基，应将次序规则（见第二节）中"优先"的基团排在后面；如有相同的取代基则合并一起写，并在名称前面标以数字"二、三、四……"以表明它们的数目。

$$\overset{1}{CH_3}-\overset{2}{CH}-\overset{3}{CH}-\overset{4}{CH_2}-\overset{5}{CH_2}-\overset{6}{CH_3}$$
（支链：CH_3、C_2H_5）

注意：本题主链必须是从左向右进行编号，以满足取代基位次之和最小。

2-甲基-3-乙基己烷

$$\overset{5}{CH_3}-\overset{4}{CH}-\overset{3}{CH}-\overset{2}{CH}-\overset{1}{CH_3}$$
（支链：C_2H_5、CH_3、CH_3）

注意：本题无论从左还是从右进行编号，取代基位次都是一样的，但是甲基比乙基更简单，因此应给予小的编号。

2,3-二甲基-4-乙基戊烷

$$\overset{1}{CH_3}-\overset{2}{C}-\overset{3}{CH_2}-\overset{4}{C}-\overset{5}{CH_3}$$
（支链：CH_3、CH_3、CH_3、CH_3）

注意：本题四个取代基都是一样，故可以进行合并。

2,2,4,4-四甲基戊烷

课堂练习

命名下列烷烃化合物。

(1) $CH_3CHCH_2CH_3$
        |
        CH_2CH_3

(2) $CH_3-\underset{|}{\overset{|}{C}}-CH_2-CH_3$
    （上下为 CH_3、CH_3）

(3) $CH_3-\underset{|}{\overset{|}{C}}-CH_2-\underset{|}{\overset{|}{C}}-CH_3$
    （左 C 上下：CH_3、CH_3；右 C 上下：CH_2CH_3、CH_3）

(4) $CH_3CHCH_2CHCH_3$
         | |
         CH_3 CH_2CH_3

三、烷烃的性质

(一) 物理性质

有机化合物的物理性质一般指化合物的物态、沸点、熔点、闪点、密度和溶解度等。通常人们将这些物理数值称为物理常数。同系列化合物的物理性质是随着分子量的增减而有规律地变化的。

在室温下，C_4 以下直链烷烃是气体，$C_5 \sim C_{17}$ 的是液体，C_{18} 以上的是固体。高级烷烃即使在较高的温度，只要在熔点以下，仍是固体。

直链烷烃的熔点随分子量的增加而有规律地升高，一般带支链烷烃熔点比同碳数直链烷烃的低；沸点和闪点也随着分子量的增大而升高。

同系列烷烃的相对密度同样随着碳原子数的增加而增大，但增值很小，所有烷烃的密度都小于1，即都比水轻。

烷烃属于非极性或弱极性分子，几乎不溶于水而易溶于有机溶剂（如四氯化碳、苯、乙醚等）。

小贴士：

含石蜡（高级烷烃）较多的原油从油井喷出时，往往由于温度较低，石蜡从原油中析出，变成固态，从而造成油井堵塞。

拓展知识链：熔点、沸点和闪点

熔点：在一定压力下，纯物质的固态和液态呈平衡时的温度。分子间的作用力越强，熔点越高。分子间的作用力不仅取决于分子的大小，也取决于晶格的排列情况。通常烷烃分子的对称性越高，分子晶格排列更紧密，因此熔点越高。一般带有支链烷烃的熔点比同碳数直链烷烃的低，这是由于支链的存在阻碍了分子在晶格中的紧密排列，使分子间引力降低。但当支链持续增加导致分子结构呈高度对称的球状时，熔点又会随之升高。

沸点：化合物的蒸气压与外界压力达到平衡时的温度。化合物的蒸气压与分子间作用力的大小有关。对于非极性分子而言，分子间作用力主要是色散力。色散力的大小与分子中共价键的数目成正比，所以分子量越大，沸点越高。

闪点：液体表面上的蒸气和周围空气形成的可燃性混合物的最低温度。它是表征液体可燃性的一个重要指标。显然，闪点越低，物质越容易燃烧。按我国相关标准，闪点在 28℃ 以下的液体，属于最易燃液体，其火灾危险性为甲类，详见《建筑设计防火规范》GB 50016—2014 和《石油化工企业设计防火规范》GB 50160—2008。

（二）化学性质

1. 取代反应

烷烃中氢原子被其他原子或基团取代的反应称为取代反应。被卤原子取代的反应则称为卤代反应。X_2 反应活性为 $F_2 > Cl_2 > Br_2 > I_2$，其中烷烃和氟的反应太剧烈，难以控制。烷烃和碘的反应难以进行，因为反应产生的碘化氢是强还原剂，可把生成的碘代烷再还原为烷烃，常见氯代和溴代反应。

当甲烷与氯气在紫外线照射下或被加热到250℃以上时可以发生反应，甲烷分子中的氢原子逐步被氯原子取代。该反应很难停留在一个氢原子被取代的阶段。通常最终得到4种氯甲烷和氯化氢的混合物。

其他烷烃与氯在一定条件下，也能发生取代反应，但反应物更为复杂。烷烃分子中可能存在伯氢、仲氢、叔氢三种不同类型的氢原子，它们与卤素反应的活性是不同的。大量实验结果表明，伯氢、仲氢、叔氢的反应活性依次递增，即不同氢原子被卤原子取代时，由易到难的排序是 3°H、2°H、1°H。

拓展知识链：自由基型取代反应机理

> 反应机理也称反应历程，它是指由反应物到产物所经历的途径或过程。反应机理是建立在大量实验数据基础上的一种理论猜测或假说。了解反应机理能使人们认清反应的本质，把握反应规律，从而使其有效地为生产实践服务。
>
> 烷烃的卤代反应属于自由基型反应，是通过共价键的均裂生成自由基而进行的反应。上述甲烷的氯代反应，一旦反应被引发，就会一环扣一环连续进行下去，所以这一类型的反应也被称为链式反应，它包括三个阶段。
>
> 链引发：在光照或加热的过程中，反应物氯分子吸收能量，共价键断裂生成带单电子的氯自由基。
>
> 链增长：氯自由基很活泼，可以夺取甲烷分子中的一个氢原子而生成氯化氢和一个新的自由基——甲基自由基。甲基自由基再与氯分子反应，生成一氯甲烷和一个新的氯自由基。新的氯自由基可以重复上述反应，一步步传递下去，逐步生成二氯甲烷、三氯甲烷和四氯化碳。
>
> 链终止：自由基之间相互结合生成分子，当自由基减少直至全部消耗时，反应终止。

工业上常利用烷烃的氯代反应来制备卤代烃，卤代烃是重要的有机溶剂，同时也是生成洗涤剂、增塑剂、农药等的重要原料。

拓展知识链：氯代工艺及其危险性

氯代反应即在化合物的分子中引入氯原子的反应，包含氯代反应的工艺过程为氯代工艺，氯代反应为放热反应。

在氯代反应中，参加氯代反应的氯化剂有氯气、氯化氢、次氯酸钠、光气、硫酰氯等，其中最常用的是氯气和氯化氢。在被氯代的物质中，比较重要的有甲烷、乙烷、戊烷、苯、甲苯、乙炔等。氯代时，不仅原料与氯化剂发生反应，而且所生成的氯代衍生物也同时与氯化剂发生作用。因此，在反应生成物中，除一氯取代物外，还会有二氯及三氯取代物。通过氯代反应可以制得很多有机高分子聚合物的单体、有机合成中间体、有机溶剂、环氧烷类、醇和酚类、医药、农药，氯代烷烃还可用作烷基化剂。

氯代工艺主要危险性如下。

1. 火灾爆炸

① 氯代反应的危险性主要取决于被氯代物质的性质以及反应过程的控制条件。氯代反应所用原料大多为有机物，具为燃爆危险性；氯代反应是一个放热过程，尤其在较高温度下进行氯代时，反应更为剧烈，速度快，放热量较大；如果氯代反应装置未配备良好的冷却系统，未及时移出反应热量，或者未控制好氯气流量，则可能因为反应过快导致温度骤升而引起事故。

② 氯气中若含有杂质（如水、氢气、氧气、三氯化氮等），则在使用中易发生危险，特别是三氯化氮的积累，容易引发爆炸。液氯蒸发时，三氯化氮大部分残留于未蒸发液氯残液中，随着蒸发时间的延长，三氯化氮在容器底部富集，达到5%即可发生爆炸。

③ 氯代反应尾气可能形成爆炸性混合物。

2. 中毒

常用的氯化剂——氯气本身为剧毒化学品，氧化性强，贮存压力较高，多数氯代工艺采用液氯生产时，先汽化再氯代，一旦泄漏危险性较大。

3. 腐蚀、化学灼伤

生成的氯化氢气体遇水后腐蚀性强，若触及人体，可致化学灼伤。

2. 氧化反应

烷烃在室温条件下不与氧化剂反应，但可以在空气中燃烧，并放出大量的热。当氧气充足时，烷烃全部氧化生成二氧化碳和水。

$$CH_4 + 2O_2 \longrightarrow CO_2 + 2H_2O + Q$$

汽油、柴油的主要成分是不同原子数烷烃的混合物，其燃烧释放出大量的热量，因此它们都是非常重要的燃料。烷烃的不完全燃烧会生成一氧化碳、炭黑和其他有机物，造成对空气的严重污染。

3. 热裂反应

在高温和隔绝空气的条件下，烷烃分子中的共价键发生断裂，生成较小分子的反应叫作热裂反应。

$$CH_3CH_2CH_2CH_3 \longrightarrow \begin{cases} CH_3CH=CH_2 + CH_4 \\ CH_2=CH_2 + H_3C-CH_3 \\ CH_3CH_2CH=CH_2 + H_2 \end{cases}$$

根据反应温度的不同，热裂反应可以分为裂化和裂解。根据反应条件，裂化又可以分为热裂化和催化裂化两类。热裂化一般在 5MPa、500～600℃下进行；而催化裂化以硅酸铝为催化剂，在常压 450～500℃下进行。目前工业上一般采用催化裂化。裂化反应在石油化工中具有非常重要的意义，其目的就是为了提高汽油的产量和质量。在炼油过程中，通过分馏得到的汽油产量和质量都不够高，裂化使原油中碳链较长的烷烃断裂生成碳原子数较小的汽油组分。同时，催化裂化过程还会伴随异构化、芳构化等反应，生成带有支链的烷烃以及芳香烃等。由催化裂化得到的汽油约占汽油总产量的 80%，且质量较好，辛烷值较高。

石油在更高温度下（>750℃）的深度裂化，称为裂解。裂解反应可以得到乙烯、丙烯等低级烯烃，这些都是重要的化学原料，且世界上常常以乙烯的产量来衡量一个国家的石油化学工业水平。

💡 拓展知识链：裂解工艺危险性

> ① 在高温（高压）下进行反应，装置内的物料温度一般超过其自燃点，若漏出会立即引起火灾；
> ② 炉管内壁结焦会使流体阻力增加，影响传热，当焦层达到一定厚度时，因炉管壁温度过高，而不能继续运行下去，因此必须进行清焦，否则会烧穿炉管，导致裂解气外泄，引起裂解炉爆炸；
> ③ 如果由于断电或引风机机械故障而使引风机突然停转，则炉膛内很快变成正压，会从窥视孔或烧嘴等处向外喷火，严重时会引起炉膛爆炸；
> ④ 如果燃料系统大幅度波动，燃料气压力过低，则可能造成裂解炉烧嘴回火，使烧嘴烧坏，甚至会引起爆炸；
> ⑤ 有些裂解工艺产生的单体会自聚或爆炸，因此需要向生产的单体中加阻聚剂或稀释剂等。

小知识：

据统计，现在工业、交通排入大气的 70% 一氧化碳、55% 以上烃污染物都是内燃机排放的。

小知识：

2020 年 9 月 22 日，在第七十五届联合国大会上，"碳达峰"和"碳中和"第一次被提出，"碳达峰"是指在某一个时点，二氧化碳的排放不再增长达到峰值，之后逐步回落。"碳中和"是指企业、团体或个人测算在一定时间内直接或间接产生的温室气体排放总量，通过植树造林、节能减排等形式，抵消自身产生的二氧化碳排放量，实现二氧化碳"零排放"。在这次会议上我国承诺将提高国家自主贡献力度，采取更加有力的政策和措施，二氧化碳排放力争于 2030 年前达到峰值，努力争取 2060 年前实现碳中和。"双碳"目标是我国基于推动构建人类命运共同体的责任担当和实现可持续发展的内在要求而作出的重大战略决策，彰显了中国积极应对气候变化、走绿色低碳发展道路、推动全人类共同发展的坚定决心。

第二节 烯烃

图 8-7 的食品袋、图 8-8 的一次性手套、图 8-9 的饭盒都是人们生活中常见的物品，它们都是由高分子聚合物聚乙烯、聚丙烯制成的。合成这些聚合物的低分子原料分别是乙烯和丙烯，它们同属一类重要的不饱和脂肪烃——烯烃。本节就来学习一下烯烃的结构、命名、性质与用途。

> 小贴士：
>
> 在 sp^2 轨道中，s 轨道成分占 1/3，p 轨道成分占 2/3，因此，人们可以将 sp^2 杂化轨道看成是由 1/3 的 s 轨道和 2/3 的 p 轨道"混合的"而成的，其形状与上一节中讲到的 sp^3 轨道相似。
>
>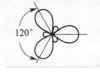

图 8-7 食品袋

图 8-8 一次性手套

图 8-9 饭盒

一、烯烃的结构和异构现象

分子中含有一个碳-碳双键（C=C）的不饱和烃叫作烯烃。烯烃的通式是 C_nH_{2n}（n 表示碳原子数），C=C 是烯烃的官能团。

1. 乙烯分子的结构

乙烯是最简单的烯烃，分子式为 C_2H_4，结构简式是 $CH_2\!=\!CH_2$。C=C 的键能为 611kJ/mol，C—C 的键能为 346kJ/mol，显然碳-碳双键的键能小于两个碳-碳单键的键能之和。由此可以看出，碳-碳双键不是由两个碳-碳单键简单叠加而成的。那么乙烯的分子结构是怎样的呢？电子衍射实验证明乙烯分子中的六个碳原子都在一个平面上，每个碳原子分别与两个氢原子相连，相邻键之间的夹角接近 120°。

乙烯分子的球棍模型和比例模型分别如图 8-10 和图 8-11 所示。

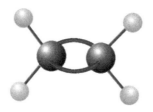

图 8-10 乙烯分子球棍模型　　图 8-11 乙烯分子比例模型

> 小知识：
>
> C=C 键长：0.133nm
> C—C 键长：0.154nm
> 乙烷碳-碳键能：346kJ/mol
> 乙烯碳-碳键能：611kJ/mol

在乙烯分子中，碳原子是 sp^2 杂化的，两个碳原子各以一个 sp^2 轨道重叠，形成一个 C—C σ 键，同时又各以两个 sp^2 轨道和四个氢原子的 1s 轨道重叠，形成四个 C—H σ 键，由此形成的五个键都在同一个平面上。每个碳原子还有一个未参与杂化的 p_z 轨道，它们垂直于 5 个 σ 键所在的平面，且 p_z 轨道互相平行，通过"肩并肩"侧面交叠，形成 π 键（图 8-12）。

码 8-3 碳原子的 sp^2 杂化

π键的电子云分布在分子所在平面的上方和下方，垂直于σ键所形成的平面。这样的分布，使轨道之间的电子相互排斥力最小，体系最稳定。

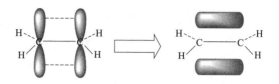

图 8-12　两个 p_z 轨道"肩并肩"重叠

由此可以看出在 C═C 中，一个是σ键，另一个是π键（图 8-13），而不是两个等同的共价键。由于 C═C 原子间的电子云密度比 C─C 大，使得两个碳原子核更靠近，因此碳-碳双键的键长比碳-碳单键的键长短。但是π键不像σ键沿键轴正面重叠，而是分散成上下两方，故两个碳原子核对π电子的束缚力较小，且π键是侧面交盖，重叠程度较小，在外电场作用下，π电子比较容易被极化，导致变形。因此，π键有较大的反应活性，从而导致烯烃的反应活性比烷烃的要高。

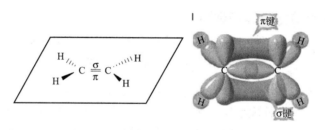

图 8-13　乙烯分子中的 π 键

码 8-4　乙烯分子结构

2. 烯烃的异构现象

乙烯和丙烯无异构体，从丁烯开始出现碳链异构和官能团位置异构。此外，由于双键相连的两个碳原子不能自由旋转，还产生了顺反异构。

（1）碳链异构

双键位置不变，而碳链骨架发生了改变。例如：

$$CH_3-CH_2-CH=CH_2 \qquad CH_3-\underset{\underset{CH_3}{|}}{C}=CH_2$$
$$\text{1-丁烯} \qquad\qquad\qquad \text{异丁烯}$$

（2）官能团位置异构

双键在碳链上的位置发生了改变。例如：

$$CH_3-CH_2-CH=CH_2 \qquad CH_3-CH=CH-CH_3$$
$$\text{1-丁烯} \qquad\qquad\qquad \text{2-丁烯}$$

（3）顺反异构

因不可旋转因素而导致原子或基团在空间的排列方式不同而引起的异构叫顺反异构。

由于乙烯分子是平面的，碳-碳双键不能绕键轴自由转动，因此，当双键的两个碳原子各连有两个不同的原子或基团时，烯烃就会产生两种不同

课堂活动：

利用分子模型演示碳-碳双键不可旋转的特性。

想一想还有其他不可旋转的结构吗？

的空间排列方式。两个相同基团在双键同侧的叫作顺式；两个相同基团在双键异侧的叫作反式。

$$\text{顺式} \qquad \text{反式}$$

若存在顺反异构，则必须有两个要素：①存在不可旋转的因素，例如双键；②每个双键碳上都连有不同的基或者基团，只要双键碳原子中有一个连有相同的原子或基团，就不会产生顺反异构。

课堂练习

下列化合物中哪个有顺反异构？
(1) $CH_3CH=CHCH_2CH_3$
(2) $CH_3C=CHCH=CHCH_3$
    $\quad\quad\quad |$
    $\quad\quad CH_3$
(3) $CH_3CH=CCH_2CH_3$
    $\quad\quad\quad\quad |$
    $\quad\quad\quad CH_3$
(4) $CH_3C=CCH_2CH_3$
    $\quad\quad |\quad\ |$
    $\quad\ Cl\ CH_2CH_3$

二、烯烃的命名

1. 烯烃的系统命名

烯烃系统命名法的命名原则如下。

（1）选主链

选择含双键在内的最长碳链为主链，依据主链上的碳原子数称为"某烯"，作为母体名称，其他侧链视为取代基。多于 10 个碳的烯烃用中文数字称为"某碳烯"。

（2）定编号

从最靠近双键的一端开始，依次对主链碳原子进行编号，以双键碳原子中编号较小的数字标明双键的位次。若双键正好在中间，则主链编号从靠近取代基一端开始。含有多个双键的烯烃，在"烯"前面加上数字"二、三……"，以表明双键的个数。

$$\underset{\text{2,4-二甲基-2-己烯}}{CH_3-\overset{1}{C}=\overset{2}{CH}-\overset{3}{CH}-\overset{4}{CH}-CH_3 } \qquad \underset{\text{3-甲基-2-乙基-1-戊烯}}{\overset{1}{CH_2}=\overset{2}{C}-\overset{3}{CH}-\overset{4}{CH_2}-\overset{5}{CH_3}}$$

$$\underset{\text{1,3-丁二烯}}{CH_2=CH-CH=CH_2} \qquad \underset{\text{1-十一碳烯}}{CH_3(CH_2)_8CH=CH_2}$$

（3）写全称

取代基的名称和位次写在母体名称前面，表示方式与烷烃相同。烯烃去掉一个氢原子后的剩余基团，称为烯基，常见的烯基有：

$$\underset{\text{乙烯基}}{CH_2=CH-} \qquad \underset{\text{丙烯基}}{CH_3CH=CH-} \qquad \underset{\text{烯丙基}}{CH_2=CHCH_2-}$$

2. 顺反异构体的命名

(1) 顺反命名法

有顺反异构体的烯烃命名时，只需在系统名称之前用词头"顺"或"反"来表示其构型。当两个相同的原子或基团在双键同侧时，称为顺式；处于异侧，称为反式。例如：

顺-2-丁烯　　　　　反-2-丁烯

顺反命名法只适用于命名两个双键碳原子上连有相同原子或基团的顺反异构体。如果双键的两个碳原子上连有四个不同的原子或基团是，则需要使用 Z/E 命名法来命名。

(2) Z/E 命名法

Z/E 命名法以次序规则为基础，利用次序规则将所有的基团按次序进行排序。次序规则的主要内容可以归纳如下。

① 将连接在双键碳原子上的各个原子，按原子序数的大小进行排序。例如，有机化合物中常见的几种原子的排序如下：

$$I>Br>Cl>S>P>F>O>N>C>D>H$$

② 如与双键碳原子相连的第一个原子相同，则比较与该原子相连的其他原子的原子序数，如仍相同则比较再下层的其他原子的原子序数，以此类推，直至比出大小。

例如：当比较甲基（—CH_3）和乙基（—CH_2CH_3）时，第一个原子都是碳，则继续比较碳原子上所连的原子。在—CH_3 中，碳原子上所连的三个原子是 H、H、H；但是在—CH_2CH_3 中，和第一个碳原子所连的是 C、H、H，其中有一个碳原子，而碳的原子序数大于氢，故—$CH_2CH_3>$—CH_3。同理，下列烷基的优先次序为：

$$-C(CH_3)_3 > -CH(CH_3)_2 > -CH_3CH_2 > -CH_3$$

③ 如与双键碳原子相连的是含有三键或双键的基团，则把不饱和键原子看作是以单键和两个或三个原子相连接。

用 Z/E 命名法来表示顺反异构体两种不同的构型时，首先依据次序规则确定双键碳原子所连原子或基团的优先次序。当两个优先基团位于双键同侧时，称为 Z 式构型；位于异侧时，称为 E 构型。

> **小贴士：**
> 字母 Z 和 E 分别是德文 Zusammen 和 Entgegen 的缩写，前者的意思是共同、同一侧，后者的意思是相反、异侧。

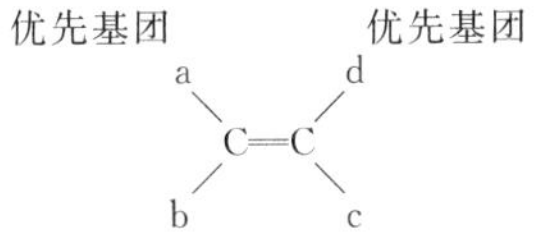

利用 Z/E 命名法命名时，将 Z 或 E 写在化合物名称前面，并用短线隔开。例如：

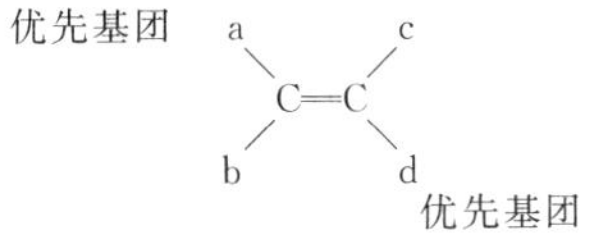

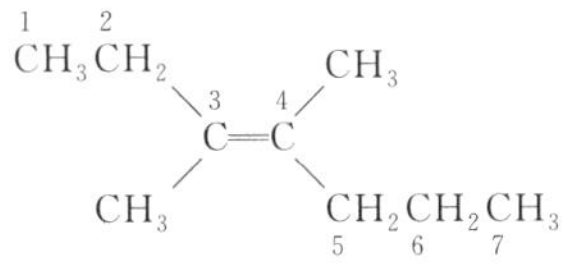

E-3,4-二甲基-3-庚烯 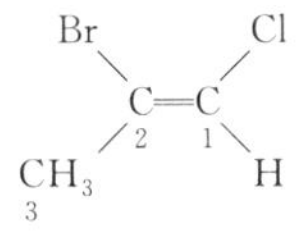　　　　　Z-1-氯-2-溴丙烯

📖 **课堂练习**

> 分别用顺反命名法和 Z/E 命名法命名下列化合物。

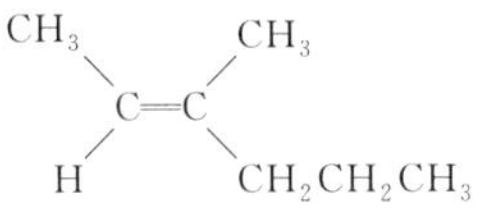

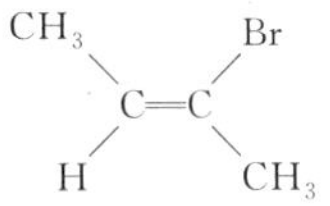

注意：由上面两道习题可以看出，顺反命名法与 Z/E 命名法是两种不同的命名体系，它们之间不是完全对应的，Z 式不一定是顺式，反之，E 式也不一定是反式。

三、烯烃的性质

（一）物理性质

烯烃的物理性质和同碳数的烷烃相似。在常温、常压下，C_2～C_4 的烯烃为气体，C_5～C_{18} 的烯烃为液体，C_{19} 及以上的烯烃为固体。烯烃的熔点、沸点和相对密度均随分子量的增加而升高。直链烯烃比带有支链的同系物的沸点高一些。溶解度方面，烯烃难溶于水而易溶于有机溶剂。

（二）化学性质

烯烃的化学性质主要表现在官能团 C=C 上。由于 π 键的键能比 σ 键的键能小，键电子受原子核的束缚力较弱，流动性较大，容易受外界电场的影响而发生极化，因此 π 键有较大的反应活性，烯烃的化学性质比烷烃活泼得多。

1. 加成反应

烯烃的加成反应是指在一定条件下，烯烃分子中的 π 键断裂，在双键的两个碳原子上各加入一个原子或基团，使烯烃变成饱和烃。加成反应是不饱和烃的特征反应之一。

小知识：

对于烯烃的顺反异构体来说，由于反式异构体的空间形状是对称的，偶极矩为零，而顺式异构体是非对称的弱极性分子，故顺式异构体的沸点比反式异构体的略高。而熔点则相反，因为对称的分子在晶格中可以排列得比较紧密，所以反式异构体的熔点比顺式异构体高。

小知识：

在石油化工产业中，人们利用催化加氢来提高汽油质量。这是因为石油裂化得到的汽油含有少量的烯烃，而烯烃化学性质活泼，容易被氧化生成带有腐蚀性的有机酸，还容易生成聚合物，影响油品质量。加氢后的汽油化学稳定性明显提高。

（1）催化加氢

在催化剂的作用下，烯烃与氢气发生加成反应，生成相应的烷烃。例如：

$$CH_3-CH=CH_2 + H_2 \xrightarrow{Pt/C} CH_3-CH_2-CH_3$$

此反应必须在催化剂存在下才能进行，故该反应称为催化加氢。常见的催化剂包括铂、钯、镍等。催化加氢反应是定量进行的，所以可以根据反应消耗氢气的量来确定分子中所含双键的数目。

（2）与卤素加成

烯烃和卤素可以发生加成反应，生成二卤代物。不同卤素的反应活性不同，氟的反应活性最强，烯烃与氟的加成非常剧烈，不易控制。碘和烯烃的加成比较困难，一般常用的是氯和溴。例如：

$$CH_3-CH=CH_2 + Br_2 \xrightarrow{CCl_4} CH_3-\underset{Br}{CH}-\underset{Br}{CH_2}$$

红棕色　　1,2-二溴丙烷无色

烯烃遇到红棕色溴的四氯化碳溶液，可以使溶液的红棕色很快变浅或消失，生成无色的1,2-二溴烷烃。在实验室中人们常用此法鉴定碳-碳双键的存在。

（3）与卤化氢加成

烯烃与卤化氢反应，生成卤代烃。卤化氢的反应活性次序为：

$$HI > HBr > HCl$$

例如工业制氯乙烷方法：

$$CH_2=CH_2 + HCl \xrightarrow{AlCl_3} CH_3-CH_2-Cl$$

氯乙烷

乙烯是一个对称烯烃，无论氯化氢中的氯原子或氢原子加到哪个碳原子上，得到的一卤代物只有一种。但是对于不对称烯烃，例如丙烯，它与氯化氢的加成就有可能生成两种产物。

$$CH_3-CH=CH_2 + HCl \longrightarrow CH_3-CH_2-\underset{Cl}{CH_2} + CH_3-\underset{Cl}{CH}-CH_3$$

1-氯丙烷　　　　2-氯丙烷

针对这一反应的选择性问题，俄国化学家马尔科夫尼科夫（Markovnikov）在大量实验结果的基础上总结出一条经验规律：不对称烯烃与卤化氢等极性试剂发生加成反应时，氢原子或带正电荷的部分总是加到含氢较多的双键碳原子上，而卤原子或带负电荷的部分总是加到含氢较少的双键碳原子上。这条规律称为马尔科夫尼科夫规则，简称马氏规则。例如：

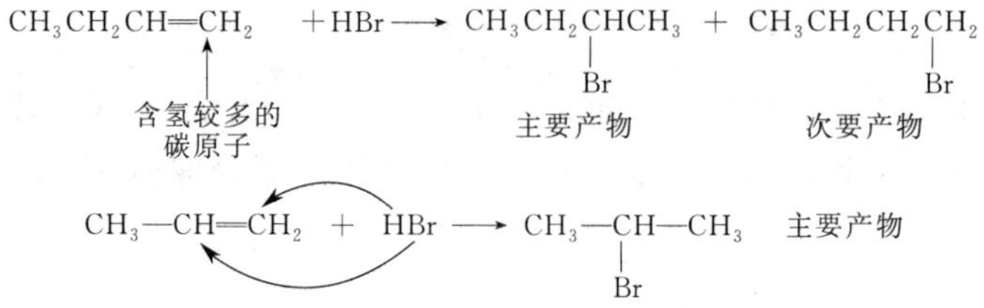

$$CH_3CH_2\underset{\text{含氢较多的碳原子}}{CH}=CH_2 + HBr \longrightarrow \underset{\text{主要产物}}{CH_3CH_2\underset{Br}{CH}CH_3} + \underset{次要产物}{CH_3CH_2CH_2\underset{Br}{CH_2}}$$

$$CH_3-CH=CH_2 + HBr \longrightarrow CH_3-\underset{Br}{CH}-CH_3 \quad 主要产物$$

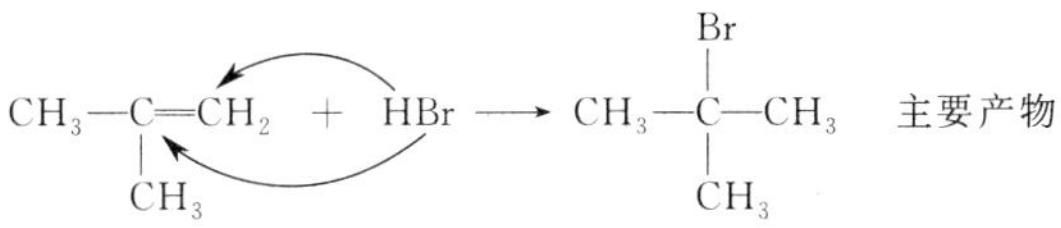

$$CH_3-\underset{CH_3}{C}=CH_2 + HBr \longrightarrow CH_3-\underset{CH_3}{\overset{Br}{C}}-CH_3 \quad \text{主要产物}$$

但当有过氧化物（如过氧化氢等）存在时，不对称烯烃与溴化氢的加成按反马氏规则进行，即氢原子加到含氢较少的双键碳原子上。这种现象也称为过氧化物效应。例如：

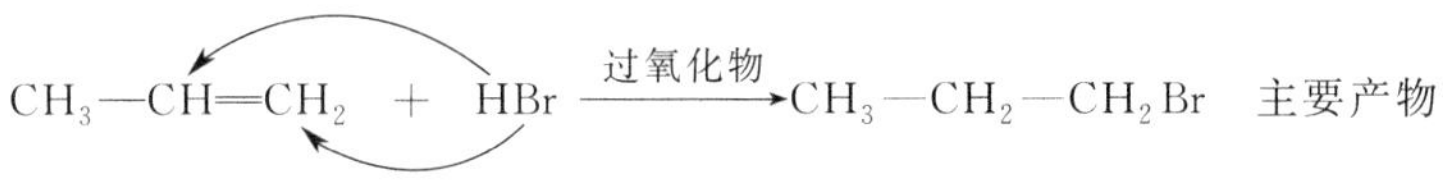

$$CH_3-CH=CH_2 + HBr \xrightarrow{\text{过氧化物}} CH_3-CH_2-CH_2Br \quad \text{主要产物}$$

小贴士：

过氧化物含有过氧键：—O—O—，在过氧化物存在下，加成反应由离子型变为自由基型，由于这两种反应类型机理不同，故产物不同。

必须注意的是，过氧化物效应只对不对称烯烃与 HBr 的加成有影响，而 HI 和 HCl 与烯烃的加成，不存在过氧化物效应。

（4）与硫酸加成

烯烃与浓硫酸发生加成反应生成硫酸氢烷基酯，如果烯烃为不对称烯烃，则遵循马氏规则。硫酸氢烷基酯很容易水解生成相应的醇。例如：

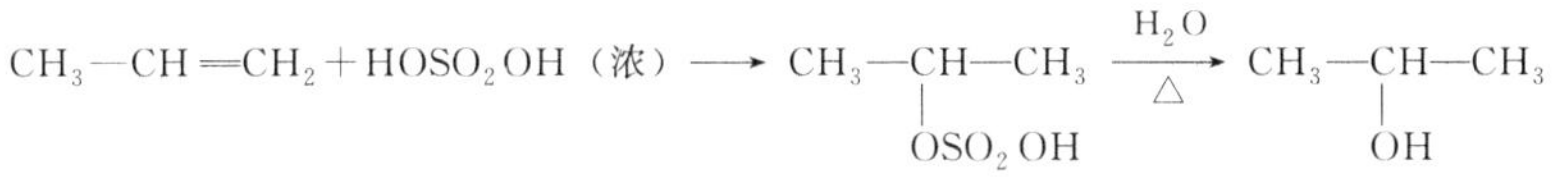

$$CH_3-CH=CH_2 + HOSO_2OH（浓） \longrightarrow CH_3-\underset{OSO_2OH}{CH}-CH_3 \xrightarrow[\triangle]{H_2O} CH_3-\underset{OH}{CH}-CH_3$$

工业上利用该方法以乙烯为原料生产醇，其也称间接水合法。同时，浓硫酸与烯烃的加成产物——硫酸氢烷基酯可溶于硫酸，而烷烃不溶于硫酸，石油工业中也利用这一性质来脱除油品中的烯烃，以提高油品质量。

小知识：

氯乙烷微溶于水，而易溶于乙醚、乙醇等。氯乙烷的蒸气能与空气形成爆炸性混合物。在医学上，氯乙烷用作外科手术麻醉剂，并用作油脂、树脂等的溶剂以及生产乙基纤维素的原料等。

（5）与水加成

烯烃在酸的催化作用下，可以与水发生加成生成醇。同样，不对称烯烃与水的反应遵循马氏规则。例如：

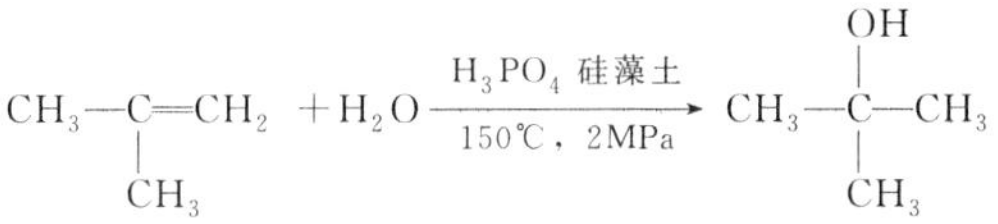

$$CH_3-\underset{CH_3}{C}=CH_2 + H_2O \xrightarrow[150℃, 2MPa]{H_3PO_4 \text{硅藻土}} CH_3-\underset{CH_3}{\overset{OH}{C}}-CH_3$$

该方法是工业上生产低级醇的方法，因其一步制备出醇，也称为直接水合法。

小贴士：

直接水合法和间接水合法都可以制备醇，但是直接水合法可以在稀酸溶液中进行，稀硫酸或磷酸都可以作为催化剂，对设备的腐蚀性较小，也更方便经济。

（6）与次卤酸加成

次卤酸（HOX）与烯烃加成生成卤代醇，该反应也遵循马氏规则，但这里的正性基团是 X^+（相当于 H^+）。另外，该反应是烯烃与卤素在水溶液中直接进行，而不是提前制备出次卤酸。例如：

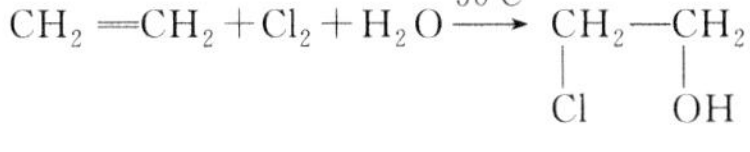

$$CH_2=CH_2 + Cl_2 + H_2O \xrightarrow{50℃} \underset{Cl\quad OH}{CH_2-CH_2}$$

综上所述，烯烃可以与卤素、卤化氢、硫酸、水和次卤酸反应，这些都属于亲电加成反应，都遵循马氏规则。

> **小知识：**
> 乙烯产品占石化产品的 75% 以上，在国民经济中占有重要的地位，被称为"石化工业之母"。乙烯的工业用途广泛，是合成树脂、合成纤维、合成橡胶、医药、染料、农药、化工新材料和日用化工产品的基本原料，这些化工产品对促进国民经济发展和改善人民生活水平具有重要作用。
> 我国是仅次于美国的世界第二大乙烯生产国。2023 年 2 月，中石化海南炼化公司 100 万吨/年乙烯项目顺利打通全流程各装置，实现一次投料开车成功。该项目在工程建设和智慧工厂建设等方面取得多项突破。其中"数字孪生工厂建设"等三个场景被国家工信部评为 2022 年度智能制造优秀场景。项目顺利投产，实现了海南乙烯工业的"零突破"，每年可为下游提供 200 多万吨化工新产品，直接带动衍生海南自由贸易港以及先进农业、绿色化工、旅游健康等下游产业发展，成为新"引擎"。

拓展知识链：亲电加成反应机理

烯烃的亲电加成反应是分步进行的，首先极性分子溴化氢中缺电子的氢原子进攻双键上电子云密度较大的碳原子。这种缺电子体具有亲电性，称为亲电试剂。由亲电试剂进攻而引起的加成反应，叫作亲电加成反应。

带正电荷的氢离子与双键的一对电子结合，形成一个碳正离子中间体。接着碳正离子再与溴负离子结合，生成产物卤代烃。这两步反应，第一步较慢，是反应的决定步骤，碳正离子一旦生成会迅速与溴负离子结合。

第一步：$\overset{\delta+}{CH_2}=\overset{\delta-}{CH_2} + \overset{\delta+}{H}-\overset{\delta-}{Br} \xrightarrow[\text{决定步骤}]{\text{慢}} \overset{+}{CH_2}-CH_3 + Br^-$
                                                                                                碳正离子

第二步：$\overset{+}{CH_2}-CH_3 + Br^- \xrightarrow{\text{快}} CH_2Br-CH_3$

对于不对称的丙烯来说，与氢离子结合可以得到伯和仲两种碳正离子。根据物理学理论，带电体系的稳定性取决于所带电荷的分布情况，电荷越分散体系越稳定。对于碳正离子而言，因为烷基是给电子基团，所以所连烷基越多，正电荷就越分散，碳正离子也就越稳定。根据以上分析，碳正离子的稳定性为：

叔碳正离子＞仲碳正离子＞伯碳正离子＞甲基正离子

$$\overset{R}{\underset{R}{R-\overset{+}{C}}} > \overset{R}{\underset{H}{R-\overset{+}{C}}} > \overset{R}{\underset{H}{H-\overset{+}{C}}} > \overset{H}{\underset{H}{H-\overset{+}{C}}} \quad (R=烷基)$$

在反应过程中，当氢离子结合到含氢较少的双键碳原子上时，生成的碳正离子才会更稳定，所以更容易生成。

$$CH_3-CH=CH_2 \xrightarrow{H^+} \begin{cases} CH_3-\overset{+}{CH}-CH_3 \xrightarrow{Br^-} CH_3-\underset{Br}{CH}-CH_3 \\ \text{仲碳正离子较稳定} \qquad\qquad\qquad \text{主要产物} \\ CH_3-CH_2-\overset{+}{CH_2} \xrightarrow{Br^-} CH_3-CH_2-\underset{Br}{CH_2} \\ \text{伯碳正离子不稳定} \qquad\qquad\qquad \text{次要产物} \end{cases}$$

2. 氧化反应

烯烃的氧化反应较复杂，随烯烃的结构、反应条件、氧化剂和催化剂等条件的不同，可以生产不同的产物。

（1）催化氧化

在催化剂存在下，用空气或氧气氧化烯烃可以生成重要的化合物。例如，工业上以银为催化剂，用空气中的氧直接氧化乙烯时，乙烯分子中的键断裂生产环氧乙烷。

$$H_2C=CH_2 + O_2 \xrightarrow[250℃]{Ag} \underset{O}{H_2C-CH_2}$$

（2）高锰酸钾氧化

烯烃可以被高锰酸钾等氧化剂氧化，使高锰酸钾的紫色褪去，这是鉴别不饱和烃的常用方法之一。

与高锰酸钾的碱性冷溶液发生氧化反应时，双键中的键断裂生成邻二醇，高锰酸钾被还原，生成棕色的二氧化锰沉淀。

在加热条件下或在高锰酸钾的酸性溶液中，烯烃的双键完全断裂。此反应因烯烃结构不同，所得产物也不同。双键碳原子上连有两个氢原子的部分，被氧化为二氧化碳和水；连有一个烷基和一个氢原子的部分，被氧化为羧酸；连有两个烷基的部分，被氧化为酮。

因此，可以通过对氧化反应产物的分析，推测原来烯烃的结构。

> **小知识：**
> 环氧乙烷是最简单的环醚，沸点为 10.7℃，溶于水、乙醇和乙醚等，与空气能形成爆炸性混合物。环氧乙烷的化学性质非常活泼，是重要的有机合成中间体，可用于制备防冻剂、乳化剂、合成洗涤剂等。环氧乙烷是国家重点监管的危化品。

课堂练习

> 推测经酸性高锰酸钾溶液氧化后生成下列产物的烯烃结构。
> （1）CO_2、H_2O；　　（2）CH_3CH_2COOH、CO_2 和 H_2O
> （3）$CH_3-\overset{O}{\underset{\|}{C}}-C_2H_5$　　（4）$H_3C\overset{O}{\underset{\|}{C}}CH_3$ 和 CH_3COOH

3. 聚合反应

在一定条件下，烯烃分子中的 π 键断裂，分子间相互结合生成长链的大分子或高分子化合物。生成高压聚乙烯（150～160MPa）和低压聚乙烯（1～1.5MPa）的反应式如下：

$$n\,CH_2\!=\!CH_2 \xrightarrow[\substack{150\sim160\text{MPa}\\200℃}]{\text{引发剂}} -\!\!\!-\!\!\![CH_2\!-\!CH_2]_n\!-\!\!\!-$$

高压聚乙烯

$$n\,CH_2\!=\!CH_2 \xrightarrow[\substack{1\sim1.5\text{MPa}\\60\sim75℃}]{TiCl_4\text{-}Al(CH_3CH_2)_3} -\!\!\!-\!\!\![CH_2\!-\!CH_2]_n\!-\!\!\!-$$

低压聚乙烯

> **小知识：**
> 高压聚乙烯也称低密度聚乙烯，无味无毒，耐腐蚀，有良好的绝缘性和韧性，广泛应用于薄膜、编织袋、电缆包皮等；低压聚乙烯又称高密度聚乙烯，质地较硬，力学性能好，一般用于管、板、箱等硬质容器以及各种包装用具。

码 8-5 聚合反应安全事故案例

第三节　炔烃

乙炔是炔烃系列中最简单的化合物。乙炔的用途之一是用来焊接（图 8-14）或切割金属，因其燃烧时所形成的氧炔焰温度可高达 3500℃。乙炔还是重要的有机合成原料，可用于生产杀虫剂、塑料、人造羊毛、合成纤维（图 8-15）以及人造橡胶（图 8-16）。

一、炔烃的结构和异构现象

分子中含有一个碳-碳三键（C≡C）的不饱和烃叫作炔烃。烯烃的通式是 C_nH_{2n-2}（n 表示碳原子数），C≡C 是烯烃的官能团。

1. 乙炔分子的结构

乙炔分子中的 2 个碳原子和 2 个氢原子都在同一直线上，称为线

> **小贴士**
> 在 sp 轨道中，s 轨道成分占 1/2，p 轨道成分占 1/2，它是由一个 2s 轨道和一个 2p 轨道的 p 轨道"混合"而成的，其几何形状为直线形，键角为 180°。
> 键角180°

型分子。

图 8-14 乙炔焊接

图 8-15 合成纤维

图 8-16 人造橡胶轮胎

乙炔分子的球棍模型和比例模型分别如图 8-17 和图 8-18 所示。

图 8-17 乙炔分子球棍模型

图 8-18 乙炔分子比例模型

码 8-6 碳原子的 sp 杂化

在乙炔分子中，碳原子是 sp 杂化的，两个碳原子各以一个 sp 轨道重叠，形成一个 C—C σ 键，同时又各以另一个 sp 轨道与氢原子的 1s 轨道重叠，形成 C—H σ 键，所以分子中 4 个原子都处于同一个直线上。每个碳原子还有 2 个未参与杂化的 p 轨道，它们互相垂直并分别从侧面两两相互重叠，形成 2 个相互垂直的 π 键。

乙炔分子是由一个 σ 键和两个 π 键组成。由于 sp 杂化轨道所含 s 轨道成分更多，电负性更大，增加了原子间的吸引力，使原子间更加靠近。所以 C≡C 的键长更短，键能更大。

码 8-7 乙炔分子结构

2. 炔烃分子的异构现象

由于碳-碳三键的几何形状为直线型，所以炔烃无顺反异构体。与同碳原子数的烯烃相比，炔烃的异构体较少，只有碳链异构和官能团位置异构两种异构现象。

例如：丁烯有三个构造异构体，而丁炔只有两个：

$$HC≡C—CH_2—CH_3 \qquad H_3C—C≡C—CH_3$$
$$\text{1-丁炔} \qquad\qquad \text{2-丁炔}$$

戊烯有五个构造异构体，而戊炔只有三个异构体：

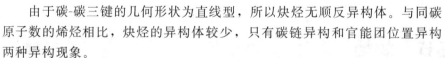

1-戊炔　　　　　　2-戊炔　　　　　　3-甲基-1-丁炔

小知识：
C≡C 键长：0.120nm
C═C 键长：0.133nm
C—C 键长：0.154nm
乙烷 C—C 键能：347kJ/mol
乙烯 C═C 键能：611kJ/mol
乙炔 C≡C 键能：835kJ/mol

二、炔烃的命名

炔烃的系统命名与烯烃相似，只需将"烯"改成"炔"即可。

1. 选主链

选择含有三键在内的最长碳链作为主链，若分子中同时含有双键和三键，则选择含有双键和三键的最长碳链为主链。

$$\overset{1}{C}H_3-\overset{2}{C}\equiv\overset{3}{C}-\overset{4}{C}H-\overset{}{C}H_3$$
$$\underset{\underset{6}{C}H_3}{\overset{5}{C}_2H_5}$$
4-甲基-2-己炔

$$\overset{3}{C}H_3-\overset{2}{C}H-\overset{1}{C}\equiv CH$$
$$\underset{4}{C}H(CH_3)_2$$
3,4-二甲基-1-戊炔

2. 定编号

从距离三键最近的一端开始编号，并以三键和双键位次和最小为原则。当双键和三键处于同一位次时，优先给双键以最小编号。

$$\overset{1}{C}H_3-\overset{2}{C}\equiv\overset{3}{C}-\overset{4}{C}H=\overset{5}{C}H-\overset{6}{C}H_2-\overset{7}{C}H_3$$
4-庚烯-2-炔

注意：该题必须从左向右编号，否则不能满足双键和三键位次和最小的原则。

$$\overset{4}{C}H\equiv\overset{3}{C}-\overset{2}{C}H=\overset{1}{C}H_2$$
1-丁烯-3-炔

注意：不叫 3-丁烯-1-炔
该题双键和三键位于碳链的两端，都处于第一位次，此时给双键最小编号，因此必须从右向左编号。

$$\overset{5}{C}H\equiv\overset{4}{C}-\underset{\underset{}{C}H_3}{\overset{3}{C}H}-\overset{2}{C}H=\overset{1}{C}H_2$$
3-甲基-1-戊烯-4-炔

注意：不叫 4-戊烯-1-炔
该题同样是双键和三键都位于第一位次，此时给双键最小编号，因此必须从右向左编号。

3. 写全称

取代基的名称和位次写在母体名称前面，表示方式与烯烃相似，称为某炔；同时含有双键和三键的化合物，称为某烯炔（烯在前，炔在后）。

三、炔烃的性质

（一）物理性质

炔烃的物理性质与烷烃、烯烃基本相似。在常温常压下，乙炔、丙炔以及 1-丁炔为气体，2-丁炔以及 C_5 以上的炔烃为液体，高级炔烃为固体。炔烃的物理常数随分子量的增加而升高，低级炔烃的熔点、沸点和相对密度比相应烷烃和烯烃的都高一些。溶解度方面，烯烃不溶于水而易溶于极性小的有机溶剂，如苯、乙醚、四氯化碳等。

思考与讨论

> 乙炔是一种极易燃易爆的气体。此处引入一则乙炔气体爆炸导致的案例，并引导学生分析使用乙炔气体的注意事项。

（二）化学性质

炔烃分子中含有不饱和键，化学性质与烯烃相似，也可以发生加成、氧化、聚合等反应。但是，碳-碳三键的键长较短，p 轨道之间的重叠程度比碳-碳双键 p 轨道的重叠程度大，π 电子不易被极化。所以炔烃虽然不饱和程度高，但其亲电加成反应的活性比烯烃低。此外，端基炔（—C≡C）碳原子上所连的氢原子具有弱酸性，可以发生一些特有的反应。

1. 加成反应

（1）催化加氢

炔烃分子中含有两个键，所以炔烃既可以加一分子的氢，生成相应的烯烃；也可以加两分子的氢，生成相应的烷烃。例如：两步加成。

$$CH_3-C\equiv CH \xrightarrow[H_2]{Pt} CH_3-CH=CH_2 \xrightarrow[H_2]{Pt} CH_3-CH_2-CH_3$$

反应通常不能停留在生成烯烃的阶段，而是直接生成烷烃。如果选用活性较低的林德拉（Lindlar）催化剂（Pd-BaSO$_4$/喹啉），则可使反应停留在烯烃阶段。例如：

$$CH_3-C\equiv CH \xrightarrow[H_2]{Lindlar} CH_3-CH=CH_2$$

$$CH\equiv C-CH_2 \xrightarrow[H_2]{Lindlar} CH_2=CH-CH_2$$

（2）与卤素的加成

炔烃与氯或溴的亲电加成反应也是分两步进行的。炔烃与溴加成，使溴的红棕色消失，因此可以通过溴的四氯化碳溶液颜色的褪色来检验炔烃。由于三键的活性弱于双键，所以炔烃的加成反应比烯烃慢，炔烃需要几分钟才能使溴的四氯化碳溶液褪色。

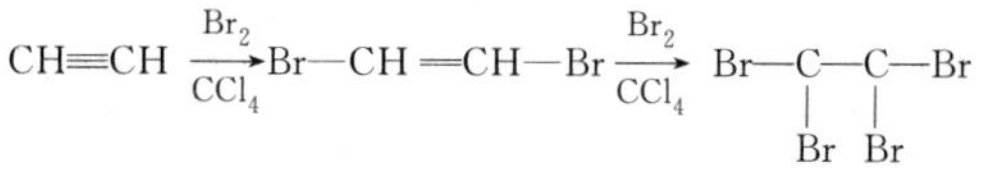

$$CH\equiv CH \xrightarrow[CCl_4]{Br_2} Br-CH=CH-Br \xrightarrow[CCl_4]{Br_2} \underset{\underset{Br\ Br}{|\ \ |}}{Br-C-C-Br}$$

　　　　　　　　　　1,2-二溴乙烯　　1,1,2,2-四溴乙烷

因为炔烃这种较低的亲电加成活性，当与既含有双键又含有三键的烯炔反应时，在卤素不过量的情况下，只有双键发生加成而三键保留。例如：

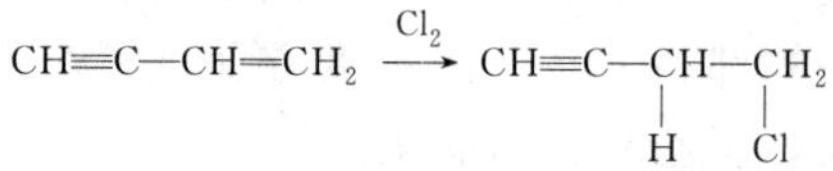

$$CH\equiv C-CH=CH_2 \xrightarrow{Cl_2} CH\equiv C-\underset{\underset{H}{|}}{CH}-\underset{\underset{Cl}{|}}{CH_2}$$

> **课堂练习**
>
> 完成下列反应（炔烃与卤素的亲电加成）。
> （1）　CH≡C—CH=CH$_2$ +(1mol)HBr ⟶
> （2）　CH$_3$—C≡CH +Cl$_2$ ⟶ $\xrightarrow{HCl}$

（3）与卤化氢的加成

炔烃与卤化氢的加成要比烯烃困难，需要在 HgCl$_2$ 或 HgSO$_4$ 的催化作用下才可以进行。例如：

小贴士：

林德拉催化剂

由罗氏公司的化学家林德拉（Herbert Lindlar）发明。其是一种选择性催化加氢催化剂。由金属钯吸附在载体（CaCO$_3$ 或 BaSO$_4$）上，并加入少量抑制剂（醋酸铅或喹啉）而成。其中钯的含量为 5%～10%。

林德拉催化剂可以使炔烃的催化加氢反应停留在烯烃阶段，工业上利用这个反应除去乙烯中含有的少量乙炔，以提高乙烯的纯度。

$$CH\equiv CH + HCl \xrightarrow[\triangle]{HgCl_2} Cl-CH=CH_2$$
氯乙烯

炔烃与卤化氢的加成在选择性方面与烯烃相似，不对称炔烃与卤化氢的加成也遵循马氏规则。而在过氧化物存在下，炔烃与溴化氢的加成遵循反马氏规则。

$$CH_3C\equiv CH \xrightarrow{HBr} \begin{array}{l} \xrightarrow{HgCl_2} CH_3-\underset{Br}{C}=CH_2 + CH_3-\underset{Br}{\overset{Br}{C}}-CH_3 \\ \xrightarrow{过氧化物} CH_3-CH=\underset{Br}{CH} + CH_3-CH_2-\underset{Br}{CH}-Br \end{array}$$

小知识：

这是工业上生产氯乙烯的一个方法。氯乙烯是重要的化工原料，易聚合，是高分子化合物聚氯乙烯的单体。其也可以与丁二烯、乙烯、丙烯、丙烯腈等进行共聚。

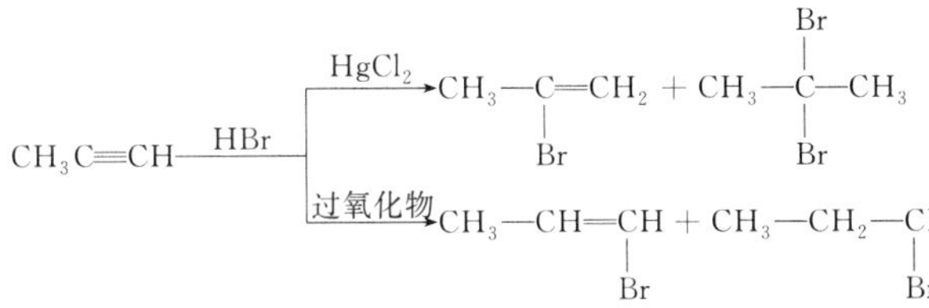

（4）与水的加成

在酸催化下，烯烃与水加成生成烯醇（双键碳原子上连有羟基），烯醇不稳定，会发生分子内重排得到醛或酮。烯醇式和羰基化合物之间结构上的相互转变称为互变异构现象，它们属于互变异构体。不对称炔烃与水的加成反应也遵循马氏规则。

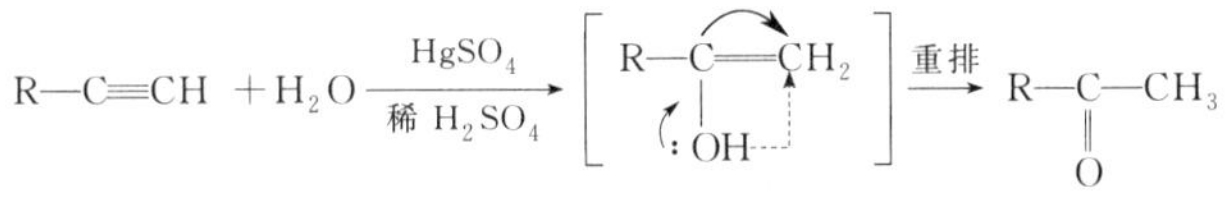

$$R-C\equiv CH + H_2O \xrightarrow[稀\ H_2SO_4]{HgSO_4} \left[R-\underset{OH}{C}=CH_2 \right] \xrightarrow{重排} R-\underset{O}{\overset{}{C}}-CH_3$$
烯醇式

2. 氧化反应

在高锰酸钾等氧化剂作用下，炔烃很容易被氧化。炔烃结构不同时，会生成不同的氧化产物。三键碳原子上连有烷基的部分，被氧化为羧酸；连有一个氢原子的部分，被氧化为二氧化碳。

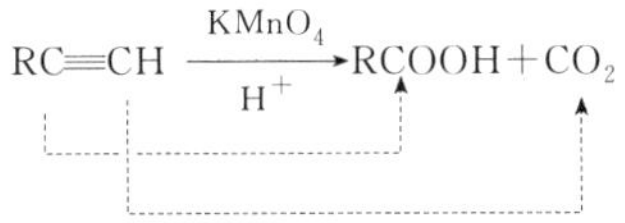

$$RC\equiv CH \xrightarrow[H^+]{KMnO_4} RCOOH + CO_2$$

小知识：

互变异构体是一种特殊的官能团异构体。一对互变异构体可以相互转化，但通常以一种比较稳定的异构体为其主要的存在形式。

该反应中高锰酸钾的紫色褪去，可以作为不饱和键（包括双键和三键）的鉴定反应。同时可根据氧化产物来进一步确定炔烃的结构。例如：

$$CH_3-C\equiv C-CH_3 \xrightarrow[H^+]{KMnO_4} 2CH_3COOH$$

$$CH_3-C\equiv C-CH_2CH_3 \xrightarrow[H^+]{KMnO_4} CH_3COOH + CH_3CH_2COOH$$

3. 聚合反应

与乙烯相似，乙炔也可以通过自身加成的方式发生聚合反应。与烯烃不同的是，炔烃一般不聚合成高分子化合物，而是生成二聚体或三聚体。在不同的条件或催化剂作用下，聚合产物可以是链状或环状化合物。例如：

$$2HC\equiv CH \xrightarrow[H^+]{CuCl-NH_4Cl} CH\equiv C-CH=CH_2$$

$$3HC≡CH \xrightarrow[\text{高温}]{\text{催化剂}} \text{〇}$$

4. 端基炔的特性

在炔烃分子中，直接连接在三键碳原子上的氢原子具有特殊的活性，它比连在双键或单键碳原子上的氢原子都要活泼，通常称其为活泼氢，也称炔氢。三键碳原子是 sp 杂化，其电负性比 sp^2 和 sp^3 杂化的碳原子要大，碳原子核对电子的吸附能力更强，使得 C—H 键的极性增强。与相应的烷烃、烯烃相比，炔氢呈现一定的弱酸性，能被金属取代生成金属炔化物。

（1）被碱金属取代

炔氢能被碱金属（如钠或钾）或强碱氨基钠取代，生成金属炔化物。

$$RC≡CH + \underset{\text{或 } NaNH_2}{Na} \xrightarrow{NH_3} RC≡CNa + H_2$$

炔化钠的化学性质非常活泼，是有机合成中重要的中间体。它能够与卤代烃反应，生成高级炔烃。这是有机合成中常用的增碳反应之一。

$$CH_3—C≡CNa + C_2H_5Br \longrightarrow CH_3—C≡C—C_2H_5$$

（2）被重金属取代

乙炔和端基炔烃还可以与硝酸银的氨溶液以及氯化亚铜的氨溶液反应，分别生成白色的炔化银和棕红色的炔化亚铜沉淀。

$$R—C≡CH + Ag(NH_3)_2NO_3 \longrightarrow R—C≡CAg \downarrow$$
炔化银（白色）

$$R—C≡CH + Cu(NH_3)_2Cl \longrightarrow R—C≡CCu \downarrow$$
炔化亚铜（棕红色）

上述反应十分灵敏，现象也十分明显，常用来鉴定乙炔和端基炔烃。

💡 拓展知识链：金属炔化物

> 金属炔化物在潮湿或低温状态下比较稳定，而在干燥状态下会因撞击或受热发生爆炸。
>
> $$AgC≡CAg \xrightarrow{\triangle} 2Ag + 2C + Q$$
>
> 因此金属炔化物使用完毕后，应将其用稀硝酸或稀盐酸处理，使之分解为原来的炔烃。
>
> $$AgC≡CAg + 2HCl \longrightarrow HC≡CH + 2AgCl$$
> $$CuC≡CCu + 2HCl \longrightarrow HC≡CH + 2CuCl$$
>
> 利用这一性质可以分离和提纯端位炔烃。
>
> 重要的化工原料碳化钙，俗称"电石"，就是一种碱土金属炔化物。

拓展阅读：重要的烷烃——汽油

　　汽油是一种无色或淡黄色、易挥发和易燃的液体，具有特殊臭味。汽油不溶于水，易溶于苯、二硫化碳和醇。

　　汽油的成分比较复杂，主要是烷烃，从碳四到碳十二，其中以碳五到碳九为主。各种汽油的组分不同，所以它们的理化常数也不一样，有一定的幅度变化，比如沸点为 40～200℃，闪点为 －58～10℃，相对密度为 0.67～0.71，爆炸极限为 1.3%～6%。

　　汽油标号：实际汽油抗爆性与标准汽油抗爆性的比值。标准汽油是由异辛烷和正庚烷组成的。如果汽油的标号为 90，则表示该标号的汽油与含 90% 异辛烷、10% 正庚烷的标准汽油具有相同的抗爆性。标号越高，抗爆性能就越好。

知识框架

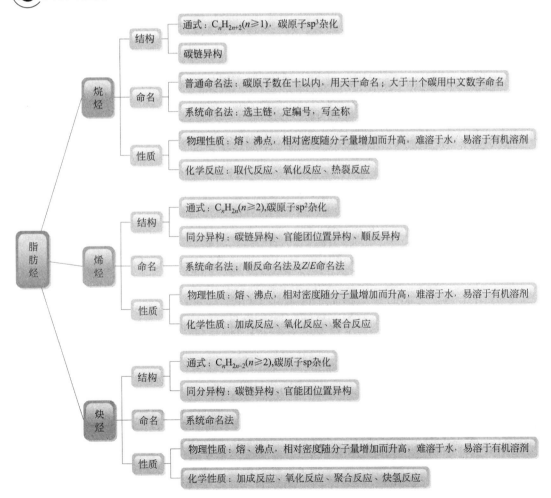

课后习题

1. 命名下列化合物或写出结构式。

(1) $CH_3-CH(CH_3)-C(CH_3)(CH_2CH_3)-$

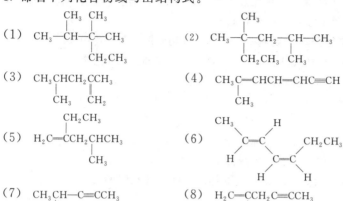

(2) $CH_3-C(CH_3)_2-CH_2-CH(CH_3)-CH_3$

(3) $CH_3CHCH_2CH_3$ 带 CH_3 和 CH_2 支链

(4) $CH_3-CH=CH-CH(CH_3)-C\equiv CH$

(5) $H_2C=C(CH_2CH_3)-CH_2-CH(CH_3)-CH_3$

(6) 顺反异构烯烃结构式

(7) $CH_3-C\equiv C-CH_3$（其中一个碳连 C_2H_5）

(8) $H_2C=CH-CH_2-C\equiv C-CH_3$（含甲基支链）

2. 完成下列反应方程式。

(1) $CH_3C=CH-CH_3\;(CH_3) + HCl \longrightarrow$

(2) $H_2C=C(CH_3)-CH=CH_2 \xrightarrow{KMnO_4 / H^+}$

(3) $CH_3-C(CH_3)=CH_2 + HBr \xrightarrow{过氧化物}$

(4) $H_2C=CHCH_2C\equiv CH + H_2O \xrightarrow{Hg^+,\;H_2SO_4}$

(5) $H_2C=CHCH_2C\equiv CH + (1\,mol)HBr \longrightarrow$

(6) $H_2C=CHCH_2C\equiv CH + KMnO_4 \xrightarrow{H^+}$

(7) $H_2C=CHCH_2C\equiv CH + H_2 \xrightarrow[\text{喹啉}]{Pd\text{-}BaSO_4}$

3. 比较下列碳正离子的稳定性。

(1) $CH_3\overset{+}{C}HCH_2-CH_3$，$CH_3\overset{+}{C}HCH_2CH_3$（含甲基），$CH_3\overset{+}{C}HCH_2CH_3$，$CH_3\overset{+}{C}HCHCl-CH_3$

(2) $CH_3\overset{+}{C}HCH_2CH=CH_2$，$\overset{+}{C}H_2-CH=CHCH_2CH_3$

(3) $CH_3\overset{+}{C}CH=CH_2$（含 CH_3），$\overset{+}{C}H_2-CH=CH_2$，$CH_3\overset{+}{C}HCH=CH_2$

4. 用化学方法鉴别下列各组化合物。

(1) 1-丁炔和 2-丁炔   (2) 乙烷、乙烯和乙炔

5. 某化合物的分子式为 C_7H_{14}，其能使溴水褪色；能溶于浓硫酸中；催化加氢得 3-甲基己烷；用过量的酸性高锰酸钾溶液氧化，得两种不同的有机酸。试写出该化合物的结构式。

6. 某化合物分子式是 C_9H_{16}，经高锰酸钾的酸性溶液氧化，得到以下三个化合物：

$H_3C-\underset{\underset{O}{\|}}{C}-CH_2-COOH$ CH_3CH_2COOH CO_2

试写出该化合物所有可能的结构式。

7. 化合物 A 和 B 的分子式同为 C_6H_{10}，催化加氢后都得到 2-甲基戊烷，A 与硝酸银的氨溶液反应，而 B 不与硝酸银的氨溶液反应，写出 A 和 B 的构造式。

8. 某化合物的分子式为 C_6H_{10}，能与 2mol 溴加成而不能与氯化亚铜的氨溶液起反应。在汞盐的硫酸溶液中，能与水反应得到 4-甲基-2-戊酮和 2-甲基-3-戊酮的混合物。试写出 C_6H_{10} 的构造式。

实训建议

本章可选择性开展烯烃、炔烃等常见官能团的鉴定，常压蒸馏及沸点的测定，环己烯的制备等实训项目，帮助学生掌握蒸馏、干燥、重结晶等有机化学实验的基本操作以及不饱和烃的鉴定方法等。

第九章 环 烃

知识目标：1. 掌握简单脂环烃和芳香烃化合物的命名；
    2. 理解三元环、四元环及苯环的结构特点；
    3. 掌握脂环烃、芳烃的化学性质；
    4. 熟悉芳环亲电取代反应的定位规律以及应用。
能力目标：1. 能对简单的环状化合物进行命名或根据名称写出其对应的结构式；
    2. 能利用有机环状化合物的性质区别或鉴定相应的化合物；
    3. 能够依据环状化合物的性质解释生产中与之相关的化学变化。

本章总览：环状化合物指分子中原子以环状排列的化合物，根据组成元素的不同，其可以分为碳环化合物和杂环化合物。本章将介绍碳环化合物。这一类型化合物又可根据环上碳原子之间成键的不同，进一步分为脂环烃和芳香烃。结构的不同导致它们呈现出不同的性质。

第一节 脂环烃

  分子中包含闭合环状碳骨架，且化学性质与烷烃、烯烃、炔烃等脂肪烃相似的碳氢化合物称为脂环烃。根据分子中是否含有不饱和键，其又分为饱和脂环烃（环烷烃）和不饱和脂环烃（环烯烃和环炔烃）两类。脂环烃是自然界中存在较广泛的一类化合物，例如石油中含有许多 $C_5 \sim C_7$ 的脂环烃；又如天然产物樟脑（图9-1）、薄荷醇（图9-2）以及动物体内的胆固醇（图9-3）等也属于脂环烃。

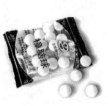  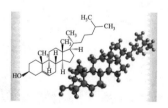

  图 9-1 樟脑   图 9-2 薄荷醇   图 9-3 胆固醇

一、脂环烃的通式和结构

1. 通式、同系列和同系物

根据分子中碳环的数目，脂环烃可分为单环和多环。单环环烷烃的通式为 C_nH_{2n} ($n \geq 3$)，与烯烃相同。

单环环烯烃的通式为 C_nH_{2n-2} ($n \geq 3$)，与炔烃相同。

2. 环烷烃的结构

构成环烷烃的碳原子个数和环的稳定性有着密切的关系。环越小，化学性质越活泼，所以环丙烷最不稳定，环丁烷次之，环烷烃稳定性的顺序可以从环烷烃的分子结构加以解释。

环丙烷（三元环）　环丁烷（四元环）　环戊烷（五元环）　环己烷（六元环）

小贴士：

角张力

由键角偏离了正常键角而产生的一种力图恢复正常键角的张力叫作角张力。角张力越大，分子内能越高，稳定性越差。

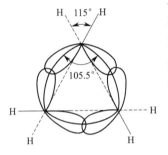

图 9-4　环丙烷中 sp^3 杂化轨道重叠情况

构成环烷烃分子的碳原子是饱和碳原子，在成键时以 sp^3 杂化的方式与相邻碳原子或氢原子成键，但为了形成环，杂化轨道对称轴的夹角并不一定是 109.5°，环的大小不同，其键角也不同。环烷烃分子内三个碳原子形成一个正三角形，分布在一个平面上（图 9-4）。由于受几何形状的限制，分子中的碳原子之间形成 C—C σ 键时，sp^3 杂化轨道不可能像烷烃那样沿着轨道对称轴进行最大程度的重叠，只能以弯曲的方式相互重叠，形成一个弯曲的香蕉形的键，称为弯曲键，碳原子间的夹角为 105.5°。与正常的键相比，这种弯曲键成键电子云重叠较少，C—C σ 键变弱，导致环不稳定，容易受试剂的进攻发生开环反应。

如图 9-5 所示，环丁烷的结构与环丙烷的相似，碳-碳键也是弯曲的，但是弯曲的程度要小一些，且分子中的四个碳原子不在一个平面内，成键轨道的重叠程度要比环丙烷的大些，所以环丁烷的性质比环丙烷的稍稳定。应当指出的是，随着成环碳原子数的增多，成环碳原子之间 sp^3 杂化轨道的重叠程度逐渐增大。例如环己烷所有的碳-碳夹角已基本保持正常键角 109.5°（图 9-6），所以环己烷具有与烷烃相似的化学性质。

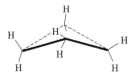　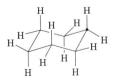

图 9-5　环丁烷的构象　　图 9-6　环己烷的构象

3. 环烷烃的同分异构

（1）碳链异构

同碳原子数的单环烷烃与烯烃是构造异构体，例如：环丙烷与丙烯。

单环环烯烃与同碳原子数的炔烃是构造异构体，例如：环丁烯与丁炔。

此外，由于组成环的碳原子数和取代基的不同，脂环烃本身也存在构造异构体。例如：分子式为 C_5H_{10} 的脂环烃有五个构造异构体。

（2）顺反异构

在环烷烃分子中，由于碳-碳键受环的限制不能自由旋转，所以在二取代或多取代的环烷烃分子中，环上取代基可以形成不同的空间排列形式，从而产生顺反异构体。例如：1,2-二甲基环丙烷分子中，环上的两个甲基分布在环所在平面同侧时称为顺式异构体，分布在环平面异侧时称为反式异构体。

> 课堂活动：
> 利用分子模型演示环丙烷分子中碳-碳双键不可旋转的特性。
> 想一想，前面讲过的化合物中还有其他不可旋转的结构吗？

二、脂环烃的命名

1. 环烷烃的命名

与烷烃命名相似，只是在相应的烷烃名称前面加一个"环"字。环上碳原子的编号也是以取代基位次之和最小为原则。环上有多个取代基时，将成环碳原子编号，按照次序规则给较优基团较大的位次，并使所有取代基的位次和尽可能小。例如：

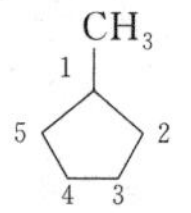

甲基环戊烷
注意：本题只有一个取代基，故顺时针或逆时针编号都是一样的。

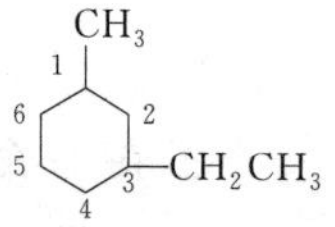

1-甲基-3-乙基环己烷
注意：本题有两个取代基，甲基更简单，所以给予1号位，同时为满足取代基位次之和最小，本题必须顺时针方向编号。

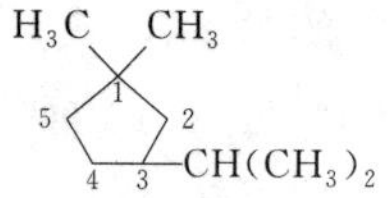

1,1-二甲基-3-异丙基环戊烷
注意：本题有三个取代基，两个甲基最简单，同时给予1号位，为满足取代基之和最小，本题必须顺时针方向编号

2. 不饱和脂环烃的命名

命名环烯烃和环炔烃时以不饱和环为母体，但是要把最小位次留给不饱和键，或者说以满足官能团碳原子位次最小为前提，使取代基编号之和最小。例如：

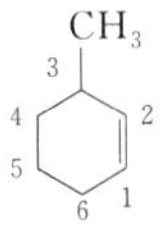

3-甲基环己烷

注意：本题从双键开始沿逆时针方向编号，所以甲基位次是3，而不是6。

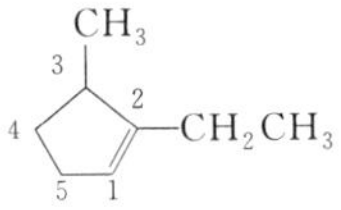

3-甲基-2-乙基环戊烯

注意：本题从双键开始沿逆时针方向编号，乙基和甲基分别在2号和3号位，书写时甲基在前，乙基在后。

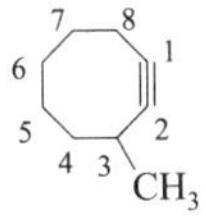

3-甲基环辛炔

注意：本题从三键开始沿顺时针方向编号，所以甲基位次是3，而不是8。

课堂练习

命名下列化合物。

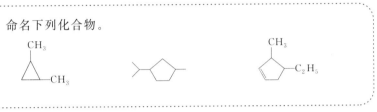

三、脂环烃的性质

1. 物理性质

在常温、常压下，三元与四元脂环烃为气体，五元与六元脂环烃为液体。与同碳原子数的烷烃相比，环烷烃的熔、沸点以及相对密度都要高一些。

2. 化学性质

一般来说，环烷烃与开链烷烃的化学性质相似，尤其是环戊烷和环己烷。但是由于具有环状结构，环烷烃还具有一些特殊的化学性质。

（1）饱和脂环烃的化学性质

① 取代反应。与烷烃一样，在高温或紫外线的照射下，环烷烃可与卤素发生自由基取代反应，生成相应的卤代烃。例如：

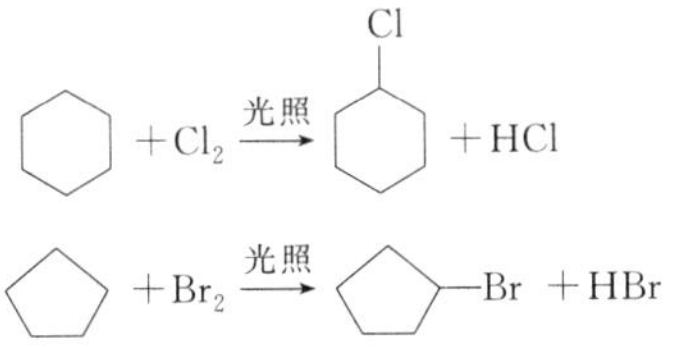

小知识：

环己醇易燃烧，微溶于水，易溶于乙醇、乙醚和苯等，工业上用于生产增塑剂、洗涤剂，也用作溶剂和乳化剂。

环己酮是油状液体，易溶于乙醇和乙醚，其蒸气能与空气形成爆炸性混合物，工业上用于生产树脂和合成纤维尼龙-6 的单体——己内酰胺。

乙二酸是白色晶体，是制造尼龙-66 的主要原料，也用于生产增塑剂、润滑剂和工程塑料等。

② 氧化反应。环烷烃在常温下不与 $KMnO_4$ 等氧化剂起反应，这与烯烃和炔烃的性质不同，所以可利用高锰酸钾水溶液是否褪色来鉴别环烷烃与不饱和烃。当加热或在催化剂的作用下时，用空气或硝酸等强氧化剂氧化环己烷，可得到不同的氧化产物。例如：

$$\text{环己烷} + O_2\text{（空气）} \xrightarrow[1.0\sim2.5\text{MPa}]{\text{环烷酸钴} \atop 150\sim160℃} \text{环己酮} + \text{环己醇}$$

$$\text{环己烷} \xrightarrow[90℃, 1\text{MPa}]{\text{醋酸钴}} \underset{\text{己二酸}}{\begin{array}{c}CH_2CH_2COOH\\|\\CH_2CH_2COOH\end{array}}$$

③ 开环反应。由于具有较大的环张力，环丙烷和环丁烷都表现出一种特殊的化学性质，即易开环，发生加成反应。

催化加氢：小环烷烃（环丙烷和环丁烷）在催化剂的作用下，受热能发生开环加氢反应，生成相应的烷烃。环大小不同，反应条件不同，环越大，反应温度越高。

$$\triangle + H_2 \xrightarrow[80℃]{Ni} CH_3CH_2CH_3$$

$$\square + H_2 \xrightarrow[200℃]{Ni} CH_3CH_2CH_2CH_3$$

上述条件下，环戊烷和环己烷均不反应。

想一想：

为什么环丁烷发生催化加氢时的温度要高于环丙烷呢？

加卤素：环丙烷和环丁烷能与卤素发生开环加成反应，生成相应的卤代烃。环大小不同，反应条件也不同。环丙烷在室温下即可与溴反应，而环丁烷加热才能反应。

$$\triangle + Br_2 \xrightarrow[\text{室温}]{CCl_4} BrCH_2CH_2CH_2Br$$
$$\text{1,3-二溴丙烷}$$

$$\square + Br_2 \xrightarrow[\text{加热}]{CCl_4} BrCH_2CH_2CH_2CH_2Br$$
$$\text{1,4-二溴丁烷}$$

加卤化氢：环丙烷、环丁烷与卤化氢发生开环加成反应，生成相应的卤代烃。

$$\triangle + HBr \xrightarrow{\text{室温}} BrCH_2CH_2CH_3$$
$$\text{1-溴丙烷}$$

$$\square + HBr \xrightarrow{\text{加热}} BrCH_2CH_2CH_2CH_3$$

烃基取代的环丙烷与卤化氢反应时，碳-碳键断裂发生在含氢最多与含氢最少的两个碳原子之间，且加成遵循马氏规则，即氢原子加到含氢较多的碳原子上。例如：

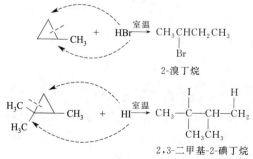

综上所述，环丙烷和环丁烷与烯烃相似，易发生开环加成反应，环

戊烷以及更高级环烷烃与烷烃相似,易发生取代反应和氧化反应,可以将它们的化学性质概括为:"小环"似烯,"大环"似烷。

（2）不饱和脂环烃的化学性质

环烯烃的化学性质与一般烯烃相似,能够发生催化加氢、亲电加成反应,并遵循马氏规则,也能够被高锰酸钾等氧化剂氧化,例如:

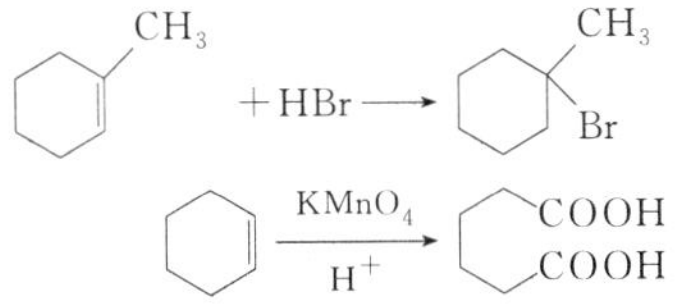

第二节　单环芳烃

芳香烃简称芳烃,是芳香族化合物的母体。这一族化合物最早是指那些从植物中提取出来的具有芳香味的物质,随着有机化学的不断发展,人们发现这一类型的碳氢化合物中多含有苯环。它们的化学性质与烷烃、烯烃、炔烃以及脂环烃的相比有很大的不同,苯环不易发生加成和氧化反应,而较容易发生取代反应,这种化学特性被称为芳香性。

随着有机化合物的增多,人们又发现了一些不具备苯环结构的环烃也有这类化合物的化学特性,因此,芳香烃可以分为苯型芳香烃和非苯型芳香烃。但人们通常所说的芳香烃,仍指分子中含有苯环结构的化合物。

一、苯的结构

苯分子是结构最简单、最具代表性的芳烃。苯的分子式是 C_6H_6,碳氢比高达 1∶1,理论上应该含有不饱和键。但苯却并不像烯烃和炔烃那样容易发生加成和氧化反应。1865 年,德国化学家凯库勒（Kekulé）提出了苯环的结构式,即由含有交替单、双键的六个碳原子组成的环状化合物。如下:

凯库勒结构式表明了苯分子的组成以及原子间的连接次序,但不能解释其化学性质。

物理方法测定证明苯分子的六个碳原子构成一个平面正六边形（见图 9-7、图 9-8）。所有碳-碳键的键长都一样,键角全部为 120℃。

小知识:

芳香性与休克尔定律

从凯库勒提出苯的环状结构,并发现苯和类苯化合物具有特殊性质以来,人们对芳香性和结构之间关系的研究也逐步深入,1931 年休克尔用简单的分子轨道法计算了单环多烯的电子能级,并提出休克尔规则。即当闭合环状平面型的共轭多烯电子数为 $4n+2$（n 为大于或等于零的整数）时,分子具有芳香性。

小知识:

必须指出的是,苯的结构式并不像凯库勒式中表示的那样,有单键和双键之分,6 个碳-碳键的键长是一样的,均为 140nm,比正常的碳-碳单键键长 154nm 要短,而比正常的碳-碳双键 133nm 要长。

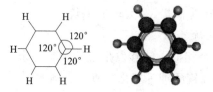

图 9-7 苯的球棍模型　　　　　图 9-8 苯的比例模型

近代杂化理论认为,苯分子的 6 个碳原子均为 sp^2 杂化。每个碳原子以 3 个 sp^2 杂化轨道分别与 2 个相邻碳原子的 sp^2 轨道和 1 个氢原子的 s 轨道正面交叠,形成 2 个 C—C σ 键和 1 个 C—H σ 键。6 个碳原子以这样的方式形成一个对称的正六边形,分子中所有原子都在同一个平面上。每个碳原子上各有一个未参与

图 9-9 苯分子中的环状共轭体系

杂化的 p 轨道,它们的对称轴两两平行,且都垂直于碳原子和氢原子所在的平面,"肩并肩"侧面交叠形成 1 个闭合的环状大 π 键,键电子云对称地分布在整个正六边形平面的上方和下方,见图 9-9。由于分子内原子之间的相互影响,大 π 键电子高度离域,电子云密度完全平均化,分子内能降低,因而苯分子很稳定。

目前还没有更好的结构式来表示苯的这种结构特点,出于书写习惯和解释问题的需要,学术上人们仍然沿用凯库勒结构式。此外,为了表示分子中 6 个 p 轨道所形成的大 π 键,还可采用正六边形中间加一个圆圈来表示苯分子。如下:

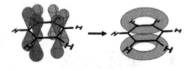

二、单环芳烃的命名

1. 一元取代苯

当苯环上的取代基为结构简单的烷基时,以苯环作为母体,烷基为取代基,称为某烷基苯,"基"字可省略。

　　　CH₃　　　　　CH₂CH₃　　　　　CH(CH₃)₂
　　　　　　　　　　　　　　　　　　　　　
　　　甲苯　　　　　　乙苯　　　　　　　异丙苯

2. 二元取代苯

当苯环上连有两个取代基时,可用阿拉伯数字表示它们之间的相对位置,也可以用"邻"或"$o-$"、"间"或"$m-$"、"对"或"$p-$"表示它们的相对位置。

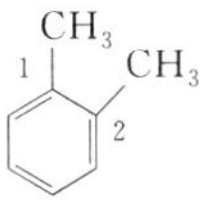

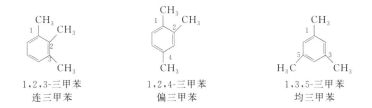

1,2-二甲苯	1,3-二甲苯	1,4-二甲苯
邻二甲苯	间二甲苯	对二甲苯
o-二甲苯	m-二甲苯	p-二甲苯

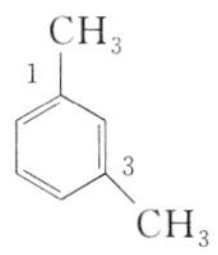

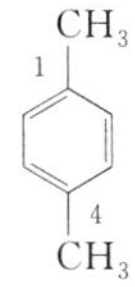

3. 三元取代苯

根据取代基的相对位置，用数字编号来表示，如取代基相同，也可用"连""偏""均"词头来表示。

1,2,3-三甲苯	1,2,4-三甲苯	1,3,5-三甲苯
连三甲苯	偏三甲苯	均三甲苯

4. 当苯环上连有多个不同的烃基

选取最简单的烃基为1位，其他烃基按位次和尽可能小的原则沿苯环进行编号。如取代基中有甲基，一般以甲苯为母体。

1-甲基-2-乙基-4-异丙基苯

注意：本题也可以以甲苯作为母体，命名为
2-乙基-4-异丙基甲苯

5. 当苯环上连有的不饱和烃基或取代烷基比较复杂

一般以侧链为母体，苯环为取代基来命名。例如

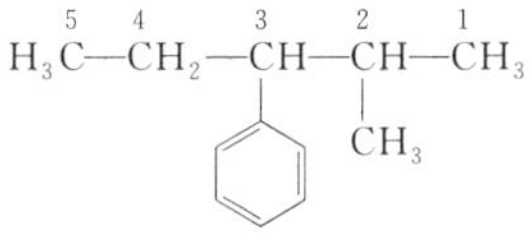

2-甲基-3-苯基戊烷 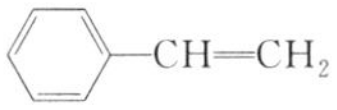　　　苯乙烯 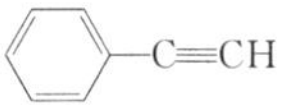　　　苯乙炔

注意：当苯环上连有以下次序基团（—COOH、—SO$_3$H、—CHO、—OH、—NH$_2$等）时，次序基团与苯一起构成母体，命名为苯甲酸、苯磺酸、苯甲醛、苯酚、苯胺等。其他基团视为取代基。

6. 芳基的命名

芳烃分子中去掉一个或几个氢原子后所剩下的基团叫作芳基，常用Ar-表示。苯分子去掉一个氢原子后剩下的基团称为苯基，也可用Ph-表示；甲苯的甲基上去掉一个氢原子后剩下的基团称为苯甲基或苄基。

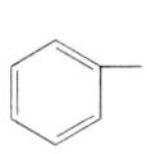

苯基 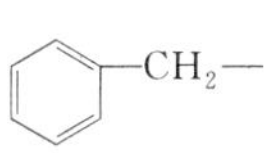　　　苯甲基或苄基

小知识：

现在的室内环境中，尤其是新装修的房子中，苯含量还是比较高，其主要是来自一些胶黏剂、油漆和涂料。

苯中毒时主要损害中枢神经系统，其次是影响骨髓造血细胞 DNA 的合成，抑制细胞核的分裂，引起骨骼的代谢障碍，导致血细胞破坏，抑制各种酶的合成，干扰红细胞生成素对红细胞增殖的刺激作用。

📖 课堂练习

试着命名下列芳烃化合物。

(1) 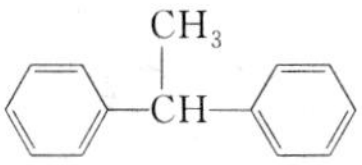 C₆H₅—CH(CH₃)—C₆H₅ (结构式省略)

(2) 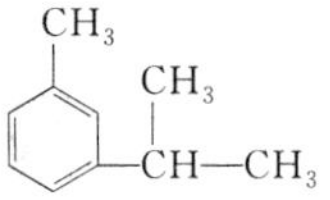 邻位结构 (结构式省略)

(3) 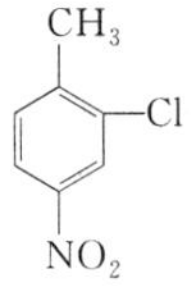 邻氯对硝基甲苯 (结构式省略)

(4) 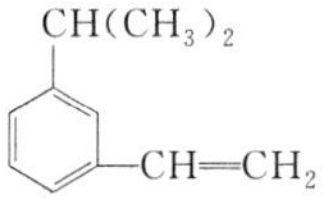 间位异丙基乙烯基苯 (结构式省略)

(5) 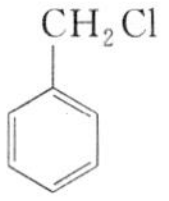 苄氯 (结构式省略)

三、苯及其他单环芳烃的性质

（一）物理性质

单环芳烃一般为液体，具有特殊的气味，微溶或不溶于水，易溶于醇、醚和四氯化碳等。苯易挥发，易燃，其蒸气有爆炸性。苯的蒸气可通过呼吸道对人体造成损伤，高浓度的苯蒸气主要作用于中枢神经，引起急性中毒。若长期接触低浓度的苯蒸气则会损伤造血器官，导致再生障碍性贫血。

苯的同系物每增加一个—CH₂—，沸点就增加 20～30℃。分子的熔点除与分子量相关外，分子结构对其影响也较大。对称性较好的分子熔点较高，例如，苯的熔点为 5.5℃，而对称性较差的甲苯熔点为 −95℃，比苯低约 100℃。

👥 思考与讨论

在使用、贮存苯时，有哪些注意事项？

（二）化学性质

1. 取代反应

苯环上的电子云密度高，与烯烃中的电子一样，容易被亲电试剂进攻。但烯烃主要发生亲电加成反应，而单环芳烃由于其特殊的结构特点，容易发生亲电取代反应，包括卤代、硝化、磺化、烷基化和酰基化等反应。

（1）卤代反应

在铁粉或三卤化铁的催化作用下，苯环上的氢原子被卤素取代，生成卤代苯。例如：

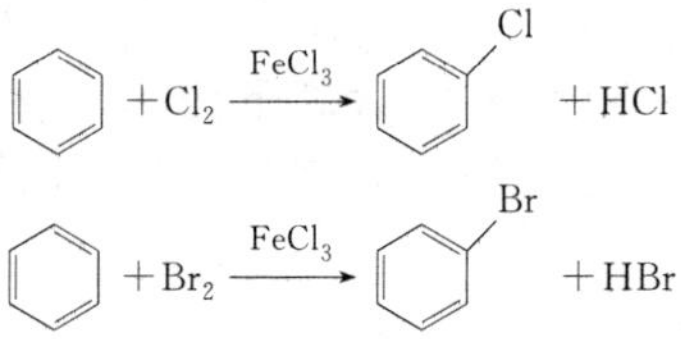

$$C_6H_6 + Cl_2 \xrightarrow{FeCl_3} C_6H_5Cl + HCl$$

$$C_6H_6 + Br_2 \xrightarrow{FeCl_3} C_6H_5Br + HBr$$

卤素的活性顺序：F＞Cl＞Br＞I

苯的氟代反应过于剧烈，一般采取间接的方式进行。苯的碘代反应中，生成的 HI 是还原剂，可以把生成的碘代苯还原。故卤代反应一般常用氯和溴。

在反应条件比较强烈的情况下，氯苯和溴苯可以继续卤代，主要产物是邻位和对位二卤代物。例如：

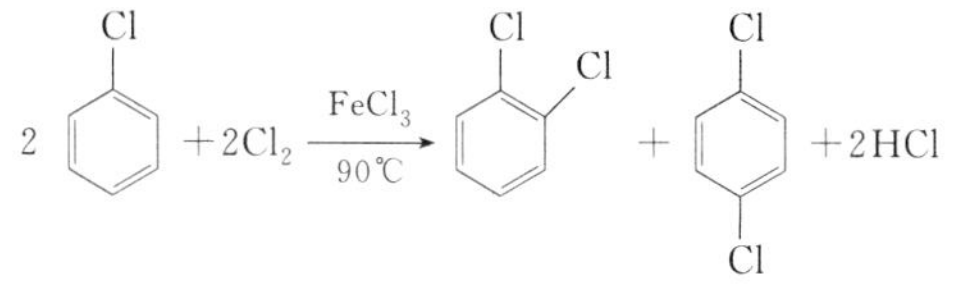

$$2\ C_6H_5Cl + 2Cl_2 \xrightarrow{FeCl_3,\ 90℃} \text{邻二氯苯} + \text{对二氯苯} + 2HCl$$

烷基苯比苯更容易进行卤代反应，主要生成邻位和对位产物。

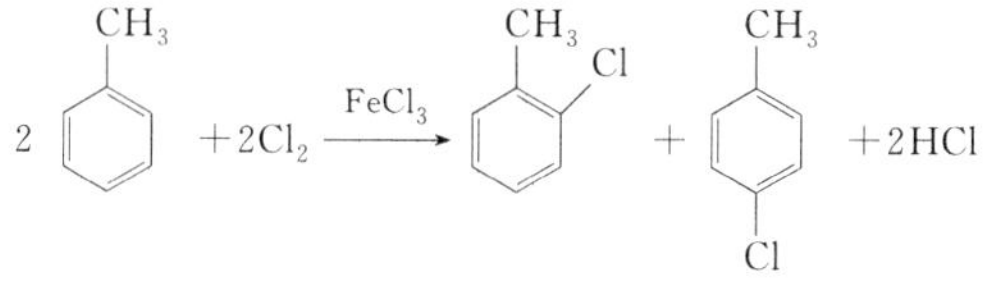

$$2\ C_6H_5CH_3 + 2Cl_2 \xrightarrow{FeCl_3} \text{邻氯甲苯} + \text{对氯甲苯} + 2HCl$$

拓展知识链：不同条件下烷基苯发生卤代的位置

> 不同的条件下，烷基苯卤原子取代的位置不同。在光照或加热的条件下，卤素与烷基苯反应时不是取代苯环上的氢原子，而是取代苯环侧链 α-C 上的氢原子。例如： 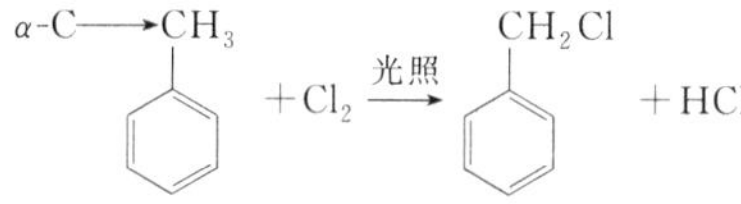
>
> $$C_6H_5\text{—}CH_3 + Cl_2 \xrightarrow{光照} C_6H_5\text{—}CH_2Cl + HCl$$
>
> 如果是侧链多于一个碳原子的烷基苯在光照下进行卤代，则也取代与苯环相连的 α-C 上的氢原子。例如： 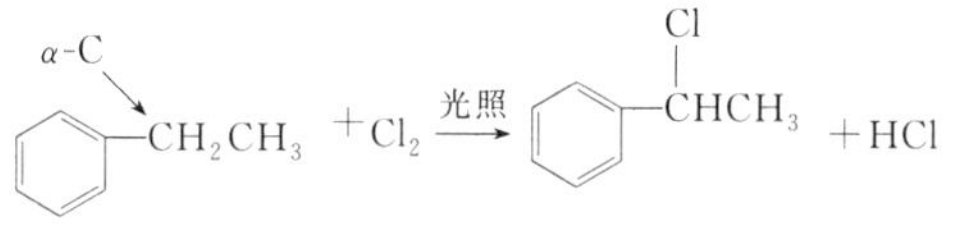
>
> $$C_6H_5\text{—}CH_2CH_3 + Cl_2 \xrightarrow{光照} C_6H_5\text{—}CHClCH_3 + HCl$$
>
> 上述的反应均为自由基型取代反应。

（2）硝化反应

芳环上的氢原子被硝基（—NO_2）取代的反应称为硝化反应。常用的硝化试剂是浓硝酸与浓硫酸的混合物，也称混酸。例如：

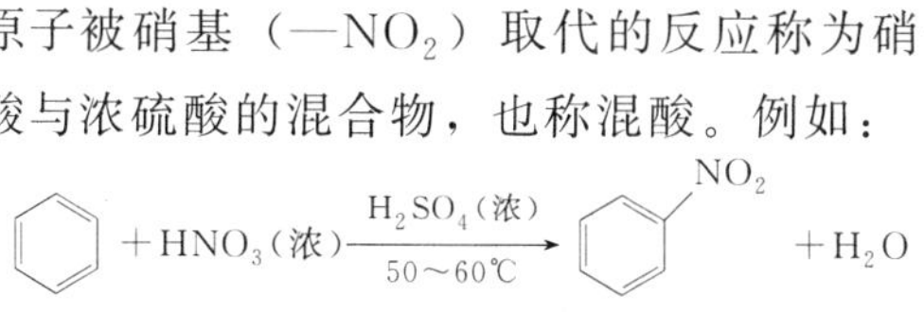

$$C_6H_6 + HNO_3(浓) \xrightarrow[50\sim60℃]{H_2SO_4(浓)} C_6H_5NO_2 + H_2O$$

硝基苯不易被继续硝化，只要在更强烈的条件（更高温度和用发烟硝酸及浓硫酸的混合物作为硝化剂）下才能生成二硝基苯，且主要产物是间位取代物。例如：

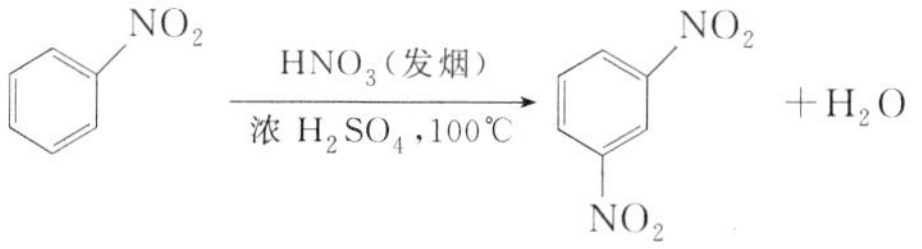

$$C_6H_5NO_2 \xrightarrow[浓\ H_2SO_4,\ 100℃]{HNO_3(发烟)} \text{间二硝基苯} + H_2O$$

小知识：

硝基苯是无色或淡黄色液体，不溶于水，易溶于乙醇、乙醚和苯等。硝基苯是制备苯胺、偶氮苯、染料等的上游原料，用途十分广泛。

烷基苯比苯更容易进行硝化反应，主要生成邻位和对位产物。

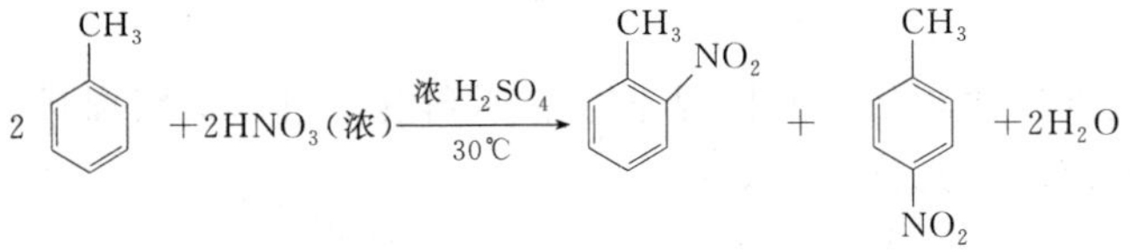

$$2\ C_6H_5CH_3 + 2HNO_3(浓) \xrightarrow[30℃]{浓\ H_2SO_4} o\text{-}O_2NC_6H_4CH_3 + p\text{-}O_2NC_6H_4CH_3 + 2H_2O$$

邻硝基甲苯　　对硝基甲苯

码 9-6　硝化工艺事故案例

💡 拓展知识链：硝化工艺及其危险性

涉及硝化反应的工艺过程为硝化工艺。

在反应中能提供硝基（—NO_2）的化学物质称为硝化剂。常见的硝化试剂包括：不同浓度的硝酸、混酸（浓硝酸与浓硫酸的混合物）、硝酸盐和硫酸、五氧化二氮、硝酸和乙酸的混合物等。混酸是最常用的硝化试剂。硝化反应的产物——硝基化合物在燃料、溶剂、炸药、香料、医药和农药等许多化工领域都有广泛应用。

硝化工艺危险性主要体现在以下几个方面。

① 反应物料多具有燃爆危险性，与空气可形成爆炸性混合物，遇明火可引发火灾、爆炸。硝化剂具有强腐蚀性、强氧化性。

硝化产物、副产物一般亦具有爆炸危险性，例如二硝基和多硝基化合物性质极不稳定，受热、强烈撞击或摩擦时会发生分解、爆炸。

② 硝化过程是一个强烈的放热反应过程，如果投料速度过快，冷却水供应减少或中断，或搅拌停止，都会造成反应温度过高，甚至导致爆炸事故。

③ 大多数硝化反应是非均相反应，易引起局部过热。反应组分的不均匀分布，容易引起局部过热导致危险。尤其在硝化反应开始阶段，停止搅拌或由搅拌叶片脱落等造成搅拌失效是非常危险的，一旦搅拌再次开动，就会突然引发局部剧烈反应，瞬间释放大量热量，引发爆炸事故。

④ 硝化反应易发生氧化、磺化、水解等副反应，如在硝化反应过程中发生氧化反应，反应放出热量的同时伴有大量红棕色氧化氮气体的生成，在体系温度升高后，氧化氮气体会伴随硝化混合物从设备中喷出，导致爆炸事故的发生。

⑤ 硝化釜存在爆炸隐患。硝化釜的冷却水若因夹套焊缝腐蚀而漏进硝化物，则会引起温度急剧上升，促使硝酸大量分解，这样不仅会加剧设备腐蚀，还会有爆炸的危险。

硝化釜的搅拌装置采用普通机油等作为润滑剂时，机油流进反应系统，有可能被硝化而形成爆炸性混合物。

（3）磺化反应

芳环上的氢原子被磺基（—SO₃H）取代的反应称为磺化反应，常用的磺化试剂是浓硫酸或发烟硫酸（$H_2SO_4 \cdot nSO_3$）。

$$\text{C}_6\text{H}_6 + H_2SO_4(\text{浓}) \xrightleftharpoons{70\sim80℃} \text{C}_6\text{H}_5SO_3H（苯磺酸）+ H_2O$$

苯磺酸比苯难以磺化，需采用发烟硫酸并在较高温度下进行，主要生成间苯二磺酸。例如：

$$\text{C}_6\text{H}_5SO_3H + H_2SO_4 \cdot nSO_3 \xrightleftharpoons{200\sim250℃} \text{间-C}_6\text{H}_4(SO_3H)_2（苯磺酸）+ H_2O$$

烷基苯比苯易于磺化，主要生成邻、对位产物。例如：

$$\text{C}_6\text{H}_5CH_3 + H_2SO_4(\text{浓}) \xrightleftharpoons{\text{室温}} \text{邻甲基苯磺酸} + \text{对甲基苯磺酸}$$

> **小知识：**
> **有机分子中引入磺基的作用是什么？**
> 磺基是强极性基团，并有较强的酸性。有机化合物分子中引入磺基，可以改善有机化合物的性质，进而改善应用这些化合物的工艺环境和其他的工艺目的。例如，改善分子的水溶性；改变有机化合物的酸碱性；在有机合成中起到占位作用，以便有选择性地合成所需化合物等。

> **小知识：**
> 磺化反应里面的双向箭头表示该反应可逆。苯磺酸遇过热水蒸气可以发生水解，生成苯和稀硫酸。
> $$\text{C}_6\text{H}_5SO_3H + H_2O \xrightleftharpoons{H^+} \text{C}_6\text{H}_6 + H_2SO_4$$

💡 拓展知识链：磺化工艺及其危险性

涉及磺化反应的工艺过程为磺化工艺。磺化反应除了增加产物的水溶性和酸性外，还可以使产品具有表面活性。

磺化工艺为国家重点监管的危险化工工艺，其主要工艺危险性涉及以下几个方面。

① 磺化反应原料主要为芳烃或直链烷烃，其均具有燃爆危险性，且多为易挥发液体或易升华固体，其蒸气可对人体造成伤害。

② 磺化工艺是强放热工艺过程，如果投料顺序错误、投料速度过快、搅拌不良、冷却效果不佳等，则都有可能造成反应温度过高，使磺化反应变为燃烧反应，引起火灾或爆炸事故。

③ 磺化反应常用的磺化剂浓硫酸、发烟硫酸、氯磺酸、三氧化硫等，都可强烈吸水，放出大量热量，造成体系温度升高，引发体系沸腾，甚至发生爆炸。

④ 磺化剂具有很强的腐蚀性，若设备因腐蚀发生穿孔泄漏，则可引起化学灼伤。氯磺酸等磺化剂在潮湿空气中与金属接触，腐蚀金属的同时释放出氢气，有点火源存在便可发生燃爆。

码 9-7 磺化工艺事故案例

（4）傅-克反应

在无水三氯化铝等路易斯酸的催化作用下，苯环上的氢原子被烷基或酰基取代，生成烷基苯或芳香酮。被烷基取代的反应称为傅-克烷基化反应，被酰基取代的反应称为傅-克酰基化反应。

① 傅-克烷基化反应：在无水三氯化铝的催化下，苯与卤代烃、烯烃或醇等烷基化试剂反应，苯环上的氢原子被烷基取代生成烷基苯。例如：

$$\text{C}_6\text{H}_6 + CH_3CH_2Cl \xrightarrow{\text{无水 } AlCl_3} \text{C}_6\text{H}_5-CH_2CH_3 + HCl$$

$$\text{C}_6\text{H}_6 + CH_3CH_2OH \xrightarrow{H_2SO_4} \text{C}_6\text{H}_5-CH_2CH_3 + H_2O$$

常用的催化剂除无水 $AlCl_3$ 外，还包括 $FeCl_3$、$ZnCl_2$、BF_3、HF、H_3PO_4 以及硫酸等。这些催化剂在使用时也必须保证是无水的，这其中催化活性最好的还是无水 $AlCl_3$。

应注意的是，当引入的烷基含有三个或三个以上碳原子时，常常会发生重排，生成重排产物，称为碳链异构化现象。例如：

$$\text{C}_6\text{H}_6 + CH_3CH_2CH_2Cl \xrightarrow{\text{无水 } AlCl_3} \text{C}_6\text{H}_5-CH(CH_3)_2\ (70\%) + \text{C}_6\text{H}_5-CH_2CH_2CH_3\ (30\%)$$

$$\text{C}_6\text{H}_6 + H_3C-CH=CH_2 \xrightarrow{\text{无水 } AlCl_3} \text{C}_6\text{H}_5-CH(CH_3)_2$$

$$\text{C}_6\text{H}_6 + CH_3CHCH_2Cl|CH_3 \xrightarrow{\text{无水 } AlCl_3} \text{C}_6\text{H}_5-C(CH_3)_3$$

这是由于反应中产生的伯碳正离子不稳定，很容易先重排成为更稳定的仲碳或叔碳正离子，再发生亲电取代反应，生成异丙苯或叔丁苯。此外，由于取代氢原子的烷基可以使苯环活化，烷基化反应时，反应不易停留在一元取代阶段，常常伴随多烷基化。为保证主要产物为一元取代产物，制备时，苯需要过量。

注意，当苯环上有硝基（$-NO_2$）、磺基（$-SO_3H$）、氰基（$-CN$）等吸电子基团时，傅-克反应不能或很难发生。

$$\text{C}_6\text{H}_5NO_2 + CH_3CH_2CH_2Cl \xrightarrow{\text{无水 } AlCl_3} \text{不反应}$$

上述内容提及了不同基团会对苯环产生活化或钝化的不同作用，而这种作用会对中间产物的化学性质产生极其重要的影响，从而影响最终产物制备方法上的选择。这里面到底有怎样的联系，如何判断一个基团是活化基团还是钝化基团呢？在下一节中给予解释。

② 傅-克酰基化反应：芳烃与酰卤或酸酐在无水氯化铝催化作用下反应生成芳香酮。

小知识：

傅-克反应

傅-克反应在整个化学发展史上是最为古老的化学反应之一，但一直到现在其应用依然非常的广泛。傅-克酰基化反应是实现碳-碳成键的最有效方式之一，并且是制备各种芳基酮、杂环芳烃酮等化合物的重要手段，在医药、农药、染料、香料等工业生产中具有十分广泛的应用。近年来，傅-克反应一直向着绿色化学的方向发展，致力于开发更有效、更环保的催化剂。

$$\text{C}_6\text{H}_6 + \text{H}_3\text{C}-\overset{\overset{\text{O}}{\|}}{\text{C}}-\text{Cl} \xrightarrow{\text{无水 AlCl}_3} \text{C}_6\text{H}_5-\overset{\overset{\text{O}}{\|}}{\text{C}}-\text{CH}_3 + \text{HCl}$$

$$\text{C}_6\text{H}_6 + \text{H}_3\text{C}-\overset{\overset{\text{O}}{\|}}{\text{C}}-\text{O}-\overset{\overset{\text{O}}{\|}}{\text{C}}-\text{CH}_3 \xrightarrow{\text{无水 AlCl}_3} \text{C}_6\text{H}_5-\overset{\overset{\text{O}}{\|}}{\text{C}}-\text{CH}_3 + \text{CH}_3\text{COOH}$$

由于产物芳香酮中的羰基为吸电子基团，使苯环活性降低，其不发生进一步的取代反应，因此酰基化不生成多元取代物。另外，由于反应过程中生成的碳正离子较稳定，不发生重排，所以傅-克酰基化反应无异构化现象。这是烷基化反应和酰基化反应的重要区别之处。

拓展知识链：烷基化工艺及其危险性

码9-8 烷基化工艺事故案例

涉及烷基化反应的工艺过程为烷基化工艺。

烷基化工艺为国家重点监管的危险化工工艺，其主要工艺危险性涉及以下几个方面。

① 反应介质具有燃爆危险性：被烷基化的物质大都具有燃烧、爆炸危险。如苯是甲类液体，闪点为 -11℃，爆炸极限为 $1.5\%\sim9.5\%$；苯胺是丙类液体，闪点为 71℃，爆炸极限为 $1.3\%\sim4.2\%$。烷基化剂一般比被烷基化物质的火灾危险性要大，如丙烯是易燃气体，爆炸极限为 $2\%\sim11\%$；甲醇是甲类液体，爆炸极限为 $6\%\sim36.5\%$；十二烯是乙类液体，闪点为 35℃，自燃点 220℃。烷基化的产品亦有一定的火灾危险性。如异丙苯是乙类液体，闪点为 35.5℃，自燃点为 434℃，爆炸极限为 $0.68\%\sim4.2\%$。

② 烷基化催化剂具有危险性。如三氯化铝是忌湿物品，有强烈的腐蚀性，遇水或水蒸气分解放热，放出氯化氢气体，有时能引起爆炸，若接触可燃物，易着火；三氯化磷亦是忌湿液体，遇水或乙醇剧烈分解，放出大量的热和氯化氢气体，有极强的腐蚀性和刺激性，有毒，遇水及酸（主要是硝酸、醋酸）发热、冒烟，有起火爆炸的危险。

③ 烷基化反应都是在加热条件下进行的，原料、催化剂、烷基化剂等加料次序颠倒、加料速度过快或者搅拌中断停止等异常现象均容易引起局部剧烈反应，造成跑料，甚至引发火灾或爆炸事故。

2.加成反应

苯环非常稳定，加成反应比较困难。但是在一定条件（催化剂、高温、高压以及光照等）下，可以发生加成反应。例如，在催化剂（Ni、Pd、Pt）、高温、高压的条件下，苯环加氢生成环己烷，这也是工业生产环己烷的方法。

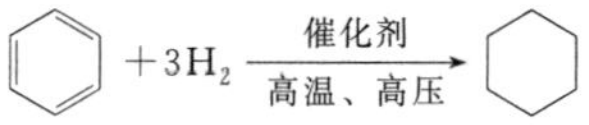

+3H₂
催化剂
高温、高压

3. 氧化反应

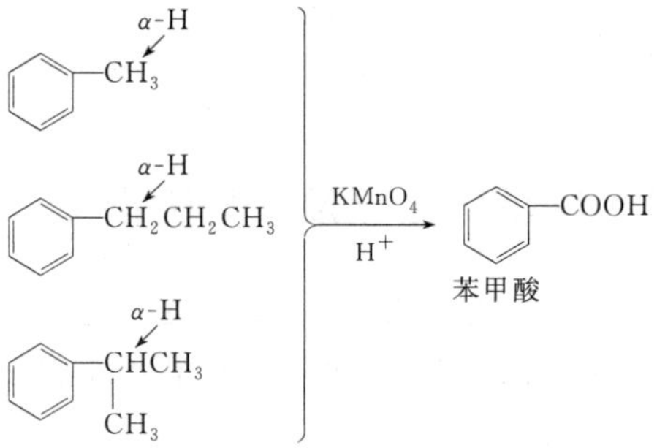

> 小知识：
>
> 苯甲酸微溶于水，易溶于乙醇、乙醚、氯仿、苯等，是生产苯甲酸钠防腐剂、杀菌剂、增塑剂和香料的重要原料。

(1) 强氧化剂氧化

不论侧链长短，有 α-H 的烷基苯在 $KMnO_4$ 或 $K_2Cr_2O_7$ 等强氧化剂作用下，均氧化成苯甲酸。例如：

α-H
CH₃
α-H
CH₂CH₂CH₃
α-H
CHCH₃
CH₃
KMnO₄
H⁺
COOH
苯甲酸

烷基苯上的 α-H 受苯环的影响，具有一定活性。如果 α-C 上没有氢原子，例如叔丁基苯，则不会发生上述反应。

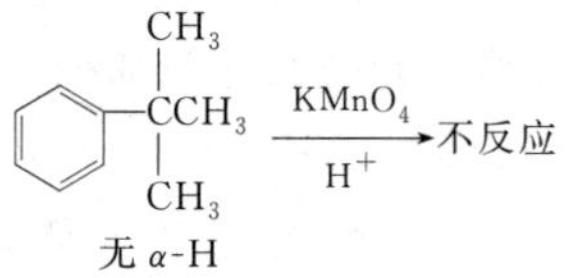

CH₃
CCH₃
CH₃
KMnO₄
H⁺
不反应
无 α-H

(2) 催化氧化

具有特殊稳定性的苯环在一般条件下不会被氧化，但在特殊条件下，例如高温和催化剂存在下，苯也能被氧化，生成顺丁烯二酸酐。

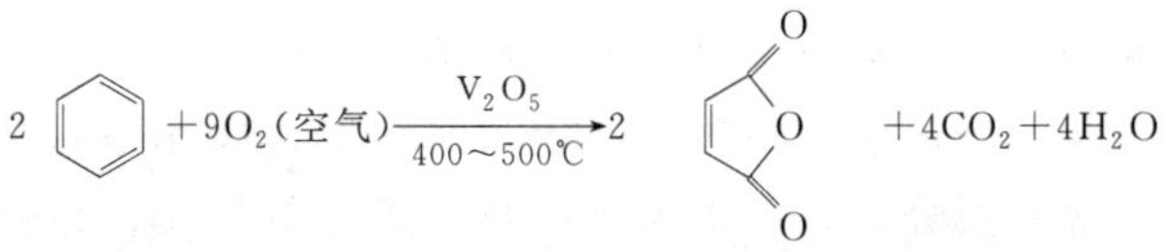

2
+9O₂(空气)
V₂O₅
400～500℃
2
O
O
O
+4CO₂+4H₂O
顺丁烯二酸酐

课堂练习

十二烷基苯磺酸钠是合成洗衣粉的主要成分。试着完成下面十二烷基苯磺酸钠的制备步骤。

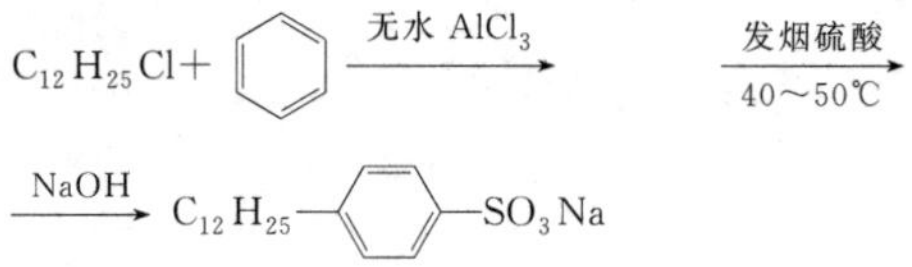

C₁₂H₂₅Cl+
无水 AlCl₃
发烟硫酸
40～50℃
NaOH
C₁₂H₂₅
SO₃Na

四、苯环上亲电取代反应的定位规律及应用

1. 苯环上亲电取代反应的定位规律

   （1）一元取代苯的定位规律

思考与讨论

大家观察以下硝基苯和甲苯进行硝化反应时，反应条件和产物分布有上面不同？

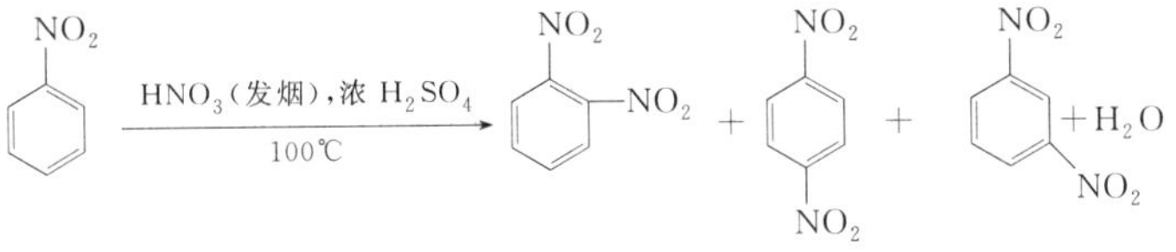

$$C_6H_5NO_2 \xrightarrow[100℃]{HNO_3(发烟),浓 H_2SO_4} \text{邻-二硝基苯}(6.4\%) + \text{对-二硝基苯}(0.3\%) + \text{间-二硝基苯}(93.3\%) + H_2O$$

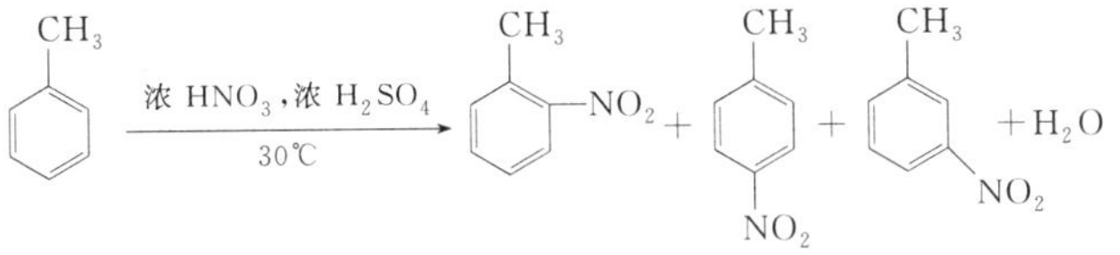

$$C_6H_5CH_3 \xrightarrow[30℃]{浓 HNO_3,浓 H_2SO_4} \text{邻-硝基甲苯}(58\%) + \text{对-硝基甲苯}(38\%) + \text{间-硝基甲苯}(4\%) + H_2O$$

通过以上实例可以看出，烷基苯的硝化反应比苯更容易，且新引入的硝基主要进入烷基的邻位和对位。而当苯环上已经有硝基时，再引入第二个硝基则变得较为困难，需要比苯反应时更强烈的条件，且第二个硝基主要进入原取代基的间位。

一元取代苯发生取代反应时，新引入的基团可以取代不同位置上的氢原子，可得到邻位、间位和对位三种二元取代产物。但大量实验数据表明，不同位置上的氢原子被取代的机会是不均等的。新引入取代基的位置主要取决于苯环上原有取代基的性质，即原有取代基对新取代基的进入有定位效应，原有取代基称为定位基。因此按照亲电取代的定位不同，苯环上的取代基可以分为两类：

① 邻对位定位基（第一类定位基）。这类定位基使苯环上新引入的取代基主要进入其邻位和对位。它们大多是给电子基团（卤素除外），可使苯环上的电子云密度增加，从而活化苯环。这类定位基的特点是：与苯环直接相连的原子，一般具有孤对电子或负电荷（烷基除外），且不同基团的定位能力有强弱之分。常见的邻对位定位基及其活化能力见表 9-1。

表 9-1 常见邻对位定位基及其活化能力

活化能力	常见邻对位定位基
强烈活化	$-O^-$、$-NR_2$、$-NHR$、$-NH_2$、$-OH$
中等活化	$-OR$、$-NHCOR$
弱活化	$-CH_3$、$-R$、$-OCOR$
较弱钝化	$-F$、$-Cl$、$-Br$

需要特别指出的是，卤素虽然属于邻、对位定位基，但它使苯环钝化。

② 间位定位基（第二类定位基）。这类定位基使苯环上新引入的取代基主要进入其间位。它们大多是吸电子基团，可使苯环上的电子云密度降低，从而钝化苯环。这类定位基的特点是：与苯环直接相连的原子一般带有重键或带有正电荷（—CCl₃ 除外）。常见的间位定位基及其钝化能力见表 9-2。

表 9-2 常见间位定位基及其钝化能力

钝化能力	常见间位定位基
强烈钝化	—N⁺H₃, —N⁺R₃, —NO₂, —CF₃, —CCl₃
中等钝化	—CN, —SO₃H, —CHO, —COR, —COOH, —CONH₂

（2）二元取代苯的定位规律

当苯环上已有两个取代基时，第三个取代基的引入有以下两种情况。

① 原有的两个取代基属于同一类定位基，第三个取代基的位置由强定位基决定。例如：

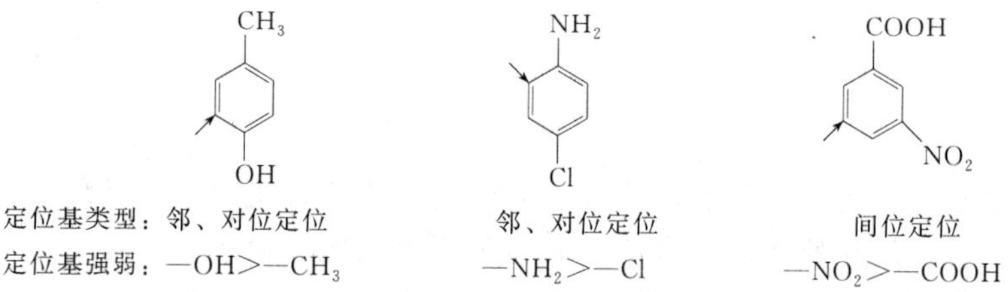

定位基类型：邻、对位定位　　　邻、对位定位　　　间位定位
定位基强弱：—OH＞—CH₃　　　—NH₂＞—Cl　　　—NO₂＞—COOH

② 原有的两个取代基属于不同类定位基，则第三个取代基进入的位置由邻、对位定位基决定。例如：

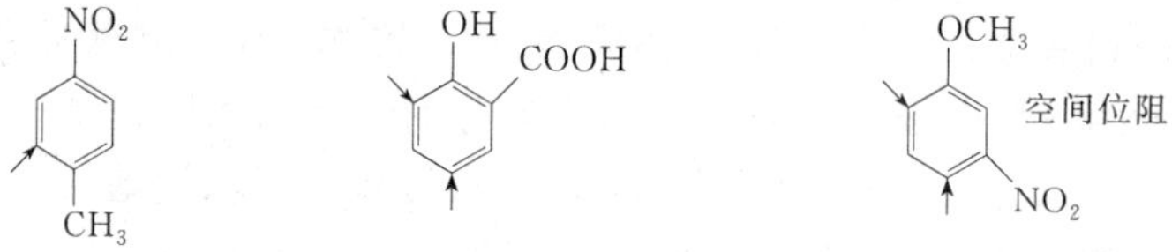

空间位阻

课堂练习

标记出下列化合物进行一元硝化时硝基进入的位置。

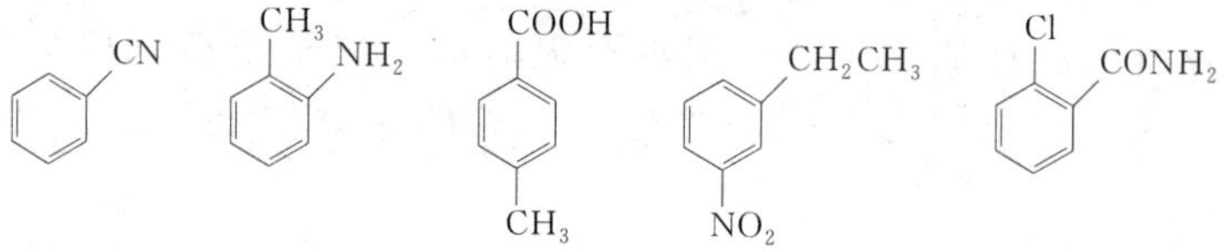

2. 定位规律在合成上的应用

苯环上亲电取代反应的定位规律在生产实践和科学实验中具有重要的指导意义。它可以预测反应的主要产物，从而选择正确的合成路线，有利于提高有机合成的产率。

拓展知识链：定位规律在合成上的应用

应用示例 1：由苯合成间硝基苯甲酸

间硝基苯甲酸主要用于合成血管造影药——胆影酸等。间硝基苯甲酸是用途极广的医药、染料中间体。在合成时，先进行傅-克烷基化，得到甲苯，甲苯再经氧化得到苯甲酸，因为羧基是间位定位基，硝化时得到间硝基苯甲酸。

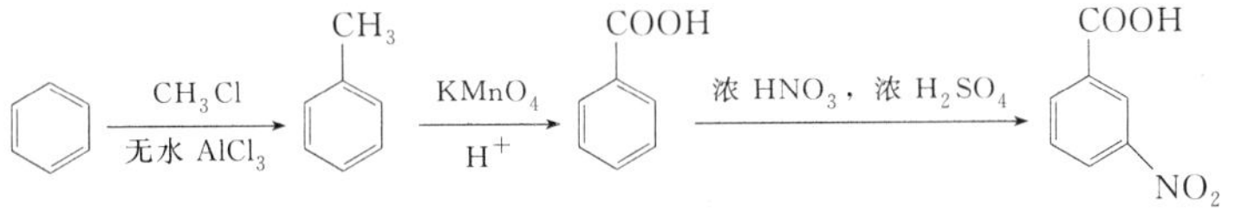

应用示例 2：由苯合成间硝基乙苯

间硝基乙苯也是一个重要的医药、染料中间体。合成时先进行傅-克酰基化，乙酰基是间位定位基，后续硝化时得到间硝基苯乙酮，最后再将烷氧基还原得到间硝基乙苯。

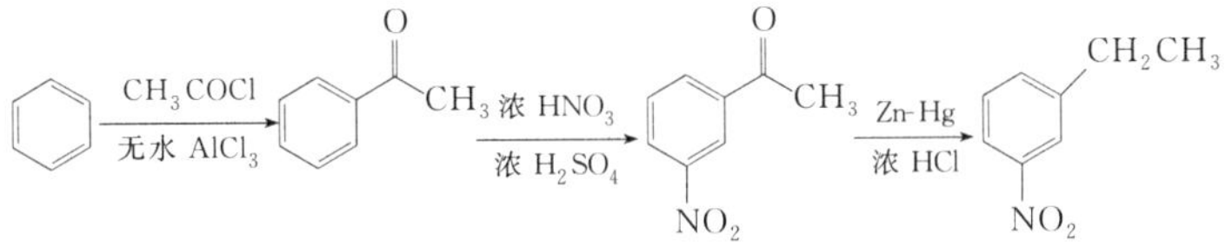

第三节　简单的稠环芳烃

分子中含有两个或两个以上苯环，相互通过共用相邻碳原子并联（稠合）而成的碳氢化合物称为稠环芳烃。稠环芳烃主要是从煤焦油中提取获得的，其中比较重要的是萘、蒽和菲，它们及其衍生物是合成染料、农药等的重要原料。

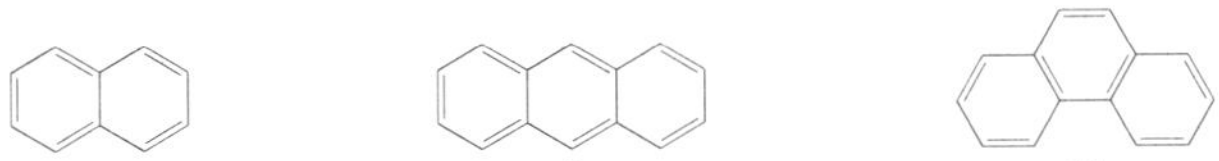

萘　　蒽　　菲

小知识：

萘分子的碳-碳键键长不像苯环那样是完全等长的。

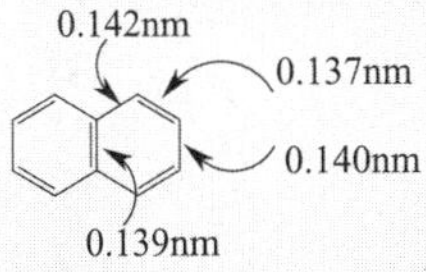

本节将主要介绍最简单的稠环芳烃——萘，重点讨论萘的结构和化学性质。

一、萘的结构

萘的分子式为 $C_{10}H_8$。物理方法证实，萘分子具有平面结构，分子内的 10 个碳原子和 8 个氢原子都处于同一个平面。与苯分子相似，萘环上的碳原子也都是 sp^2 杂化的，每个碳原子的 3 个 sp^2 杂化轨道分别与 2 个相邻的碳原子和 1 个氢原子正面交盖形成 C—C σ 键和 C—H σ 键。每个碳原子还有一个未参与杂化的 p 轨道垂直于 σ 键所在的平面，这 10 个 p 轨道相互平行，以"肩并肩"的方式侧面交盖形成一个大 π 键，即闭合的环状共轭体系。如图 9-10 所示。

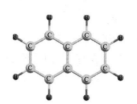

图 9-10 萘分子的结构

因此萘环也具有芳香性，但萘与苯的不同之处在于：萘环上碳原子的各个 p 轨道侧面重叠的程度不一样，导致电子云并不是平均地分布在两个碳环上，所以萘的芳香性比苯的要弱，稳定性也较差，但化学性质要比苯活泼一些。

二、萘的命名和同分异构

由于萘的 10 个碳原子并不是高度对称的，为了区别，环碳的编号有相应的规定：

萘分子中 1、4、5、8 位是等同的，称为 α 位；2、3、6、7 位也是等同的，称为 β 位。因此萘的一元取代物有 2 种位置异构体。例如：

α-硝基萘　　　β-硝基萘

命名时可以用阿拉伯数字表明取代基的位置，也可以用希腊字母表明取代基的位置。例如：

α-溴萘　　β-萘磺酸　　1-甲基-4-硝基萘　　5-甲基-2-萘甲酸

💡 拓展知识链：多环芳烃

多环芳烃是指分子中含有两个或两个以上独立苯环的芳烃化合物。与稠环芳烃的区别是，多环芳烃没有共用碳原子，芳环之间以至少一个单键相连。

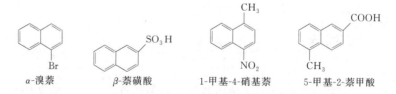

联苯　　　　二苯甲烷　　　　1,2-二苯乙烯

三、萘的性质

(一) 萘的物理性质

萘为白色片状结晶，有特殊气味，熔点为 80.3℃，沸点为 218℃，易升华。萘不溶于水，易溶于热的乙醇、乙醚等有机溶剂，是重要的有机化工原料，其衍生物是生产染料、农药和医药的重要中间体。

(二) 萘的化学性质

前面已提到，萘的芳香性比苯的要弱，稳定性也较差，但与苯相比更容易发生取代反应、加成反应及氧化反应。

1. 取代反应

萘比苯容易发生卤代、硝化、磺化等反应。此外，在萘的分子结构中，相比于 β 位 α 位的电子云密度更高一些，故 α 位比 β 位更活泼，取代反应一般发生在 α 位。例如，在没有催化剂存在时，萘也能与溴反应生成 α-溴萘。

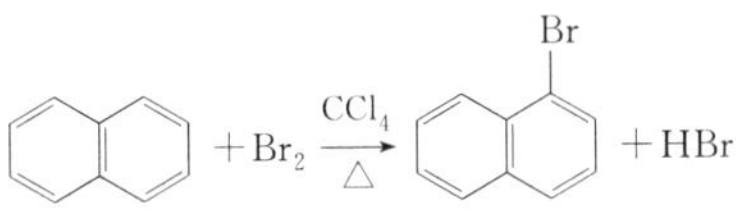

萘在 30～60℃ 与混酸反应，主要生成 α-硝基萘。

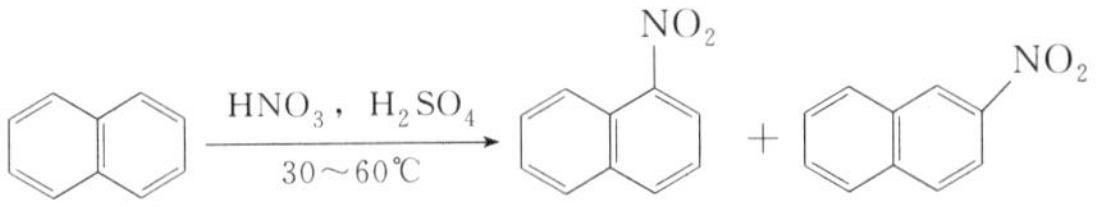

萘的磺化反应受温度的影响，低温时主要生成 α-萘磺酸，而高温时主要生成 β-萘磺酸。

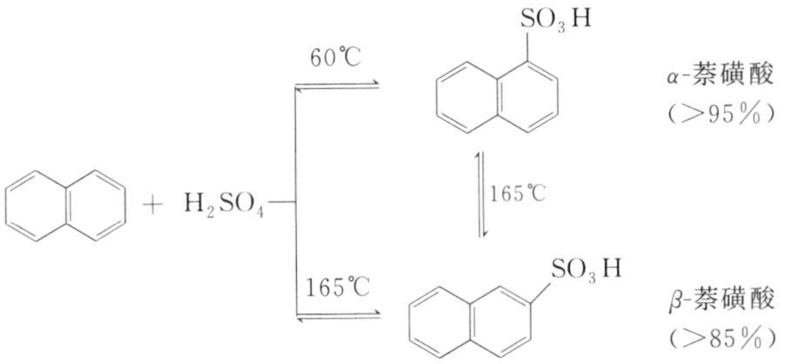

α-萘磺酸较易生成，而 β-萘磺酸更稳定，在较高温度下，α-萘磺酸也可以转变为 β-萘磺酸。此外，萘的磺化反应是可逆的，这使得该反应在有机合成中有着重要的应用。

2. 加成反应

萘比苯更容易发生加成反应。在金属钠和醇的作用下，萘可以部分加氢，被还原为二氢化萘和四氢化萘。

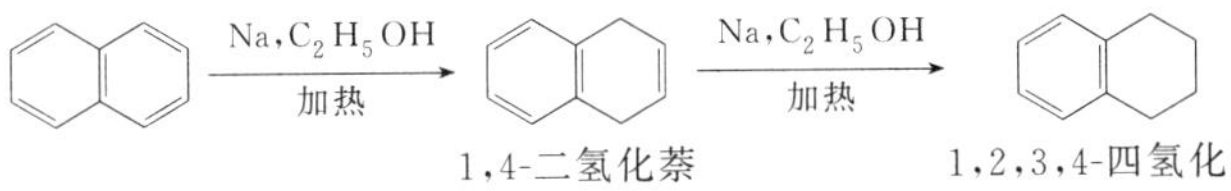

小知识：

四氢化萘沸点 207.2℃；十氢化萘沸点 191.7℃，它们都是性能良好的高沸点溶剂。

萘也可以发生催化加氢，随反应条件不同，可以生成不同的氢化萘。

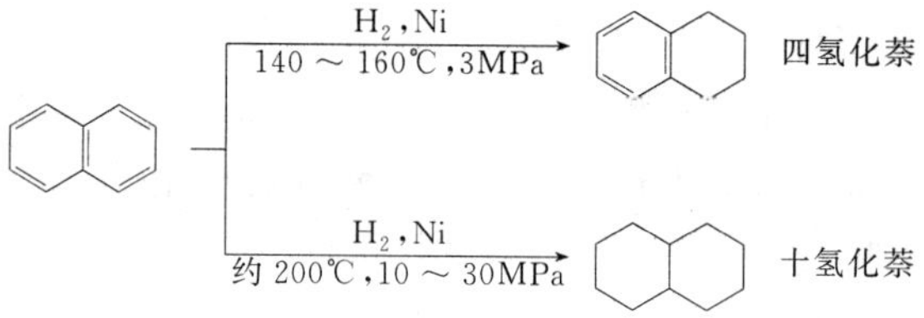

$$\text{萘} \xrightarrow[140\sim160℃,3\text{MPa}]{\text{H}_2,\text{Ni}} \text{四氢化萘}$$

$$\text{萘} \xrightarrow[\text{约}200℃,10\sim30\text{MPa}]{\text{H}_2,\text{Ni}} \text{十氢化萘}$$

3.氧化反应

由于萘的芳香性比苯的弱，因而萘容易被氧化。在高温和催化剂作用下，萘可以被氧化为邻苯二甲酸酐。这是萘的主要工业用途。

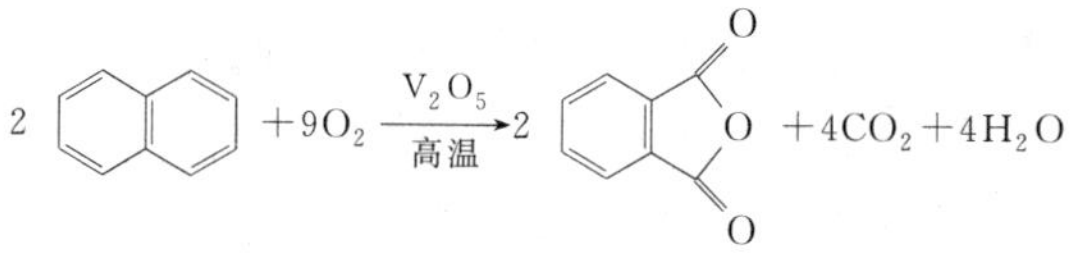

$$2\,\text{萘} + 9\text{O}_2 \xrightarrow[\text{高温}]{\text{V}_2\text{O}_5} 2\,\text{邻苯二甲酸酐} + 4\text{CO}_2 + 4\text{H}_2\text{O}$$

邻苯二甲酸酐

> **小知识：**
> 邻苯二甲酸酐俗称苯酐，白色结晶，熔点130.8℃，易升华。它是生成塑料、增塑剂、合成纤维的重要原料，化工用途广泛。

💡 拓展阅读：身边的隐形杀手——致癌芳烃

稠环芳烃中，有许多具有致癌性。3个苯环稠合的蒽和菲本身不致癌，但当分子中某些位置连有甲基取代基时，分子就具有致癌性。部分4环、5环或6环的稠合芳烃及其甲基衍生物也具有致癌性。例如，3,4-苯并芘、10-二甲基-1,2-苯并蒽、1,2,5,6-二苯并蒽、1,2,3,4-二苯并菲等都是强致癌物。

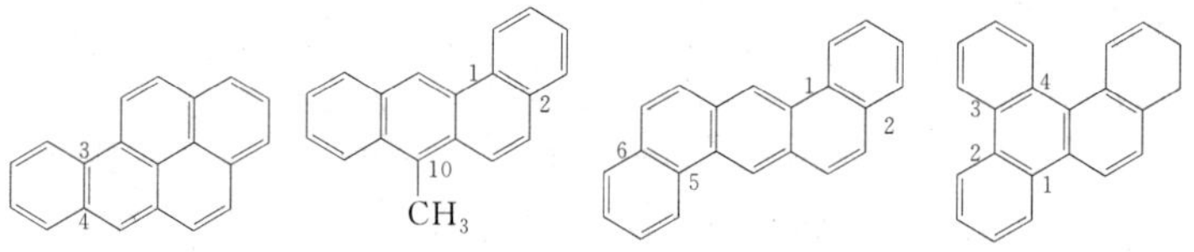

3,4-苯并芘　　10-甲基-1,2-苯并蒽　　1,2,5,6-二苯并蒽　　1,2,3,4-二苯并菲

实验表明：在煤或石油未燃烧尽的烟气中、香烟的烟雾中、汽车排出的尾气中都有3,4-苯并芘。此外烧烤食品在制作过程中也会产生致癌物质。由于烧烤大多是明火烤制，肉在烧烤的过程中，被分解的脂肪滴在炭火上，进而产生强致癌物质苯并芘，附着于食物表面或者弥漫在烧烤的烟雾中。因此，如果经常食用烧烤食品，或经常吸入这种被污染的气体，致癌物质就会在体内蓄积，增加患癌的概率和风险。

知识框架

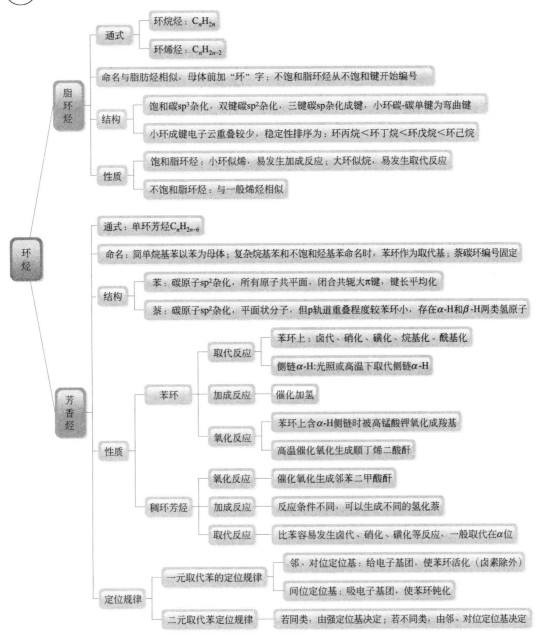

课后习题

1. 命名下列化合物或写出相对应结构式。

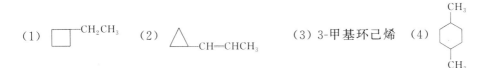

(5) C₆H₅-C(CH₃)₃ (6) 2-氯-4-硝基甲苯 (7) 4-异丙基苯磺酸 (8) 5-甲基-2-萘磺酸

(9) 间硝基甲苯 (10) 4-甲基-2-萘甲酸 (11) 1,1-二苯乙烷

2. 完成下列反应式。

(1) 甲基环丙烷 + HCl $\xrightarrow{\text{室温}}$

(2) 环戊基乙炔 + H₂O $\xrightarrow{HgSO_4, H_2SO_4}$

(3) 1,1-二甲基环丙烷 + HBr $\xrightarrow{\text{室温}}$

(4) 1-乙基-3-叔丁基苯 $\xrightarrow{KMnO_4, H^+}$

(5) 苯 + ClCH₂CH₂CH₃ $\xrightarrow{\text{无水 } AlCl_3}$

(6) 环己基苯 $\xrightarrow{\text{浓 } HNO_3, \text{浓 } H_2SO_4}$

(7) 苯 + 丁二酸酐 $\xrightarrow{\text{无水 } AlCl_3}$

(8) 2-甲基萘 $\xrightarrow{\text{浓 } HNO_3, \text{浓 } H_2SO_4}$

3. 指出下列反应中的错误。

(1) 苯 $\xrightarrow{ClCH_2CHCH_3}$ C₆H₅CH₂CH(Cl)CH₃ $\xrightarrow{Cl_2, \text{光}}$ 间氯取代产物

(2) 硝基苯 $\xrightarrow{CH_3CH_2Cl, \text{无水 } AlCl_3}$ 间乙基硝基苯 $\xrightarrow{KMnO_4, H^+}$ 间硝基苯乙酸

4. 用箭头表示下列化合物发生一元硝化时，硝基进入的位置。

(1) 对甲基苯酚 (2) 对甲氧基苯甲腈 (3) 间硝基苯甲醛 (4) 1-甲基萘

(5) 5-甲基-1-萘腈 (6) 4-联苯磺酸 (7) 邻甲基苯胺 (8) 对甲基苯甲酸

5. 用化学方法鉴别下列各组化合物。

（1）环丙烷、环戊烷和环戊烯

（2）环丙烷、丙烯和丙炔

6. 比较下列各组化合物硝化反应时的活性。

（1）苯、甲苯、氯苯、苯酚　　（2）甲苯、对二甲苯、苯、硝基苯

（3）氯苯、硝基苯、苯甲醚、苯　（4）苯甲酸、溴苯、对硝基苯甲酸、甲苯

7. 化合物 A 的分子式为 C_6H_{10}，与溴的四氯化碳溶液反应生成化合物 B （$C_6H_{10}Br_2$）。A 在酸性高锰酸钾的氧化下，生成 2-甲基戊二酸。试推测化合物 A 的构造式，并写出有关反应方程式。

8. 三种芳烃分子式均为 C_9H_{12}，经酸性高锰酸钾溶液氧化后，A 生成一元羧酸，B 生成二元羧酸，C 生成三元羧酸。但硝化后 A 主要得到两种一元硝化物，B 得到两种一元硝化物，而 C 只得到一种一元硝化物。试推测 A、B、C 的构造式。

实训建议

本章可选择性开展氯仿-无水三氯化铝实验、苯乙酮的制备实验、对硝基苯甲酸的制备实验等，帮助学生掌握芳烃的鉴定方法，进一步理解芳烃傅-克反应、芳烃氧化反应的特点，熟悉无水条件下有机化学实验的基本操作。

第十章
卤代烃

知识目标：1. 熟悉卤代烃的分类；
2. 掌握卤代烃的命名；
3. 掌握卤代烃的化学性质，了解重要卤代烃的用途。

能力目标：1. 能够根据卤代烃的结构进行命名或根据名称写出其对应的结构式；
2. 能利用简单的化学方法鉴别常见的含卤有机化合物；
3. 能利用化学方程式表示卤代烃重要的化学变化。

本章总览：卤代烃是指烃分子中的氢原子被卤原子取代后的化合物。卤代烃化学性质活泼，能发生多种化学反应而转化为其他化合物，是有机合成中重要的中间体。卤代烃在工业、农业及日常生活中也有重要的应用，常用作溶剂、灭火剂、制冷剂等，还有一些卤代烃具有药理活性。

六氟丙烷灭火剂

氟利昂制冷剂

碘仿纱布

自然界中的卤代烃很少，主要分布在海洋生物中。大多数卤代烃都是由人工合成的。

第一节　卤代烃的分类与命名

一、卤代烃的分类

卤原子是卤代烃的官能团，卤代烃的通式为：(Ar)R—X，X 一般用来表示卤原子，包括 F、Cl、Br、I。这族化合物有以下几种分类方式。

① 根据烃基结构的不同，卤代烃可分为：卤代脂肪烃（卤代烷烃、卤代烯烃、卤代炔烃等）、卤代脂环烃和卤代芳烃。例如：

$$R-CH_2X \qquad R-CH=CHX \qquad C_6H_5X$$

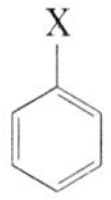

饱和卤代烃　　　　不饱和卤代烃　　　　卤代芳烃

② 根据卤代烃分子中所含卤原子的数目可分为：一卤代烃、二卤代烃和多卤代烃。例如：

$$CH_3Cl \qquad CH_2Cl_2 \qquad CHCl_3$$

一卤代烃　　　二卤代烃　　　多卤代烃

③ 根据与卤原子直接相连的碳原子的种类可分为：伯卤代烃（一级卤代烃或1°卤代烃）、仲卤代烃（二级卤代烃或2°卤代烃）；叔卤代烃（三级卤代烃或3°卤代烃）。例如：

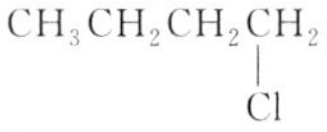

$$CH_3CH_2CH_2CH_2Cl \qquad CH_3CHCH_2CH_3 \quad \underset{Cl}{|} \qquad (CH_3)_3CCl$$

伯卤代烷 　　　　　　仲卤代烷 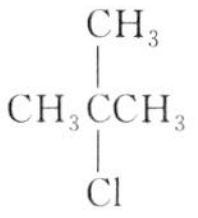　　　　　　叔卤代烷

二、卤代烃的命名

1. 普通命名法

对于结构比较简单的卤代烃，可以根据与卤原子相连烃基的名称来命名，称为某烃基卤。例如：

$$CH_3CH_2CH_2Br \qquad CH_3CH(CH_3)Br \qquad (CH_3)_3CBr$$

正丙基溴　　　　　　异丙基溴 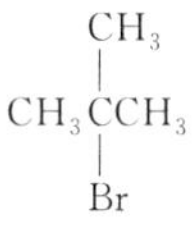　　　　　　叔丁基溴

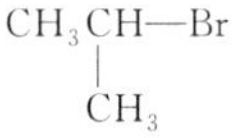

$$CH_3CH=CH-Cl \qquad CH_2=CHCH_2Cl \qquad C_6H_5CH_2Br$$

丙烯基溴　　　　　　烯丙基溴　　　　　　苄基溴

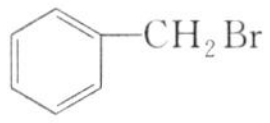

2. 系统命名法

（1）饱和卤代烃

选主链：以烃为母体，卤原子作为取代基，选择含有卤原子在内的最长碳链为主链。

定编号：当卤原子与支链的位次相同时，给予烃基较小的编号；不同卤原子的位次相同时，给予原子序数较小的卤原子较小编号。

写全称：将取代基的位次、数目和名称按照次序规则（较优基团后列出）写在某烃的前面。例如：

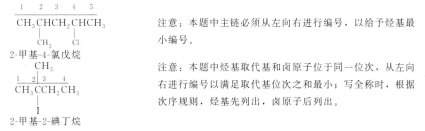

注意：本题中主链必须从左向右进行编号，以给予烃基最小编号。

注意：本题中烃基取代基和卤原子位于同一位次，从左向右进行编号以满足取代基位次之和最小；写全称时，根据次序规则，烃基先列出，卤原子后列出。

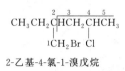

2-乙基-4-氯-1-溴戊烷

注意：本题有两个卤原子，在选取主链时应把两个卤原子都包含在内；编号时应从溴所连碳原子的一侧开始，以满足取代基位次之和最小；同时，写全称时，根据次序规则，乙基先列出，氯之后列出，溴最后列出。

（2）不饱和卤代烃

选择含有不饱和键且和卤原子在内的最长碳链作为主链，编号时使不饱和键的位次尽可能小。例如：

码 10-1 氯乙烯结构

3-甲基-4-氯-1-丁烯

注意：本题编号时从靠近不饱和键的一端开始，从左向右进行。

5-甲基-4-溴-2-庚炔

注意：本题编号时从靠近不饱和键的一端开始，从左向右，同时要注意选择最长碳链为主链。

（3）卤代芳烃

卤原子连在芳环上的卤代芳烃以芳烃为母体，将卤原子作为取代基进行命名；卤原子连在侧链上时，则以脂肪烃为母体，芳基和卤原子作为取代基进行命名。

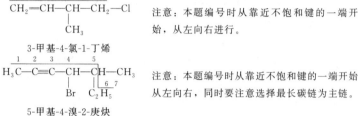

氯苯　　对溴甲苯　　2-氯-4-溴乙苯

1-苯基-2-溴乙烷　　2-苯基-4-氯戊烷

课堂练习

命名下列化合物。

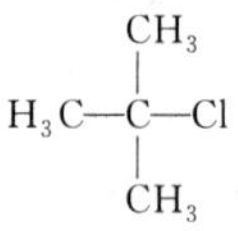

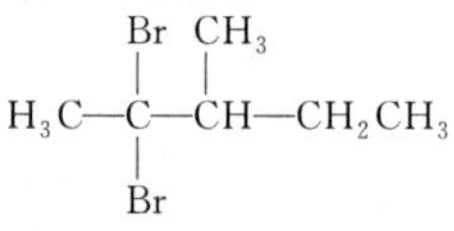

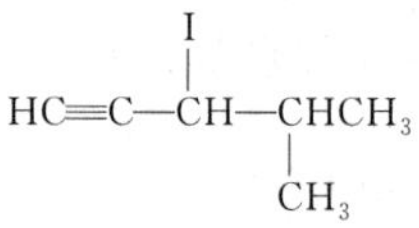

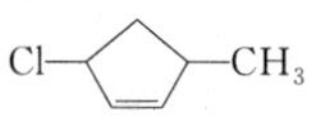

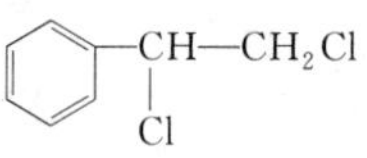

第二节　卤代烃的性质

一、卤代烃的物理性质

常温、常压下，少数低级卤代烃（包括氟甲烷、氟乙烷、氟丙烷、氯甲烷、氯乙烷和溴甲烷等）为气体，其他一卤代烃为液体，高级卤代烃为固体。

对于含有相同卤原子的卤代烃，其沸点随碳原子数的增加而升高；对于卤原子不同而烃基相同的卤代烃，从碘代烃到氯代烃，沸点依次递减。此外，结构中支链越多，沸点越低。

除一氟代烃和一氯代烃外，其他卤代烃的相对密度都大于1，比水重。卤代烃不溶于水，易溶于大多数有机溶剂，氯仿、四氯化碳等常被用于从水层中提取有机物。

卤代烃的蒸气有毒，尤其是含氯或碘的化合物，可经皮肤吸收，使用时要注意安全。

小贴士：

卤代烃的毒性一般比其母体烃的毒性大，经皮肤吸收后，会损伤神经中枢或作用于内脏器官，引起中毒，使用时应注意通风和防护。

二、卤代烃的化学性质

由于卤原子的电负性比碳原子的大，碳-卤键（C—X）属于强极性共价键，容易断裂。因此卤代烃的化学性质比较活泼，易发生取代反应、消除反应以及与金属镁的作用等。

1. 取代反应

在一定条件下，卤代烃分子中的卤原子可以被其他原子或基团取代，生成一系列化合物。反应时，由负离子或带有孤对电子的分子发起进攻，C—X 键断裂，卤原子以负离子的形式离去，这一类型的反应称为亲核取代反应，可以用通式表示为：

$$\overset{|}{\underset{|}{-C}}-X + Nu^{-} \longrightarrow \overset{|}{\underset{|}{-C}}-Nu + X^{-}$$

小贴士：

卤原子被氰基取代的反应中，产物腈比原料卤代烃增加了一个碳原子，而氰基又可以转变为羧基、氨甲基等其他官能团，因此其是有机合成中增长碳链的常用方法之一。但氰化物有剧毒，限制了其应用。

（1）卤原子被羟基取代

卤原子被羟基取代的反应也叫作卤代烃的水解反应，卤代烃与强碱的水溶液共热时，卤原子被羟基取代而生成醇。例如：

$$CH_3CH_2Br + H_2O \xrightarrow[\triangle]{NaOH} \underset{乙醇}{CH_3CH_2OH} + HBr$$

（2）卤原子被氨基取代

卤代烃与过量的氨反应时，卤原子被氨基取代生成胺。该反应所用卤代烃通常为伯卤代烃，这也是工业上制备伯胺的常用方法。例如：

$$CH_3CH_2CH_2CH_2Br + 2NH_3 \longrightarrow \underset{丁胺}{CH_3CH_2CH_2CH_2NH_2} + NH_4Br$$

（3）卤原子被氰基取代

卤代烃与氰化钠或氰化钾在醇溶液反应，卤原子被氰基取代而生成腈。

$$CH_3CH_2CH_2CH_2Br + NaCN \xrightarrow[\triangle]{\text{醇}} \underset{\text{丁腈}}{CH_3CH_2CH_2CH_2CN} + NaBr$$

（4）卤原子被烷氧基取代

卤代烃与醇钠在相应的醇中反应，卤原子被烷氧基（—OR）取代而生成醚。

$$CH_3CH_2CH_2Br + CH_3CH_2ONa \xrightarrow{CH_3CH_2OH} \underset{\text{乙(基)正丙(基)醚}}{CH_3CH_2CH_2OCH_2CH_3}$$

（5）与硝酸银反应

卤代烃与硝酸银的醇溶液共热，生成硝酸酯和卤化银沉淀。

不同结构的卤代烃与硝酸银反应时，显示出不同的活泼性。

烃基相同时，活性次序为：RI＞RBr＞RCl。

卤原子相同时，活性次序为：叔卤代烃＞仲卤代烃＞伯卤代烃。

因此，可以根据生成卤化银沉淀的速度来对卤代烃进行鉴别，室温下，叔卤代烃立即产生卤化银沉淀，仲卤代烃片刻后出现沉淀，而伯卤代烃需要加热才能反应。

2.消除反应

卤代烃与强碱（NaOH 或 KOH）的醇溶液反应，脱去一分子卤化氢生成烯烃。这种从分子中脱去简单分子（例如 H_2O、CO_2、卤化氢、HN_3 等），生成不饱和烃的反应称为消除反应。例如：

$$CH_3CH_2CH_2CH_2Br \xrightarrow[\text{乙醇}]{NaOH} CH_3CH_2CH=CH_2 + NaBr + H_2O$$

反应时，β-C 上的氢原子（β-H）和卤原子一起被脱去，因此又称为 β-消除反应。但是，如果两个 β-C 上都有氢原子，反应就会有两种产物。例如：

$$CH_3-\underset{|}{\overset{\beta}{C}H}-\underset{|}{\overset{\alpha}{C}H}-\overset{\beta}{C}H_2 \xrightarrow[\text{乙醇}]{KOH} \begin{array}{l} CH_3CH_2CH=CH_2 \quad (19\%) \\ CH_3CH=CHCH_3 \quad (81\%) \end{array}$$

$$CH_3-\underset{|}{\overset{\beta}{C}H}-\underset{|}{\overset{\alpha}{C}}-\overset{\beta}{C}H_2 \xrightarrow[\text{乙醇}]{KOH} \begin{array}{l} CH_3CH_2-\underset{|}{\overset{CH_3}{C}}=CH_2 \quad (29\%) \\ CH_3CH=\underset{|}{\overset{CH_3}{C}}-CH_3 \quad (71\%) \end{array}$$

大量实验表明，卤代烃脱卤化氢时，主要脱去含氢较少的碳原子上的氢原子，生成有较多烷基的烯烃，即较为稳定的烯烃。这一规则称为札依采夫（Saytzeff）规则。根据这一规则，各种卤代烃脱去卤代氢的难易程度顺序为：叔卤代烃＞仲卤代烃＞伯卤代烃。

拓展知识链:取代反应(水解反应)和消除反应的竞争

卤代烃的水解反应和消除反应都是在碱性条件下进行的，卤代烃水解时不可避免地会有消除产物生成；而进行消除反应时也会有水解产物生成。例如：

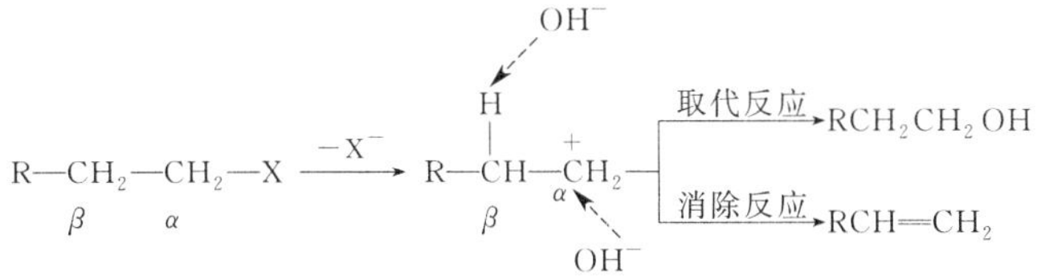

$$R-CH_2-CH_2-X \xrightarrow{-X^-} R-\underset{\beta}{CH}-\underset{\alpha}{CH_2}^+ \begin{matrix} \xrightarrow{\text{取代反应}} RCH_2CH_2OH \\ \xrightarrow{\text{消除反应}} RCH=CH_2 \end{matrix}$$

（OH⁻进攻H，OH⁻进攻α碳）

卤代烃的取代反应和消除反应同时发生，相互竞争。反应结果受许多因素的影响，概括起来主要有以下几个方面。

① 反应溶剂：强极性溶剂（例如水）有利于取代反应，弱极性溶剂（例如醇）有利于消除反应。

② 卤代烃的结构：伯卤代烃与强亲核试剂之间主要发生取代反应，叔卤代烃与强碱性试剂之间主要发生消除反应。

③ 亲核试剂的类型：亲核性强的试剂有利于取代反应，亲核性弱的试剂有利于消除反应，碱性强的试剂有利于消除反应，碱性弱的试剂有利于取代反应。

④ 反应温度：反应温度越高，越有利于消除反应。

3. 与金属镁的作用

卤代烃在干醚（不含乙醇和水的乙醚称为无水乙醚，简称干醚）中与金属镁作用，生成烷基卤化镁，称为格利雅（Grignard）试剂，简称格氏试剂。一般用通式 RMgX 表示。

$$R-X + Mg \xrightarrow{\text{无水乙醚}} RMgX$$

制备格氏试剂时，如果烃基相同，则各种卤代烃的反应活性次序为：RI＞RBr＞RCl。

在烷基卤化镁分子中，C 的电负性比 Mg 的电负性大得多，因此格氏试剂中的 C—Mg 键是一个很强的极性键，成键电子云偏向于碳原子一边，可以被呈正电性的进攻分子影响而发生反应。格氏试剂性质非常活泼，可以与水、酸、醇等含活泼氢的化合物反应，生成相应的烷烃。

$$RMgX \begin{cases} \xrightarrow{HOH} R-H + Mg(OH)X \\ \xrightarrow{R'OH} R-H + Mg(OR')X \\ \xrightarrow{HX} R-H + MgX_2 \\ \xrightarrow{HC\equiv CR'} R-H + Mg(C\equiv CR')X \\ \xrightarrow{HNH_2} R-H + Mg(NH_2)X \end{cases}$$

在空气中，格氏试剂会缓慢地吸收氧气而变质：

小知识：

格氏试剂的化学性质非常活泼，与格氏试剂反应是增长碳链的重要方法，其对有机合成的发展起到了重要的推动作用。其发明人法国化学家维克多·格林尼亚（Victor Grignard）于 1912 年被授予诺贝尔化学奖。

$$2R\text{—}Mg\text{—}Br + O_2 \longrightarrow 2R\text{—}O\text{—}Mg\text{—}Br \xrightarrow{2H_2O} 2ROH + 2Mg(OH)Br$$

思考与讨论

在制备和保存格氏试剂时，为什么必须用无水干燥的溶剂和干燥的反应器，并同时隔绝空气？

课堂练习

完成下列反应。

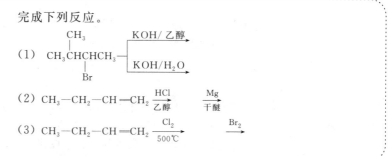

第三节 卤代烯烃和卤代芳烃

一、卤代烯烃和卤代芳烃的分类

根据分子中卤原子和不饱和键的相对位置可以把卤代烯烃、卤代芳烃分为以下三类。

1. 乙烯型和苯型卤代烃

卤原子直接连在不饱和碳原子上的卤代烃。例如：

$H_2C=CH\text{—}Cl$　　　溴苯 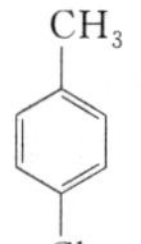　　　对氯甲苯

氯乙烯

2. 烯丙基型和苄基型卤代烃

卤原子与不饱和碳原子之间相隔一个饱和碳原子。例如：

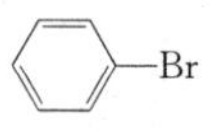

$H_2C=CH\text{—}CH_2\text{—}Cl$　　　　$C_6H_5\text{—}CH_2\text{—}Cl$

3-氯-1-丙烯　　　　氯化苄

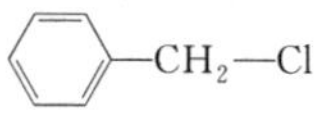

3. 隔离型卤代烃

卤原子与不饱和碳原子之间相隔两个或两个以上的饱和碳原子。例如：

$H_2C=CH\text{—}CH_2CH_2Cl$　　　　$C_6H_5\text{—}CH_2CH_2CH_2Cl$

4-氯-1-丁烯　　　　1-苯基-3-氯丙烷

二、卤代烯烃和卤代芳烃的物理性质

常温下，卤代烯烃中，氯乙烯和溴乙烯为气体，其余为液体或固体。卤代芳烃大多为有香味的液体，苄基卤代烃有催泪性。卤代芳烃相对密度大于1，不溶于水，易溶于有机溶剂。

三、卤代烯烃和卤代芳烃的化学性质

不同类型的卤代烯烃或卤代芳烃在化学活泼性上有很大的差别。如以硝酸银的醇溶液为试剂，烯丙基型和苄基型卤代烃最活泼，在室温下即可迅速反应生成卤化银沉淀；隔离型卤代烃与卤代烃反应活性相似（叔卤代烃＞仲卤代烃＞伯卤代烃）；乙烯型和苯型卤代烃最不活泼，即使加热也不会生成沉淀。如下：

综上所述，各种类型卤代烃的反应活性如下：

$$CH_2=CHCH_2X \qquad CH_2=CHCH_2CH_2X \qquad H_2C=CHX$$

$$\underset{\text{烯丙基型/苄基型卤代烃}}{\text{〇—}CH_2X} \quad > \quad \underset{\text{隔离型卤代烃}}{\text{〇—}CH_2CH_2X} \quad > \quad \underset{\text{乙烯型/苯型卤代烃}}{\text{〇—}X}$$

利用不同结构卤代烃与硝酸银的醇溶液反应生成卤化银沉淀的速率和反应现象的不同，可以区分不同类型的卤代烃。

课堂练习

> 用简单的化学方法鉴别对溴甲苯、苄基溴、2-溴苯乙烷。

拓展阅读：重要的卤代烃

氟利昂

氟利昂，名称源于英文 freon，是氟氯代烃的商品名称，简写作 "FXXX"。"F" 后的第一个阿拉伯数字由分子中的碳原子数减去 1 所得，第二个数字为分子中的氢原子数加 1，第三个数字代表分子中的氟原子数。如 CCl_2F_2，写为 F12（第一个数字为零，可省略）；$FCl_2C—CClF_2$ 写为 F113 等。

氟利昂是优良的制冷剂，具有无毒、无臭、无腐蚀性、容易液化、安全性高等优良性能，曾长期在电冰箱及冷冻器行业大量使用。

氟利昂具有稳定的化学性能，不易分解，但是在太阳光的照射下，氟利昂分解出卤素自由基，并与臭氧发生反应，将臭氧转化为氧气，造成臭氧层的急剧减少。20 世纪 80 年代，科学家们意识到氟利昂会破坏地球上空的臭氧层，造成太阳紫外线辐射量的增强，破坏生态环境并危害人类健康。因此，近年来世界各国已禁止或逐步减少氟利昂的生产和使用。

氯乙烯

氯乙烯又名乙烯基氯（vinyl chloride）是一种应用于高分子化工的重要单体，可由乙烯或乙炔制得。其为无色、易燃气体，沸点为-13℃，相对密度为0.91，相对蒸气密度为2.15。氯乙烯是有毒物质，长期吸入和接触可能引发肝癌。它可与空气形成爆炸混合物，爆炸极限为3.6%～33%（体积），在加压下更易爆炸，贮运时必须注意容器的密闭及氮封，并添加少量阻聚剂。氯乙烯是塑料工业的重要原料，主要用于生产聚氯乙烯树脂。与醋酸乙烯、偏氯乙烯、丁二烯、丙烯腈、丙烯酸酯类及其他单体共聚生成共聚物，也可用作冷冻剂等。氯乙烯主要用于制造聚氯乙烯，也可与乙酸乙烯酯、丁二烯、丙烯腈、丙烯酸酯、偏氯乙烯等共聚，制造胶黏剂、涂料、食品包装材料、建筑材料等。其还可用作染料及香料的萃取剂、冷冻剂等。

双对氯苯基三氯乙烷（DDT）

DDT又叫滴滴涕，二二三，化学名为双对氯苯基三氯乙烷(Dichlorodiphenyltrichloroethane)，化学式$(ClC_6H_4)_2CH(CCl_3)$，为白色晶体，不溶于水，溶于煤油，可制成乳剂。DDT是有机氯类杀虫剂，为20世纪上半叶防止农业病虫害，减轻疟疾伤寒等蚊蝇传播的疾病危害起到了不小的作用。但由于其对环境污染过于严重，很多国家和地区早已禁止使用。世界卫生组织于2002年宣布，重新启用DDT用于控制蚊子的繁殖以及预防疟疾、登革热、黄热病等在世界范围的卷土重来。

聚四氟乙烯

聚四氟乙烯（polytetrafluoroethylene，简写为PTFE），一般称作不粘涂层或易清洁物料。这种材料具有抗酸、抗碱、抗各种有机溶剂的特点，几乎不溶于所有的溶剂。同时，聚四氟乙烯具有耐高温的特点，它的摩擦系数极低，所以除可作润滑作用之余，也成为了易清洁水管内层的理想涂料。

中文商品名为"特氟隆"（teflon）"泰氟龙"等。它是由四氟乙烯经聚合而成的高分子化合物，其结构简式为 $-[-CF_2-CF_2-]_n-$，具有优良的化学稳定性、耐腐蚀性，是当今世界上耐腐蚀性能最佳材料之一，除熔融碱金属、三氟化氯、五氟化氯和液氟外，能耐其他一切化学药品，在王水中煮沸也不起变化，广泛应用于各种需要抗酸碱和抗有机溶剂的场合。有密封性、高润滑不粘性、电绝缘性和良好的抗老化能力、耐温优异（能在-180～250℃下长期工作）。

知识框架

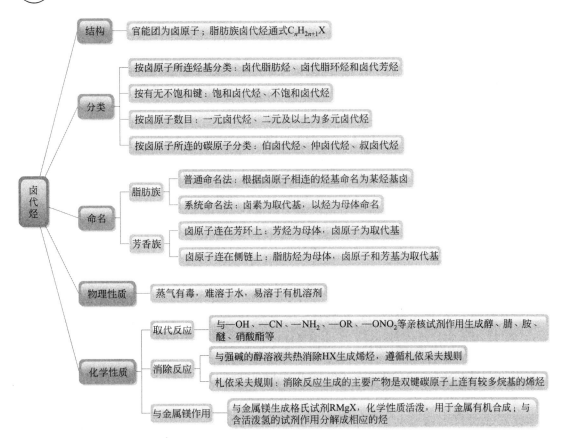

课后习题

1. 命名下列化合物或写出其结构式。

(1) CHBr$_3$ (2) CH$_2$—CH$_2$ (Br, Br)   (3) 溴萘   (4) 邻氯苯乙烯   (5) 叔丁基溴

(6) 3-溴-5-甲基环戊-2-烯   (7) CH$_3$—C(CH$_3$)(Br)—C(CH$_3$)(I)—CH$_2$CH$_3$ (8) CH$_3$—C$_6$H$_4$—CH$_2$Cl

(9) 3-甲基-2,2-二氯戊烷

2. 完成下列反应式。

(1) CH$_3$CH$_2$CH=CH$_2$ $\xrightarrow[\text{过氧化物}]{\text{HBr}}$ $\xrightarrow[\text{醇}]{\text{AgNO}_3}$

(2) CH$_3$CH=CH$_2$ + HBr $\xrightarrow{\text{过氧化物}}$ $\xrightarrow[\text{干醚}]{\text{Mg}}$

(3) C$_6$H$_5$—CH$_2$Cl + CH$_3$C≡CNa ⟶

(4) $CH_3CH-CHCH_3$ (with CH_3 and Br on adjacent carbons) $\xrightarrow{KOH/醇}$
$\xrightarrow{KOH/H_2O, \triangle}$

(5) 环己基-Br $\xrightarrow{NaOH}{C_2H_5OH}$

(6) $C_6H_5CH_2Cl + CH_3CH_2CH_2ONa \xrightarrow{\triangle}$

(7) $C_6H_5CH_2Cl + NH_3 \longrightarrow$

(8) $CH_3CH_2CH_2Br \xrightarrow{CH_3CH_2ONa}{CH_3CH_2OH}$

3. 由难到易排列下列各组化合物与 $AgNO_3$ 醇溶液反应的活性顺序。

(1) $H_3C-\underset{\underset{Br}{|}}{\overset{\overset{CH_3}{|}}{C}}-CH_2CH_3$ $CH_3-\underset{\underset{CH_3}{|}}{\overset{\overset{}{}}{CH}}-\underset{\underset{Br}{|}}{\overset{}{CH}}-CH_3$ $CH_3-\underset{\underset{}{}}{\overset{\overset{CH_3}{|}}{CH}}-CH_2CH_2Br$

(2) $C_6H_5-CH_2Br$ $C_6H_5-CH_2CH_2Br$ $C_6H_5-\underset{\underset{Br}{|}}{\overset{}{CH}}_2CHCH_3$

4. 用化学方法鉴别下列各组有机化合物。

(1) 1-溴丙烷、2-溴丙烯、3-溴丙烯

(2) 对溴甲苯、苄基溴、2-溴丙烷

(3) 环己烯、溴代环己乙烷、3-溴环己烯

5. A、B 两种溴代烃，分别与 NaOH 的醇溶液反应，A 生成 1-丁烯，B 生成异丁烯，试写出 A、B 两种溴代烃可能的结构式。

6. 某化合物 A 的分子式为 $C_6H_{13}I$，用 KOH 的醇溶液处理后，所得产物经酸性高锰酸钾氧化，生成 $(CH_3)_2CHCOOH$ 和 CH_3COOH，试写出 A 的构造式及全部反应方程式。

7. 两种同分异构体 A 和 B，分子式都是 $C_6H_{11}Cl$，都不溶于浓硫酸，A 脱氯化氢生成 $C(C_6H_{10})$，C 经高锰酸钾氧化生成 $HOOC(CH_2)_4COOH$；B 脱氯化氢生成分子式相同的 D 和 E，用高锰酸钾氧化 D 生成 $CH_3COCH_2CH_2COOH$，用高锰酸钾氧化 E 生成唯一的有机化合物——环戊酮，写出 A、B、C、D、E 的构造式及各步反应式。

📖 实训建议

本章可选择性开展卤代烃与硝酸银-乙醇溶液的反应、1-溴丁烷的洗涤、格氏试剂的制备等实训项目，加强学生对于卤代烃性质的理解，使其掌握卤代烃的鉴定方法，熟悉萃取的操作及无水条件下的有机化学实验基本操作。

第十一章
含氧有机化合物

知识目标：1. 理解含氧有机官能团羟基、羰基、羧基的结构特点；
2. 掌握含氧有机物的命名；
3. 掌握含氧有机化合物重要的性质及应用。

能力目标：1. 能够根据含氧有机物的结构式进行命名或根据名称写出其对应的结构式；
2. 能利用简单的化学方法鉴别常见的醇、酚、醚、醛、酮及羧酸等含氧有机化合物；
3. 能利用化学方程式表示常见含氧有机物的化学变化。

本章总览：含氧有机化合物也叫作烃的含氧衍生物，从组成上看，除了碳、氢元素外，其还含有氧元素；从结构上看，可以认为其是烃分子中的氢原子被含氧原子的基团取代而衍生出来的。含氧有机化合物的种类繁多，可以分为醇、酚、醚、醛、酮、羧酸以及羧酸衍生物等。

含氧有机化合物与人们日常生活的关系十分密切，例如，医用消毒酒精（体积分数为 75%的乙醇水溶液）、医院常用的消毒剂来苏水（酚的溶液）、医学动物实验常用的麻醉剂（乙醚）、装修和制造家具所使用的胶黏剂中的重要原料甲醛（甲醛也是公认的致癌和致畸物质）以及广泛存在于食品和食品添加剂中的食醋、柠檬酸和动植物油脂（羧酸和酯类）等。

医用酒精

来苏水消毒剂

胶黏剂

食醋

第一节　醇

一、醇的结构和分类

1. 醇的通式和结构

醇的官能团是羟基（—OH）。醇可以看作烃分子中饱和碳原子上的氢

小贴士：

醇是人类认识较早的物质，世界上关于酒精的文字记载，最早出现在公元1100年前。酒精不仅作为饮料饮用，还可用于医药卫生和工业生产等，酒精也是历史悠久、应用最广泛的药物之一。

原子被羟基所取代的衍生物。饱和一元醇通常用 R—OH 表示，通式为 $C_nH_{2n+1}OH$。

醇分子中的氧原子为 sp^3 杂化，其中两个杂化轨道分别用于与氢原子、氧原子成键，另外两个杂化轨道上均分布有两对成对的电子。醇羟基（—OH）中氧原子的电负性比较大，导致 C—O 键和 O—H 键均具有较大的极性。甲醇的球棍模型和比例模型分别如图11-1和图11-2所示。

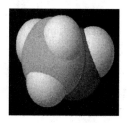

图11-1　甲醇球棍模型　　图11-2　甲醇比例模型

小知识：

甲醇分子中的 C—OH 键角为 108.9°，接近于 sp^3 杂化轨道对称轴之间夹角的 109.5°。

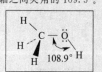

甲醇是国家重点监管的危险化学品。

码 11-1　乙醇结构

2. 醇的分类

① 按分子中所含羟基的数目，醇可以分为一元醇、二元醇、三元醇等。二元醇以上的醇统称为多元醇。例如：

CH₃CH₂CH₂—OH　　　CH₂—CH₂　　　CH₂—CH—CH₂
　　　　　　　　　　　　｜　　｜　　　　　｜　　｜　　｜
　　　　　　　　　　　 OH OH　　　　　OH OH OH
　正丙醇　　　　　　　　乙二醇　　　　　　丙三醇

② 按羟基所连碳原子种类的不同，醇分为伯醇、仲醇、叔醇。羟基与伯碳原子相连的醇为伯醇；与仲碳原子相连的醇为仲醇；与叔碳原子相连的醇为叔醇。例如：

　　　　　　　　　　　　　　　　　　　　　　　　CH₃
　　　　　　　　　　　　　　　　　　　　　　　　｜
CH₃CH₂CH₂—OH　　　CH₃CHCH₃　　　H₃C—C—CH₃
　　　　　　　　　　　　｜　　　　　　　　　　｜
　　　　　　　　　　　 OH　　　　　　　　　 OH
　　伯醇　　　　　　　　仲醇　　　　　　　　叔醇

③ 按羟基所连烃基的不同，醇分为脂肪醇、脂环醇、芳香醇；也可以根据烃基是否饱和分为饱和醇和不饱和醇。例如：

CH₃CH₂CH₂—OH　　H₂C=CH—CH₂OH　　　⬡—OH　　　　⬠—OH
脂肪醇（饱和醇）　脂肪醇（不饱和醇）　脂环醇（饱和醇）　脂环醇（不饱和醇）

　　　　　⬡—CH₂OH　　　⬡—CHCH₃
　　　　　　　　　　　　　　　　｜
　　　　　　　　　　　　　　　 OH
　　　　　　　　芳香醇

二、醇的命名

1. 俗名

一些重要的或常用的醇通常有相应的俗名。例如：

$$\underset{\text{木精}}{CH_3OH} \qquad \underset{\text{酒精}}{CH_3CH_2OH} \qquad \underset{\text{甘醇}}{\underset{|\ \ \ \ |}{\overset{|\ \ \ \ |}{CH_2-CH_2}}\atop{OH\ OH}} \qquad \underset{\text{甘油}}{\underset{|\ \ \ \ \ |\ \ \ \ \ |}{\overset{|\ \ \ \ \ |\ \ \ \ \ |}{CH_2-CH-CH_2}}\atop{OH\ OH\ OH}}$$

2. 习惯命名法

简单的醇可根据和羟基相连的烃基来命名。例如：

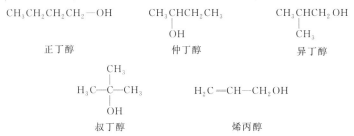

3. 系统命名法

选主链：选择连有羟基的最长碳链为主链。

定编号：从靠近羟基的一端开始对主链编号。

写全称：按主链所含碳原子的数目称为"某"醇；将取代基的位次、名称写在"某"醇前面，同时羟基的位次用阿拉伯数字注明，写在醇名称前面。例如：

$$\overset{1\ \ \ 2\ \ \ 3\ \ \ 4\ \ \ 5\ \ \ 6}{CH_3CHCHCH_2CCH_3}$$
   ┊   ┊
   OH CH₃
    CH₃

2,5,5-三甲基-3-己醇

注意：本题编号时从靠近羟基的一端开始，从左向右，同时要注意选择最长碳链为主链。

$$\overset{1\ \ \ \ \ 2\ \ \ \ \ 3\ \ \ \ \ 4}{CH_3-CH-CH-CH-CH_3}$$
    | |
    OH Cl C₂H₅

4-甲基-3-氯-2-己醇

注意：本题编号时从靠近羟基的一端开始，同时要注意选择最长碳链为主链，写全称时注意按照次序规则，简单的在前，复杂的在后。

$$CH_2-CH_2-CH_2-CH_2$$
 | |
 OH   OH

1,4-丁二醇

注意：命名多元醇时，除要写明分子所含羟基的数目外，还要标明每个羟基的位次。

① **不饱和醇的命名**：在上述醇命名原则的基础上，选择含有不饱和键和羟基碳原子在内的最长碳链作为主链，编号同样从靠近羟基的一端开始，不饱和键的位置写在烯或炔名称前。例如：

$$\overset{4\ \ \ \ \ 3\ \ \ \ \ 2\ \ \ \ \ 1}{CH_3CH_2CHCH_2CH_2OH}$$
    |
    $\overset{5}{CH}=\overset{6}{CH_2}$

4-乙基-5-己烯-1-醇

注意：本题选择既包含双键又包含羟基在内的最长碳链为主链，编号从羟基一端开始。

$$\overset{5\ \ \ \ \ 4\ \ \ \ \ 3\ \ \ \ \ 2\ \ \ \ \ 1}{CH_3C\equiv CCHCH_3}$$
     |
     OH

3-戊炔-2-醇

注意：本题羟基不在端位，主链要选择包含三键和羟基在内的最长碳链，编号从距离羟基最近的一端开始。

② **脂环醇的命名**：与醇的命名相似，编号从连有羟基的环碳原子开始。例如：

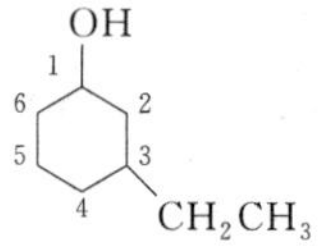

3-乙基环己醇 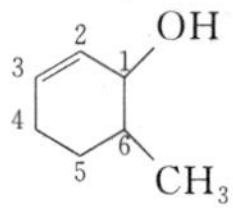　　　　6-甲基-2-环己烯-1-醇

> 📖 **课堂练习**
>
> 命名下列化合物或写出相应化合物结构。
> (1) 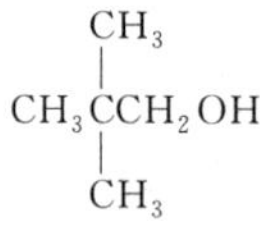 $CH_3CH(CH_3)_2CH_2OH$ （异构醇结构） $CH_3C(CH_3)_2CH_2OH$
> (2) 环戊烯-OH
> (3) $CH_3CH=CH(Cl)CH_2OH$
> (4) 2-甲基环己醇
> (5) 苄醇

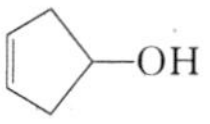

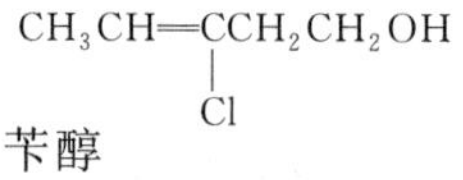

三、醇的性质

(一) 醇的物理性质

直链饱和一元醇中，含有 4 个及以下碳原子的醇为无色透明、有酒味的液体，含 5~11 碳原子的醇为具有不愉快气味的油状液体，含 12 个及以上碳原子的醇为无臭、无味的蜡状固体。

脂肪族饱和一元醇的相对密度小于 1，而芳香醇及多元醇的相对密度大于 1。

直链饱和一元醇的沸点随碳原子数的增加而升高。且与分子量相近的烷烃相比，低级醇的沸点要高得多。这是因为醇分子中的羟基极性较大，醇分子之间可以通过氢键缔合，而烃分子不存在氢键。分子间氢键的存在使分子间作用力增强，故醇的沸点升高。所含羟基越多，能形成的氢键越多，所以多元醇的沸点比一元醇的高。

醇分子与水分子之间也可以形成氢键，所以低级醇（含 3 个或以下的碳原子）能与水以任意比互溶。但是随着醇分子中烃基的增大，碳原子数的增多，羟基在分子中所占的比例变小，醇在水中的溶解度逐渐降低。高级醇甚至不溶于水，而能溶于烃类溶剂。

小贴士：
　　醇金属化学性质活泼，在有机化学反应中常被用作缩合剂、烷氧化试剂以及碱性催化剂等。

(二) 醇的化学性质

醇的化学性质主要是由其官能团羟基（—OH）决定的。由于羟基中氧原子的电负性比较大，C—O 键和 O—H 键均具有较大的极性，其是醇容易发生化学反应的两个部位。

1. 与活泼金属的反应

羟基上的氢原子比较活泼，可以与活泼的金属（如钾、钠、镁、铝等）反应生成氢气和醇金属。例如：

$$CH_3CH_2—OH + Na \longrightarrow CH_3CH_2—ONa + 1/2 H_2$$

乙醇钠

醇与活泼金属的反应要比水与活泼金属的反应缓和很多,这说明醇的酸性比水的弱。醇钠遇水会立刻水解,生成氢氧化钠和醇。

$$CH_3CH_2-ONa + H_2O \rightleftharpoons CH_3CH_2-OH + NaOH$$

思考与讨论

上述醇钠的水解反应是一个可逆反应,运用化学平衡移动的原理除去水分可以使反应向左进行,得到更多的醇钠。这也是工业制备醇钠的方法。那么相比于醇与金属钠反应的方法,该方法有哪些优势呢?

2. 与氢卤酸的反应

在醇与氢卤酸的反应中,羟基被卤素取代生成卤代烃。例如:

$$CH_3CH_2-OH + HX \rightleftharpoons CH_3CH_2-X + H_2O$$

该反应为可逆反应,为提高卤代烃的产量,一般使一种反应物过量或移除一种生成物,以使反应向右移动。

氢卤酸的类型和醇的结构都会影响反应的速率。氢卤酸的反应活性次序为 HI>HBr>HCl。醇的活性顺序为:烯丙基型醇和苄基型醇>叔醇>仲醇>伯醇。

利用不同醇与氢卤酸反应速率不同的特点,可以鉴别不同结构的醇。常用的试剂为卢卡斯(Lucas)试剂,即浓盐酸与无水氯化锌组成的溶液。例如:

$$(CH_3)_3C-OH + HCl(浓) \xrightarrow[20℃]{无水\ ZnCl_2} (CH_3)_3C-Cl\downarrow + H_2O$$
(立即出现浑浊)

$$CH_3CH(OH)CH_2CH_3 + HCl(浓) \xrightarrow[20℃]{无水\ ZnCl_2} CH_3CH(Cl)CH_2CH_3\downarrow + H_2O$$
(10min 后出现浑浊)

$$CH_3CH_2CH_2CH_2-OH + HCl(浓) \xrightarrow[加热]{无水\ ZnCl_2} CH_3CH_2CH_2CH_2-Cl\downarrow + H_2O$$
(常温下不反应,加热后出现浑浊)

由于该反应生成的卤代烃不溶于水,溶液会出现浑浊或发生分层,通过观察这种现象出现得快慢,即可鉴别醇的结构。叔醇很快发生反应,仲醇反应较慢,伯醇加热后,才会反应。

课堂练习

用简单的化学方法鉴别 1-丁醇、2-丁醇、2-甲基-2-丁醇和丙烯醇。

小贴士：
硝化甘油是一种爆炸性极强的炸药，操作与贮存时应远离火种、热源，禁止震动、撞击和摩擦。保持容器密封，同时应与氧化剂、活性金属粉末、酸类等化学品分开存放。

3. 生成酯的反应

醇与无机含氧酸（硫酸、硝酸、磷酸等）反应，发生分子间脱水生成酯。例如，甲醇与硫酸作用生成硫酸二甲酯：

$$CH_3OH + HOSO_2OH \rightleftharpoons CH_3OSO_2OH \xrightarrow{HOSO_2OH} CH_3OSO_2OCH_3$$
硫酸氢甲酯（单酯）　　　　硫酸二甲酯（双酯）

$C_{12} \sim C_{18}$ 的高级醇与硫酸反应生成的硫酸氢酯通过与碱中和可以得到硫酸氢酯钠盐，例如硫酸氢十二烷基酯钠盐。这是一类很重要的硫酸酯盐型的阴离子表面活性剂，常用作洗涤剂、乳化剂等。

醇与浓硝酸反应，脱水生成硝酸酯。例如：

$$\begin{array}{c}CH_2-OH\\|\\CH-OH\\|\\CH_2-OH\end{array} + 3HONO_2(\text{浓}) \xrightarrow{H_2SO_4} \begin{array}{c}CH_2-ONO_2\\|\\CH-ONO_2\\|\\CH_2-ONO_2\end{array} + 3H_2O$$
甘油三硝酸酯

丙三醇与浓硝酸生成甘油三硝酸酯，也称硝化甘油。其是一种烈性炸药，同时也可用作心绞痛的缓解药物。

4. 脱水反应

醇在脱水剂（浓硫酸、浓磷酸、氧化铝等）的作用下，可以发生脱水反应。醇有两种脱水方式，分别为分子内脱水和分子间脱水。通常，在较高温度下，醇主要发生分子内脱水生成烯烃；在较低温度下，醇主要发生分子间脱水生成醚。

$$CH_2-CH_2 \xrightarrow[170℃]{\text{浓硫酸}} CH_2=CH_2 + H_2O$$
（H　OH）

$$CH_3CH_2-OH + HO-CH_2CH_3 \xrightarrow[140℃]{\text{浓硫酸}} CH_3CH_2-O-CH_2CH_3 + H_2O$$

不同类型的醇脱水反应的难易程度相差较大，活性排序为：叔醇＞仲醇＞伯醇。醇的结构也会对脱水的方式产生影响。伯醇易发生分子间脱水生成醚，仲醇易发生分子内脱水生成烯烃，叔醇则主要发生分子内脱水。仲醇和叔醇发生分子内脱水时遵循札依采夫（Saytzeff）规则，羟基与含氢较少的 β-碳原子上的氢原子一起脱去，生成较稳定的烯烃。

$$CH_3-\underset{\beta}{CH}-\underset{}{CH}-\underset{\beta}{CH_2} \xrightarrow[100℃]{60\%\text{硫酸}} CH_3CH=CHCH_3 + H_2O$$
（H　OH　H）　　　　　　80%

$$CH_3-\underset{\beta}{\underset{|}{\underset{CH_3}{C}}}-\underset{}{\underset{|}{\underset{}{C}}}-\underset{\beta}{\underset{|}{\underset{CH_3}{CH_2}}} \xrightarrow[80℃]{85\%\text{磷酸}} CH_3C=CCH_3 + H_2O$$
（H　OH　H）　　　　　　|　|
　　　　　　　　　　　　CH_3 CH_3
　　　　　　　　　　　　　80%

5. 氧化反应

（1）氧化剂氧化

伯醇和仲醇中的氢原子受同一个碳上所连羟基的影响比较活泼，容易被氧化。常用的氧化剂包括高锰酸钾和重铬酸钾。伯醇首先被氧化成醛，醛继续被氧化成羧酸。

$$RCH_2OH \xrightarrow[\triangle]{K_2Cr_2O_7/H_2SO_4} RCHO \xrightarrow[\triangle]{K_2Cr_2O_7/H_2SO_4} RCOOH$$

伯醇　　　　　　　　　　醛　　　　　　　　　羧酸

仲醇被氧化生成酮，而酮不易被继续氧化。

$$\underset{\text{仲醇}}{CH_3\underset{\underset{CH_3}{|}}{CH}-OH} \xrightarrow[\triangle]{K_2Cr_2O_7/H_2SO_4} \underset{\text{酮}}{H_3C-\overset{\overset{O}{\|}}{C}-CH_3}$$

叔醇分子中没有氢，所以在上述条件下不能被氧化。

📖 应用示例：检测酒驾的酒精检测仪

重铬酸钾是醇氧化反应中常用的氧化剂。伯醇、仲醇被重铬酸钾的酸性溶液氧化时，其会发生明显的颜色变化，由橙红色（$Cr_2O_7^{2-}$）转变为绿色（Cr^{3+}），利用这一性质，人们研制出轻便易携的呼气式酒精检测仪。

$$3C_2H_5OH+2K_2Cr_2O_7+8H_2SO_4 \longrightarrow$$
（橙红色）

$$3CH_3COOH+2Cr_2(SO_4)_3+2K_2SO_4+11H_2O$$
（绿色）

检测原理是如果饮酒，司机呼出的气体中会含有酒精，酒精气体被酸性高锰酸钾溶液氧化，根据溶液褪色的时间可推测乙醇的浓度，故也称作湿化学法。呼气中的酒精被置于经特殊设计的小瓶中的重铬酸钾和硫酸混合物氧化，瓶中的混合剂会从橙色变成绿色，而化学反应产生的电阻变化也会令指针移动，精确标示出呼气中酒精的浓度，并通过微电脑将其换算成血液酒精的浓度。

它可以作为交通警察执法时检测饮酒司机饮酒含量的检测工具，以有效减少重大交通事故的发生；也可以用在其他场合检测人体呼出气体中的酒精含量，避免人员伤亡和财产的重大损失，如一些高危领域禁止酒后上岗的企业。

（2）脱氢氧化

在高活性的铜或银催化剂作用下，伯氢、仲氢的蒸气在高温条件下发生脱氢反应，分别生成醛或酮。

叔醇分子中没有 α-H，因此不能发生脱氢反应。

$$\underset{\text{伯醇}}{R-CH_2-OH} \xrightleftharpoons[\text{约 }300℃]{Cu} \underset{\text{醛}}{R-\overset{\overset{O}{\|}}{C}-H} +H_2$$

小贴士：

苯酚俗名石碳酸，无色晶体，有毒，是国家重点监管的危险化学品。苯酚能凝固蛋白质，具有杀菌作用，常用作消毒剂。苯酚的浓溶液对皮肤有腐蚀性，使用时应做好防护。

此外，苯酚也是重要的有机化工原料，可用于制造树脂、药物、染料等。

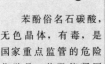

$$R-\underset{仲醇}{\underset{|}{\overset{OH}{\overset{|}{C}}H}}-R' \underset{约500℃}{\overset{Cu}{\rightleftharpoons}} R-\underset{酮}{\overset{O}{\overset{\|}{C}}}-R' + H_2$$

码 11-2 苯酚结构
动画扫一扫

第二节 酚

一、酚的结构和分类

1. 酚的通式和结构

羟基与芳环相连的化合物称为酚，酚的通式为 Ar—OH，酚羟基（—OH）是酚的官能团。

酚羟基中的氧原子与苯环上的碳原子均为 sp^2 杂化，氧原子通过 2 个 sp^2 杂化轨道分别与碳原子的 sp^2 杂化轨道和氢原子的 1s 轨道形成 C—O σ 键和 C—H σ 键，另一个 sp^2 杂化轨道被一对孤对电子占据。羟基氧原子上未参与杂化的 p 轨道与苯环上形成大 π 键的 p 轨道平行，形成了 p-π 共轭（图 11-3）。

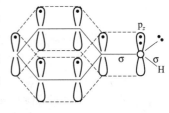

图 11-3 苯酚的 p-π 共轭体系

2. 酚的分类

根据分子中所含芳基的不同，酚可分为苯酚、萘酚等，其中萘酚因羟基位置的不同又分为 α-萘酚和 β-萘酚。

α-萘酚　　　　β-萘酚

按照酚分子中所含羟基的数目，酚可以分为一元酚、二元酚、三元酚等，含两个以上羟基的酚为多元酚。

一元酚　　　二元酚　　　三元酚

二、酚的命名

① 当芳环上含有烷基、卤素、硝基、羟基时，以酚为母体进行命名，在芳环名称后加"酚"字即可。

邻甲苯酚　　　　间氯苯酚

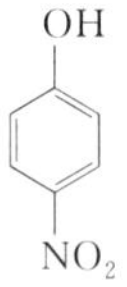

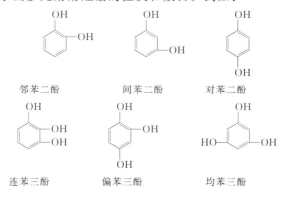

对硝基苯酚 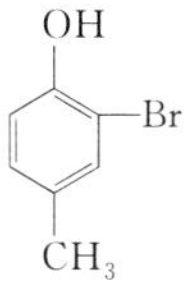　　　　　4-甲基-2-溴苯酚

② 如果芳环上含有羧基、醛基、磺酸基，以这些基团为母体，酚羟基作为取代基。

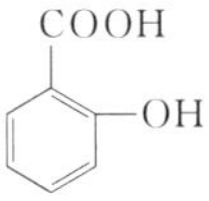

邻羟基苯甲酸 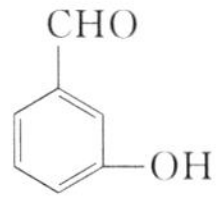　　间羟基苯甲醛 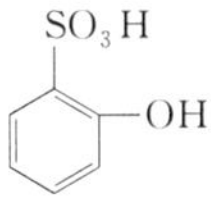　　邻羟基苯磺酸

③ 要表示出多元酚酚羟基的位次和数目。例如：

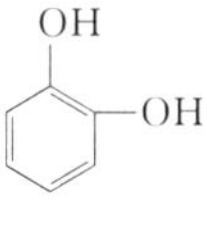

邻苯二酚 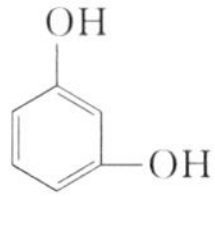　　　　间苯二酚　　　　对苯二酚

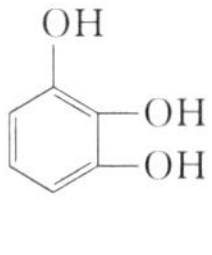

连苯三酚　　　　偏苯三酚　　　　均苯三酚

课堂练习

命名下列化合物。

(1) 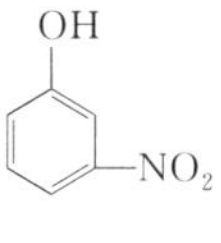 (2) 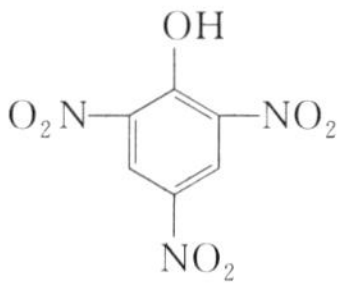 (3) 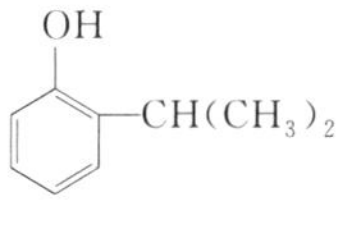 (4)

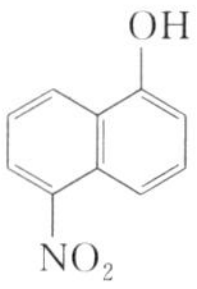

三、酚的性质

（一）酚的物理性质

常温下多数酚类化合物为无色结晶性固体，少数烷基酚为高沸点液体。由于酚羟基可以形成分子间氢键，酚的熔、沸点比相近分子量的烃要高。酚类在空气中易被氧化而呈粉红色或红色。

酚具有特殊的气味，能溶于乙醇、乙醚等有机溶剂。由于氢键的作用，酚在水中有一定溶解度，但一元酚溶解度不大，酚类在水中的溶解度随分子中羟基的增多而增大。

小知识：

苯酚 $pK_a \approx 10$

乙醇 $pK_a \approx 15.9$

碳酸 $pK_a \approx 6.38$

酸性：乙醇＜苯酚＜碳酸

（二）酚的化学性质

受芳环的影响，酚羟基与醇羟基在化学性质上有着明显的差异。酚羟基中的氧原子与芳环形成 p-π 共轭，使得羟基不容易被取代；同时，酚的芳环受羟基的影响比苯更容易发生取代反应。

1.酚的弱酸性

酚羟基中的氢原子较易解离成质子，所以酚具有比醇强的弱酸性。例如：苯酚能与氢氧化钠作用生成可溶于水的苯酚钠。

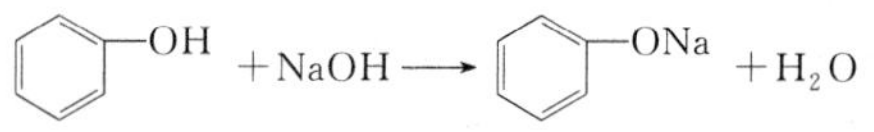

$$C_6H_5OH + NaOH \longrightarrow C_6H_5ONa + H_2O$$

苯酚的酸性比碳酸的要弱，在酚钠水溶液中通入二氧化碳，苯酚即游离出来，而使溶液变浑浊，利用酚的这一性质可以对其进行分离提纯。

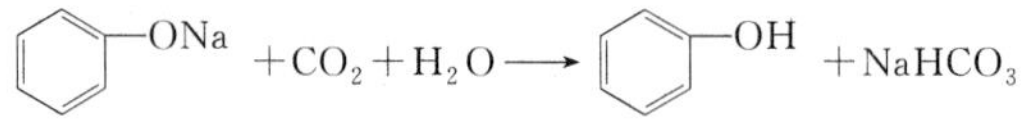

$$C_6H_5ONa + CO_2 + H_2O \longrightarrow C_6H_5OH + NaHCO_3$$

拓展知识链：酚的酸性

酚羟基氧原子上的未共用电子对与芳环的电子形成共轭，大 π 键上的电子离域使得氧原子上的电子云密度降低，增强了氢氧键的极性，因此羟基中的氢原子较易解离成质子，而显酸性。如下式所示：

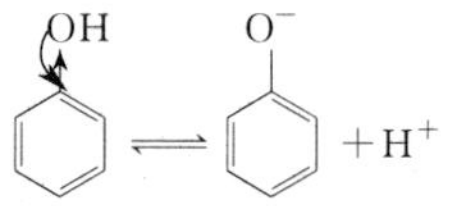

$$C_6H_5OH \rightleftharpoons C_6H_5O^- + H^+$$

酚的酸性大小与苯环上的取代基有关。当苯环上连有给电子基团（如烷基）时，酚羟基氧原子上的电子云密度升高，使得氢原子不易解离，其酸性比苯酚要弱。

当苯环上连有吸电子基团（如硝基、卤原子）时，酚羟基氧原子上的电子云密度降低，O—H 键进一步被减弱，氢原子易于解离，其酸性比苯酚要强。苯酚邻、对位上的吸电子基团越多，酸性越强。例如：

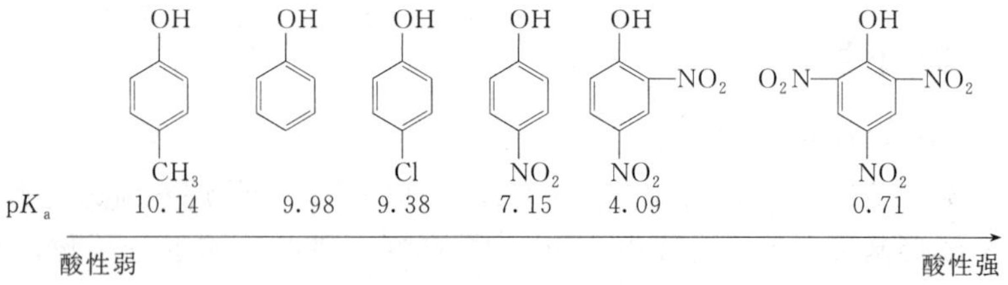

化合物	对甲基苯酚	苯酚	对氯苯酚	对硝基苯酚	2,4-二硝基苯酚	2,4,6-三硝基苯酚
pK_a	10.14	9.98	9.38	7.15	4.09	0.71

酸性弱 ←――――――――――――――――――→ 酸性强

2,4,6-三硝基苯酚的酸性已经相当于强无机酸

2. 芳环上的取代反应

羟基是一个较强的邻、对位定位基，能够使苯环活化，所以酚芳环上的亲电取代反应比苯容易。

（1）卤代反应

苯酚在常温下即可与溴水作用，立即生成2,4,6-三溴苯酚白色沉淀。

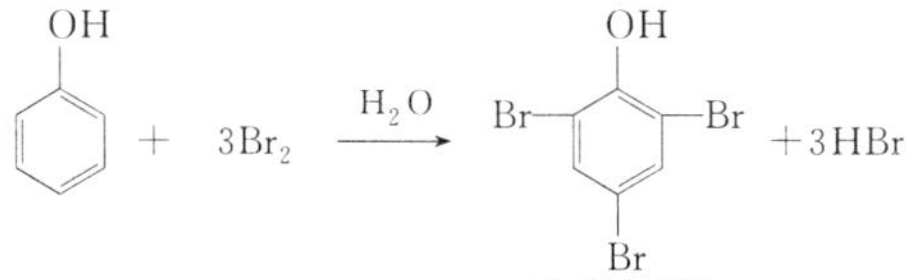

码11-3 苯酚的溴代反应

该反应非常灵敏，可用于苯酚的定量、定性分析。

（2）硝化反应

受羟基影响，苯酚在室温下即可进行硝化反应，主要生成邻硝基苯酚和对硝基苯酚。

由于苯酚容易被氧化且硝酸具有氧化性，该反应产率较低并伴有焦油状氧化产物的产生，因此无工业生成价值。

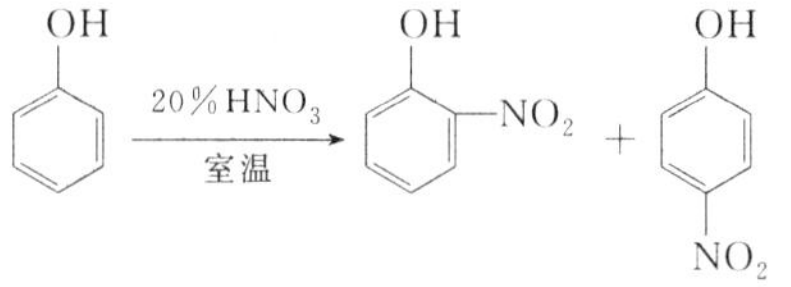

（3）磺化反应

苯酚与浓硫酸作用，在不同的反应温度下可得到不同的一元磺化产物。较低温度下，主要生成邻位取代产物；较高温度下，主要生成对位取代产物。进一步磺化可得到二磺酸。

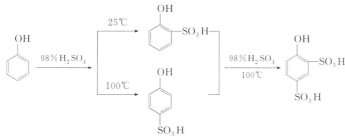

小知识：

在苯酚的磺化反应中，生成邻位产物所需的活化能低，但空间位阻较大；而对位产物空间位阻小，比邻位产物更稳定，高温有利于生成稳定的产物。

当苯酚分子中引入两个磺酸基后，芳环被钝化，此时与浓硝酸作用时其不易被氧化，而两个磺酸基会被硝基取代，生成2,4,6-三硝基苯酚（苦味酸），这是工业上制备2,4,6-三硝基苯酚的常用方法。

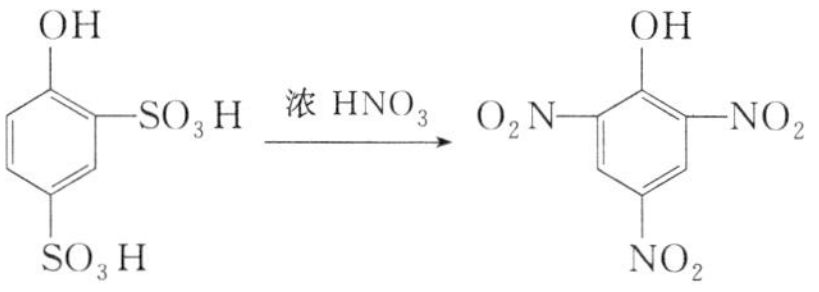

苦味酸

小知识：

苦味酸——2,4,6-三硝基苯酚是炸药的一种，缩写TNP，易溶于丙酮、苯等有机溶剂，因其酸性很强且具有强烈的苦味而得名。

(4) 烷基化反应

酚比苯更容易发生傅-克烷基化和傅-克酰基化反应。酚的傅-克反应一般采用浓硫酸、磷酸、BF_3 等作为催化剂，而不使用氯化铝，这是因为酚与氯化铝生成盐，氯化铝丧失了催化活性。

$$2\text{C}_6\text{H}_5\text{OH} + 2\text{CH}_3\text{CH}=\text{CH}_2 \xrightarrow{\text{浓 H}_2\text{SO}_4} \text{对-CH(CH}_3)_2\text{-C}_6\text{H}_4\text{OH} + \text{邻-CH(CH}_3)_2\text{-C}_6\text{H}_4\text{OH}$$

$$\text{4-CH}_3\text{-C}_6\text{H}_4\text{OH} + 2(\text{CH}_3)_2\text{C}=\text{CH}_2 \xrightarrow{\text{浓 H}_2\text{SO}_4} \text{4-甲基-2,6-二叔丁基苯酚}$$

4-甲基-2,6-二叔丁基苯酚

3. 与氯化铁的显色反应

含酚羟基的化合物与三氯化铁的水溶液发生显色反应。不同的酚呈现出不同的颜色。如苯酚、间苯二酚显紫色；邻苯二酚、对苯二酚显绿色；对硝基苯酚显棕色。可利用该反应对酚进行鉴别。酚与三氯化铁的反应较为复杂，一般认为酚与铁生成了有色的金属配合物。

小知识：
除酚类外，含有羟基和碳-碳双键的烯醇式化合物也能与三氯化铁发生显色反应。

$$6\text{ArOH} + \text{FeCl}_3 \longrightarrow [\text{Fe}(\text{OAr})_6]^{3-} + 6\text{H}^+ + 3\text{Cl}^-$$

4. 氧化反应

酚类化合物很容易被氧化。苯酚在空气中逐渐被氧化，由无色而渐渐显浅红色或暗红色。

重铬酸钾的酸性溶液可以将苯酚氧化为对苯醌。

$$\text{C}_6\text{H}_5\text{OH} \xrightarrow[\text{H}_2\text{SO}_4]{\text{K}_2\text{Cr}_2\text{O}_7} \text{对苯醌}$$

对苯醌

多元酚更容易被氧化，甚至在室温下即可被弱氧化剂所氧化。例如：

$$\text{对苯二酚} \xrightarrow{\text{Ag}_2\text{O}} \text{对苯醌（黄色）}$$

$$\text{邻苯二酚} \xrightarrow{\text{Ag}_2\text{O}} \text{对苯醌（红色）}$$

因此，酚类化合物在贮存过程中应避免与空气接触。在食品、橡胶和塑料工业中，也常利用酚易被氧化的性质，加入少量酚作为抗氧化剂。

第三节 醚

一、醚的分类

醚可以看成水分子中两个氢原子被烃基取代之后的产物。醚的官能团是醚键（C—O—C）。醚与同碳数的醇是同分异构体，例如甲醚和乙醇互为同分异构体。其分子式相同而官能团不同，因而属于官能团异构。

在醚分子中，与氧原子相连的两个烃基相同的称为单醚，表示为R—O—R；不相同的称为混合醚，表示为R—O—R′。

根据烃基结构的不同，醚也可以分为饱和醚、不饱和醚和芳醚。

	饱和醚	不饱和醚	芳香醚
单醚	$CH_3CH_2OCH_2CH_3$	$CH_2=CH-O-CH=CH_2$	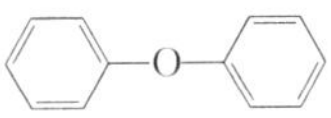 苯-O-苯
混合醚	$CH_3CH_2OCH_3$	$CH_2=CH-O-CH_3$	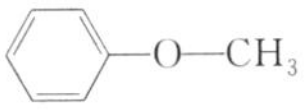 苯-O-CH_3

小贴士：
乙醚是一种具有特殊气味的无色液体，极易挥发，极易燃烧。其蒸气能与空气形成爆炸性气体，乙醚与10倍体积的氧混合成的混合气体，遇火或电火花即可发生剧烈爆炸。

二、醚的命名

简单的醚一般采用普通命名法。命名时在氧原子所连接的两个烃基名称后面再加上"醚"。此外，还有以下几个注意事项。

① 单醚在相同的烃基名称前面加"二"字，如烃基为烷基，"二"字可省略；不饱和醚及芳醚习惯上保留"二"字。例如：

$CH_3CH_2OCH_3$　　　$CH_3CH_2OCH_2CH_3$　　　$CH_2=CH-O-CH=CH_2$
甲乙醚　　　　　　　（二）乙醚　　　　　　　二乙烯基醚

码11-4　乙醚结构

② 混合醚将次序规则中较优的基团放在后面，但芳基要放在烷基前面。例如：

$CH_3-O-CH-CH_3$
　　　　　$|$
　　　　CH_3
甲基异丙基醚　　　　二苯醚 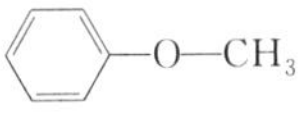　　　　苯甲醚

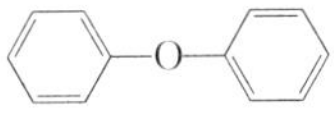

三、醚的性质

（一）醚的物理性质

常温下，甲醚和甲乙醚为气体，其他大多数醚为无色液体，醚类物质一般具有特殊的气味，易挥发，易燃烧。尤其是乙醚，极易挥发和燃烧，且其蒸气与空气形成爆炸性化合物，使用时应采取防火、防爆措施。甲醚和乙醚均为国家重点监管的危险化学品。

由于醚分子中的氧原子不与氢相连，因此分子间不能形成氢键，所以醚的沸点要比含相同碳原子数的醇低。醚分子能与水形成氢键，所以低级醚在水中的溶解度与醇接近。此外，醚可以溶于四氯化碳、丙酮等多种有机溶剂，醚本身也是优良的溶剂。

（二）醚的化学性质

醚是一类很不活泼的化合物（除环醚外），对于大多数试剂（如碱、氧化剂、还原剂）都十分稳定。但是在一定条件下，醚也可以发生特有的反应。

1. 𬭩盐的生成

醚能溶于强酸（如浓硫酸或浓盐酸）中，生成𬭩盐：

$$R-\ddot{O}-R' + 浓\ HCl \rightleftharpoons \left[R-\overset{H}{\underset{+}{O}}-R' \right] Cl^-$$

由于醚能溶于强酸中，而烷烃或卤代烃不能，因此利用这一性质可以将醚与烷烃或卤代烃区别开来。

> 👥 **思考与讨论**
>
> 如何除去庚烷中少量的乙醚？

2. 醚键的断裂

强酸与醚生成的𬭩盐弱化了碳-氧键，当醚与浓氢卤酸，如 HI、HBr（HI 效果最好）等共热时，醚键可以发生断裂。醚与氢碘酸作用生成碘代烷和醇，若醚为混合醚，则一般是较小的烷基生成碘代烷，较大的烷基生成醇。若 HI 过量，则生成的醇进一步转变成碘代烷。

$$CH_3OCH_2CH_3 + HI \rightleftharpoons \left[H_3C-\overset{H}{\underset{+}{O}}-CH_2CH_3 \right] I^- \xrightarrow{\triangle} CH_3CH_2OH + CH_3I$$
$$\downarrow HI$$
$$CH_3CH_2I$$

若醚键一端连接芳基，则产物停留在酚的阶段。例如：

$$C_6H_5-O-CH_3 + HI(过量) \xrightarrow{\triangle} CH_3I + C_6H_5-OH$$

3. 过氧化物的生成

在空气中醚可以被逐渐氧化，生成过氧化物。

$$CH_3OCH_2CH_3 \xrightarrow{O_2} \underset{\underset{O-O-H}{|}}{CH_3OCHCH_3}$$

过氧化物不稳定，受热会迅速分解、爆炸。因此在蒸馏醚之前，应先用淀粉-碘化钾试纸检验是否含有过氧化物。若试纸变蓝则证明有过氧化物。

$$KI-淀粉 \xrightarrow{过氧化物} I_2-淀粉$$
$$（蓝色）$$

可以通过加硫酸亚铁或亚硫酸钠等还原剂除去过氧化物。同时，醚在贮存时，为避免过氧化物的生成，也可以在其中加入少许金属钠或铁屑。

拓展知识链：环醚之环氧乙烷

氧原子与碳原子连接成环的醚称为环醚。例如：

$$\underset{\text{环氧乙烷}}{\underset{O}{H_2C-CH_2}} \quad \underset{\text{1,2-环氧丙烷}}{\underset{O}{H_2C-CH-CH_3}} \quad \underset{\text{1,4-环氧丁烷}}{\bigcirc\!\!\!\!\!O} \quad \underset{\text{1,4-二氧六环}}{\bigcirc\!\!\!\!\!O\!\!\!\!\!\bigcirc}$$

环氧乙烷是最简单也是最具工业价值的环醚，低温下为无色透明液体，常温下为无色带有醚刺激性气味的气体。环氧乙烷是一个三元环，具有张力，因此化学性质极其活泼。与含有活泼氢的试剂作用，环氧乙烷可发生开环加成反应，生成很多重要的上游化工产品。环氧乙烷也是目前四大低温灭菌剂（低温等离子体、低温甲醛蒸气、环氧乙烷、戊二醛）中最重要的一员。环氧乙烷气体的蒸气压高，30℃时可达141kPa，在用于熏蒸消毒时穿透力较强，可用于一些不能耐受高温消毒物品以及材料的消毒。

工业上通常采用氯乙醇法和直接氧化法来制备环氧乙烷。这其中，直接氧化法经济性更高，更符合绿色化工的要求，其已逐步取代了氯醇法。

$$CH_2=CH_2+1/2O_2 \xrightarrow[250℃]{Ag} \underset{O}{H_2C-CH_2} \text{（直接氧化法）}$$

$$CH_2=CH_2 \xrightarrow{Cl_2/H_2O} \underset{Cl\quad OH}{CH_2-CH_2} \xrightarrow{Ca(OH)_2}$$

$$\underset{O}{H_2C-CH_2} + CaCl_2 + H_2O\text{（氯醇法）}$$

环氧乙烷属于国家重点监管的危险化学品，具有有毒、易燃、易爆等危险特性，其蒸气能与空气形成范围广阔的爆炸性混合物。遇热源和明火有燃烧、爆炸的危险；若遇高热可发生剧烈分解，引起爆炸事故。工业上用它作原料时，常用氮气预先清洗反应釜及阀管，以排除空气，落实安全生产的基本要求。

直接氧化法制备环氧乙烷的工艺（氧化工艺）亦为国家重点监管的化工工艺。氧化工艺的危险性体现在以下几点。

① 反应原料及产品具有燃爆危险性。如乙烯氧化生成环氧乙烷中的原料乙烯及其氧化产物环氧乙烷都属于易燃物质。氧化过程中还可能生成危险性较大的过氧化物，其化学稳定性较差，受高温、摩擦或撞击作用时容易分解、燃烧或者爆炸。如乙醛氧化生产乙酸的过程中有过氧乙酸生成，其性质极不稳定。

②反应气相组成容易达到爆炸极限，具有闪爆危险。在生产过程中，如果物料比例波动，或者温度控制不当，都极易引起系统爆炸。

③部分氧化剂，如氯酸钾，高锰酸钾、铬酸酐等，具有燃爆危险性，如遇高温或受撞击、摩擦以及与有机物、酸类接触，皆能引起火灾、爆炸；

④氧化反应需要加热，而反应过程又放热，特别是气相催化氧化反应一般都在250～600℃的高温下进行。若控制不当，反应生成的热量不能及时移出，则会导致体系温度升高，引发冲料甚至火灾、爆炸事故。

第四节 醛、酮

一、醛、酮的结构和分类

1. 醛、酮的结构特征

醛、酮分子中都含有羰基官能团，因此统称为羰基化合物。其中，羰基与至少一个氢原子相连的化合物称为醛；羰基与两个烃基相连的化合物称为酮。醛、酮的结构通式如下：

羰基的碳-氧双键与碳-碳双键相似，由一个σ键和一个π键组成。羰基碳原子以sp^2杂化的方式形成三个σ键，且分布在同一个平面上，键角接近120°。羰基碳原子剩余的一个p轨道与氧原子的一个p轨道垂直于三个σ键所在的平面，侧面重叠形成π键。碳-氧双键与碳-碳双键不同之处在于碳-氧双键是极性键。这是因为氧的电负性较大，有较强的吸电子能力。

2. 醛、酮的分类

按照羰基所连接烃基的不同，醛、酮可分为脂肪族醛、酮，脂环族醛、酮和芳香族醛、酮；

按照烃基中是否有不饱和键，其可分为饱和醛、酮和不饱和醛、酮。

按照分子中所含羰基数目的不同，其分为一元醛、酮与多元醛、酮。

$$\underset{\text{二元醛}}{\text{H}-\overset{\text{O}}{\overset{\|}{\text{C}}}-\overset{\text{O}}{\overset{\|}{\text{C}}}-\text{H}} \qquad \underset{\text{二元酮}}{\text{H}_3\text{C}-\overset{\text{O}}{\overset{\|}{\text{C}}}-\text{CH}_2-\overset{\text{O}}{\overset{\|}{\text{C}}}-\text{CH}_3}$$

按照分子中的两个烃基是否相同，酮分为单酮和混酮：

$$\text{CH}_3\text{CH}_2-\overset{\text{O}}{\overset{\|}{\text{C}}}-\text{CH}_2\text{CH}_3 \qquad \text{CH}_3\text{CH}_2-\overset{\text{O}}{\overset{\|}{\text{C}}}-\text{CH}_3$$

（单酮／苯基-CO-苯基） （混酮／苯基-CO-CH₃）

二、醛、酮的命名

1. 习惯命名法

醛的习惯命名法与烷烃的习惯命名法相似，按所含碳原子数称为"某醛"。酮的命名是在所连两个烃基的名称后面加上"酮"字即可。

HCHO　　　CH₃CHO　　　$\underset{\underset{\text{CH}_3}{|}}{\text{CH}_3\text{CHCHO}}$

甲醛　　　乙醛　　　异丁醛

$\text{CH}_3\overset{\text{O}}{\overset{\|}{\text{C}}}\text{CH}_3$　　　$\text{CH}_3\overset{\text{O}}{\overset{\|}{\text{C}}}\text{CH}_2\text{CH}_3$

甲基酮　　　甲乙酮

2. 系统命名法

选主链：选择含有羰基的最长碳链为主链。

定编号：从靠近羰基的一端开始编号，主链碳原子位次除用阿拉伯数字表示外，也可用希腊字母表示。与羰基直接相连的碳原子为 α-碳原子，其余依次为 β-碳原子、γ-碳原子……

写全称：按主链所含碳原子的数目称为某醛、某酮。在母体名称之前依次写出取代基的位置及名称。醛基总是在碳链一端，位置可省略；酮除丙酮、丁酮外，其他酮的羰基需表明位次。例如：

$\underset{5}{\text{CH}_3}-\underset{\underset{\underset{\text{CH}_3}{|}}{4}}{\text{CH}}-\underset{3}{\text{CH}_2}-\underset{2}{\overset{\text{O}}{\overset{\|}{\text{C}}}}-\underset{1}{\text{CH}_3}$

4-甲基-2-戊酮

注意：选择含有羰基在内的最长碳链为主链。编号从靠近羰基的一端开始，注明羰基位次。

$\underset{3}{\text{CH}_3}-\underset{\underset{\underset{\text{CH}_3}{|}}{2}}{\text{CH}}-\underset{1}{\text{CHO}}$

2-甲基丙醛

注意：醛基不需标注位次。

$\underset{4}{\overset{\gamma}{\text{CH}_3}}-\underset{\underset{\underset{\text{CH}_3}{|}}{3}}{\overset{\beta}{\text{CH}}}-\underset{\underset{\underset{\text{CH}_3}{|}}{2}}{\overset{\alpha}{\text{CH}}}-\underset{1}{\text{CHO}}$

2,3-二甲基丁醛
α,β-二甲基丁醛

注意：用希腊字母表示主链碳原子位次时，与羰基直接相连的碳原子为 α-碳原子，其余依次为 β-碳原子、γ-碳原子等。

① 不饱和醛、酮的命名：选择含有不饱和键和羰基碳原子在内的最长碳链为主链，称为某烯醛或某烯酮。编号时，从羰基一端开始，并注明不饱和键的位次。例如：

$$\underset{\underset{CH_3}{|}}{H_2C-CH_2CHO} \quad \underset{\underset{O}{\|}}{CH_3CCH=CH_2} \quad \text{2-环戊烯酮}$$
（位次编号：4 3 2 1；1 2 3 4 5；5 1 2 3 4）

3-甲基-2-丁烯醛　　　　4-戊烯-2-酮　　　　2-环戊烯酮

② 多元醛、酮的命名：主链中包含所有羰基碳原子，编号时，使多个羰基的位次和最小。例如：

$$\underset{\underset{CH_3}{|}}{OHCCHCH_2CHO} \quad CH_3CCH_2CH_2CHO$$
（位次编号：1 2 3 4；6 5 4 3 2 1）

2-甲基丁二醛　　　　　　5-己酮醛

三、醛、酮的性质

（一）醛、酮的物理性质

小贴士：
福尔马林是37%~40%的甲醛水溶液，有防腐、消毒和漂白的功能。
因内含的甲醛挥发性极强，可对眼膜和呼吸器官产生强烈刺激。

常温常压下，甲醛为气体，C_{12} 以下的醛、酮为液体，高级醛、酮以及芳香酮为固体。低级醛具有刺激性气味，$C_8 \sim C_{13}$ 的醛有花果香味。酮和部分芳香醛一般带有芳香味。因此某些醛、酮常应用于香料工业。

分子量相当时醛、酮的沸点高于烃但低于醇，这是因为醛、酮分子中含有的羰基属于极性官能团，分子间作用力强于烃类；醛、酮分子之间不能形成氢键，没有缔合现象，分子间作用力弱于醇类。但是醛、酮所含的羰基能够与水分子形成氢键，因此低级的醛、酮能溶于水，如丙酮、乙醛与水以任意比互溶。随着碳原子数的增加，醛、酮的水溶性逐渐降低。

（二）醛、酮的化学性质

羰基碳原子易被亲核试剂进攻而发生加成反应，受羰基的影响，α-H 也有一定的活性。醛、酮的化学性质有很多相似之处。醛分子的羰基与至少一个氢原子相连，酮分子的羰基与两个烃基相连，这种结构上的差异也导致它们的化学性质有一定差异。总体来说，醛比酮要更活泼。

小贴士：
羰基化合物与氢氰酸加成速率的快慢与化合物的电子效应和空间效应有关。从电子效应考虑，当羰基连有给电子基团（如烷基）时不利于亲核试剂进攻；从空间效应考虑，羰基所连基团越大，越不利于亲核试剂进攻。

1. 羰基的加成反应

（1）与氢氰酸的加成

在碱的催化下，醛和脂肪族甲基酮与氢氰酸加成生成 α-羟基腈，又称 α-氰醇。由于反应产物比原来的醛、酮多了一个碳原子，因而其是有机合成上增长碳链的方法之一。例如：

$$H_3C-\underset{\underset{H}{|}}{C}=O + HCN \xrightarrow{OH^-} H_3C-\underset{\underset{CN}{|}}{CH}-OH$$

2-羟基丙腈

$$H_3C-\underset{\underset{CH_3}{|}}{C}=O + HCN \xrightarrow{OH^-} H_3C-\underset{\underset{CH_3}{|}}{\overset{\overset{CN}{|}}{C}}-OH$$

2-甲基-2-羟基丙腈

α-羟基腈在酸性条件下可以水解成 α-羟基酸。例如：

$$H_3C-\underset{\underset{OH}{|}}{\overset{\overset{CH_3}{|}}{C}}-CN \xrightarrow[\text{水解}]{\text{稀 HCl}} H_3C-\underset{\underset{OH}{|}}{\overset{\overset{CH_3}{|}}{C}}-COOH$$

（2）与亚硫酸氢钠的加成

醛、脂肪族甲基酮以及 8 个碳原子以下的环酮可以与亚硫酸氢钠溶液（40%）发生加成反应，生成 α-羟基磺酸钠白色晶体。

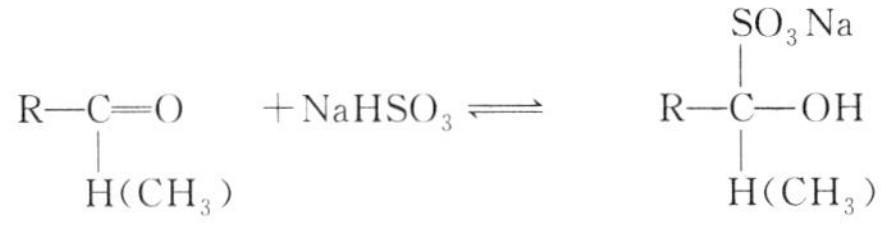

$$\underset{H(CH_3)}{R-C=O} + NaHSO_3 \rightleftharpoons \underset{H(CH_3)}{\overset{SO_3Na}{\underset{|}{R-C-OH}}}$$

α-羟基磺酸钠（白色晶体）

此反应是可逆的，α-羟基磺酸钠与稀酸或稀碱共热，又可分解为原来的醛或酮。利用这一性质，人们可以从化合物中分离、提纯醛或甲基酮。

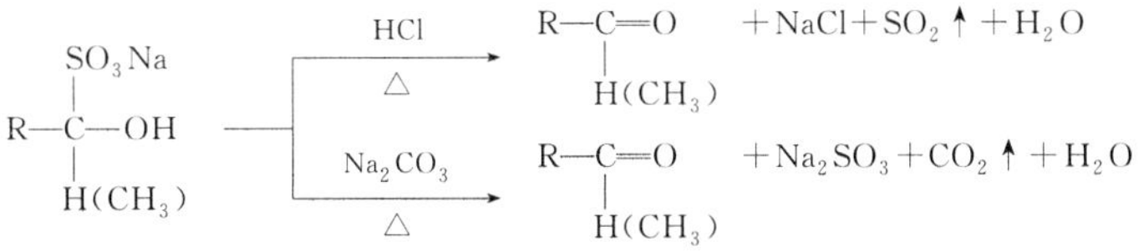

$$\underset{H(CH_3)}{\overset{SO_3Na}{\underset{|}{R-C-OH}}} \xrightarrow[\triangle]{HCl} \underset{H(CH_3)}{R-C=O} + NaCl + SO_2\uparrow + H_2O$$

$$\xrightarrow[\triangle]{Na_2CO_3} \underset{H(CH_3)}{R-C=O} + Na_2SO_3 + CO_2\uparrow + H_2O$$

（3）与醇的加成

在干燥的氯化氢作用下，醛和无水醇发生加成反应，生成不稳定的半缩醛，半缩醛可继续与醇反应，失去一分子水，生成缩醛。

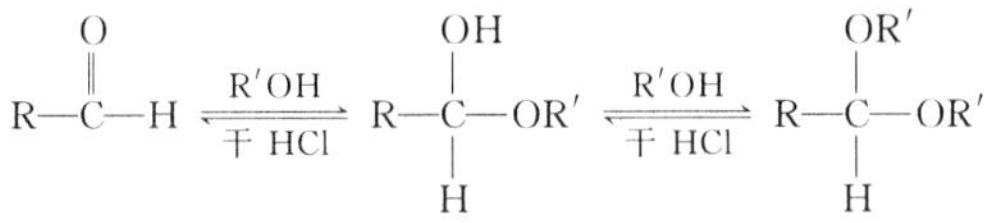

$$\underset{}{R-\overset{O}{\underset{}{\overset{\|}{C}}}-H} \underset{干 HCl}{\overset{R'OH}{\rightleftharpoons}} \underset{H}{\overset{OH}{\underset{|}{R-C-OR'}}} \underset{干 HCl}{\overset{R'OH}{\rightleftharpoons}} \underset{H}{\overset{OR'}{\underset{|}{R-C-OR'}}}$$

　　　　　　　　　　　　半缩醛　　　　　缩醛

缩醛与醚相似，对碱稳定，但在酸性溶液中易水解为原来的醛。药物合成中常利用生成缩醛的反应来保护醛基。

某些酮也可以与醇发生类似的反应，但比醛困难。

（4）与格氏试剂的加成

醛、酮与格氏试剂反应，所得产物经水解，可以得到不同类型的醇。这是有机合成中制备醇的一个重要方法。其反应通式为：

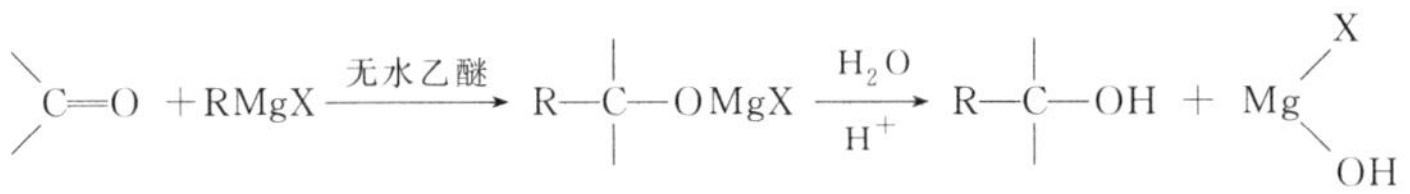

$$\overset{}{\underset{}{>}}C=O + RMgX \xrightarrow{无水乙醚} R-\overset{|}{\underset{|}{C}}-OMgX \xrightarrow[H^+]{H_2O} R-\overset{|}{\underset{|}{C}}-OH + Mg\overset{X}{\underset{OH}{<}}$$

甲醛与格氏试剂反应，可以制备伯醇。例如：

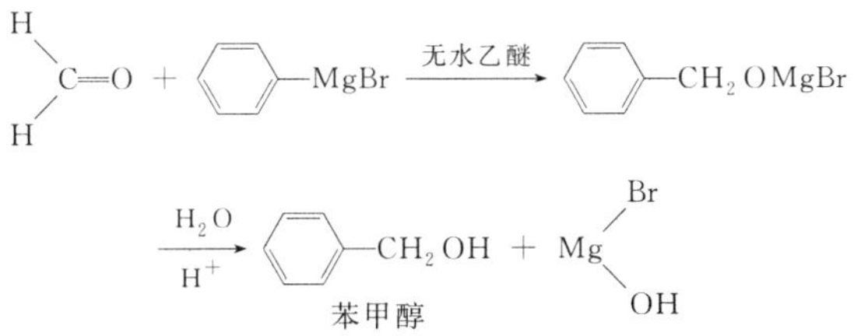

$$\underset{H}{\overset{H}{\underset{|}{C=O}}} + \text{C}_6\text{H}_5-MgBr \xrightarrow{无水乙醚} \text{C}_6\text{H}_5-CH_2OMgBr$$

$$\xrightarrow[H^+]{H_2O} \text{C}_6\text{H}_5-CH_2OH + Mg\overset{Br}{\underset{OH}{<}}$$

苯甲醇

其他醛与格氏试剂反应，可以制备仲醇。例如：

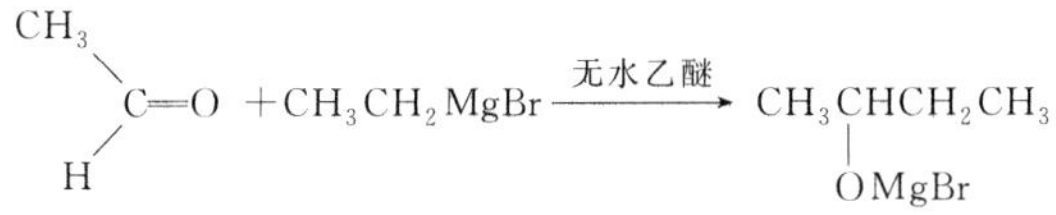

$$\underset{H}{\overset{CH_3}{\underset{|}{C=O}}} + CH_3CH_2MgBr \xrightarrow{无水乙醚} \underset{OMgBr}{\overset{}{CH_3CHCH_2CH_3}}$$

小贴士：

什么是保护基团？

在有机合成中，为使含有多个官能团或活性较强的官能团的分子，其中某个官能团免遭反应的破坏，常用某种试剂先将其保护起来，待反应完成后再脱去保护剂。保护基团通常具备试剂廉价易得，引入、脱除收率高，条件温和，性质稳定等特点。

$$\xrightarrow[H^+]{H_2O} CH_3CHCH_2CH_3 + Mg\begin{matrix}Br\\OH\end{matrix}$$
$$|$$
$$OH$$
2-丁醇

酮与格氏试剂反应，可以制备叔醇。例如：

$$\begin{matrix}CH_3\\|\\C=O\\|\\CH_3\end{matrix} + \bigcirc\!\!\!-MgBr \xrightarrow{\text{无水乙醚}} \begin{matrix}CH_3\\|\\\bigcirc\!\!\!-C-CH_3\\|\\OMgBr\end{matrix}$$

$$\xrightarrow[H^+]{H_2O} \begin{matrix}CH_3\\|\\\bigcirc\!\!\!-C-CH_3\\|\\OH\end{matrix} + Mg\begin{matrix}Br\\OH\end{matrix}$$
2-苯基-2-丙醇

（5）与氨的衍生物的加成

氨的衍生物是指 NH_3 中的氢原子被其他基团取代所得到的物质。醛、酮可以与羟胺（$NH_2—OH$）、肼（$NH_2—NH_2$）、苯肼（$C_6H_5—NH—NH_2$）等氨的衍生物发生加成反应，所得产物经分子内脱水得到含有碳-氮双键的化合物。这一过程也被称为加成缩合反应。其反应通式为：

$$\diagup\!\!\!\!C=O + R-N-Y \xrightarrow{\text{加成}} \diagup\!\!\!\!C-N-Y \xrightarrow{-H_2O} \diagup\!\!\!\!C=N-Y$$
$$|||$$
$$HOH\;H$$

氨的衍生物与醛、酮反应的产物大多为固体，具有固定的熔点，因此常用于醛、酮的鉴别。尤其是 2,4-二硝基苯肼几乎能与所有的醛、酮反应，生成橙黄色的 2,4-二硝基苯腙，该反应迅速且产物便于观察，是羰基化合物最常用的鉴定试剂。

$$\diagup\!\!\!\!C=O +\begin{cases}H_2N-OH & \text{羟胺}\\H_2N-NH_2 & \text{肼}\\H_2N-NH-\bigcirc & \text{苯肼}\\H_2N-NH-\bigcirc\!\!\!\!-NO_2 & \text{2,4-二硝基苯肼}\\O_2N\end{cases} \longrightarrow \begin{cases}\diagup\!\!\!\!C=N-OH & \text{肟}\\\diagup\!\!\!\!C=N-NH_2 & \text{腙}\\\diagup\!\!\!\!C=N-NH-\bigcirc & \text{苯腙}\\\diagup\!\!\!\!C=N-NH-\bigcirc\!\!\!\!-NO_2 & \text{2,4-硝基苯腙}\\O_2N\end{cases}$$

2. α-氢原子的反应

与羰基直接相连的碳原子上的氢原子称为 α-氢原子。受羰基的影响，α-氢原子的化学性质比较活泼。

（1）卤代和卤仿反应

醛、酮分子中的 α-氢原子容易被卤素取代，生成 α-卤代醛、酮。

$$CH_3\overset{O}{\overset{\|}{C}}CH_3 + Br_2 \xrightarrow{H^+} CH_3\overset{O}{\overset{\|}{C}}CH_2Br + HBr$$

通过控制卤素的用量和反应条件，可以生成不同的卤代产物。在酸或

> **想一想：**
> 正丙醇和正丁醇都可以发生碘仿反应吗？为什么？

碱催化下，低温时主要生成一卤代物；高温时主要生成二卤代物或三卤代物。

乙醛或甲基酮与卤素的碱溶液或次卤酸钠作用时，甲基的三个氢原子都可以被卤原子取代，生成 α-三卤代物。

$$CH_3-\overset{O}{\underset{\|}{C}}-H(R) + 3X_2 + 3NaOH \longrightarrow CX_3-\overset{O}{\underset{\|}{C}}-H(R) + 3NaX + 3H_2O$$

在碱溶液中，三卤代物不稳定，立即分解成碳酸盐和三卤甲烷（卤仿）。

$$CX_3-\overset{O}{\underset{\|}{C}}-H(R) + NaOH \longrightarrow \underset{\text{羧酸钠}}{(R)H-\overset{O}{\underset{\|}{C}}-ONa} + \underset{\text{卤仿}}{CHX_3}$$

将以上两个反应合并，可以得到：

$$CH_3-\overset{O}{\underset{\|}{C}}-H(R) + 3NaOX \longrightarrow (R)H-\overset{O}{\underset{\|}{C}}-ONa + CHX_3 + 2NaOH$$

三卤甲烷又叫卤仿，这类反应总称为卤仿反应。其中，碘仿反应的产物是黄色结晶，易于观察，可以用来鉴定乙醛和甲基酮。

此外，由于次碘酸钠是一种氧化剂，能够将伯醇、仲醇依次氧化成醛和酮。因此，能够被氧化成乙醛或甲基酮的醇也可以发生碘仿反应。例如：乙醇和异丙醇在次卤酸钠作用下可以发生碘仿反应。

$$CH_3CH_2OH \xrightarrow{NaOI} CH_3CHO \xrightarrow{3NaOI} HCOONa + CHI_3\downarrow + 2NaOH$$

$$CH_3\overset{OH}{\underset{|}{C}}HCH_3 \xrightarrow{NaOI} CH_3\overset{O}{\underset{\|}{C}}CH_3 \xrightarrow{3NaOI} CH_3COONa + CHI_3\downarrow + 2NaOH$$

（2）羟醛缩合反应

在稀酸或稀碱的作用下，具有 α-氢原子的醛可以互相加成。一分子醛的 α-氢原子加到另一分子醛的氧原子上，其余部分加到羰基的碳原子上，生成 β-羟基醛。由于产物包含羟基和醛基，故此反应称为羟醛缩合。这是有机合成上增长碳链的一种方法。例如：

$$CH_3-\overset{O}{\underset{\|}{C}}-H + CH_2CHO \xrightarrow{\text{稀碱}} CH_3\overset{OH}{\underset{|}{C}}HCH_2CHO$$
$$\text{β-羟基丁醛}$$

若生成的 β-羟基醛上仍有 α-H，受热或在酸作用下其容易发生分子内脱水，生成 α,β-不饱和醛。

$$CH_3\overset{HO}{\underset{|}{C}}H\overset{H}{\underset{|}{C}}HCHO \xrightarrow{-H_2O} CH_3CH=CHCHO$$
$$\text{2-丁烯醛}$$
$$(\alpha,\beta\text{-不饱和醛})$$

思考与讨论

举例说明，若两种不同的醛均含有 α-H，它们之间若相互加成，进行交叉羟醛缩合，可以得到几种产物？这样的反应有应用价值吗？

3. 氧化反应

醛非常容易被氧化，除被 $KMnO_4$、$K_2Cr_2O_7$ 等强氧化剂氧化外，也可以被氧化能力弱的托伦试剂和斐林试剂氧化，酮难以被氧化。利用此性质可以区分醛和酮。

（1）托伦试剂

托伦试剂为硝酸银的氨溶液。当它与醛共热时，醛被氧化为羧酸，银离子被还原被金属银，在干净的玻璃壁上形成银镜，因此该反应也称为银镜反应。

$$R-\underset{\underset{O}{\parallel}}{C}-H + 2Ag(NH_3)_2OH \xrightarrow{\Delta} R-\underset{\underset{O}{\parallel}}{C}-ONH_4 + 2Ag\downarrow + H_2O + 3NH_3\uparrow$$

（2）斐林试剂

斐林试剂是由硫酸铜与酒石酸钾钠的碱溶液混合而成的。醛与之作用被氧化成羧酸，铜离子被还原成砖红色的氧化亚铜沉淀。

$$R-\underset{\underset{O}{\parallel}}{C}-H + 2Cu^{2+} + NaOH + H_2O \xrightarrow{\Delta} R-\underset{\underset{O}{\parallel}}{C}-ONa + \underset{\text{砖红色}}{Cu_2O\downarrow} + 4H^+$$

芳香醛和酮不能被斐林试剂氧化，因此用斐林试剂既可以区别脂肪醛和芳香醛，也可以区别脂肪醛和酮。

托伦试剂和斐林试剂不能氧化醛分子中的碳-碳双键和碳-碳三键，其是良好的选择性氧化剂。例如：

$$CH_3CH=CHCHO \xrightarrow{\text{托伦试剂或斐林试剂}} CH_3CH=CHCOOH$$

酮一般不易被氧化，但是在强烈条件下，环己酮可以被氧化生成己二酸。

环己酮 $\xrightarrow[\text{催化剂}]{\text{浓 }HNO_3}$ 己二酸(CH_2CH_2COOH / CH_2CH_2COOH)

小知识：
己二酸是制备尼龙-66 的原料，环己酮氧化制己二酸是工业上生产该原料的常用方法。

4. 还原反应

（1）还原成醇

醛、酮在 Ni、Pd、Pt 等催化剂作用下，可以分别被还原成伯醇和仲醇。

$$CH_3CH_2CH_2CHO \xrightarrow[Ni]{H_2} CH_3CH_2CH_2CH_2OH$$

$$CH_3-\underset{\underset{O}{\parallel}}{C}-CH_3 \xrightarrow[Ni]{H_2} CH_3-\underset{\underset{OH}{\vert}}{CH}-CH_3$$

催化加氢方法的选择性不高，若分子中含有不饱和键，则一起被还原。如果只还原羰基而保留不饱和键，则可以使用氢化铝锂（$LiAlH_4$）、硼氢化钠（$NaBH_4$）等选择性较高的化学还原剂。

$$CH_3CH=CHCHO \xrightarrow[2.\ H_2O/H^+]{1.\ NaBH_4} CH_3CH=CHCH_2OH$$

$$\text{环己基}-CH_2CHO \xrightarrow[2.\ H_2O/H^+]{1.\ LiAlH_4} \text{环己基}-CH_2CH_2OH$$

（2）还原成烃

醛、酮在锌汞齐（Zn-Hg）和浓盐酸作用下，直接还原成烃，此方法称为克莱门森还原法。例如：

$$CH_3-\underset{\underset{O}{\|}}{C}-CH_2CH_3 \xrightarrow[\text{浓 HCl}]{\text{Zn-Hg}} CH_3CH_2CH_2CH_3$$

$$C_6H_5-\underset{\underset{O}{\|}}{C}-CH_2CH_3 \xrightarrow[\text{浓 HCl}]{\text{Zn-Hg}} C_6H_5-CH_2CH_2CH_3$$

5. 歧化反应

不含 α-H 的醛在浓碱的作用下，发生自身的氧化还原反应，一分子醛被氧化成羧酸，另一分子醛被还原成醇。该反应称为歧化反应，也称为康尼查罗（Cannizzaro）反应。

$$HCHO+HCHO \xrightarrow[\triangle]{\text{浓 NaOH}} HCOONa+CH_3OH$$

$$2\ C_6H_5-CHO \xrightarrow[\triangle]{\text{浓 NaOH}} C_6H_5-COONa + C_6H_5-CH_2OH$$

若反应物为两种不同的不含 α-H 的醛，也可以发生歧化反应，但产物中会含有两种醇和两种醛，且分离复杂，因此不具备应用价值。若两种醛中的一种为甲醛，因甲醛的还原性比其他醛更强，反应结果总是甲醛被氧化成甲酸，其他醛被还原成醇。例如：

$$HCHO + C_6H_5-CHO \xrightarrow[\triangle]{\text{浓 NaOH}} HCOONa + C_6H_5-CH_2OH$$

💡 拓展知识链： VOC 的危害

> VOC 是挥发性有机化合物（volatile organic compounds）的英文缩写。不同国家和组织对 VOC 的定义有所不同，世界卫生组织（WHO）对总挥发性有机化合物（TVOC）的定义为，熔点低于室温而沸点在 50～260℃ 之间的挥发性有机化合物的总称。另一类定义是从环保意义上，定义为活泼的会产生危害的一类挥发性有机物，包括挥发性和参加大气光化学反应两个方面。
>
> 常见 VOC 包括甲醛、乙醛、乙酸、苯等，VOC 对人体健康有巨大影响。当居室中的 VOC 达到一定浓度时，短时间内人们会感到头痛、恶心、呕吐、乏力等，严重时会出现抽搐、昏迷，并会伤害到人的肝脏、肾脏、大脑和神经系统，造成记忆力减退等严重后果。
>
> VOC 室外主要来自燃料燃烧和交通运输；室内主要来自燃煤和天然气等燃烧产物、吸烟、采暖和烹调等的烟雾，建筑和装饰材料、家具、家用电器、清洁剂和人体本身的排放等。其中家庭装饰装修过程中使用的涂料是室内 VOC 的最主要来源，各国都对涂料等装饰装修材料中的 VOC 含量做了限制。

> 我国陕西师范大学房喻院士团队开发出的基于薄膜的荧光传感器的"化学鼻",可用来检测不同的物质,特别是 VOC 等污染气体。薄膜荧光传感是继离子迁移谱之后,业界公认的有望替代嗅爆犬、缉毒犬和疾病诊断犬的新一代微痕量物质气相检测技术。薄膜荧光传感器能耗低、结构相对简单、便携,在环境修复应用中的巨大可能性。该项技术被 IUPAC 评选为 2022 年度化学领域十大新兴技术。

第五节 羧酸

一、羧酸的结构和分类

1. 羧酸的结构特征

羧酸(图 11-4)的官能团是羧基(—COOH),除甲酸(HCOOH)外,羧酸可以看成烃分子中氢原子被羧基取代后的产物,其可以表示为 RCOOH 和 Ar—COOH。

羧基中的碳原子通过 sp^2 杂化轨道分别与两个氧原子和一个烃基碳原子(甲酸分子中为氢原子)形成三个处于同一平面的 σ 键,羧基碳原子上未参与杂化的 p 轨道与一个氧原子的 p 轨道侧面重叠形成 π 键。羟基氧原子上,未参与杂化的 p 轨道上有一对孤对电子,与羰基上的 π 键形成 p-π 共轭(图 11-5)。

图 11-4 羧酸结构

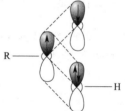

图 11-5 羧酸 p-π 共轭体系

2. 羧酸的分类

按与羧基相连的烃基种类,羧酸可以分为脂肪族羧酸、脂环族羧酸和芳香族羧酸。

CH_3CH_2COOH 环己基COOH   苯基COOH

脂肪族羧酸   脂环族羧酸   芳香族羧酸

按烃基是否饱和,羧酸可以分为饱和羧酸和不饱和羧酸。

CH_3CH_2COOH $CH_3CH=CHCOOH$

饱和脂肪酸   不饱和脂肪酸

按分子中含有羧基的数目,羧酸又可以分为一元酸、二元酸和多元酸。

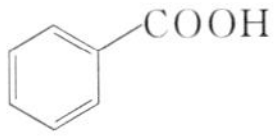

芳香族一元酸 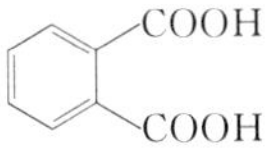　　　芳香族二元酸 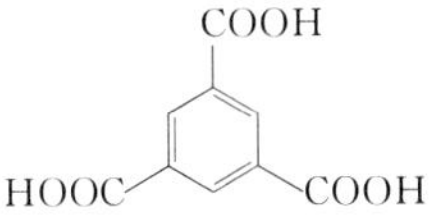　　　芳香族三元酸

二、羧酸的命名

1. 俗名

羧酸的俗名往往源于它们的天然来源。例如：

HCOOH　　　　CH₃COOH　　　COOH-COOH　　　水杨酸结构

蚁酸　　　　　　醋酸　　　　　　草酸 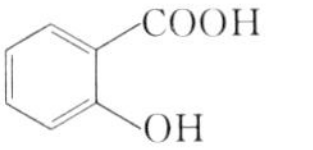　　　　　　水杨酸

2. 系统命名法

选主链：选择含有羧基碳原子在内的最长碳链为主链。

定编号：从羧基一端开始编号，用阿拉伯数字为主链编号；也可以从羧基相邻的碳原子开始，用希腊字母 α、β、γ…表示。

写全称：按主链所含碳原子的数目称为某酸。羧基总是在第一位，所以不需标出其位置。取代基的位次、数目、名称写在母体羧酸名称之前。例如：

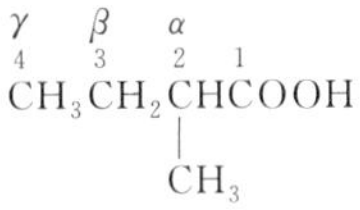

$\overset{\gamma}{\underset{4}{C}}H_3CH_2\overset{\beta}{\underset{3}{C}}H_2\overset{\alpha}{\underset{2}{C}}HCOOH$　　　$CH_3CH_2CHCOOH$　　　$CH_3-CH_2-CH-CH_2-COOH$
　　　|　　　　　　　　　　|　　　　　　　　　　　　　　|
　　CH₃　　　　　　　　　Cl　　　　　　　　　　　　CH-CH₃
　　　　　　　　　　　　　　　　　　　　　　　　　　|
　　　　　　　　　　　　　　　　　　　　　　　　　CH₃

2-甲基丁酸　　　　2-氯丁酸　　　　　4-甲基-3-乙基戊酸
α-甲基丁酸　　　　α-氯丁酸　　　　　γ-甲基-β-乙基戊酸

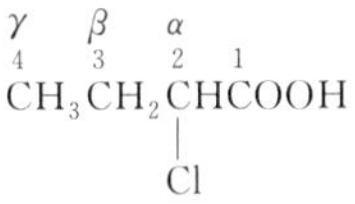

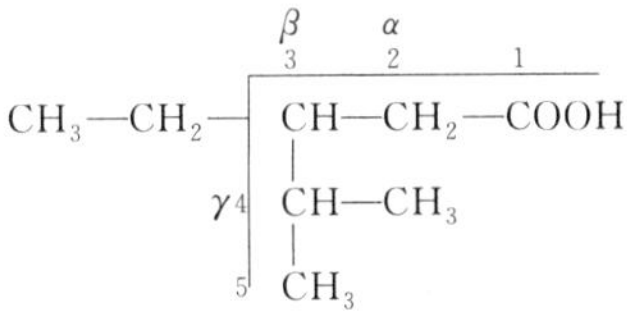

① 不饱和酸的命名：选择含有羧基和不饱和键在内的最长碳链为主链。例如：

CH₃CH=CHCOOH　　CH₂=CCH₂COOH　　CH₃(CH₂)₅CHCH₂CH=CH(CH₂)₇COOH
　　　　　　　　　　　　|　　　　　　　　　　　　　　　|
　　　　　　　　　　　C₂H₅　　　　　　　　　　　　　OH

2-丁烯酸　　　　2-乙基-3-丁烯酸 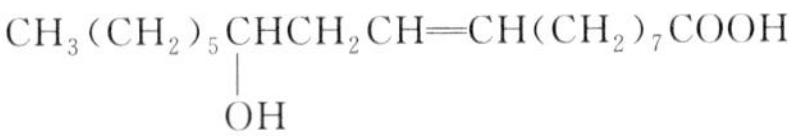　　　　12-羟基-9-十八(碳)烯酸
　　　　　　　　　　　　　　　　　　　　　　　蓖麻醇酸

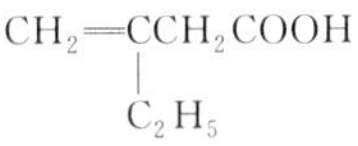

② 脂环族和芳香族羧酸：以脂肪酸为母体，脂环和芳环作为取代基来命名。例如：

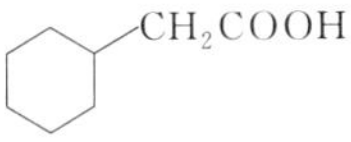

2-环己基乙酸 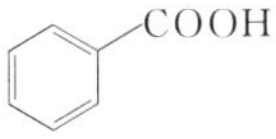　　　苯甲酸 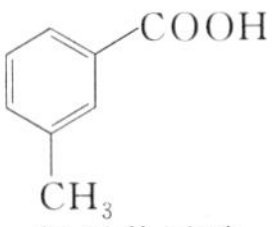　　　间甲苯甲酸

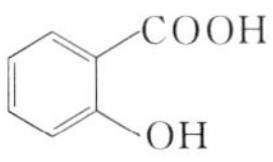

邻羟基苯甲酸 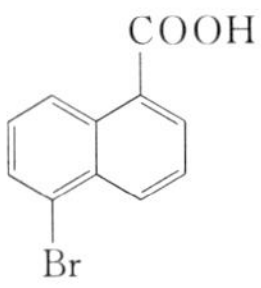　　　5-溴-1-萘甲酸 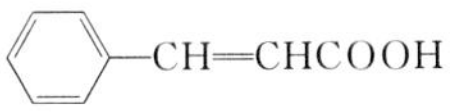　　　β-苯基丙烯酸

③ 二元酸的命名：选择含有两个羧基碳原子在内的最长碳链为主链，根据主链碳的个数称为某二酸；芳香族二元酸须注明两个羧基的位置。例如：

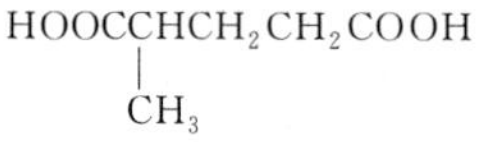

HOOCCHCH$_2$CH$_2$COOH
　　　|
　　　CH$_3$

2-甲基戊二酸 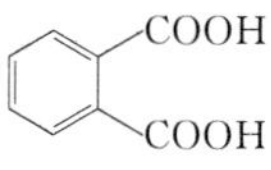　　　邻苯二甲酸 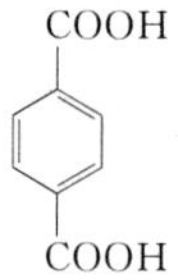　　　对苯二甲酸

课堂练习

命名下列化合物。

(1) $(CH_3)_3CCH_2COOH$

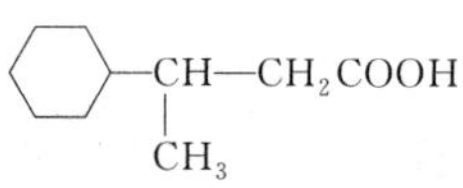

(2) 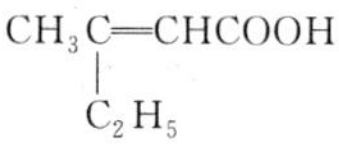 $CH_3C=CHCOOH$
　　　　|
　　　　C_2H_5

(3) 环己基-CH-CH$_2$COOH
　　　　　　|
　　　　　　CH$_3$

(4) 邻-NO$_2$-C$_6$H$_4$-COOH

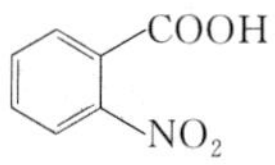

三、羧酸的性质

（一）羧酸的物理性质

直链的脂肪酸中，C_3 以下的羧酸为有强烈酸味的刺激性液体，C_4～C_9 的是具有腐败气味的油状液体，C_{10} 以上的为蜡状固体。二元羧酸和芳香酸一般为结晶固体。

羧酸的沸点高于分子量相近的醇，这是因为羧酸分子间能形成 2 个氢键，缔合作用更强。

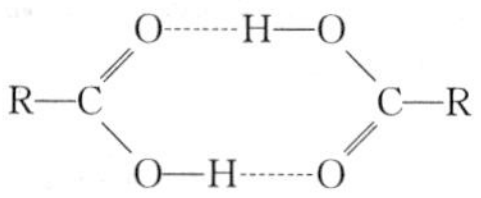

$$R-C\underset{O-H\cdots O}{\overset{O\cdots H-O}{\diagup\diagdown}}C-R$$

脂肪族低级一元羧酸可与水混溶，但羧酸在水中的溶解度随分子量的增加而递减，C_{10} 以上的羧酸不溶于水。芳香族仅微溶于水。

芳香族羧酸一般可以升华，这一特性可用于从混合物中分离与提纯芳香酸。

（二）羧酸的化学性质

1. 酸性

羧基是由羰基和羟基组成的，但是羧酸的性质并不是这两种官能团性质的叠加。羧基中存在 p-π 共轭，使得羟基氧原子上的电子云密度降低，而 O—H 键的极性增强，氢原子容易以质子的形式解离出来，因此羧酸呈现明显的酸性。

$$R-\underset{}{\overset{O}{\|}}C-OH \rightleftharpoons R-\underset{}{\overset{O}{\|}}C-O^- + H^+$$

大多数脂肪族一元羧酸的 pK_a 为 4~5，二元酸和芳香酸的酸性要比一元脂肪族羧酸的强。羧酸的酸性强于碳酸而弱于无机强酸。因此，羧酸能与碳酸钠和碳酸氢钠反应生成羧酸盐并放出 CO_2。

$$R—COOH + NaHCO_3 \longrightarrow R—COONa + CO_2\uparrow + H_2O$$

而羧酸盐与无机强酸作用，又可转化为羧酸。

$$R—COONa + HCl \longrightarrow R—COOH + NaCl$$

利用羧酸的酸性可以分离羧酸和不具酸性的有机化合物，也可以对羧酸进行鉴别和提纯。

拓展知识链：如何区分羧酸、酚与醇

> 可以利用三者酸性的不同进行区分。羧酸的酸性强于碳酸，因此既溶于 NaOH 溶液，也溶于 $NaHCO_3$ 溶液（有 CO_2 气体放出）；酚的酸性强于醇，但弱于碳酸，因此酚溶于 NaOH 溶液，但不溶于 $NaHCO_3$ 溶液；醇既不溶于 NaOH 溶液也不溶于 $NaHCO_3$ 溶液。

2. 羧酸衍生物的生成

（1）酰卤的生成

羧酸与三氯化磷、五氯化磷或亚硫酰氯作用时，羧基中的羟基被氯原子取代生成酰氯。例如：

$$3R—COOH + PCl_3 \longrightarrow 3R—\overset{\overset{O}{\|}}{C}—Cl + H_3PO_3$$

$$C_6H_5—COOH + SOCl_2 \longrightarrow C_6H_5—\overset{\overset{O}{\|}}{C}—Cl + SO_2\uparrow + HCl\uparrow$$

（2）酸酐的生成

羧酸在脱水剂（例如五氧化二磷、乙酸酐等）及加热作用下，脱去一分子水生成酸酐。例如：

$$2R—\overset{\overset{O}{\|}}{C}—OH \xrightarrow[\text{加热}]{P_2O_5} \begin{matrix} R—\overset{\overset{O}{\|}}{C} \\ \diagdown \\ O \\ \diagup \\ R—\underset{\underset{O}{\|}}{C} \end{matrix} + H_2O$$

酸酐也可以由酰卤和无水羧酸盐共热制备，该方法既可以用来制备含相同酰基的单酐也可以制备含两个不同酰基的混酐。例如：

$$R—\overset{\overset{O}{\|}}{C}—Cl + NaO—\overset{\overset{O}{\|}}{C}—R' \xrightarrow{\text{加热}} R—\overset{\overset{O}{\|}}{C}—O—\overset{\overset{O}{\|}}{C}—R' + NaCl$$

（3）酯的生成

在强酸的催化下，羧酸与醇作用生成羧酸酯。例如：

$$\text{R-}\underset{\parallel}{\text{C}}\text{-OH} + \text{HOR}' \underset{\triangle}{\overset{\text{H}^+}{\rightleftharpoons}} \text{R-}\underset{\parallel}{\text{C}}\text{-OR}' + \text{H}_2\text{O}$$

酯化反应是可逆反应，可以通过增加反应物的量或者从体系中移除产物（通常是沸点较低的生成物），以使平衡向右移动，提高酯的产率。

（4）酰胺的生成

羧酸与氨反应，生成铵盐。铵盐受热脱水生成酰胺。例如：

$$\text{R-}\underset{\parallel}{\overset{\text{O}}{\text{C}}}\text{-OH} + \text{NH}_3 \longrightarrow \underset{\text{羧酸铵盐}}{\text{R-}\underset{\parallel}{\overset{\text{O}}{\text{C}}}\text{-ONH}_4} \xrightarrow[\triangle]{-\text{H}_2\text{O}} \underset{\text{酰胺}}{\text{R-}\underset{\parallel}{\overset{\text{O}}{\text{C}}}\text{-NH}_2}$$

3. 羧基的还原反应

羧基可以被强还原剂氢化铝锂（LiAlH$_4$）还原成醇，用于制备结构特殊的伯醇。

$$\text{CH}_3\underset{\underset{\text{CH}_3}{|}}{\text{CH}}\text{COOH} + \text{LiAlH}_4 \xrightarrow{\text{无水乙醚}} \xrightarrow{\text{H}_2\text{O}}{\text{H}^+} \text{CH}_3\underset{\underset{\text{CH}_3}{|}}{\text{CH}}\text{CH}_2\text{OH}$$

该方法产率高，且具有选择性，不会影响分子中的碳-碳不饱和键。例如：

$$\text{CH}_3\text{CH}=\text{CHCOOH} + \text{LiAlH}_4 \xrightarrow{\text{无水乙醚}} \xrightarrow{\text{H}_2\text{O}}{\text{H}^+} \text{CH}_3\text{CH}=\text{CHCH}_2\text{OH}$$

但氢化铝锂价格昂贵，不适合大规模工业使用。

4. α-H 的氯代反应

羧酸中的 α-H 受羧基的影响，也具有一定活性，可以被卤素取代。但羧基的致活作用比羰基小得多，因此，羧酸只有在红磷或碘、硫作用下或者在日光照射下，才能发生 α-H 的取代，生成 α-卤代酸。

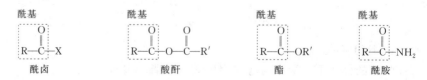

通过控制反应条件，可使反应停留在一元或二元取代阶段。

> **小知识：**
> α-卤代酸是一类重要的合成中间体。它所含的卤原子非常活泼，可以发生亲核取代，转变成 α-羟基酸、α-氨基酸等；其还可以发生消除反应得到 α, β-不饱和酸，在有机合成中有着重要的应用。

第六节 羧酸衍生物

一、羧酸衍生物的分类

羧酸衍生物是指羧酸分子中羟基被其他原子或基团取代后的产物。羟基被—X（卤素）、—OOCR（酰氧基）、—OR（烷氧基）、—NH$_2$（氨基）取代后的化合物，分别称为酰卤、酸酐、酯和酰胺。例如：

$$\underset{\text{酰卤}}{\text{R-}\overset{\overset{\text{O}}{\parallel}}{\text{C}}\text{-X}} \quad \underset{\text{酸酐}}{\text{R-}\overset{\overset{\text{O}}{\parallel}}{\text{C}}\text{-O-}\overset{\overset{\text{O}}{\parallel}}{\text{C}}\text{-R}'} \quad \underset{\text{酯}}{\text{R-}\overset{\overset{\text{O}}{\parallel}}{\text{C}}\text{-OR}'} \quad \underset{\text{酰胺}}{\text{R-}\overset{\overset{\text{O}}{\parallel}}{\text{C}}\text{-NH}_2}$$

这一类化合物的结构中都含有酰基，故又称为酰基化合物。

二、羧酸衍生物的命名

1. 酰卤的命名

根据酰基名称和卤素的不同，称为某酰卤。例如：

$$H_3C-\underset{\underset{O}{\|}}{C}-Cl \qquad CH_2=CH-\underset{\underset{O}{\|}}{C}-Br \qquad Ph-\underset{\underset{O}{\|}}{C}-Cl$$

乙酰氯　　　　　丙烯酰溴　　　　　苯甲酰氯

2. 酸酐的命名

酸酐根据相应的羧酸来命名，若两个脱水的羧酸分子相同，则称为单酐。命名时在羧酸的后面加"酐"字，称为某酸酐；若两个脱水羧酸不同，则称为混酐。命名时，小分子羧酸在前，大分子羧酸在后；若有芳香酸，则芳香酸在前，称为某某酸酐。例如：

$$CH_3-\underset{\underset{O}{\|}}{C}-O-\underset{\underset{O}{\|}}{C}-CH_3 \qquad CH_3-\underset{\underset{O}{\|}}{C}-O-\underset{\underset{O}{\|}}{C}-CH_2CH_3 \qquad Ph-\underset{\underset{O}{\|}}{C}-O-\underset{\underset{O}{\|}}{C}-Ph$$

乙(酸)酐　　　　　　乙丙(酸)酐　　　　　　苯甲(酸)酐

3. 酯的命名

根据相应的羧酸和醇，称为某酸某酯。例如：

$$H_3C-\underset{\underset{O}{\|}}{C}-OCH_2CH_3 \qquad H_3C-\underset{\underset{O}{\|}}{C}-O-CH=CH_2 \qquad Ph-\underset{\underset{O}{\|}}{C}-OCH_3$$

乙酸乙酯　　　　　乙酸乙烯酯　　　　　苯甲酸甲酯

多元醇和羧酸形成的酯，醇的名称在前，羧酸名称在后，称为某醇某酸酯。例如：

$$\begin{array}{c} H_2C-O-\underset{\underset{O}{\|}}{C}-CH_3 \\ H_2C-O-\underset{\underset{O}{\|}}{C}-CH_3 \end{array}$$

乙二醇二乙酸酯

4. 酰胺的命名

根据所含酰基的不同称为某酰胺。当氮原子上的氢原子被烃基取代时，称为 N-烃基"某"酰胺。例如：

$$CH_3-\underset{\underset{O}{\|}}{C}-NH_2 \qquad Ph-\underset{\underset{O}{\|}}{C}-NH_2$$

乙酰胺　　　　　　　　苯甲酰胺

$$CH_3-\underset{\underset{O}{\|}}{C}-N(CH_3)_2 \qquad CH_2=CH-\underset{\underset{O}{\|}}{C}-NHC_2H_5$$

N,N-二甲基乙酰胺　　　　　N-乙基丙烯酰胺

课堂练习

命名或写出下列化合物的结构式。

(1) 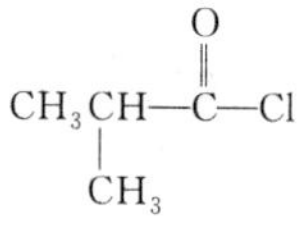 CH₃CH(CH₃)COCl

(2) C₂H₅COOCOCH₃

(3) C₆H₅CONHCH₃ (苯甲酰基-N-甲基酰胺结构)

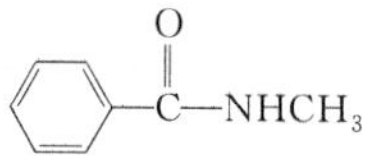

(4) 甲酸乙酸酐 (HCOO-OCCH₃)

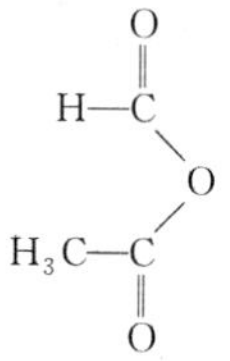

(5) N,N-二甲基甲酰胺

(6) 邻苯二甲酸酐

三、羧酸衍生物的性质

(一) 羧酸衍生物的物理性质

酰氯和低级酸酐具有刺激性气味。低级酯为具有挥发性的无色液体，有令人愉快的香味，许多花果的香味就是由酯引起的；高级酯为蜡状固体。酰胺大多为固体，低级酰胺如甲酰胺、甲基甲酰胺、乙基甲酰胺为液体，液体酰胺是良好的溶剂。

酰卤、酸酐和酯分子不能形成氢键，故沸点比分子量相当的羧酸或醇要低，酰胺（N-烃基取代酰胺除外）由于分子间能形成氢键缔合，其沸点比相应的羧酸或醇要高。

酰卤和酸酐不溶于水，低级酰氯遇水易分解。酯在水中的溶解度很小，低级酰胺由于氢键作用易溶于水，但随着分子量的增大，其在水中的溶解度降低。

> **小知识**：
> 大多数酯类有令人愉快的花果香味，如乙酸异戊酯有香蕉香味；正戊酸异戊酯有苹果香味；苯甲酸甲酯有茉莉花香味；等等，所以许多酯用作食品或化妆品中的香料。

(二) 羧酸衍生物的化学性质

羧酸衍生物中都含有羰基，能够与水、醇、氨等亲核试剂进行反应，转变为原来的羧酸或者另一种羧酸衍生物。

1. 水解反应

羧酸衍生物都可以发生水解反应，生成相应的羧酸。

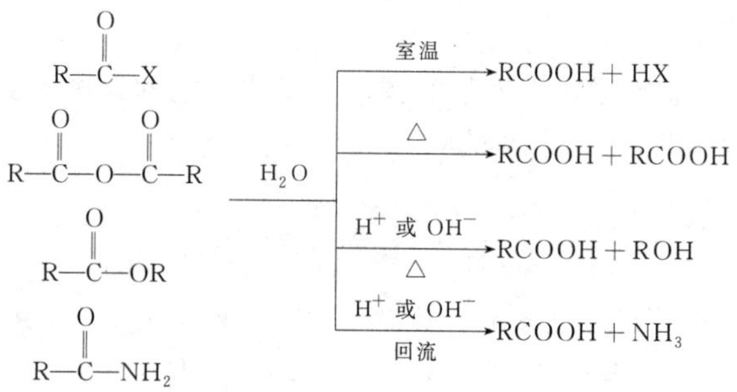

$$RCOX \xrightarrow{H_2O, \text{室温}} RCOOH + HX$$

$$RCOOCOR \xrightarrow{H_2O, \triangle} RCOOH + RCOOH$$

$$RCOOR \xrightarrow{H_2O, H^+ \text{或} OH^-, \triangle} RCOOH + ROH$$

$$RCONH_2 \xrightarrow{H_2O, H^+ \text{或} OH^-, \text{回流}} RCOOH + NH_3$$

羧酸衍生物发生水解的活性次序为：酰卤＞酸酐＞酯＞酰胺。例如，乙酰氯可以快速地被空气中的水汽水解，酸酐的水解需要加热，酯和酰胺的水解反应则需要酸或碱的催化，加热才能发生反应。

小知识：

酯的水解称为皂化反应。由高级脂肪酸所形成的酯（如油脂），在碱性条件下水解得到高级脂肪酸的盐是生产肥皂的主要成分。

思考与讨论

食用油长时间贮藏可以与空气等发生作用，分解产生异臭味，这一现象称为酸败。结合上面讲过的知识，并查阅油脂的结构和应用，讨论一下酸败产生的过程。

2. 醇解反应

醇解是指酰卤、酸酐、酯和酰胺与醇反应，生成相应的酯。例如：

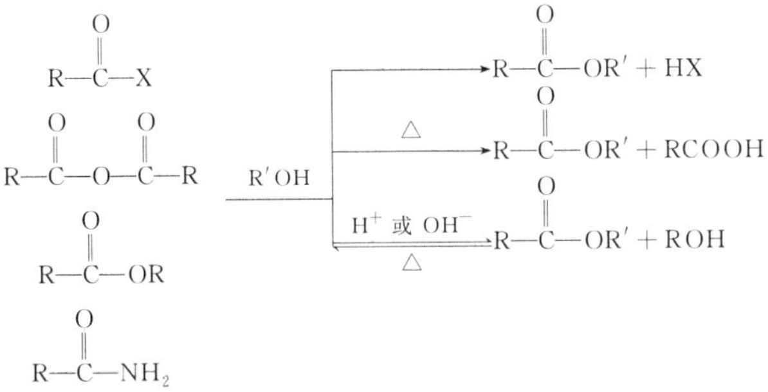

$$\begin{matrix} R-\underset{\underset{O}{\|}}{C}-X \\ R-\underset{\underset{O}{\|}}{C}-O-\underset{\underset{O}{\|}}{C}-R \\ R-\underset{\underset{O}{\|}}{C}-OR \\ R-\underset{\underset{O}{\|}}{C}-NH_2 \end{matrix} \xrightarrow{R'OH} \begin{matrix} \xrightarrow{} R-\underset{\underset{O}{\|}}{C}-OR' + HX \\ \xrightarrow{\triangle} R-\underset{\underset{O}{\|}}{C}-OR' + RCOOH \\ \xrightarrow[\triangle]{H^+ \text{ 或 } OH^-} R-\underset{\underset{O}{\|}}{C}-OR' + ROH \end{matrix}$$

酰卤和酸酐与醇作用直接生成酯，酯的醇解是可逆反应，需要在酸或碱的催化下进行。酯的醇解产物中有另外一种酯，故该反应也称为酯交换反应，常用于工业生产中。

应用示例：涤纶树脂单体的工业合成

涤纶是合成纤维的主要品种之一，它是由聚对苯二甲酸乙二醇酯经熔融纺丝制得的。

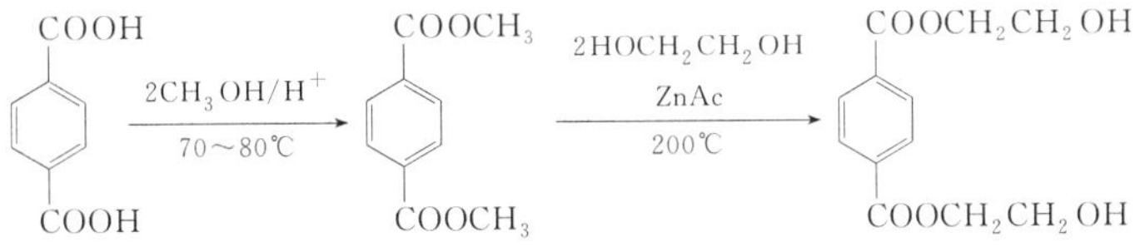

对苯二甲酸 $\xrightarrow[70\sim80℃]{2CH_3OH/H^+}$ 对苯二甲酸二甲酯 $\xrightarrow[200℃]{2HOCH_2CH_2OH, ZnAc}$ 对苯二甲酸乙二醇酯

工业上涤纶合成就采用了酯交换的方法。先制成对苯二甲酸二甲酯，再与乙二醇进行酯交换制得对苯二甲酸乙二醇酯。直接采用对苯二甲酸与乙二醇反应时，对原料纯度要求高，且反应慢，成本高。酯交换的方法允许使用纯度较低的对苯二甲酸作为原料，避免了复杂的分离和提纯工作。

3. 氨解反应

酰卤、酸酐和酯可以与 NH_3、NH_2R，NHR_2 作用生成相应的酰胺或取代酰胺。

$$R-\underset{\underset{}{\overset{O}{\|}}}{C}-Y + H-N\underset{H(R)}{\overset{H(R)}{<}} \longrightarrow R-\underset{\underset{}{\overset{O}{\|}}}{C}-N\underset{H(R)}{\overset{H(R)}{<}} + HY$$

酰卤：Y=Cl
酸酐：Y=OCOR
酯：Y=OR

酰氯的氨解过于剧烈，难以控制，工业上一般用酸酐的氨解来制备酰胺。

4.酰胺的特殊反应

（1）脱水反应

酰胺与强脱水剂（如 P_2O_5，PCl_5 等）一起加热时，其发生分子内脱水生成腈。这是制备腈的一种方法。

$$R-\underset{\underset{}{\overset{O}{\|}}}{C}-NH_2 \xrightarrow[\triangle]{P_2O_5} \underset{\text{腈}}{R-C\equiv N} + H_2O$$

（2）霍夫曼降级反应

酰胺与次氯酸钠或次溴酸钠的碱溶液共热时，失去羰基而生成少一个碳原子的伯胺。该反应称为霍夫曼（Hofmann）降级反应。例如：

$$R-\underset{\underset{}{\overset{O}{\|}}}{C}-NH_2 + NaOBr + 2NaOH \xrightarrow{\triangle} R-NH_2 + NaBr + Na_2CO_3 + H_2O$$

注意，取代酰胺不能发生脱水反应和霍夫曼降级反应。

拓展知识链：特殊酰卤混合物——光气的应用及危害

光气，又称碳酰氯，微溶于水，易溶于苯、四氯化碳、氯仿等有机溶剂。光气常温下为无色气体，低温时为黄绿色液体，化学性质不稳定，遇水迅速水解生成氯化氢。

光气用途广泛，常用作农药、药物、染料及其他化工制品的中间体。

光气及光气化工艺是指包含光气的制备工艺，以及以光气为原料制备光气化产品的工艺过程，是国家重点监管的危险化工工艺之一。反应为放热反应。工业上一般以氯气和一氧化碳为原料，用活性炭作为催化剂，在光气发生器中生产光气，反应温度控制在200℃左右，为了获得高质量的光气，减少设备的腐蚀，须保持一氧化碳适当过量。光气与一种或一种以上的化学物质进行化学反应的产物称为光气化产品。光气化工艺分为两种：气相和液相。光汽化下游产品可以分为氯代甲酸酯类、异氰酸酯类和碳酸酯等。光气法制造异氰酸酯工艺应用普遍，大多数企业采用的是液相光汽化工艺。

光气及光气化工艺的危险性主要体现在以下几个方面。

① 中毒。光气为剧毒气体，若在贮运、使用过程中发生泄漏，则易导致中毒事故。光气沸点为8.2℃，常温下为无色或淡黄色气体，有强烈刺激性气味。光气主要损伤呼吸道，导致化学性支气管炎、肺炎、肺水肿。光气毒性比氯气大10倍，光气浓度为30～50mg/m³时，即可引起中毒；在100～300mg/m³时，接触15～30min，即可引起严重中毒，甚至死亡。

② 火灾爆炸。工艺反应介质具有燃爆危险性，光气及光气化工艺中所涉及的原料、中间体及产品等物质，不仅有易燃的有机溶剂，还有氯气等助燃物质。

③ 腐蚀、化学灼伤。副产物氯化氢具有腐蚀性，易造成设备和管线腐蚀泄漏，触及人体，可致人中毒、化学灼伤。

拓展阅读：重要的碳酸衍生物

(1) 氯乙酰

氯乙酰也叫乙酰氯，为无色有刺激性气味的液体。在空气中因被水解为HCl而冒白烟。

氯乙酰是一种重要的有机合成中间体和乙酰化试剂，广泛用于有机合成，可用于生成农药、医药、新型电镀络合剂以及其他多种精细有机合成中间体。

工业上可用PCl_3或PCl_5与乙酸作用制取氯乙酰。

(2) 乙酸乙酯

乙酸乙酯又称醋酸乙酯，是一种无色透明液体，有甜味，毒性低，易挥发，对空气敏感，能缓慢水解而呈酸性。乙酸乙酯是国家重点监管的危险化学品。闪点为-4℃，爆炸极限为2%～11.8%，主要危险在于遇明火、高热易燃烧爆炸。

乙酸与乙醇发生可逆反应会生成乙酸乙酯。人们所说的陈酒好喝，就是因为酒中少量的乙酸与乙醇反应生成了具有果香味的乙酸乙酯。

乙酸乙酯具有优异的溶解性、快干性，用途广泛，是一种重要的有机化工原料和工业溶剂，被广泛用于醋酸纤维、氯化橡胶、乙烯树脂、合成橡胶、涂料及油漆等的生产过程中。

(3) 邻苯二甲酸酐

邻苯二甲酸酐俗称苯酐，为白色针状固体，易升华，能溶于乙醇、苯等有机溶剂。

邻苯二甲酸酐是重要的有机化工原料，广泛用于制备染料、药物、塑料等。其主要衍生物邻苯二甲酸二丁酯、邻苯二甲酸二辛酯等都是常用的增塑剂。它还用于制备分析试剂，如常用的酸碱指示剂酚酞就是由苯酐和苯酚缩合而成的。

(4) N,N-二甲基甲酰胺

N,N-二甲基甲酰胺（DMF），一种无色透明液体，带有特殊的氨臭味。沸点为153℃，其蒸气有毒，属于2A类致癌物。

DMF 作为高沸点的极性溶剂，能与水及大多数有机溶剂混溶，能溶解很多无机物和难溶的高聚物，被称为万能溶剂。DMF 还是重要的化工原料，主要应用于聚氨酯、腈纶、医药、农药、染料和电子等行业。

知识框架

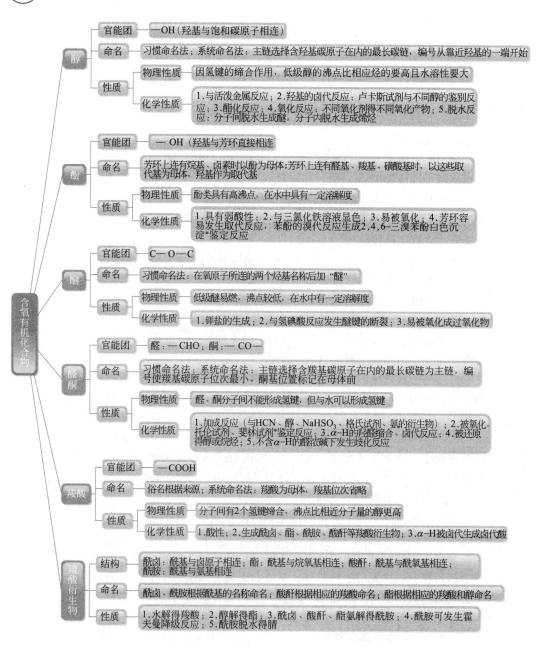

课后习题

1. 命名或写出结构式。

   (1) 邻甲氧基苯酚结构式   (2) 1-硝基-5-萘酚   (3) $H_3C-CH(OCH_3)-CH_2-CH(OH)-OH$

   (4) 2-乙氧基环己醇   (5) 3-甲氧基苯甲醛   (6) $(CH_3)_2CHCH_2COCH_3$

   (7) $H_2C=C(CH_3)COOH$ (8) $H_2C=CH-COCl$ (9) 甲基烯丙基醚

2. 完成下列方程式。

   (1) $H_2C=CH_2 \longrightarrow$ 环氧乙烷 $\xrightarrow{C_2H_5OH}$

   (2) 四氢呋喃 $\xrightarrow{HI}$

   (3) $CH_3CH_2CHO \xrightarrow{10\% NaOH} \xrightarrow{H_2/Ni, \triangle}$

   (4) $C_6H_5CH_2MgBr + CH_3CHO \xrightarrow{干醚} \xrightarrow[H^+]{H_2O}$

   (5) $CH_3COCH_2CH_2COOH \xrightarrow[浓 HCl]{Zn-Hg}$

   (6) $(CH_3)_3C-CHO + HCHO \xrightarrow[\triangle]{浓 NaOH}$

   (7) $(CH_3)_2CHCOOH \xrightarrow[浓 HCl]{Zn-Hg}$

   (8) 环己基-COOH $\xrightarrow[无水乙醚]{LiAlH_4}$

3. 按由强到弱的顺序排列下列各组化合物的酸性。

   (1) CH_3CH_2OH H_2O 苯酚   邻溴苯酚

   (2) 苯酚   对甲苯酚   对硝基苯酚   对氯苯酚

   (3) 苯甲酸   对甲基苯甲酸   对氯苯甲酸   对硝基苯甲酸   对甲氧基苯甲酸

4. 用化学方法鉴别下列各组有机化合物。
   (1) 异丙醇、苯酚、乙醚、正溴丁烷
   (2) 甲醛、乙醛、丙酮、苯甲醛
   (3) 乙醛、丙醛、2-戊酮、环戊酮

（4）乙酸、草酸、丙二酸、3-丁酮酸

5. 某醇 $C_5H_{12}O$ 氧化生成酮，脱水生成一种不饱和烃，此烃氧化生成酮和羧酸两种产物的混合物，试写出该醇的构造式。

6. 有 A、B 两种液态化合物，它们的分子式都是 $C_4H_{10}O$，在室温下它们分别与卢卡斯试剂作用时，A 能迅速地生成 2-甲基-2-氯丙烷，B 却不能发生反应；当分别与浓的氢碘酸充分反应后，A 生成 2-甲基-2-碘丙烷，B 生成碘乙烷，试写出 A 和 B 的构造式及各步反应式。

7. 某化合物 A（$C_7H_{16}O$）被氧化后的产物能与苯肼作用生成苯腙，A 用浓硫酸加热脱水得 B。B 经酸性高锰酸钾氧化后生成两种有机物：一种产物能发生碘仿反应；另一种产物为正丁酸。试写出 A、B 的构造式。

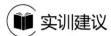

实训建议

本章可选择性开展醇和酚的性质实验（如卢卡斯实验、氢氧化铜实验以及苯酚与溴水的反应），醛和酮的性质实验（如斐林实验、银镜反应、碘仿反应等），以及含氧有机化合物的制备实验（如正丁醚的制备、阿司匹林的合成、乙酸乙酯的制备等）。帮助学生掌握醇、醛、酮的鉴定方法，有助于学生更深入地理解醇脱水反应、酰化反应和酯化反应的特点。

第十二章
含氮有机化合物

知识目标：1. 了解重氮、偶氮化合物的命名；
2. 熟悉胺的分类；
3. 熟悉硝基化合物、胺、腈的命名；
4. 掌握硝基化合物、胺、腈、重氮盐的重要化学性质及其应用。

能力目标：1. 能对常见的硝基化合物、胺、腈进行命名或根据名称写出其结构式；
2. 能利用含氮化合物的性质差别对其进行鉴别；
3. 能利用化学方程式表示卤代烃重要的化学变化

本章总览：分子中含有氮元素的有机化合物统称为含氮有机化合物。含氮有机化合物的种类很多，有硝基化合物、亚硝基化合物、胺、重氮化合物、偶氮化合物、腈、异腈、异氰酸酯等。本章主要讨论硝基化合物、胺、重氮盐和腈。

含氮有机化合物在自然界分布很广，许多含氮有机化合物与生命现象密切相关，如氨基酸、核酸、蛋白质等。同时含氮化合物在医药领域也占有重要地位，许多临床上常用的药物(如治疗心律失常的药物盐酸胺碘酮、抗菌药磺胺嘧啶等)都是含氮化合物。含氮有机化合物也是染料、农药和其他有机化工产品的重要原料。

> 小贴士：
> 蛋白质是生命的物质基础，是组成人体一切细胞、组织的重要成分。蛋白质是有机大分子，氨基酸是蛋白质的基本组成单位，人体内蛋白质的种类很多，性质、功能各异，都是由20多种氨基酸按不同比例组合而成的，并在体内不断进行代谢与更新。

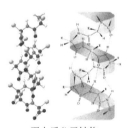

蛋白质分子结构

抗菌药磺胺嘧啶

第一节　硝基化合物

一、硝基化合物的通式和分类

1. 硝基化合物的通式

硝基化合物可以看成烃分子中的氢原子被硝基取代后的衍生物，其官能团是硝基（—NO₂）。一元硝基化合物的通式为 RNO_2 或者 $ArNO_2$。

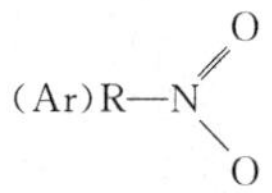

$$(Ar)R-N\begin{matrix}O\\\\O\end{matrix}$$

2.硝基化合物的分类

根据烃基的不同，可分为脂肪族、脂环族和芳香族硝基化合物；

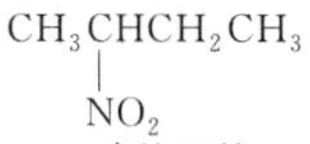

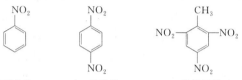

$$\underset{\underset{NO_2}{|}}{CH_3CHCH_3}$$
2-硝基丁烷
（脂肪族）

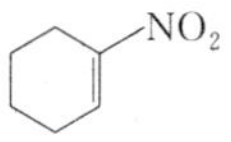

1-硝基环己烯
（脂环族）

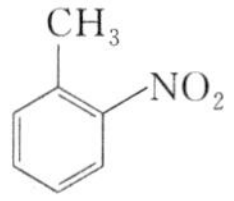

邻硝基甲苯
（芳香族）

根据分子中硝基的数目，可分为一元、二元和多元硝基化合物。

硝基苯　　对二硝基苯　　2,4,6-三硝基甲苯（TNT）

根据与硝基所连碳原子的种类，分为伯、仲、叔硝基化合物。

$CH_3CH_2NO_2$　　　$\underset{\underset{NO_2}{|}}{CH_3CHCH_3}$　　　$\underset{\underset{NO_2}{|}}{\overset{\overset{CH_3}{|}}{CH_3CCH_3}}$

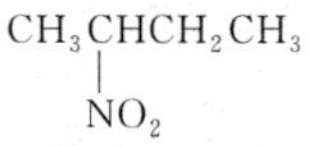

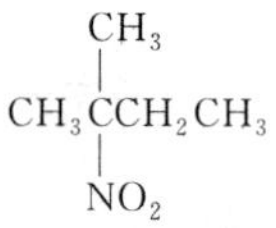

硝基乙烷　　　　2-硝基丁烷　　　2-甲基-2-硝基丁烷
（伯硝基化合物）（仲硝基化合物）（叔硝基化合物）

小贴士：

2,4,6-三硝基甲苯俗称 TNT，淡黄色结晶固体，熔点为 80～81℃，是一种广泛应用于国防、采矿、隧道工程的炸药。每公斤 TNT 炸药可产生 420 万焦耳能量。现今有关爆炸和能量释放的研究，也常用"公斤 TNT 炸药"或"吨 TNT 炸药"为单位，以比较爆炸、撞击等大型反应的能量。

3.硝基化合物的命名

硝基化合物命名时，以烃基为母体，硝基作为取代基来命名。

当氮原子上所连烃基相同时，用中文数字表示相同的烃基数目；若烃基不同时，按它的次序规则由小到大排列。例如：

CH_3NH_2　　$CH_2NHC_2H_5$　　　环己胺　　　二苯胺
甲胺　　　　甲乙胺

当芳香胺的氮原子上同时连有芳环和脂肪烃基时，一般以芳胺为母体，脂肪烃基为取代基，用"N-"或"N,N-"等编号标明脂肪烃基连在氮原子上而非苯环上。例如：

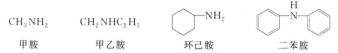

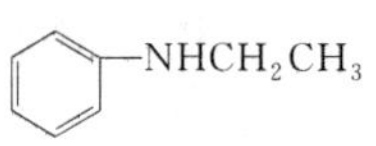

N-乙基苯胺 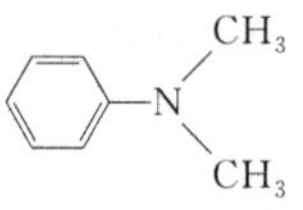　　　　N,N-二甲基苯胺

二、硝基化合物的性质

（一）硝基化合物的物理性质

脂肪族硝基化合物一般为无色、有香味的液体，难溶于水，易溶于有机溶剂，相对密度大于 1。芳香族硝基化合物一般为淡黄色的高沸点液体或固体，带有苦杏仁味。

芳香族多元硝基化合物受热极易分解，有极强的爆炸性，使用时应注意安全。如三硝基甲苯突然受热时易分解而发生爆炸事故，在160℃下即可生成气态分解产物，接触日光后对摩擦、冲击敏感而更具危险性。

很多芳香族硝基化合物都带有毒性，经皮肤吸收，容易引起肝、肾以及血液中毒。三硝基甲苯在生产及包装过程中均可产生大量粉尘和蒸气，可经皮肤和呼吸道进入人体。高温环境下皮肤暴露较多并有汗液时，会加速吸收过程。三硝基甲苯的毒作用主要是对眼晶体、肝脏、血液和神经系统产生损害，其中晶体损害以中毒性白内障为主要症状，这是接触该毒物的人最常见、最早出现的症状。为预防中毒，生产场所应采取通风净化措施，作业过程中要做好皮肤防护，作业结束后及时洗手，班后淋浴更衣。

（二）硝基化合物的化学性质

本节主要介绍芳香族硝基化合物的化学性质。

1. 硝基化合物的还原反应

硝基是不饱和基团，容易发生还原反应。常用的还原方法包括化学还原剂还原法和催化加氢法。芳香族硝基化合物在不同的还原条件下可被还原成不同的产物，一般使用强还原剂，其最终的产物是苯胺。例如：

$$\text{C}_6\text{H}_5\text{NO}_2 \xrightarrow[\text{HCl}]{\text{Fe 粉}} \text{C}_6\text{H}_5\text{NH}_2 \text{（苯胺）}$$

当苯环上含有其他易被还原的取代基时，可以氯化亚锡和盐酸为还原剂，在该条件下，只有硝基被还原，而其他基团不受影响。例如：

$$p\text{-O}_2\text{N-C}_6\text{H}_4\text{-CHO} \xrightarrow[\text{HCl}]{\text{SnCl}_2} p\text{-H}_2\text{N-C}_6\text{H}_4\text{-CHO} \text{（对氨基苯甲醛）}$$

工业上多采用催化加氢法还原硝基化合物。例如：

$$m\text{-O}_2\text{N-C}_6\text{H}_4\text{-Cl} \xrightarrow[\text{Ni}]{\text{H}_2} m\text{-H}_2\text{N-C}_6\text{H}_4\text{-Cl} \text{（间氯苯胺）}$$

使用化学还原剂，尤其是铁和盐酸时，容易产生大量的含酸废液，污染严重。而催化加氢法在中性条件下进行，更为绿色环保。

2. 硝基对苯环的影响

（1）对苯环上亲电取代反应的影响

硝基是强吸电子基团，它的引入降低了苯环上的电子云密度，从而导致连有硝基的芳香烃化合物的卤代、硝化、磺化等亲电取代反应比苯困难，需要在较高的温度下进行，且以间位取代产物为主。例如：

$$\text{C}_6\text{H}_5\text{NO}_2 + \text{Br}_2 \xrightarrow[140℃]{\text{Fe 粉}} m\text{-O}_2\text{N-C}_6\text{H}_4\text{-Br}$$

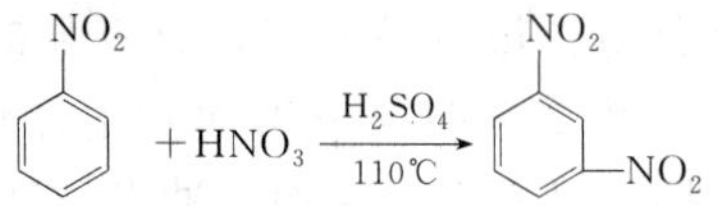

$$\underset{}{\text{C}_6\text{H}_5\text{NO}_2} + \text{HNO}_3 \xrightarrow[110\text{℃}]{\text{H}_2\text{SO}_4} \text{间-二硝基苯}$$

(2) 对苯环上其他基团的影响

如前一章所述，直接连在苯环上的卤原子最不活泼，一般条件下不能发生亲核取代反应。但若在芳环氯原子的邻、对位上引入硝基，受硝基吸电子效应的影响，氯原子的活性显著提高，易被水解。且邻、对位连有的硝基越多，氯原子的活性越高。例如：

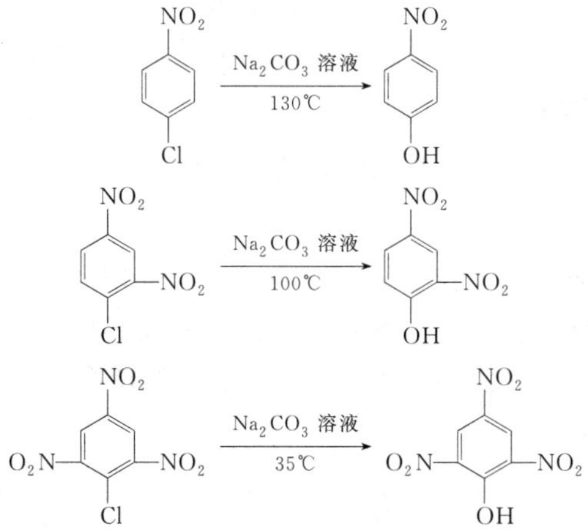

$$\text{对硝基氯苯} \xrightarrow[130\text{℃}]{\text{Na}_2\text{CO}_3 \text{ 溶液}} \text{对硝基苯酚}$$

$$\text{2,4-二硝基氯苯} \xrightarrow[100\text{℃}]{\text{Na}_2\text{CO}_3 \text{ 溶液}} \text{2,4-二硝基苯酚}$$

$$\text{2,4,6-三硝基氯苯} \xrightarrow[35\text{℃}]{\text{Na}_2\text{CO}_3 \text{ 溶液}} \text{2,4,6-三硝基苯酚}$$

小贴士：

2,4,6-三硝基苯酚俗称苦味酸，因其具有强烈的苦味得名，常温下为黄色结晶。受硝基吸电子效应影响具有很强的酸性，几乎与强无机酸接近，一般用来制备染料。

此外，硝基对苯环上邻、对位酚羟基和羧基的酸性也有一定的影响。当苯环引入硝基后，通过吸电子效应和共轭效应，酚羟基上氧原子的电子云密度降低，使得氢更容易解离成质子，从而增强苯酚的酸性。这一现象对处于硝基邻、对位的酚羟基影响更大。而且硝基越多，酸性越强。表 12-1 比较了苯酚及硝基苯酚的 pK_a 值。

表 12-1 苯酚及硝基苯酚的 pK_a 值

名称	结构式	pK_a(25℃)
苯酚	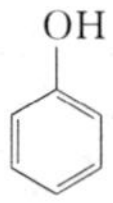 C₆H₅OH	10.0
邻硝基苯酚	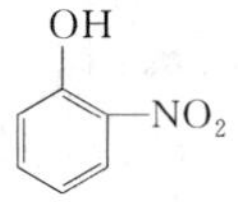 邻-O₂N-C₆H₄-OH	7.21
间硝基苯酚	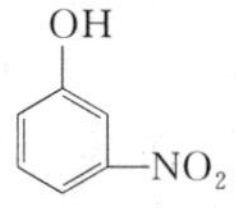 间-O₂N-C₆H₄-OH	8.00
对硝基苯酚	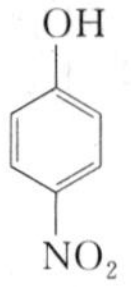 对-O₂N-C₆H₄-OH	7.10

续表

名称	结构式	pK_a(25℃)
2,4-二硝基苯酚	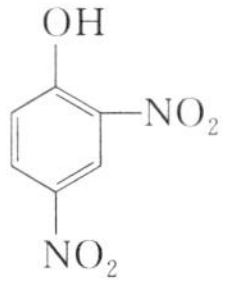 ![2,4-二硝基苯酚结构式]	4.00
2,4,6-三硝基苯酚	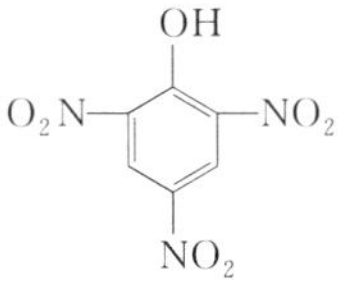 ![2,4,6-三硝基苯酚结构式]	0.38

第二节　胺

一、胺的分类

码 12-1 氨分子结构 动画扫一扫

胺可以看作氨分子中的一个或几个氢原子被烃基取代之后的产物。

① 根据氨分子中氢原子被烃基取代的数目可分为伯胺、仲胺、叔胺。例如：

$$CH_3CH_2NH_2 \quad (CH_3CH_2)_2NH \quad (CH_3CH_2)_3N$$
乙胺（伯胺）　　二乙胺（仲胺）　　三乙胺（叔胺）

② 根据胺分子中所连烃基的不同可分为脂肪胺、芳香胺。例如：

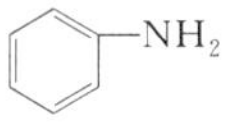

仲丁胺（脂肪胺）　　2-苯乙胺（脂肪胺）　　苯胺（芳香胺）　　β-萘胺（芳香胺）

码 12-2 甲胺的分子结构 动画扫一扫

③ 根据分子中的氨基数目可分为一元胺、二元胺或多元胺。例如：

$$CH_3CH_2CH_2NH_2 \quad H_2NCH_2CH_2CH_2CH_2NH_2 \quad H_2N\text{-}\underset{}{\bigcirc}\text{-}NH_2$$
丙胺（一元胺）　　1,4-丁二胺（二元胺）　　对苯二胺（二元胺）

二、胺的命名

1. 普通命名法

对于结构比较简单的胺，可以根据所含的烃基命名，在"胺"之前加上烃基的数目和名称即可；烃基不同时，按次序规则将优势基团后列出。例如：

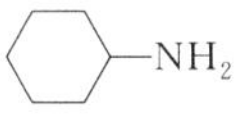

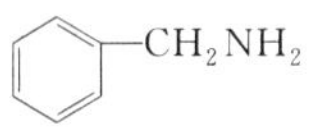

异丙胺　　二甲胺　　甲乙胺　　环己胺　　苄胺

多元胺命名时，在烃基名称之后、"胺"字之前加上"二、三"等表示胺的数目。例如：

> 小贴士：
> 伯、仲、叔胺的分类和伯、仲、叔醇（或卤代烃）不同。醇或卤代烃是根据官能团所连碳原子类型的不同进行分类的，而胺是按照氮原子所连烃基的数目分类的。

(CH₃CH₂)₃N　　　H₂N—⟨苯环⟩—NH₂　　　H₂N—CH₂CH₂CH₂CH₂CH₂—NH₂

三乙胺　　　　　　对苯二胺　　　　　　　1,6-己二胺

当氮原子上同时连有芳基和烷基时，以芳胺为母体，命名时需在烷基名称前加上字母"N"，其表示烷基直接连在氨基的氮原子上。例如：

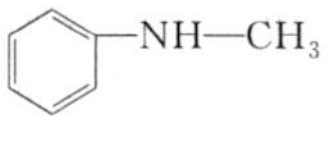

⟨苯环⟩—NH—CH₃　　　⟨苯环⟩—N(CH₃)₂　　　⟨苯环⟩—N(CH₃)(CH₂CH₃)

N-甲基苯胺 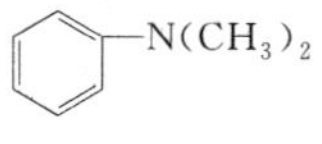　　　　N,N-二甲基苯胺 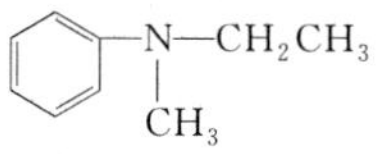　　　N-甲基-N-乙基苯胺

当苯环上还连有其他取代基时，按苯的衍生物命名原则进行命名。例如：

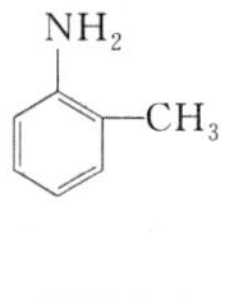

邻甲苯胺 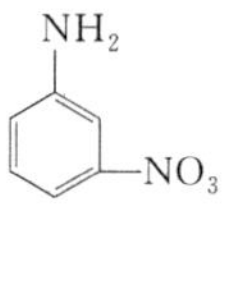　　　间硝基苯胺 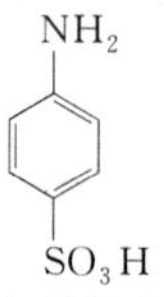　　　对氨基苯磺酸

此外，还要注意"氨""胺"和"铵"字的用法。当作取代基时，用"氨"字，如氨基；当作母体时，用"胺"字，如苯胺；季铵盐、季铵碱命名时，用"铵"字，称为某化铵。

2. 系统命名法

对于结构比较复杂的胺类，一般以相应的烃为母体，将氨基作为取代基来命名。例如：

3,5-二甲基-2-氨基己烷　　　2-甲基-5-苯基-2-氨基己烷

> 📖 **课堂练习**：命名下列化合物。
>
> （1）CH₃NHC₂H₅　　　（2）(CH₃)₂NCH₂CH₃
>
> （3）

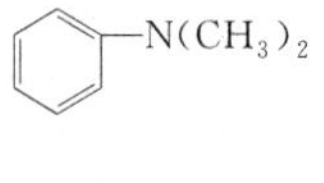

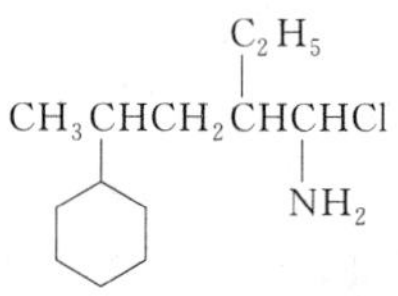

三、胺的性质

（一）物理性质

常温、常压下，脂肪胺中低级脂肪胺为气体，丙胺以上为液体，高级脂肪胺为固体。低级胺一般具有难闻的气味（如三甲胺有鱼腥味），高级胺则气味较小。芳胺为高沸点液体或低熔点固体，毒性较大，可通过吸入其蒸气或经皮肤吸收而引起中毒。部分芳胺还具有致癌性，如联苯胺、β-萘胺等。

胺分子中的氮原子能与水分子直接形成氢键,而伯胺和仲胺本身的分子间也可以形成氢键,因此低级脂肪胺易溶于水。水溶性随着分子量的增大而减小。

(二) 化学性质

1. 胺的碱性

在胺分子中的氮原子上含有未共用电子对,能与质子(H^+)结合形成铵离子而显碱性:

$$RNH_2 + HCl \rightleftharpoons RNH_3^+ + Cl^-$$

胺的碱性用碱性电离常数 K_b 或其负对数值 pK_b 表示,K_b 越大或 pK_b 值越小,胺的碱性越强。从实验数据得知,不同类型胺的碱性强弱顺序为:

$$脂肪胺 > 氨 > 芳香胺$$
$$pK_b \quad 3\sim5 \quad 4.75 \quad 9\sim10$$

胺是一种弱碱,它与无机强酸反应生成强酸弱碱盐。例如:

$$C_2H_5NH_2 + HCl \rightleftharpoons [C_2H_5NH_3]^+ Cl^-$$

上述铵盐遇到强碱时,原来的胺又可重新置换回来。例如:

$$[C_2H_5NH_3]^+ Cl^- + NaOH \rightleftharpoons C_2H_5NH_2 + NaCl + H_2O$$

胺的这一性质常被用于混合物中胺的分离和精制。对于不溶于水的胺,可通过形成铵盐而溶于稀盐酸中,之后再用强碱从铵盐中将其置换出来。

思考与讨论

> 如何去除甲苯中少量的杂质对甲基苯胺?

2. 与亚硝酸反应

由于亚硝酸不稳定,反应时需用亚硝酸钠与盐酸或硫酸作用产生亚硝酸。伯、仲、叔胺与亚硝酸反应时生成不同的产物。

伯胺与亚硝酸反应生成醇或酚,并放出定量氮气。例如:

$$CH_3CH_2NH_2 \xrightarrow[HCl]{NaNO_2} CH_3CH_2OH + N_2 \uparrow + H_2O$$

仲胺与亚硝酸作用,生成不溶于水的黄色油状物——N-亚硝基胺,若该物质与盐酸共热,则水解为原来的仲胺。

$$(CH_3CH_2)_2NH \xrightarrow[HCl]{NaNO_2} (CH_3CH_2)_2N-N=O$$
$$N\text{-亚硝基二乙胺}$$

$$C_6H_5-NHCH_3 \xrightarrow[HCl]{NaNO_2} C_6H_5-N(CH_3)-N=O$$
$$N\text{-亚甲基-}N\text{-亚硝基苯胺}$$

脂肪族叔胺不与亚硝酸反应。芳香族叔胺与亚硝酸作用,在氨基的对位生成亚硝基取代产物,且带有颜色。若对位被占据则取代邻位。例如:

小贴士：

利用芳胺易被氧化的性质，可将其用作防老化剂和抗氧化剂。如将少量芳胺加入高聚物中，在氧化条件下芳胺首先被氧化，从而防止或延缓高聚物的老化过程。

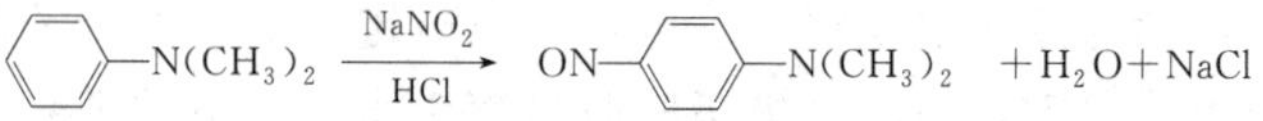

$$\text{C}_6\text{H}_5\text{N(CH}_3)_2 \xrightarrow[\text{HCl}]{\text{NaNO}_2} \text{ON-C}_6\text{H}_4\text{-N(CH}_3)_2 + \text{H}_2\text{O} + \text{NaCl}$$

对亚硝基-N,N-二甲基苯胺

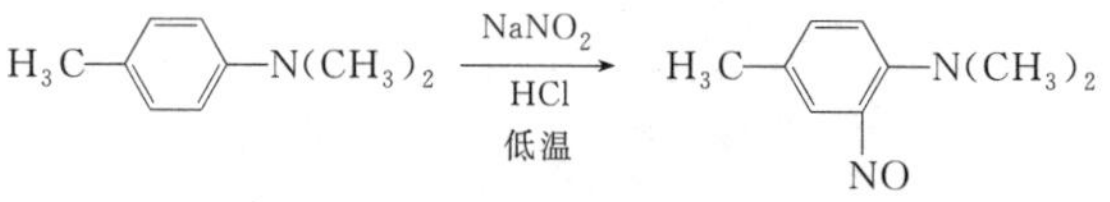

$$\text{H}_3\text{C-C}_6\text{H}_4\text{-N(CH}_3)_2 \xrightarrow[\text{低温}]{\substack{\text{NaNO}_2 \\ \text{HCl}}} \text{H}_3\text{C-C}_6\text{H}_3(\text{NO})\text{-N(CH}_3)_2$$

4,N,N-三甲基-2-亚硝基苯胺

由于伯、仲、叔胺与亚硝酸反应生成不同颜色和不同物态的产物，因而可利用这一反应对三种胺进行鉴别。

3. 芳胺的氧化

芳胺很容易被氧化，无色的苯胺在空气中放置一段时间即被氧化，颜色逐渐变为黄色甚至红棕色，因此芳胺应避光贮存。芳胺被不同的氧化剂氧化成不同的产物。例如，酸性条件下，苯胺被二氧化锰氧化成对苯醌；被重铬酸钾则氧化为苯胺黑（一种结构复杂的黑色染料）。

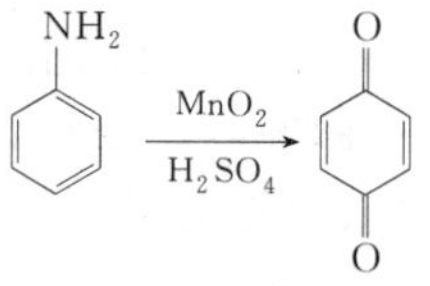

$$\text{C}_6\text{H}_5\text{NH}_2 \xrightarrow[\text{H}_2\text{SO}_4]{\text{MnO}_2} \text{对苯醌}$$

4. 芳胺环上的取代反应

由于氨基属于致活基团，因此苯胺比苯环更容易发生卤化、硝化、磺化等亲电取代反应。

（1）卤代

苯胺很容易发生卤代反应。例如，常温下苯胺即可与溴水反应生成 2,4,6-三溴苯胺的白色沉淀。该反应很难停留在一元取代阶段，但反应灵敏且定量进行，可用于苯胺的定性与定量分析。

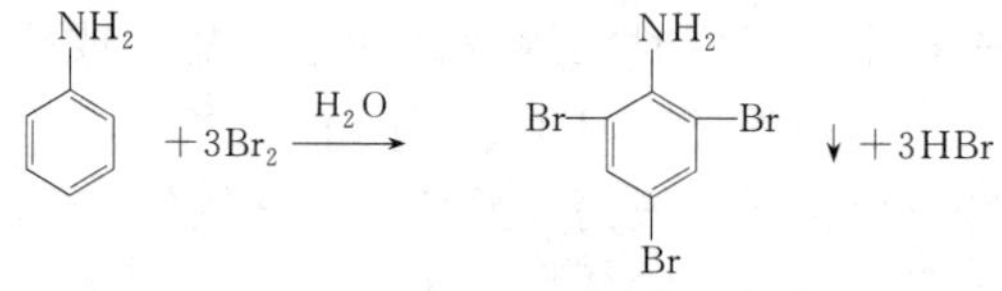

$$\text{C}_6\text{H}_5\text{NH}_2 + 3\text{Br}_2 \xrightarrow{\text{H}_2\text{O}} \text{2,4,6-三溴苯胺}(白色沉淀) \downarrow + 3\text{HBr}$$

如要制备一元取代物，则需要降低氨基的活性。例如将苯胺转化为乙酰苯胺，由于乙酰氨基的致活性比氨基要弱且空间位阻较大，因此溴代时主要得到对位取代产物。

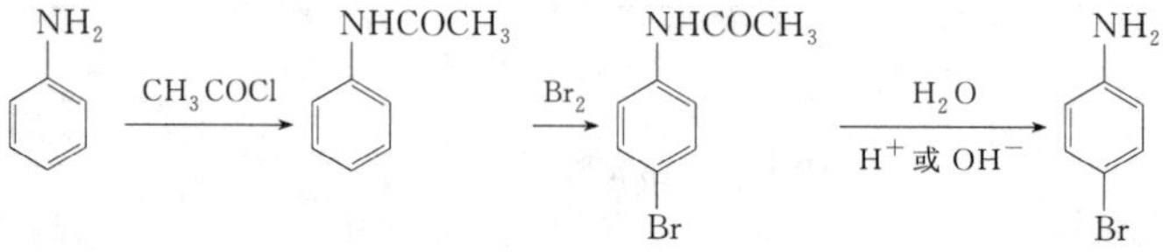

$$\text{C}_6\text{H}_5\text{NH}_2 \xrightarrow{\text{CH}_3\text{COCl}} \text{C}_6\text{H}_5\text{NHCOCH}_3 \xrightarrow{\text{Br}_2} p\text{-BrC}_6\text{H}_4\text{NHCOCH}_3 \xrightarrow[\text{H}^+ \text{或 OH}^-]{\text{H}_2\text{O}} p\text{-BrC}_6\text{H}_4\text{NH}_2$$

（2）硝化

由于苯胺易被氧化，直接硝化时会伴有氧化产物，需先将氨基经乙酰化保护起来，硝化后再进行水解，方可得到硝基苯胺。这种方法得到的主要是对硝基苯胺。

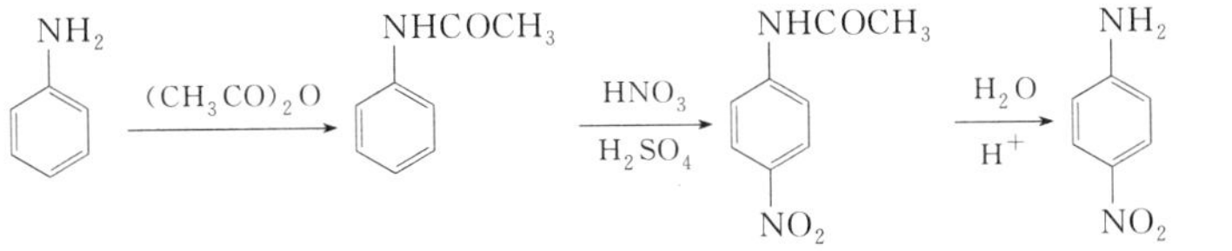

如果要制备间硝基苯胺，可将苯胺溶于浓硫酸中，使之转变为苯胺硫酸盐，由于生成的 $-NH_3^+$ 是间位定位基，此时再进行硝化则得到间位取代物。

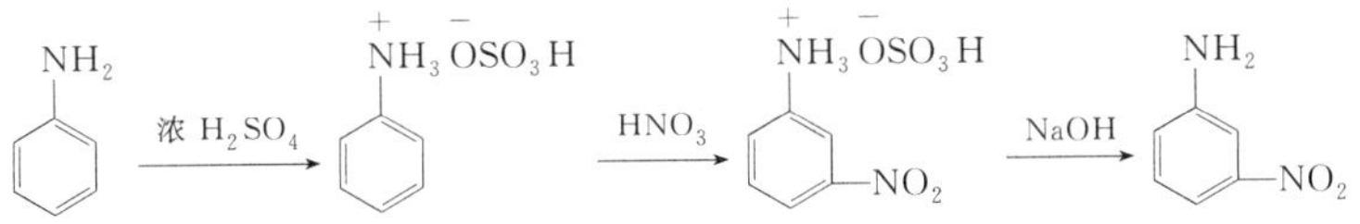

（3）磺化

苯胺与浓硫酸作用生成苯胺硫酸盐，高温下脱水重排为对氨基苯磺酸。

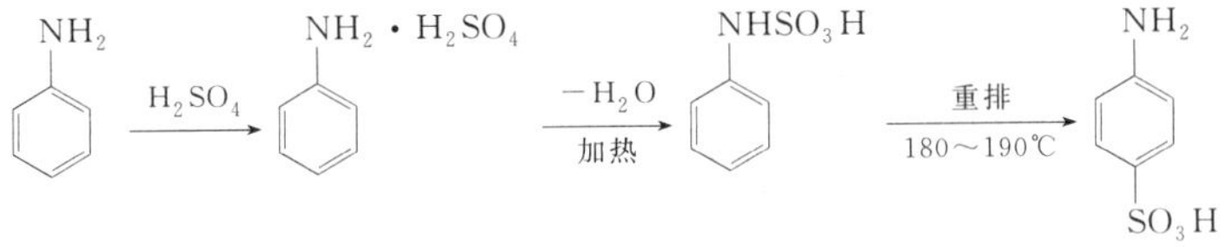

对氨基苯磺酸分子中同时存在酸性的磺基和碱性的氨基，可以分子内形成盐，称为内盐。例如：

> 小贴士：
>
> 对氨基苯磺酸俗称磺胺酸，白色晶体，是制备染料和磺胺药物的重要原料。

课堂练习

完成下列反应。

（1） 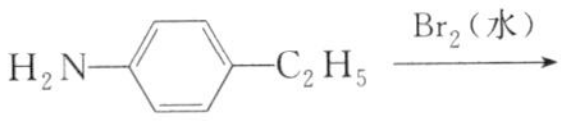
（2）

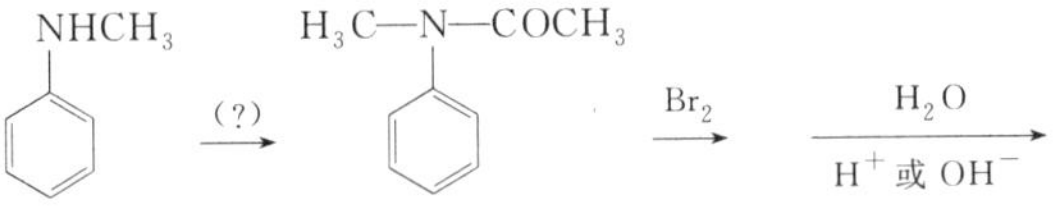

拓展知识链：重要的芳胺——苯胺

> 苯胺为无色油状液体，微溶于水，易溶于乙醇、乙醚等有机溶剂。苯胺是最重要的胺类物质之一，主要用于制造染料、药物、树脂等。在染料工业中苯胺可用于制造酸性墨水蓝 G、靛蓝、分散黄棕、金光红等多种染料产品。它本身也可作黑色染料使用，其衍生物甲基橙可作为酸碱滴定用的指示剂。在农药工业中，苯胺用于生产 DDV、除草醚等杀虫、杀菌剂。苯胺也是生产磺胺药的原料，同时也是生产香料、塑料等的重要中间体，还可作为炸药中的稳定剂以及汽油中的防爆剂等。

> 苯胺闪点 79℃，遇明火、高热可燃，属于 3 类致癌物。工业生产中苯胺以皮肤吸收为主，液体和蒸气均能经皮肤吸收。苯胺中毒主要对中枢神经系统和血液造成损害（苯胺进入人体内，可促使高铁血红蛋白的形成，使血红蛋白失去携氧能力，造成缺氧），可引起急性和慢性中毒。皮肤经常接触苯胺时可导致湿疹、皮炎。生产场所应采取通风净化措施，并做好皮肤防护。

第三节　重氮化合物和偶氮化合物

一、重氮化合物和偶氮化合物的命名

重氮化合物或偶氮化合物都是合成产物，自然界中不存在。它们的分子中含有官能团—N═N—，这个基团的两端都直接和碳原子相连的化合物称为偶氮化合物。例如：

$CH_3-N=N-CH_3$
偶氮甲烷

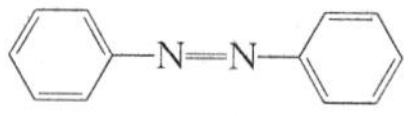

偶氮苯

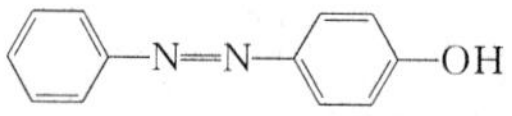

对羟基偶氮苯

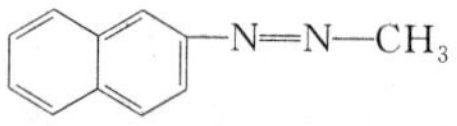

萘-2-偶氮甲烷

—N═N—基团的一端与非碳原子直接相连的化合物称为重氮化合物。例如：

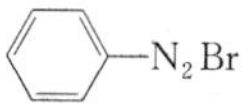

溴化重氮苯 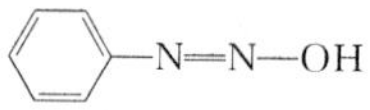　　氢氧化重氮苯 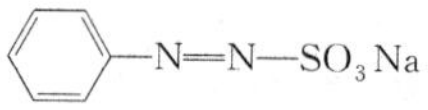　　重氮苯磺酸钠

二、重氮盐的制备

重氮盐可以由芳香族伯胺在较低温度下（0～5℃）、强酸性水溶液中与亚硝酸反应生成，该反应称为重氮化反应。例如：

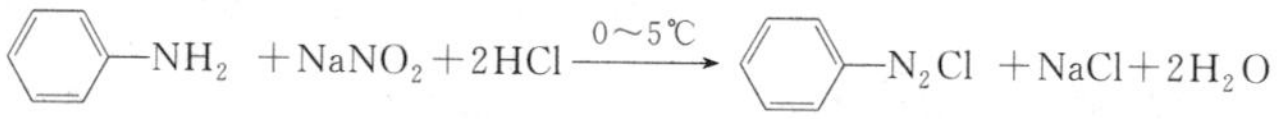

—NH$_2$ + NaNO$_2$ + 2HCl $\xrightarrow{0\sim5℃}$ —N$_2$Cl + NaCl + 2H$_2$O

实际反应时，一般将芳香族伯胺溶于盐酸或硫酸中，将其冷却至 0～5℃，然后在低温下缓慢加入同样低温的亚硝酸钠溶液。亚硝酸钠与酸作用生成的亚硝酸立即与胺发生重氮化反应。重氮化反应时，酸必须过量，以避免生成的重氮盐与尚未反应的芳伯胺发生偶合反应。

三、重氮盐的性质

常温下，卤代烯烃中，氯乙烯和溴乙烯为气体，其余为液体或固体。卤代芳烃大多为有香味的液体，苄基卤代烃有催泪性。卤代芳烃相对密度大于 1，不溶于水，易溶于有机溶剂。

（一）物理性质

重氮盐为无色晶体，具有离子型化合物的典型性质，易溶于水，不溶于有机溶剂。干燥的重氮盐极不稳定，受热或受到震动时易发生爆炸。所

> 小贴士：
> 催泪性毒剂是一种以眼睛的刺激为主要症状的刺激性毒剂。眼睛在刺激下产生强烈的灼痛和刺痛，立即引起流泪和眼睑痉挛。严重时可影响视力，刺激鼻、咽喉，引起流涕、打喷嚏和胸痛，恶心、呕吐等。

以重氮化反应一般都在水溶液中进行，且需要维持 0~5℃ 的低温，生成的重氮盐无需分离，直接用于后续反应中。

(二) 化学性质

重氮盐的化学性质非常活泼，反应分为放氮反应和保留氮反应两大类。

1. 放氮反应

重氮基在一定条件下，可以被氢原子、羟基、卤素、氰基等取代，生成相应芳烃的衍生物，同时放出氮气。

(1) 被氢原子取代

重氮盐与还原剂次磷酸或乙醇作用，重氮基被氢原子取代生成烃。例如：

$$\text{C}_6\text{H}_5\text{N}_2\text{Cl} + \text{H}_3\text{PO}_2 + \text{H}_2\text{O} \longrightarrow \text{C}_6\text{H}_6 + \text{N}_2\uparrow + \text{H}_3\text{PO}_3 + \text{HCl}$$

利用该方法可以从芳环上去除氨基，所以又称为脱氨基化反应。

✲ 应用示例：1,3,5-三溴苯的合成

> 重氮盐的脱氨基化反应可用于制备某些无法用直接合成方法得到的芳香族化合物，具有实用价值。
>
> 例如：1,3,5-三溴苯中三个溴互为间位，因此由苯直接溴化无法得到该化合物。而通过硝基苯还原得到苯胺，再进行溴化之后通过重氮盐脱去氨基，则可以得到 1,3,5-三溴苯。
>
> $$\text{C}_6\text{H}_5\text{NH}_2 \xrightarrow{\text{Br}_2} 2,4,6\text{-三溴苯胺} \xrightarrow[\text{H}_2\text{SO}_4]{\text{NaNO}_2, 0\sim 5℃} \text{重氮盐} \xrightarrow{\text{乙醇}} \text{均三溴苯}$$

(2) 被羟基取代

被羟基取代的反应又称为重氮盐的水解反应。重氮盐与硫酸共热发生水解，生成酚并放出氮气。例如：

$$\text{C}_6\text{H}_5\text{N}_2^+\text{HSO}_4^- + \text{H}_2\text{O} \xrightarrow[100℃]{\text{H}^+} \text{C}_6\text{H}_5\text{OH} + \text{N}_2\uparrow + \text{H}_2\text{SO}_4$$

(3) 被卤素取代

重氮盐与氯化亚铜的盐酸溶液或溴化亚铜的氢溴酸溶液共热，重氮基被氯原子或溴原子取代生成相应的卤代芳烃。例如：

$$\text{C}_6\text{H}_5\text{N}_2\text{Cl} \xrightarrow[\triangle]{\text{CuCl}+\text{HCl}} \text{C}_6\text{H}_5\text{Cl} + \text{N}_2\uparrow$$

重氮盐被碘取代的反应较易进行，只需与碘化钾溶液共热，即可得到碘代芳烃。例如：

$$\text{C}_6\text{H}_5\text{N}_2\text{Cl} \xrightarrow[\triangle]{\text{KI}} \text{C}_6\text{H}_5\text{I} + \text{N}_2\uparrow + \text{KCl}$$

(4) 被氰基取代

重氮盐与氰化亚铜-氰化钾水溶液共热，重氮基被氰基取代，生成芳腈。例如：

$$\underset{}{C_6H_5-N_2Cl} \xrightarrow[\triangle]{CuCN-KCN} C_6H_5-CN + N_2\uparrow$$

由氰基又可以引入其他基团，例如被水解生成羧基或者被还原生成氨甲基，利用上述反应可由苯胺生成芳香族羧酸或芳脂胺。例如：

$$p\text{-}BrC_6H_4NH_2 \xrightarrow[0\sim5℃]{NaNO_2+HCl} p\text{-}BrC_6H_4N_2Cl \xrightarrow[\triangle]{CuCN-KCN} p\text{-}BrC_6H_4CN \begin{array}{c} \xrightarrow{H^+/H_2O} p\text{-}BrC_6H_4COOH \\ \xrightarrow{H_2/Ni} p\text{-}BrC_6H_4CH_2NH_2 \end{array}$$

2. 保留氮反应

保留氮反应是指重氮盐反应后，重氮基的两个氮原子仍然保留在分子中的反应。

（1）还原反应

重氮盐可以被氯化亚锡的盐酸溶液还原生成肼的衍生物。例如氯化重氮苯可以被还原为苯肼：

$$C_6H_5N_2Cl \xrightarrow[\triangle]{SnCl_2\text{-}HCl} C_6H_5\text{-}NHNH_2 \cdot HCl \xrightarrow{NaOH} C_6H_5\text{-}NHNH_2$$
苯肼

小贴士：
苯肼为无色油状液体，具有强还原性，难溶于水。苯肼是重要的合成染料和医药的原料，但毒性较大，使用时要避免与皮肤接触。

（2）偶合反应

芳香族重氮盐在一定条件下与酚或芳胺作用，生成偶氮化合物的反应，称为偶合反应，也叫作偶联反应。例如：

$$C_6H_5N_2Cl + C_6H_5OH \xrightarrow[0℃]{NaOH, H_2O} C_6H_5\text{-}N=N\text{-}C_6H_4\text{-}OH$$
对羟基偶氮苯（橘红色）

$$C_6H_5N_2Cl + C_6H_5N(CH_3)_2 \xrightarrow[0℃]{CH_3COONa, H_2O} C_6H_5\text{-}N=N\text{-}C_6H_4\text{-}N(CH_3)_2$$
对二甲氨基偶氮苯（黄色）

受电子效应和空间效应的影响，重氮盐与酚或芳胺的偶合反应通常发生在羟基或氨基的对位，如对位被占据，则在邻位上发生偶合。例如：

$$C_6H_5N_2Cl + \text{4-乙基苯酚} \xrightarrow[0℃]{NaOH, H_2O} \text{2-羟基-5-乙基偶氮苯}$$

> **拓展知识链：偶氮染料**
>
> 偶合反应的产物，一般都带有颜色，其中性质稳定、耐光照、耐碱洗的偶氮化合物常常被用作染料，称为偶氮染料。例如：分析化学中常用的指示剂甲基橙就是由对氨基苯磺酸经重氮化后，与 N,N-二甲基苯胺通过偶合反应制备的。由于其在酸、碱溶液中显示不同的颜色，因而常被用作酸碱指示剂。 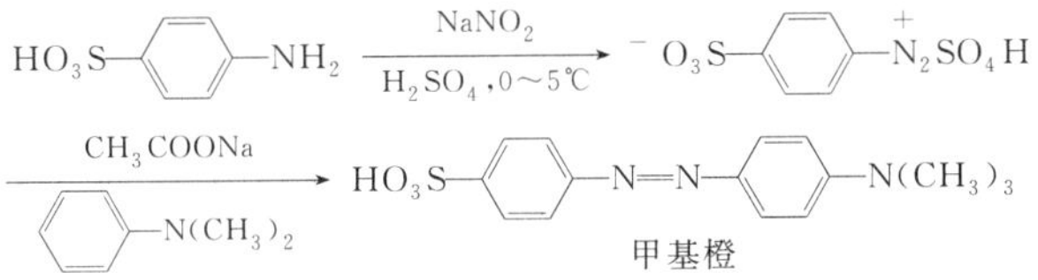
>
> $$HO_3S-\text{C}_6H_4-NH_2 \xrightarrow[H_2SO_4, 0\sim 5℃]{NaNO_2} {}^-O_3S-\text{C}_6H_4-\overset{+}{N_2}SO_4H$$
>
> $$\xrightarrow[\text{C}_6H_4-N(CH_3)_2]{CH_3COONa} HO_3S-\text{C}_6H_4-N=N-\text{C}_6H_4-N(CH_3)_2$$
> 甲基橙
>
> 偶氮染料是印染工艺中应用最广泛的一类合成染料，其品种多、色系全、性质稳定、使用方便且易于制取。其曾广泛应用于天然和合成纤维的染色和印花，也用于油漆、塑料、橡胶等的着色。
>
> 有一些偶氮染料在一定条件下能分解产生 20 多种致癌芳香胺，与人体皮肤长期接触可诱发癌症，因此须做好外露皮肤的防护。偶氮废水在排放前必须进行无害化处理，以免对生态环境造成影响。

第四节　腈

一、腈的命名

腈可以看作是氢氰酸（HCN）分子中的氢原子被烃基取代的产物。腈分子的官能团是氰基（—C≡N）。

结构简单的腈命名时根据所含碳原子数（包括氰基碳）称为某腈。例如：

CH_3CN　　$CH_3CH_2CH_2CN$　　$H_2C=CH-CN$　　C_6H_5-CN
乙腈　　　　丁腈　　　　　　丙烯腈　　　　　　苯甲腈

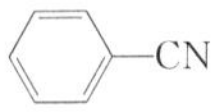

结构复杂的腈通常以烃为母体，以氰基作为取代基来命名。例如：

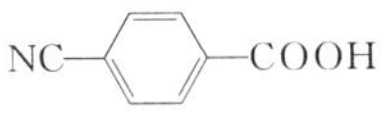

$NC-\text{C}_6H_4-COOH$　　　$CH_3CH_2CH_2\underset{CN}{\overset{CH_3}{\underset{|}{\overset{|}{C}}}}CH_2CH_3$

对氰基苯甲酸　　　　　　3-甲基-3-氰基己烷

二、腈的性质

（一）物理性质

由于氮原子的电负性比碳原子的大，所以氰基（—CN）是极性基团，腈为极性化合物。低级腈为无色液体，高级腈为固体。腈的沸点与分子量相当的醇相近。

低级腈能溶于水，但溶解度随分子量的增加而降低。腈是性质优良的溶剂，不但能溶解多种极性和非极性物质，而且能溶解许多无机盐类物质。

（二）化学性质

腈的官能团为不饱和的碳-氮三键，化学性质比较活泼，能发生水解、还原等反应。

1. 水解反应

腈在酸或碱的催化作用下，加热水解生成羧酸或羧酸盐。例如：

$$CH_3CH_2CH_2CN \xrightarrow[\triangle]{H_2O, H^+} CH_3CH_2CH_2COOH$$

$$CH_3CH_2CH_2CN \xrightarrow[\triangle]{H_2O, NaOH} CH_3CH_2CH_2COONa$$

2. 还原反应

可以通过催化加氢或使用还原剂（例如 $LiAlH_4$）将腈还原为相应的伯胺。这是有机合成中制备伯胺的一种方法。

$$CH_3CH_2CH_2CN \xrightarrow[Ni]{H_2} CH_3CH_2CH_2CH_2NH_2$$

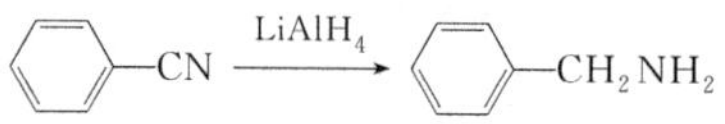

$$\text{C}_6\text{H}_5-CN \xrightarrow{LiAlH_4} \text{C}_6\text{H}_5-CH_2NH_2$$

💡 拓展阅读：重要的腈——丙烯腈

丙烯腈是带有微弱刺激性气味的无色液体，闪点为 $-5\ ℃$，沸点为 $77.3\sim 77.4\ ℃$，微溶于水。丙烯腈易引起火灾，在光和热的作用下，能自发聚合而引起密闭设备爆炸，其蒸气有毒，能与空气形成爆炸性混合物，爆炸极限范围为 $3\%\sim 17\%$，丙烯腈在过氧化苯甲酰等引发剂的作用下，能够发生聚合反应生成聚丙烯腈。例如：

$$n CH_2=CH-CN \xrightarrow{\text{过氧化苯甲酰}} {\left[CH_2-CH \atop \hspace{1em} | \atop \hspace{1em} CN \right]}_n$$

聚丙烯腈

聚丙烯腈可以制成合成纤维，其类似羊毛，俗称人造羊毛，商品名称为腈纶。腈纶具有高强度、低密度、保暖性好、着色性好、耐光、耐酸及耐极性等优良特性，是毛纺工业的重要原料，也是合成纤维的重要品种，可与羊毛、涤纶、棉花混纺制成多种织物以及人造毛皮和工业产品。

知识框架

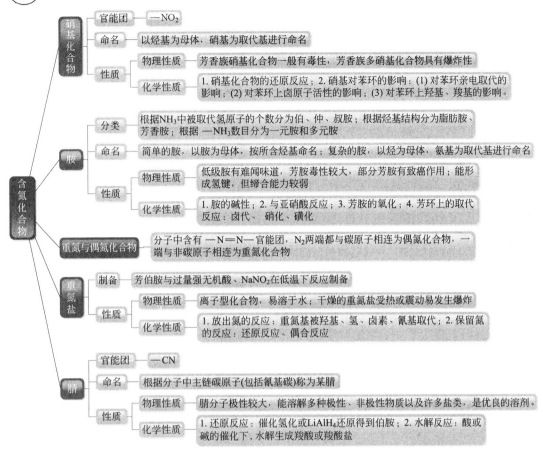

课后习题

1. 命名或写出结构式。

（1）对氨基甲苯　（2）图：苯环-NCH₂CH₃，N上有CH₃　（3）对硝基甲苯　（4）图：苯环-NH-C(=O)CH₃

（5）苯乙腈　（6）图：环戊基-NH-C(=O)-苯环　（7）图：苯环-N₂⁺Br⁻

（8）图：Cl-苯环-N=N-苯环-N(CH₃)₂

2. 完成下列反应式。

（1）$CH_3CN \xrightarrow[H^+]{H_2O} \xrightarrow{PCl_5} \xrightarrow{CH_3NH_2}$

（2）苯-NO₂ $\xrightarrow[Fe]{HCl}$ $\xrightarrow[0\sim 5℃]{NaNO_2, HCl}$ $\longrightarrow$ 苯-NH₂

（3）苯-NH₂ $\xrightarrow{Br_2}$ $\xrightarrow[0\sim 5℃]{NaNO_2, HCl}$ $\xrightarrow[H_2O]{H_3PO_2}$

(4) 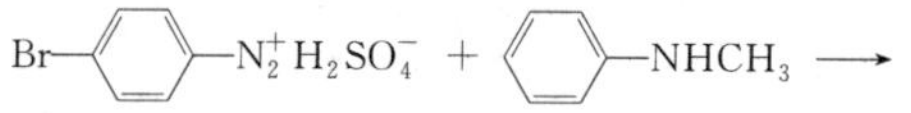 $Br\text{-}\underset{}{\bigcirc}\text{-}N_2^+H_2SO_4^- + \underset{}{\bigcirc}\text{-}NHCH_3 \longrightarrow$

3. 按碱性由强到弱排序。
(1) 乙酰胺、乙胺、苯胺、对甲基苯胺
(2) 苯胺、甲胺、二甲胺、苯甲酰胺
(3) 对甲苯胺、苄胺、2,4-二硝基苯胺、对硝基苯胺

4. 用化学方法区别下列各组有机化合物。
(1) 乙醇、乙醛、乙酸、乙胺
(2) 邻甲基苯胺、N-甲基苯胺、N,N-二甲基苯胺
(3) 乙胺、苯胺、二乙胺

5. 化合物 A 和 B 分子式均为 $C_7H_7NO_2$，B 的熔点高于 A。在铁粉存在下与氯反应，A、B 都有两种一取代产物，A 与高锰酸钾共热后的产物再与铁粉和酸反应得到 B。写出 A、B 的构造式。

6. 分子式为 $C_7H_7NO_2$ 的化合物 A，与 Sn＋HCl 反应生成分子式为 C_7H_9N 的化合物 B；B 和 $NaNO_2$＋HCl 在 0℃下反应生成分子式为 $C_7H_7ClN_2$ 的一种盐 C；在稀酸中 C 与 CuCN 反应生成分子式为 C_8H_7N 的化合物 D；D 在稀酸中水解得到分子式为 $C_8H_8O_2$ 的有机酸 E；E 用高锰酸钾氧化得到另一种酸 F；F 受热时生成分子式为 $C_8H_4O_3$ 的酸酐 G。试写出 A、B、C、D、E、F、G 的构造式。

实训建议

本章可选择性开展胺的性质实验（如碱性实验、亚硝酸实验、兴斯堡实验），以及含氮有机化合物的制备实验（如苯胺的制备、乙酰苯胺的制备、驱蚊胺的制备）；帮助学生掌握胺的碱性以及伯胺、仲胺、叔胺的鉴定方法，进一步理解硝基的还原反应、胺基酰化反应的特点，熟悉利用柱色谱分离提纯有机化合物。

第十三章 绿色化学

知识目标：1. 了解绿色化学的定义和原则；
2. 掌握原子经济性和原子利用率的概念和计算方法；
3. 了解新型转化方式、催化剂和溶剂的绿色化发展趋势。

能力目标：1. 能计算化学反应的原子经济性并进行相关讨论；
2. 能举例说明绿色化学的重要性及发展趋势。

本章总览： 人类在满足自己发展需求的同时，也造成了严重的生态环境污染。当代全球主要的环境问题都直接或间接地与化学化工相关。

人类对于环境污染治理理念的转变大体经过了"废物稀释""末端控制""污染预防"三个阶段，其中"污染预防"阶段直接催生了绿色化学，其是绿色化学的核心理念。

与纯基础科学研究不同，绿色化学是在全球环境污染加剧和资源危机的震撼下，人类不断反思与重新选择的结果，是将环境保护理念融入化学研究的整个过程中的变革。绿色化学是当今化学科学研究的前沿，涉及有机合成、催化、生物化学、分析化学和信息等领域，是一门内容广泛的综合性学科。

小贴士：

当代全球环境十大问题
1. 大气污染；
2. 臭氧层破坏；
3. 全球变暖；
4. 海洋污染；
5. 淡水资源紧张和污染；
6. 生物多样性减少；
7. 环境公害；
8. 有毒化学品和危险废物；
9. 土地退化和沙漠化；
10. 森林锐减

第一节 绿色化学基础知识

一、绿色化学定义

绿色化学又称环境无害化学、环境友好化学或者清洁化学，是在进一步认识化学规律的基础上，应用一系列技术和方法，在化学产品的设计、制造和应用中避免和减少对人类健康和生态环境有害的原料、催化剂、溶剂和试剂、产物以及副产物等的使用和产生。

绿色化学是解决由污染引起的环境问题的"基础"方法，强调在产品的源头和生产过程中阻止污染物的形成，从而使整个合成过程和生产对环

想一想：

绿色化学与污染控制化学的区别是什么？

境友好，停用或取代有毒、有害的物质，减少或终止废物的产生，力图达到反应始端、过程和终端的零排放、零污染，从而使人们对环境的治理从治标转向治本。

绿色化学要求化学品的生产要最大限度地合理利用资源，最低限度地产生环境污染和最大限度地维护生态平衡。绿色化学主要从原料的安全性、工艺过程节能性、反应原子的经济性和产物环境友好性等方面进行评价。

二、绿色化学十二条原则

阿纳斯塔斯（Paul T. Anastas）在其 1998 年出版的专著 *Green chemistry, Theory and Practice* 中提出了绿色化学十二条原则，得到国际化学界的公认。这十二条原则是：

① 防止废物产生，而不是待废物产生后再处理；

② 合理地设计化学反应和过程，尽可能提高反应的原子经济性；

③ 尽量减少化学合成中的有毒原料、产物；只要可能，反应中使用和生成的物质应对人类健康和环境无毒或毒性很小；

④ 设计高功效、低毒害的化学品；

⑤ 尽可能不使用溶剂和助剂等辅助性物质，必须使用时则采用安全、无毒的物质；

⑥ 合理使用和节省能源，采用低能耗的合成路线；

⑦ 采用可再生的物质为原料；

⑧ 减少不必要的衍生化步骤（如保护/脱保护、屏蔽基的使用等）；

⑨ 采用高选择性催化剂；

⑩ 产物可降解设计；

⑪ 开发在线分析检测和控制有毒、有害物质的方法；

⑫ 少使用易燃、易爆物质，降低事故隐患。化学过程中使用的物质或物质形态，应尽量减少实验事故的潜在危险，如气体释放、爆炸和着火等。

以上十二条原则从化学反应角度出发，涵盖了产品设计、路线选择、原料以及反应条件等方面，还涉及成本、能耗和安全等问题，既反映了绿色化学领域所开展的多方面研究内容，也为绿色化学未来的发展指明了方向。

三、原子经济性和原子利用率

在传统的化学工业生产中，目的产物的选择性或目的产物的收率是评价化学反应的重要指标。但是很多时候，即使一个化学反应的选择性能够达到 100%，仍可能产生大量废物。

理想的原子经济反应是原料分子中的原子百分之百地转变为产物，不产生副产物或废物，实现废物的零排放。这一新的评价标准要求尽可能地节约不可再生资源，且最大限度地减少废物的排放。化学反应的原子经济性是绿色化学的核心内容之一。

用于衡量化学反应的原子利用程度，可表示如下：

小贴士：

我国绿色发展新成就

我国持续推动绿色转型，并取得了举世瞩目的成绩。2012 年至 2021 年，我国碳排放强度下降了 34.4%，扭转了二氧化碳排放快速增长的态势，绿色、节能日益成为经济社会高质量发展的鲜明底色。煤炭消费占一次能源的消费比重由 2012 年的 68.5% 下降到 2021 年的 56%，非化石能源消费占比提高 6.9 个百分点，达到 16.6%。2012 年至 2021 年，我国以年均 3% 的能源消费增速支撑了年均 6.5% 的经济增长，能耗强度累计下降 26.2%。

小贴士：

应当注意的是，原子经济性反应不一定是高选择性反应，原子经济性需与选择性配合才能表达一个化学反应的合成效率，即主、副产物的比例，因为对于原子经济性为 100% 的反应，原料是否完全转化为产物与反应的选择性有关。

$$原子利用率 = \frac{目的产物的量}{各反应物的量之和} \times 100\%$$

 拓展知识链：氯乙烯的生产

> 工业上 1,2-二氯乙烷裂解制备氯乙烯是一个典型的消除反应，该反应在生成氯乙烯的同时还会产生氯化氢。为此开发了乙烯的氧氯化反应，将副产物氯化氢消耗在整个氯乙烯生产过程中，提高过程的原子经济性。

【例】 现代绿色生产工艺中甲基丙烯酸甲酯在金属钯催化作用下直接合成，

$$H_3C-C\equiv CH + CO + CH_3OH \xrightarrow{Pd} \underset{CH_2}{\overset{H_3C}{\underset{}{C}}}-\overset{O}{\underset{}{C}}-O-CH_3$$

试计算该反应的原子经济性。

$$原子经济性（AE） = \frac{5\times12 + 8\times1 - 2\times16}{3\times12 + 4\times1 + 12 + 16 + 1\times12 + 4\times1 + 1\times16} \times 100\%$$
$$= 100\%$$

第二节　新型转化方式

一、微波技术

微波是指波长在 1～100cm（频率为 300MHz～300GHz）的电磁波，在波谱中其介于红外和无线电波之间。微波通常表现为穿透、反射、吸收三个特性。微波比红外线、远红外线等电磁波，具有更好的穿透性。微波作用到物质上，产生偶极转向极化，使物质分子产生每秒十亿次的高速摆动；分子间相互摩擦而产生热能，使物质材料内部、外部几乎同时加热升温，大大缩短了常规加热中的热传导时间，具有温度梯度小、加热无滞后的特点。

物质吸收微波的能力，与介电常数有关。极性分子的介电常数较大，与微波有较强的耦合作用；非极性分子的介电常数小，与微波产生较弱的耦合作用或不产生耦合作用。大多数含水物质、有机化合物和极性无机盐都可以很好地吸收微波，为其成为新型加热方式介入化学反应提供了可能；玻璃、陶瓷等能透过微波，本身只产生极小的热效应，因此可用作微波反应器材料；金属类物质反射微波而极少吸收微波能，因此可用金属屏蔽微波辐射，减少微波对人体的危害。

利用微波进行液相化学反应时，选择合适的溶剂作为微波的传递介质是关键。首先，极性溶剂（如丙酮、乙醇、乙酸、乙酸乙酯等）吸收微波的能力较强，可用作反应溶剂；非极性溶剂（如乙醚、环己烷等）对微波

小贴士：

微波萃取是一种利用微波能来提高萃取率的新技术。

其原理是：利用吸收微波能力的差异使得基体物质的某些区域或萃取体系中的某些组分被选择性加热，从而使得萃取物质从基体或体系中被分离出来，进入介电常数小、微波吸收能力相对较差的萃取剂中。

的吸收能力较弱，则不适宜。其次，在微波作用下，溶剂易发生过热现象，因此尽量选择高沸点溶剂以防止溶剂的大量挥发。

二、超声波技术

声波是物体机械振动状态的传播形式，人类耳朵能听到的声波频率为 $20\sim20000\,Hz$，而频率为 $2\times10^4\sim2\times10^5\,Hz$ 的声波超出了人耳听觉的一般上限，叫作超声波。

超声波对化学反应和物理分离过程的强化作用是由液体"超声空化"而产生的能力效应和机械效应引起的。当超声波的能量足够高时，液体介质会产生微小气泡，这些气泡在超声场的作用下振动、生长并不断聚集声场能量，当能量达到某个临界值时，空化气泡急剧崩溃、瘪塌并释放出巨大的能量，产生 $4000\,K$ 和 $100\,MPa$ 的局部高温、高压。这样的环境足以活化有机物，促使有机物在空化气泡内发生化学键断裂、自由基形成等反应，而且大大提高非均相反应速率，实现非均相反应物间的均匀混合，加速反应物和产物的扩散，促进固体新相的形成，控制颗粒的尺寸和分布。

超声波的广泛应用正是利用了其空化作用以及空化所伴随的机械效应、热效应、化学效应、生物效应等等。在化学反应方面，超声波主要用于氧化反应、还原反应、加成反应、偶合反应以及纳米材料及催化剂的制备；分离方面则主要用于吸附、结晶和水体中有机污染物的降解等。

三、等离子技术

能量的输入使得物质发生从固体到液态，再从液态到气态的聚集态变化。如果再将额外的能量输入气体，气体将发生电离，并转变为另一种聚集态，即等离子态。等离子体具有类似于气态的性质，如良好的流动性和扩散性。但由于等离子体的基本组成粒子是离子和电子，因此它也具有许多区别于气态的性质，如良好的导电性、导热性。

小贴士：

等离子体在宇宙中广泛存在，人工方式也可以生产等离子体，如霓虹灯放电、原子核聚变、紫外线和 X 射线照射气体等。

在自然界中，有一些化学反应在常规条件下难以进行或速率很慢，如温室气体的化学转化、空气中有害气体的净化等。随着全球变暖与能源问题日益严峻，开发、利用天然气（甲烷）为清洁能源及以其为原料制取高价值化学品已成为国内外研究的热点。采用等离子体技术可以有效地活化甲烷、二氧化碳等稳态分子，显著降低甲烷转化反应温度或压力，提高产物的收率。目前已应用于甲烷部分氧化制甲醇、甲烷 CO_2 重整、甲烷裂解制乙炔、甲烷转化合成烯烃等领域。

此外，等离子技术在催化剂制备（分子筛催化剂制备、活化、改性、再生等）、高分子材料表面改性、接枝聚合等领域也得到了广泛的研究。

第三节 绿色催化剂和绿色溶剂

一、绿色催化剂

在现代化学工业中,催化剂已经被广泛应用。各种新型的催化材料和催化技术带动了化学工业的重大变革和技术进步。按传统化学化工的观点,在选择催化剂时主要考虑其活性、对产物的选择性等;而绿色化学则首要考量催化剂的制备和使用过程中对环境的影响。本节将介绍几类重要的绿色催化剂。

(一) 固体酸催化剂

固体酸催化剂的应用是酸催化领域的一大革新。固体酸催化反应是在非均相条件下进行的,解决了原料和产物的分离困难以及设备腐蚀问题。固体酸可以分为无机固体酸和有机固体酸两大类,具体的催化剂类型及其应用见表 13-1。

表 13-1 常见的固体酸催化剂及其应用

酸类型	催化剂	应用
无机固体酸	分子筛:硅铝分子筛、钛硅分子筛、磷铝分子筛等	烷基化、加成、消除反应等
	金属磷酸盐:$AlPO_4$,BPO_4,$LiPO_4$,$FePO_4$,$LaPO_4$	脱水、纤维素水解、选择性氧化等
	金属硫酸盐:$FeSO_4$,$Al_2(SO_4)_3$,$CuSO_4$等	醛类聚合、丙烯聚合等
	简单氧化物:Al_2O_3,SiO_2,B_2O_3等	烷基化、甲醇合成、异丁醇脱水等
	混合氧化物:Al_2O_3-SiO_2,Al_2O_3-B_2O_3,ZrO_2-SiO_2,MgO-SiO_2	异丙苯裂解
	超强酸:ZrO_2-SO_4,WO_3-ZrO_2等	酯化反应、环氧丙烷醇解、选择性硝化等
	层柱状化合物:黏土、水滑石、蒙脱土等	烃类裂解
有机固体酸	离子交换树脂等	水解、酯化、烷基化等

本节重点介绍分子筛及离子交换树脂。

1.分子筛催化剂

自然界中存在一种天然硅铝酸盐,它们具有筛分分子、吸附、离子交换和催化作用。这种天然物质被称为沸石,人工合成的沸石也称为分子筛(图 13-1)。分子筛是具有骨架结构的微孔结晶性材料。其外形及微观结构见图 13-1~图 13-3。

分子筛按比表面积和组成的不同分为若干类型。根据催化性能,分子筛又可以分为以下四种。

① 酸催化剂:分子筛具备表面酸性,在许多酸催化反应中,能够提供很高的催化活性。

② 双功能催化剂:可以负载铂、钯类金属,兼有金属催化功能和酸催化功能。

小贴士:

沸石(zeolite)最早发现于 1756 年。这些矿石的结构中含有大量的结晶 H_2O 分子,加热时可汽化除去,产生类似沸腾的现象,因此被命名为"沸石"。

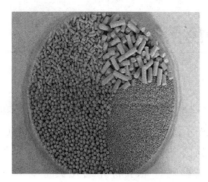
图 13-1 分子筛外形图

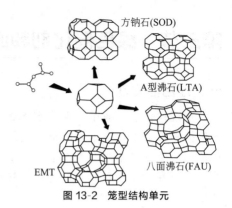
图 13-2 笼型结构单元

图 13-3 分子筛微观结构

③ 择形催化剂：分子筛具有规整而均匀的晶内孔道，且孔径尺寸接近于分子尺寸，因此其催化性能随反应物分子、产物分子或反应中间物几何尺寸的变化而显著变化。

④ 氧化催化剂：一些钛硅分子筛（TS-1）是性能优良的选择氧化催化剂。

分子筛的吸附能力高、选择性强、耐高温，广泛应用于有机化工、炼油和石油化工领域，在吸附、分离、净化等方面也有重要的应用。

应用实例： MCM-22 分子筛催化剂

> MCM-22 分子筛具有独特的晶体结构、高孔容及微孔率和优良的水热稳定性能。
> MCM-22 作为液相烷基化催化剂用于催化苯和乙烯的反应制备乙苯，不仅提高了乙苯的选择性，并且 MCM-22 本身的稳定性高，用量少，可以在反应器中进行原位再生，而其他种类催化剂则必须从反应器中取出再生。

2.离子交换树脂

离子交换树脂（图 13-4、图 13-5）是一类带有可离子化基团的三维网状高分子材料。其外形一般为颗粒状，不溶于水和一般的酸、碱，也不溶于普通的有机溶剂，如乙醇、丙酮等。

凝胶树脂　　　　大孔树脂

≺ 高分子链
≼ 毛细孔道
△ 反离子、极性分子
≈ 水合水
× 官能团(固定离子)

图 13-4　离子交换树脂的外形　　图 13-5　离子交换树脂结构

离子交换树脂具有耐溶胀、不易破碎、耐氧化、耐磨损、易再生等优良性能，在众多领域得到应用，例如，在水处理领域用于水体中各种阴、阳离子的去除以及有毒离子或金属离子的回收；在食品工业中用于制糖、味精、酒的精制。在合成化学和石油化学工业，离子交换树脂可代替无机酸、碱，进行酯化、水解、酯交换、水合等反应，且具备更多优点，如树脂可反复使用，原料和产品更容易分离，反应容易控制，不会腐蚀设备，不污染环境等。随着现代有机合成工业技术的迅速发展，人们已研制出了许多种性能优良的离子交换树脂，并开发了多种新的应用方法，在许多行业，特别是高新科技产业和科研领域中，得到广泛的应用。

应用实例：离子交换树脂的应用

$$\underset{H_3C}{\overset{CH_2}{\underset{|}{C}}}\!=\!CH_2 + CH_3OH \xrightarrow{\text{离子交换树脂}} H_3C\!-\!O\!-\!\underset{CH_3}{\overset{CH_3}{\underset{|}{C}}}\!-\!CH_3$$

甲基叔丁基醚（MTBE），就是利用大孔型离子交换树脂作催化剂，由异丁烯与甲醇反应而成的，代替了原有的可对环境造成严重污染的四乙基铅。

（二）仿生催化剂

在生物体细胞中发生着无数的生物化学反应，其中同样存在着催化剂，这种生物催化剂称为酶。大部分生物酶为蛋白质，酶分子由氨基酸长链组成，其中一部分链呈螺旋状，一部分呈折叠的薄片结构，两部分由不折叠的氨基酸链连接起来，使整个酶分子成为特定的三维结构。

与化学催化剂相比，酶具有独特的催化性能，主要体现在以下几个方面。**高效性**：酶的催化效率比化学催化剂的高得多，一般为化学催化的 10^7 倍，甚至可达 10^{14} 倍。**专一性**：酶具有生物活性，其对反应底物的生物结构和立体结构具有高度的专一性，特别是对反应底物的手性、旋光性和异构体具有高度的识别能力。一种酶只能催化一类物质的化学反应，即酶是仅能促进特定化合物、特定化学键和特定化学变化的催化剂。**反应条件温和**：酶催化反应不像一般无机催化剂需要高温、高压、强酸、强碱等剧烈条件，而可在常温、常压、pH 接近中性的条件下进行，且可自动调节活性。但是酶催化剂也存在缺陷，如分离困难，来源有限，耐热性、耐光性及稳定性较差等。

为了制备出既有化学催化剂合成及分离简单、稳定性好的优点,又兼有酶催化剂优势的新型催化剂,科学家研发了仿生催化技术。这一技术根据生物酶的结构和催化原理,模拟酶对反应底物的识别、结合及催化作用,从天然酶中挑选出起主导作用的一些片段或因素来设计合成既有酶的催化功能,又比酶简单、稳定的非蛋白质分子。通过这种仿生手段制备的催化剂称为人工酶、酶模型或仿生酶催化剂。目前研究较为成熟和理想的仿生催化体系及其应用见表13-2。

表13-2　较为理想的仿生催化体系及其应用

结构类型	仿生催化体系	应用
大环化合物	环糊精、冠醚、环蕃、环芳烃、钛菁、卟啉等	催化氧化反应、还原反应、羰基化反应、脱羧反应、脱卤反应等
大分子	聚合物酶模型、分子印迹酶模型、胶束酶模型等	

小贴士:
　　根据世界卫生组织定义,VOC是指常温下,沸点在50～260℃的各种有机化合物。在我国,VOC是指常温下饱和蒸气压大于70Pa、常压下沸点在260℃以下的有机化合物;或在20℃条件下,蒸气压大于或等于10Pa且具有挥发性的全部有机化合物。

小贴士:
　　临界温度——使物质由气态变为液态的最高温度。高于临界温度时,无论加多大压力都不能使气体液化;在临界温度下,使气体液化所必需的最低压力叫作临界压力。

 应用实例:环己烷仿生催化氧化

　　中石化巴陵分公司与湖南大学合作成功开发了环己烷仿生催化氧化合成环己酮的新工艺,且表现出优异的性能。
　　与传统工艺比较,新工艺中环己烷单程转化率提高了2倍,从而大幅降低了环己烷的循环量;其次,反应的选择性大大提高,环己醇、环己酮的选择性可达90%,从而大量减少了废碱液和污染物的排放。

二、绿色溶剂

　　在化工生产中,反应介质,分离、萃取过程中都会大量使用挥发性有机溶剂(VOC),如石油醚、苯、醇、酮和卤代烃等。大多数VOC具有令人不适的特殊气味,并具有刺激性,特别是苯、甲苯及甲醛会对人体健康造成很大的损害,其也是造成大气污染的重要祸首之一。因此,溶剂绿色化是绿色化学的重要组成部分,也是实现清洁生产的核心技术之一。
　　目前备受关注的绿色溶剂包括水、超临界流体、离子液体。水虽然来源广泛、价廉、易得且无毒无害,但水是极性很强的分子,对大部分有机物的溶解性较差,许多情况下无法代替挥发性有机溶剂,因此其使用具有很大的局限性。本节重点介绍超临界流体和离子液体的性能和应用。

(一)超临界流体

　　超临界流体是指高于临界温度和临界压力的流体,其处于气液不分的状态,没有明显的气液分界面,既不是液体也不是气体。超临界流体具有十分独特的物理性质,其密度接近于液体,具有与液体相当的溶解能力,可溶解大多数有机物;黏度和扩散系数与气体的类似,有良好的流动、传质、传热性能。因此被广泛用于节能、天然产物萃取、聚合反应、超微粉和纤维的生产，喷料和涂料、催化过程和超临界色谱等领域，相关技术统称为超临界技术。

气体、液体和超临界流体的性质比较见表 13-3。

表 13-3　气体、液体和超临界流体的性质比较

性质	气体	超临界流体	液体
密度/(g/cm^3)	$(0.6\sim2.0)\times10^{-3}$	$0.2\sim0.9$	$0.6\sim1.6$
扩散系数/cm$^{-2}\cdot$s^{-1}	$0.1\sim0.4$	$(0.2\sim0.7)\times10^{-3}$	$(0.2\sim2.0)\times10^{-5}$
黏度/(Pa·s)	$(1\sim3)\times10^{-5}$	$(1\sim9)\times10^{-5}$	$(0.2\sim0.3)\times10^{-3}$

超临界流体反应具有常规反应条件所不具备的许多特性，主要体现在以下几个方面。

① 超临界流体对有机物的溶解度大，可使反应在均相条件下进行，消除扩散对反应的影响；可溶解导致催化剂失活的有机大分子，有助于延长催化剂寿命；

② 处于临界温度和临界压力附近的超临界流体的密度仅是温度和压力的函数，而密度会影响超临界流体的溶解度、黏度、介电性能等性质，因此可以通过调节温度或压力来改变反应体系的相态，使催化剂和反应产物的分离变得容易。

③ 超临界流体具有低黏度、高溶解度和高扩散系数，可改善传递性质，对扩散控制的反应以及有气体反应物参与的反应及分离过程十分有利。

目前研究较为广泛的是超临界二氧化碳和超临界水，以下将重点介绍这两种超临界流体的性能和应用。

（1）超临界二氧化碳

目前，超临界二氧化碳已应用于众多领域，包括亲电反应、氧化反应、不对称催化加氢反应、Lewis 酸催化酰化和烷基化反应等化学反应；天然产物有效成分的萃取，蛋白质、氨基酸的分离提纯；环境危害物的去除；清洗剂、塑料发泡剂、灭火剂的生产等。

小贴士：

由于二氧化碳是亲电性的，会与 Lewis 碱发生化学反应，所以不能用于 Lewis 碱反应物及其催化的反应；盐类也不溶于超临界二氧化碳，因此，超临界 CO_2 也不能作为离子间反应的溶剂

特别是作为萃取剂，超临界二氧化碳具有一些特殊的优势，如其临界条件容易达到，可以有效防止热敏性成分的氧化、逸散和反应，完整保留物质的生物活性；可以实现萃取和分离合二为一，萃取结束后通过调节压力使得二氧化碳与萃取物迅速成为气液两相而立即分开，不存在物料的相变过程，操作方便、萃取效率高，能耗少；可以有效避免传统萃取条件下溶剂的残留，同时也防止了提取过程对人体的毒害和对环境的污染；通过调节压力和加入适宜的夹带剂可对超临界二氧化碳的极性进行改变以适于提取不同极性的物质，适用范围广。

（2）超临界水

水的临界温度为 374℃，临界压力为 22.1MPa，当温度和压力超过临界点时，称为超临界水。在这一状态下，水表现出很多特殊的性质，例如，超临界水的扩散系数为常温水的 100 倍，黏度却仅为常温水的 1/30；超临界水表现出强的非极性，可与烃类等非极性物质互溶；对于 O_2、H_2、N_2、

CO 等气体具有极强的溶解性，但对无机物，尤其是盐类，溶解度很小。

超临界水的高溶解能力、高扩散性和低黏度，使得超临界水中的反应具有均相、快速，且传递速率快的特点。在超临界状态下进行化学反应，可以降低某些高温反应的反应温度，抑制或减轻热解反应中常见的结焦和积炭现象，同时明显改善产物的选择性和收率。此外，利用超临界水对温度和压力敏感的溶解性能，选择合适的温度和压力条件，使产物不溶于超临界的反应相从而即时分离出去，这也有利于推动反应平衡朝生成目的产物的方向移动。

目前，超临界水已应用于重油加氢催化脱硫、纳米金属氧化物的制备、高分子材料的热降解、天然纤维素以及葡萄糖和淀粉的水解、有毒物质的氧化治理等领域。

应用实例：超临界水氧化反应

> 超临界水氧化反应（supercritical water oxidation，简称 SCWO）是目前研究最多的着眼于环保领域的一类反应过程。SCWO 指有机废物和空气、氧气等氧化剂在超临界水中进行氧化反应从而将有机废物去除。由于 SCWO 是在高温、高压下进行的均相反应，反应速率很快，且反应彻底，有机物被完全氧化成二氧化碳、水、氮气以及盐类等无毒的小分子化合物，不形成二次污染，且无机盐可从超临界水中分离出来，处理后的废水可回收利用。与传统的废水处理技术相比，SCWO 具有独特的优势，已成为应用潜力巨大的环保新技术。

（二）离子液体

离子液体是指在室温或低温下呈现液态的，由含氮、磷的有机正离子和大的无机负离子所组成的液体。与常规溶剂相比，离子液体具有以下特性。

① 离子液体无味、不燃，难挥发，可用于高真空体系，减少因挥发而产生的环境污染问题。

② 离子液体对有机物和无机物都具有良好的溶解性能，可使反应在均相条件下进行。

③ 离子液体具有良好的热稳定性和化学稳定性，易与其他物质分离，且可以循环利用。

④ 离子液体表现出 Bronsted 酸、Lewis 酸的酸性，且酸性可以根据需要进行调节。

由于所具有的独特性能，离子液体被广泛应用于化学研究的各个领域，离子液体作为新型绿色溶剂已被应用到氢化反应，傅-克烷基化、酰基化反应，Diels-Alder 反应以及聚合反应等多种有机化学反应。

思考与讨论

在氢氧直接合成过氧化氢的反应体系中，可能存在下列反应，试分析超临界二氧化碳可否作为该反应的反应溶剂。

$$H_2 + O_2 \longrightarrow H_2O_2 \qquad \Delta G_{298} = -120.4 \text{kJ/mol}$$
$$H_2 + 1/2 O_2 \longrightarrow H_2O \qquad \Delta G_{298} = -237.2 \text{kJ/mol}$$
$$H_2O_2 \longrightarrow H_2O + 1/2 O_2 \qquad \Delta G_{298} = -116.8 \text{kJ/mol}$$
$$H_2O_2 + H_2 \longrightarrow 2H_2O \qquad \Delta G_{298} = -354.0 \text{kJ/mol}$$

拓展阅读：绿色化学的应用实例

1. 绿色化学在洗涤剂中的应用

多年来，洗涤剂类化学品是最易引起社会公众关注的一大类生活必需品。洗涤剂工业不仅要考虑产品的性能、经济效益，更需要有良好的环境质量作保证。表面活性剂对人体的温和性、安全性及环境相容性一直为人们所关注，通过研究结构、性能关系进行分子设计，开发和使用性能优越、对人体温和、生态友好的新型绿色表面活性剂已成为表面活性剂和洗涤剂生产商的生态责任。温和型表面活性剂，如烷基多苷（APG）、醇醚羧酸盐（AEC）、脂肪酸甲酯磺酸钠（MES）、脂肪酸甲酯乙氧基化物（FMEE）和葡糖酰胺（AGA）等的应用将增加。

2. 绿色化学在水处理中的应用

在工业用冷却水中加入高效稳定剂，可将生产中的直流冷却水（一次性用水）改成循环冷却水，从而节省大量的淡水资源。从绿色化学的角度考虑，新型缓蚀剂是用铂酸盐替代原来的铬酸盐和重铬酸盐，由脂肪胺替代芳香胺，其毒性和污染性都显著降低，如用绿色产品聚天冬氨酸替代原来的有机磷酸铬和磷酸盐类。

3. 绿色化学在能源中的应用

我国是世界上最大的煤炭生产国和消费国，煤炭为国民经济作出巨大贡献的同时，也带来了一系列的环境污染问题。将生物物质用作化学原料和能源是绿色化学的战略目标。地球上的绿色植物每年产生的碳氢化合物高达 300 亿吨以上，其能量储备相当于 8 万亿吨煤或 8 百亿吨石油，且可在自然环境中降解。如可将淀粉或纤维素降解成葡萄糖，再用细菌发酵和（或）酶进行催化，生产出人们所需的化学物质。

国内某知名民营企业创新利用"风光互补"模式发电，通过电解水制取"绿氢"和"绿氧"，并将"绿氢""绿氧"直供化工系统替代化石能源生产高端化工产品，在行业内率先探索出用新能源替代化石原料的科学路径。目前，该企业"绿氢"的年生产规模已达到 6 亿立方米，每年可替代原料煤 80 万吨、减排二氧化碳 140 万吨。该企业的发展目标是形成百亿立方米的"绿氢"产业规模，成为全球最大的"绿氢"供应商。

4. 绿色化学在农药中的应用

由于农药及其在环境介质间传递所引起的污染很难根治，近年来研究者的注意力从农药的强杀伤力和广谱性上逐渐转移到高选择性和环境友好型农药的研究上来，高效、安全的农药品种越来越得到重视。在众多的新型农药中，生物农药可以说是绿色农药的首选。近年来，我国已经生产了一些植物源农药，用于绿色食品生产中，如川楝素、鱼藤酮、苦参碱、藜芦碱等，绝大部分植物源杀虫剂都具有对人畜安全、不污染环境、不易使害虫产生抗药性等优点。模拟天然物质结构合成、开发新剂型以及采用绿色合成技术生产低毒无害的绿色化学农药，将是未来农药的重要发展方向。

知识框架

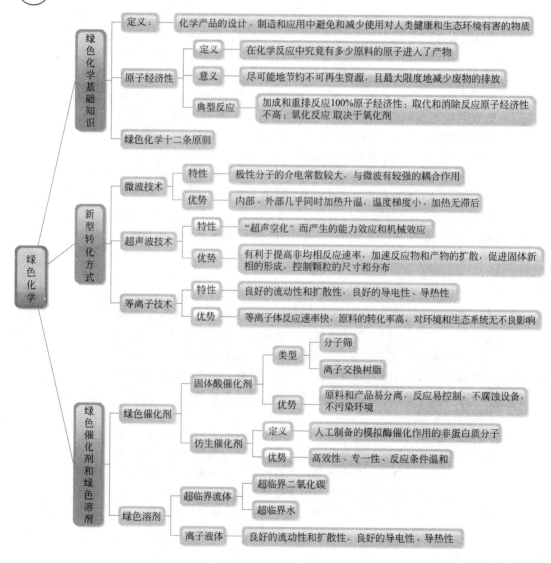

课后习题

① 原子经济性和原子利用率的定义是什么？根据定义计算丙烯与过氧化氢环氧化合成环氧丙烷的原子经济性。

② 利用微波进行液相化学反应，对于反应溶剂的选择应注意哪些？

③ 固体酸催化剂与传统的液体酸催化剂相比有哪些优势？

④ 超临界流体有哪些特性？为什么超临界二氧化碳特别适合作为生物制品的萃取剂？

实训建议

本章主要为学生介绍绿色化学的发展历程以及绿色化学的基础知识。建议开展专题演讲、小组案例讨论等活动作为实训项目，帮助学生加深对绿色化学核心概念的理解，了解绿色化学的未来发展方向。

第十四章
化学实验室安全

知识目标：1. 了解化学实验室安全概况及安全管理要求；
2. 熟悉常用化学仪器的用途及使用禁忌，掌握化学仪器、通风橱的使用方法；
3. 知晓紧急喷淋洗眼器的使用方法；
4. 熟悉化学实验室相关要求及安全注意事项。

能力目标：1. 能够正确选择与使用常见化学仪器；
2. 能够正确使用个人防护用品及通风橱。

小贴士：

凡由化学物质直接接触皮肤所造成的损伤均属于化学灼伤。化学物质与皮肤或黏膜接触后产生化学反应，并具有渗透性，对细胞组织产生吸水、溶解组织蛋白质和皂化脂肪组织的作用，从而破坏细胞组织的生理机能而使皮肤组织损伤。

本章总览：从化学实验室的危险特性引出化学实验室安全概况。明确国家教委及地方教委对化学实验室的部分安全管理规定。从常用化学仪器的安全使用、个人防护要求、药品领用、存贮及操作相关规定、用电安全相关规定、压力容器使用安全规定、实验室环境安全要求以及其他防护注意事项等若干方面阐述化学实验室安全保障与防范措施。个人防护装备及化学实验室安全防护设施的正确使用是化学实验室安全的重要保障。

众所周知，在实验操作中，人们经常会使用各种化学药品和仪器设备，以及水、电、燃气等公用设施，化学实验过程必然会涉及具有不同危险性的危险化学品，化学反应还涉及高温、低温、高压、真空等不同的反应条件以及品种多样的化学器皿及实验设备，化学实验室存在的危险性是不言而喻的，若缺乏必要的安全防护知识，则会造成生命、健康及财产的巨大损失。

国内仪器信息网曾针对国内发生的实验室安全事故进行过跟踪报道，国内高校实验室事故类型主要为爆炸、起火、化学品泄漏引起的化学灼伤等，其中爆炸起火事故 30 起，占统计事故的 79%。

2001~2014 年发生的 100 起典型实验室安全事故中，火灾和爆炸是主要的类型，实验室中的危险化学品、仪器设备和压力容器是引发实验室安全事故的主要危险因素，仪器设备、试剂使用环节是事故发生的主要环节，违反操作规程或操作不当、疏忽大意以及电线短路、老化是导致事故的重要原因。

> **案例：高校实验室的安全事故**
>
> 2016年9月，上海某大学化学化工与生物工程学院一个化学实验室发生爆炸事故，事故导致两名学生重伤。实验内容为制备氧化石墨烯，实验所用试剂浓硫酸和高锰酸钾，均为强氧化物质，并且伴有剧烈的放热反应。事故主要原因：①实验前缺乏对实验过程严肃的风险评估；②实验过程中，实验人员未穿实验服和未佩戴防护眼镜；③没有对伴随有剧烈放热现象、反应剧烈的化学反应过程进行准确的化学计量便擅自进行反应操作，增加了反应的不可控性；④未能严格遵守实验操作守则。
>
> 2008年，加州大学洛杉矶分校化学实验室发生火灾事故，事故导致实验室内一名女性助理严重烧伤，造成头、手、手臂及上身约40%部位二至三级烧烫伤，该女士于事故发生18天之后不治身亡。该起事故教训深刻，该女士实验过程中未穿实验服，而是穿了一件聚酯纤维材料的上衣（聚酯纤维素有固体汽油之称，极易燃烧），实验过程中未将与实验无关的物质清除，实验通风橱中的一瓶与实验无关的乙烷助长了火势，事故发生后现场虽有安全淋浴设施但该女士没有及时利用，且该女士实验前未经过安全培训（这个因素对该女士实验前后的行为的影响无可估量）。

因此，学生在进入化学实验室之前，必须了解化学实验室存在的安全风险、防范实验室安全风险的措施以及安全管理要求。

职业院校化学实验室相比中学的化学实验室又具有新的特点，中学的化学实验室主要涉及验证性化学实验，而职业院校化学实验室承担培养学生化工过程中职业能力的任务，综合性的实验实训所占比例更大，其特殊性，决定了加强职业院校化学实验室安全管理是十分必要的。人们必须综合采取管理措施、技术措施保障职业院校化学实验室安全。

想一想：

职业院校化学实验与中学化学实验会有什么不同？

第一节　实验室安全管理

一、实验室安全管理一般要求

《高等学校实验室工作规程》（国家教委令第20号）第25条规定，实验室要严格遵守国务院颁发的《化学危险品安全管理条例》，定期检查防火、防爆、防盗、防事故等方面安全措施的落实情况，切实保障人身和财产安全。第24条规定实验室要做好环境管理和劳动保护工作。

第26条规定实验室要严格遵守国家环境保护工作的有关规定，不得随意排放废气、废水、废物，不得污染环境。

《天津市高等学校实验室安全管理办法（试行，征求意见稿）》（以下称《意见稿》）第14条对实验室危险化学品的安全管理做出了如下规定：

①各高校要建立和健全实验室危险化学品管理规范，建立从申购、领用、使用、回收、处置的全过程记录和相关的管理制度，定期做好检查监

督工作;

② 实验室要确保危险化学品台账、使用登记账和库存物品之间,账账相符、账物相符;

③ 对剧毒、放射性同位素应当单独存放,不得与易燃、易爆、腐蚀性物品放在一起,并配备专业的防护装备,实行"五双"管理,即"双人保管、双人收发、双人使用、双台账、双把锁"。

④ 废弃的危险化学品和废液必须严格按照要求列好明细分类保管,由学校统一安排交有资质的机构,按照相关规定进行处置。

《意见稿》第17条对实验室承压气瓶的安全管理作出了如下规定。

① 气瓶必须有明确的标识,使用前要进行安全状况检查,不符合安全技术要求的气瓶严禁使用。

② 易燃气瓶与助燃气瓶不得混合保存放置,易燃气瓶和有毒气瓶必须安放在符合规定的环境中,配备监测报警装置。

③ 气瓶竖直放置应采取防止倾倒的措施,对于超过检验有效期的气瓶应及时退回送检。

《意见稿》第20条对实验室水、电安全管理作出了如下规定:

① 学校必须规范实验室用水、用电管理,按相关规范安装用水、用电设备和设施,定期对实验室的水源、电源等进行检查,并做好相关记录。

② 实验室内必须使用空气开关并配备漏电保护器,不得使用闸刀开关、木质配电板和花线等,固定电源插座未经允许不得拆装、改线,不得乱接乱拉电线。

③ 电气设备应配备足够用电功率的电气原件和负载电线,不得超负荷用电,电气设备和大型仪器须接地良好,对电线老化等隐患应当定期检查并及时排除。

④ 使用高压电源和电加热器具时,应严格按照操作规程进行,做好安全防范工作;

⑤ 实验室确因工作需要使用明火电炉时,经学校实验室安全工作委员会和学校主管部门审核同意后,在做好安全防范措施的前提下方可使用。

《意见稿》第21条对实验室设施的安全管理作出规定:各高校要根据实验室的类别和潜在危险因素等,为实验室配备相应的消防器材、烟雾报警、监控系统、应急喷淋、洗眼装置、危险气体报警、通风系统(必要时需加装吸收系统)、防护罩、警戒隔离等安全设施,明确要求所在实验室由专人负责管理。

> 想一想:
> 为什么化学实验室比一般实验室有更加严格的安全管理要求?

二、实验室安全管理特殊要求

对危险化学品的安全管理是化学实验室安全管理中一项非常重要的工作。应当坚持安全第一、总量控制、预防为主、防控结合的方针,强化和落实学校的主体责任。在管理过程中应遵循以下原则。

① 建立、健全使用危险化学品的安全责任制;

② 制定使用危险化学品的安全管理规章制度、安全操作规程;

③ 实施实验室使用危险化学品的巡视检查制度和安全事故隐患排查整

改制度;

④ 实施所有涉及危险化学品人员的安全教育和培训计划;

⑤ 明确危险化学品的采购、贮存、使用及废物处置等环节的负责部门及负责人。

⑥ 动态掌握本学校实验室危险化学品的种类和使用、管理等具体情况。落实危险化学品全生命周期监控,涉及危险化学品的申请、采购、领用、使用、回收、销毁各环节记录的保存期限不得少于2年。

⑦ 应当对实验室负责人以及使用、贮存危险化学品的人员进行安全管理知识的教育和培训。未经安全管理教育及培训或不合格的人员,不得从事危险化学品相关工作。各学校应建立安全管理教育和培训档案,如实记录安全管理教育和培训的时间、内容、参加人员以及考核结果等情况。

⑧ 对存在易燃、易爆高风险的实验项目进行风险分析,做好安全防护措施。

⑨ 气瓶与各种瓶装气体应当符合国家和行业标准并有专业资质的检验、检测合格标志,否则不可投入使用。

第二节 化学实验室安全保障与防范措施

一、常用化学仪器的安全使用

化学仪器的正确使用是确保实验过程安全的重要保障。化学实验室部分常见仪器(主要涉及与实验室安全关系较为密切的常见仪器)的主要用途及安全使用方法详见表14-1。

表14-1 化学实验室常见仪器的主要用途及安全使用方法

想一想:

在加热过程中如何避免烫伤事故?

仪器类别	仪器名称	主要用途	安全使用方法
能直接加热	蒸发皿	用于蒸发溶剂或浓缩溶液	可直接加热,但不能骤冷。蒸发溶液时不可加得过满,液面距边缘不少于1cm
能直接加热	试管	常用作反应器,也可收集少量气体	可直接加热,拿试管时,用中指、食指、拇指握住距试管口1/3处,加热时试管口不能对着人。试管内液体不超过容积的1/2,用于加热的不超过1/3
能直接加热	试管	常用作反应器,也可收集少量气体	加热时要使用试管夹,试管与实验台面成45°的夹角,先做均匀加热,然后在液体底部加热,并不断摇动。给固体加热时,试管要横放,试管口略向下倾斜
能直接加热	坩埚与坩埚钳	用于灼烧固体,使其反应	可直接加热至高温。灼烧时应放于泥三角上,用坩埚钳夹取。应避免骤冷
能直接加热	燃烧匙	燃烧少量固体物质	可直接加热,遇能与Cu、Fe反应的物质时,要在匙内铺细砂或垫石棉绒

续表

仪器类别	仪器名称	主要用途	安全使用方法
能间接加热	烧杯（分为 50、100、250、500、1000 等规格，单位 mL）	用于配制、浓缩、稀释溶液。也可用作反应器和用于试管水浴加热等	加热时应垫石棉网，根据液体体积选用不同规格
	平底烧瓶	用作反应器（特别是不需要加热的场合）	不能直接加热，加热时需要垫石棉网。不适于长时间加热，当瓶内液体过少时，加热容易使之破裂
	圆底烧瓶	用作加热条件下的反应器	不能直接加热，加热时需要垫石棉网。所装液体的量不应超过其容积的 1/2
	蒸馏烧瓶	用于蒸馏与分馏，也可用作气体发生器或热浴器皿	不能直接加热，加热时需要垫石棉网
	锥形瓶	用作接收器，用作反应器（如滴定操作）	一般放在石棉网上加热。在滴定操作中液体不易溅出
不能加热	集气瓶	用于收集和贮存少量气体	上口为平面磨砂，内侧不磨砂，玻璃片要涂凡士林油，以免漏气。如果在其中进行燃烧反应且有固体生成时，应在底部加少量水或细砂
	滴瓶 细口瓶 广口瓶	分装各种试剂，需要避光保存时用棕色瓶。广口瓶存放固体，细口瓶存放液体	瓶口内侧磨砂，且与瓶塞儿一一对应。玻璃塞儿不可盛放强碱，滴瓶内不可久置氧化剂
	启普发生器	作为制取某些气体的反应器	固体为块状，气体溶解性小，反应无强热放出，旋转导气管活塞控制反应或停止反应
	表面皿	可用作蒸发皿或烧杯的盖子，以便于观察里面的情况	不能加热
计量仪器	量筒	用于粗略量取液体的体积	根据所要量取的体积，选择大小适宜的规格，以减少误差，提高效率。不能用作反应器，不能直接在其内配制溶液
	容量瓶（分为 50、100、250、500、1000 等规格，单位 mL）	用于准确配制一定量浓度的溶液	不能用作反应器，不可加热，不宜存放溶液。应在所标记的温度下使用
	胶头滴管	用于吸取或滴加液体	必须专用，不可一支多用。滴加时不要与其他容器接触
加热仪器	酒精灯	用作热源，火焰温度为 500～600℃	所装酒精量不能超过其容积的 2/3，但也不能少于 1/4。加热时要用外焰。熄灭时要盖儿盖灭
	酒精喷灯	用作热源，火焰温度可达 1000℃ 左右	用于需要强热的实验加热。如碳还原氧化铜

想一想：

化学实验前应做好哪些个人防护措施？

二、个人防护要求

① 实验人员进入实验室，必须按规定穿戴必要的防护服，用于防护化学品喷溅或滴漏等危害。

② 实验人员实验过程中使用挥发性有机溶剂、毒性化学物质或其他危险化学品时，必须穿戴相应的防护用具，如防护手套、防护口罩、防护眼镜等。装备佩戴不齐全不可进行实验。

③ 实验人员进行实验时需将长发固定，特别是在药品处理过程中。

④ 进入实验室实验时，实验人员需穿覆盖全脚面的鞋子，尽量避免穿裙子，以免将身体大部分暴露于空气中的衣服进行实验。

⑤ 实验人员进行高温实验时必须戴好防高温手套。

三、药品领用、存贮及操作相关规定

① 操作危险性化学药品时务必遵守操作守则或规定的操作流程进行实验，禁止擅自变更实验流程。

② 领取药品时，必须根据容器上标示中文名称进行确认。

③ 领到药品后，阅读药品危害标示和图样，掌握该药品的危害性。

④ 使用挥发性有机溶剂，强酸、强碱性、高腐蚀性、有毒性药品时，必须在通风橱内进行操作。确认通风设备正常，防止将有害气体泄漏到实验室内。

⑤ 有机溶剂，固体化学药品，酸、碱化合物均需按要求分开存放，挥发性化学药品必须放置于设置抽气装置的药品柜中。

⑥ 高挥发性或易于氧化的化学药品，必须存放于冰箱或冰柜中。

⑦ 进行具有潜在危险的实验操作时，要避免单独一人在实验室操作，至少保证两人在实验室后，方可进行实验。

⑧ 进行无人监护的实验时，需充分考虑实验装置对于防火、防爆的要求和其他潜在危害，保证实验照明符合要求，在明显位置可见实验人员的联系信息和出现危险时联系人的信息。

⑨ 进行高温、高压等危险性系数较高的实验时，必须经实验室负责人批准，且必须两人以上在场方可进行实验。

⑩ 使用或生产具有危害性气体的实验，必须在通风橱内进行。

⑪ 进行放射性等对人体危害较为严重的实验时，应进行风险评估、制订严格安全措施，同时做好个人防护。

⑫ 实验产生的废弃药液或废物必须按照分类进行明确标示，实验产生的废液、废物严禁倒入水槽或下水道，应导入专用收集容器内。

四、用电安全相关规定

① 实验室内电气设备的安装和使用管理必须符合安全用电管理规定，大功率实验设备用电必须使用专线，严禁与照明线共用。谨防因超负荷用电着火。

② 实验室用电容量的确定要兼顾事业发展的增容需要，留有一定余量，严禁在实验室内私自乱拉乱接电线。

③ 实验室内的用电线路和配电盘、板、柜等装置及线路系统中的各种开关、插座、插头等均应经常保持完好可用状态，熔断装置所用的熔丝必须与线路允许的容量相匹配，严禁用其他导线替代。

④ 针对存放易燃、易爆气体或粉体的实验室，均应按相关规定使用防爆电气线路、装置。

⑤ 实验室内可能产生静电的部位、装置应进行应明确标记和警示，对其可能造成的危害要有妥善的预防措施。

⑥ 实验室内所用的高压、高频设备要定期检修，有可靠的防护措施。定期检查线路、测量接地电阻。

⑦ 实验室内不得使用明火取暖，严禁吸烟。必须使用明火实验的场所，须经批准后使用。

⑧ 双手沾水或潮湿时禁止接触电器用品或电气设备。严禁使用水槽旁的电器插座。

⑨ 实验室内的专业人员必须掌握本室仪器设备的性能和操作方法，严格按操作规程操作。

⑩ 机械设备应装设防护设备或其他防护罩。

⑪ 电器插座使用时切勿连接太多电器，以免负荷超载引起电气火灾。

⑫ 禁止使用无接地设备的电气设备，防止产生触电事故。

五、压力容器使用安全规定

① 气瓶使用前应进行安全状况检查，对盛装气体进行确认，不符合安全技术要求的气瓶严禁使用；使用气瓶时必须严格按照使用说明书的要求。

② 气瓶放置时，不得靠近热源和明火，应保证气瓶瓶体干燥。盛装易起聚合反应或分解反应的气体的气瓶，应避开放射线源，远离电磁波、振动源。

③ 气瓶立放时，应采取防止倾倒的措施。

④ 夏季应防止暴晒。

⑤ 严禁敲击、碰撞。

⑥ 严禁用超过 40℃ 的热源对气瓶加热。

⑦ 瓶内气体不得用尽，必须留有剩余压力或质量，永久气体气瓶的剩余压力应不小于 0.05MPa；液化气体气瓶应留有不少于 0.5%～1.0%规定充装量的剩余气体。

⑧ 在可能造成回流的场合，设备上必须配置防止倒灌的装置，如单向阀、止回阀、缓冲罐等。

⑨ 严禁将气瓶内的气体倒装进其他气瓶，严禁自行处理气瓶内的残液。

⑩ 严禁擅自更改气瓶的钢印和颜色标记。

气瓶使用过程中，还应注意以下问题：

① 使用气瓶者应学习气体与气瓶的安全技术知识，在技术熟练人员的指导监督下进行操作练习，合格后才能独立使用。

② 使用前应对气瓶进行检查，如发现气瓶颜色、钢印等辨别不清，检验超期，气瓶损伤（变形、划伤、腐蚀），气体质量与标准规定不符等现象，应拒绝使用并做妥善处理。

③ 按照规定，正确、可靠地连接调压器、回火防止器、输气、橡胶软管、缓冲器、汽化器、焊割炬等，检查、确认没有漏气现象。连接前，应微开瓶阀吹除瓶阀出口的灰尘、杂物。

④ 气瓶使用时，一般应立放（乙炔瓶严禁卧放使用），不得靠近热源。与明火、可燃与助燃气体气瓶之间的距离不得小于10m。

⑤ 移动气瓶时应手搬瓶、肩转动瓶底，移动距离较远时可用轻便小车运送，严禁抛、滚、滑、翻和肩扛、脚踹。

⑥ 注意操作顺序。开启瓶阀应轻缓，操作者应站在阀出口的侧后；关闭瓶阀应轻而严，不能用力过大，避免关得太紧、太死。

⑦ 注意保持气瓶及附件清洁、干燥，禁止沾染油脂、腐蚀性介质、灰尘等。

⑧ 保护瓶外油漆防护层，既可防止瓶体腐蚀，也可作为识别标记，防止误用和混装。瓶帽、防震圈、瓶阀等附件都要妥善维护、合理使用。

⑨ 开启气门时应站在气压表的一侧，严禁将头或身体对准气瓶阀门，防止阀门或气压表因压力过大脱离气瓶伤人。

⑩ 定期检查管路是否漏气，压力表是否正常。

六、实验室环境安全要求

① 应保持实验室整洁。
② 及时清除实验室内垃圾；应按照规定对实验废物进行处理。
③ 凡有毒或易燃的废物均应特别处理；以防火灾或危害人体健康。
④ 窗面及照明器具，均须保持清洁。
⑤ 保持所有走廊、楼梯畅通无阻。
⑥ 油类或其他有害化学物质溢流至地面或工作台时，应立即擦拭、冲洗干净。
⑦ 及时清除实验室内、外易燃杂物。

七、化学实验室其他防护注意事项

① 乙醚、乙醇、丙酮、二硫化碳、苯、甲苯、二甲苯等有机溶剂易燃，实验室不宜过多存放，实验剩余部分严禁倒入下水道，以免聚集引发火灾。

② 金属钠、钾、镁粉、铝粉、黄磷等应注意使用安全，依规存放，使用结束后严格按照相关规定进行后续处理。特别注意，其不能与水直接接触。

③ 氢气、乙烯、乙炔、苯、乙醇、乙醚、丙酮、乙酸乙酯、一氧化碳等可燃性物质，其气体或蒸气与空气混合至爆炸极限，在有热源引发的情况下，极易发生爆炸事故。因此，有关该类可燃性物质的实验，应该在通风设备良好的通风橱内进行，并做好相关的防护措施，确保实验装置的气密性，严禁使用明火和可能产生电火花的电气设备。

④ 过氧化物、高氯酸盐、叠氮铅、乙炔铜、三硝基甲苯等易爆物质受震动或热时，易发生爆炸事故。要注意周边环境对其存放和使用的影响。

> 想一想：
> 在气瓶使用过程中哪些行为应该避免？

为防止发生爆炸事故，强氧化剂和强还原剂必须分开存放，使用时轻拿轻放，远离热源。

⑤ 液氮、强酸、强碱、强氧化剂、溴、苯酚、醋酸等物质都会灼伤皮肤。实验时应穿好防护服，佩戴好防护眼镜、口罩、手套等相关防护设备，防止皮肤与其直接接触。

第三节 实验室常用安全防护装备

一、个体常用安全防护装备

劳动防护用品是指由用人单位为劳动者配备的，使其在劳动过程中免遭或者减轻事故伤害及职业病危害的个体防护装备。

利用劳动防护用品实施个体防护是保护实验室人员安全与健康所采取的必不可少的预防性、辅助性措施（特别提示：不得以劳动防护用品替代工程防护设施和其他技术、管理措施）。因此，实验室应建立健全劳动防护用品的购买、验收、保管、发放、使用、更换、报废等管理制度和使用档案，并进行必要的监督检查，确保落实到位。

目前，劳动防护用品分为以下十大类。

① 防御物理、化学和生物危险、有害因素对头部伤害的头部防护用品。

② 防御缺氧空气和空气污染物进入呼吸道的呼吸防护用品。

③ 防御物理和化学危险、有害因素对眼面部伤害的眼面部防护用品。

④ 防噪声危害及防水、防寒等的耳部防护用品。

⑤ 防御物理、化学和生物危险、有害因素对手部伤害的手部防护用品。

⑥ 防御物理和化学危险、有害因素对足部伤害的足部防护用品。

⑦ 防御物理、化学和生物危险、有害因素对躯干伤害的躯干防护用品。

⑧ 防御物理、化学和生物危险、有害因素损伤皮肤或引起皮肤疾病的护肤用品。

⑨ 防止高处作业劳动者坠落或者高处落物伤害的坠落防护用品。

⑩ 其他防御危险、有害因素的劳动防护用品。

依据化学实验室实际，化学实验室应用的个体防护用品主要包括呼吸防护用品、眼面部防护用品、手部防护用品、躯干防护用品，下面分别予以介绍。

1.呼吸防护用品

防御有害气体、蒸气、粉尘、烟、雾通过呼吸由呼吸道进入人体，保证使用者在尘、毒污染环境或缺氧环境中正常呼吸的防护用具，如各类口罩（防毒口罩）、面具（防毒面具）、呼吸器。

（1）防护口罩

目前实验室使用的口罩主要有如下几类。

活性炭口罩，利用活性炭较大的比表面积（500～1000m²/g）、强的吸附性能，将其作为吸附介质，制作而成的口罩。

空气过滤式口罩，主要原理是使含有有害物的空气通过口罩内的过滤材料过滤净化后再被人吸入，其是使用最广泛的一类口罩。过滤式口罩的过滤材料主要包括用于防尘的过滤棉和用于防毒的化学过滤盒。

过滤式防毒口罩如图 14-1 所示。由于滤毒盒容量小，一般用于防御低浓度的有害物质。表 14-2 为我国生产的防毒口罩的型号及防护范围。

图 14-1　过滤式防毒口罩

表 14-2　国产防毒口罩的型号及防护范围

型号	防护对象（举例）	试验标准			国家规定安全浓度/(mg/L)
		试验样品	浓度/(mg/L)	防护时间/min	
1	各种酸性气体、氯气、二氧化硫、光气、氮氧化物、硝酸、硫氧化物、卤化氢等	氯气	0.31	156	0.002
2	各种有机蒸气、苯、汽油、乙醚、二硫化碳、四乙基铅、丙酮、四氯化碳、醇类、溴甲烷、氯化氢、氯仿、苯胺类、卤素	苯	1.0	155	0.05
3	氨、硫化氢	氨	0.76	29	0.03
4	汞蒸气	汞蒸气	0.013	3160	0.00001
5	氢氰酸、氯乙烷、光气、路易氏气	氢氰酸气体	0.25	240	0.003
6	一氧化碳 砷、锑、铅等化合物				0.02
101	各种毒物				
302	放射性物质				

（2）过滤式防毒面具与隔离式呼吸器

过滤式防毒面具是一种能够有效滤除吸入的空气中的有害化学物质，并能保护眼睛和头部皮肤免受有害化学物质危害的防护装备。不同类型产品的基本结构和防毒原理相同，其都是由滤毒罐、面罩和面具袋组成的。

目前主流隔离式呼吸器为空气呼吸器和氧气呼吸器，安全性更高的空气呼吸器得到了越来越多的应用。

正压式空气呼吸器（图 14-2）主要由面罩、气瓶、气瓶阀、报警哨、压力表、减压器、快速接头和供给阀等组成。气瓶材料为碳纤维复合材料，额定压力为 30MPa。当气瓶内压缩空气的压力降至 4～6MPa 时，报警哨开始发出哨声报警，提示佩戴人员及时撤离危险区域。从报警哨响起到气

想一想：

在使用防毒口罩过程中应注意哪些问题？

瓶内空气压力消耗至 2MPa 为止，一般可佩戴 9~10min，行走距离为 350m 左右。气瓶上装设有止退装置，确保气瓶开启后不会被无意关闭。

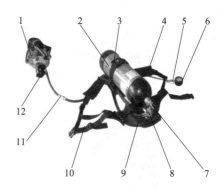

图 14-2 正压式空气呼吸器的组成

1—面罩；2—气瓶；3—瓶带组；4—肩带；5—报警哨；6—压力表
7—气瓶阀；8—减压器；9—背托；10—腰带组；11—快速接头；12—供给阀

2. 眼面部防护用品

眼面部防护用品是预防化学飞溅物、烟雾、热、电磁辐射等危害眼睛或面部的个人防护用品，如各种式样的护目镜和面罩（图 14-3）。

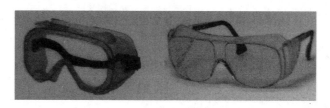

图 14-3 常见护目镜样式

防化学溶液的护目镜主要用于防御有刺激性或腐蚀性的溶液对眼睛的化学灼伤危害。人们可选用普通平光镜片，镜框应有遮盖，以防溶液溅入。

3. 手部防护用品

保护手和手臂，供作业者戴用的劳动防护手套，称为手部防护用品。按照防护功能，化学实验室可用到一般防护手套、防毒手套、耐酸碱手套等。

化学防护手套多由化学合成材料制成，如天然橡胶（乳胶）、PVC（聚氯乙烯）、丁腈橡胶、PVA（聚乙烯醇）等，其适用性详见表 14-3。

表 14-3 部分化学防护手套的适用性

材质	适用性
天然橡胶	能有效防护碱类、醇类以及多种化学稀释水溶液,能较好地防止醛和酮的腐蚀
PVC	防化学腐蚀的能力强,几乎可以防护所有的化学危险品
丁腈橡胶	能防止油脂、二甲苯、聚乙烯以及脂肪族溶剂的侵蚀
PVA	对多种有机化合物,如脂肪族、芳香族、氯化溶剂、碳氟化合物和大多数酮(丙酮除外)、脂类以及醚类,具有良好的防护能力和抗腐蚀性

4. 躯干防护用品

躯干防护用品主要包括各类防护服。按照防护功能，化学实验室可用到一般防护服(如"白大褂",最为普遍)、防毒工作服、防高温工作服、耐酸碱工作服等。

实验室工作人员应根据不同实验实训项目的危害种类及其程度选择劳动防护用品并掌握正确的使用方法。

个人劳动防护装备的选择原则如下。

① 所选择的个人劳动防护装备应符合国家标准或行业标准;

② 在危害评估的基础上,按防护要求选择不同级别的个人防护装备;

③ 个人劳动防护装备的选择、使用、维护、使用制度及有效期等应有明确的书面说明;

④ 使用前应认真检查防护装备,不使用超过有效期或标识不清、破损的防护装备;

⑤ 在规定的适用条件下使用。

二、实验室配备安全防护设备

1. 通风橱

通风橱,也称通风柜,是化学实验室必备的安全防护设备。通风橱的功能中,最主要的是排放化学实验过程中产生的有害气溶胶,同时通风橱具有防止有害物质在实验室内扩散及隔离功能,可以保护实验室内人员免受有害气溶胶的伤害。

为稀释通风橱内有害气溶胶的浓度及防止其向通风橱外的扩散,利用通风机的抽吸作用在通风橱的敞开处及不严密处形成一定的吸入风速。通常规定,无毒的污染物为 0.25~0.38m/s;有毒或有危险的有害物为 0.4~0.5m/s;剧毒或含有少量放射性物质的污染物为 0.5~0.6m/s,其中气体状态不小于 0.5m/s,气溶胶状态为 1m/s。

想一想:

哪些化学实验必须在通风橱内进行?

为实现通风橱的上述功能,在通风橱使用过程中需要遵守以下规则。

① 打开照明设备,检查光源及通风橱是否正常;

② 实验前提前开启通风机,静听 3min 内运转是否正常;如有异常,暂停实验,待问题解决后,再行使用;

③ 实验结束后,不能立即关闭通风机,须继续运转几分钟,以使通风橱内实验产生的有害气体被完全排除;

④ 在通风橱使用过程中,每 2h 进行一次实验室的开窗通风换气,通风橱使用时间超过 5h,要敞开实验室窗户持续通风换气。

⑤ 通风橱使用过程中,视窗高度距离实验台面高度不高于 1/3。

⑥ 禁止在未开启通风橱时在通风橱内做化学实验。

⑦ 禁止通风橱内存放易燃、易爆物品或进行相关实验。

⑧ 禁止在通风橱内做国家禁止排放的有机物质与高氯化合物混合的实验。

⑨ 移动上下视窗时,应缓慢操作,以免造成手部伤害。

⑩ 通风橱的操作区域要保持畅通,周围避免堆放物品。

2. 紧急喷淋洗眼器

紧急喷淋洗眼器是配备喷淋系统和洗眼系统的紧急救护设施,可直接安装在实验室地面上。当化学品物质喷溅到实验人员服装或者身体上的时候，可以使用喷淋系统进行冲洗，冲洗时间至少大于15min；当有害物质喷溅到工人眼部、面部、脖子或者手臂等部位时，可以使用洗眼系统进行冲洗，冲洗时间至少大于15min。

该救护设施应该安装在危险源头附近，最好在10s内能够快步到达的区域范围，最好能够直线到达，避免越层救护。在救护设施的周围，应该设置有醒目的标志，最好用中英文双语和图示明示用途、使用方法及注意事项，确保施救者正确施救。

思考与讨论

1. 作为大一新生，应该以何种心境进入化学实验室？
2. 在化学实验操作过程中，应该避免哪些不当行为，以有效避免安全事故？

知识框架

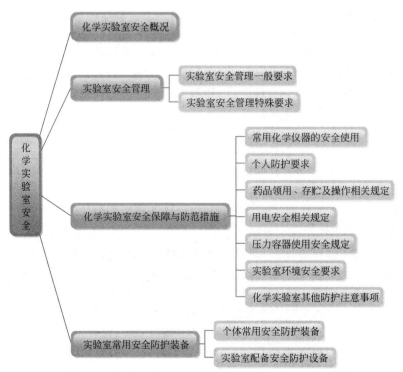

实训建议

本章第二、三节内容宜为学生进入化学实验室首先进行的实训内容，确保学生在化学实验前熟悉安全实验过程中面临的安全风险及保护措施、应急措施。

参 考 文 献

[1] 天津大学物理化学教研室. 物理化学（简明版）[M]. 北京：高等教育出版社，2010.
[2] 朱裕贞，顾达，黑恩成. 现成基础化学[M]. 北京：化学工业出版社，2010.
[3] 邢宏龙. 物理化学[M]. 上海：上海交通大学出版社，2013.
[4] 汤瑞湖，李莉. 物理化学[M]. 北京：化学工业出版社，2008.
[5] 张法庆. 有机化学（三年制）. 4版. 北京：化学工业出版社，2021.
[6] 刘景良. 安全管理. 3版. 北京：化学工业出版社. 2018.
[7] 张正兢. 基础化学. 北京：化学工业出版社，2007.
[8] 赵玉娥. 基础化学. 北京：化学工业出版社，2004.
[9] 高琳. 基础化学. 4版. 北京：高等教育出版社，2019.
[10] 高职高专化学教材编写组. 有机化学. 北京：高等教育出版社，2014.
[11] 刘斌，卫月琴. 有机化学. 3版. 北京：人民卫生出版社，2018.
[12] 高职高专化学教材编写组. 无机化学. 北京：高等教育出版社，2013.
[13] 杨宏孝；天津大学无机化学教研室. 无机化学. 3版. 北京：高等教育出版社，2002.
[14] 叶芬霞. 无机及分析化学实验. 2版. 北京：高等教育出版社，2014.
[15] 米镇涛. 化工工艺学. 2版. 北京：化学工业出版社，2006.
[16] Carey F., Giuliano R. Organic Chemistry. 10th ed. [s. i.]：McGraw-Hill Education，2017.
[17] Clayden J. et al. Organic Chemistry. 2nd ed. [s. i.]：Oxford University Press. 2012.
[18] 《全国特种作业人员安全技术培训考核统编教材》编委会. 危险化学品安全作业——危险工艺安全技术（新版）. 北京：气象出版社. 2011.
[19] 陈卫华. 实验室安全风险控制与管理. 北京：化学工业出版社. 2018.
[20] 刘景良. 化工安全技术. 4版. 北京：化学工业出版社，2019.

元素周期表